北京市自然科学基金资助，项目编号：4202028

Web全栈开发

从入门到实战

董雪燕◎编著

中国铁道出版社有限公司
CHINA RAILWAY PUBLISHING HOUSE CO., LTD.

内 容 简 介

为帮助读者深入理解 Web 开发工程师需要掌握的编程技能，本书凝结作者多年的教学心得与实战经验，旨在从前端、后端和全栈的概念出发，揭示 Web 应用的工作原理和设计思想，精心挑选最基本且最重要的编程知识，结合实际案例，详细阐述 Web 开发技术和编程设计思想是如何应用于解决实际问题的。

本书坚持“带着任务学习”的理念，帮助初学者打牢 Web 开发的基础，以理解编程技术是如何落实到具体 Web 应用中的。希望读者能从本书获得对 Web 开发的基本认识，具备建设全栈网站的能力，并愿意在 Web 应用的开发领域继续深耕。

图书在版编目(CIP)数据

Web 全栈开发:从入门到实战/董雪燕编著. —北京:
中国铁道出版社有限公司, 2021.5
ISBN 978-7-113-27594-5

Ⅰ.①W… Ⅱ.①董… Ⅲ.①网页制作工具-程序设计
Ⅳ.①TP393.092.2

中国版本图书馆 CIP 数据核字（2021）第 028453 号

书　　名：Web 全栈开发：从入门到实战
Web QUANZHAN KAIFA: CONG RUMEN DAO SHIZHAN
作　　者：董雪燕

责任编辑：荆　波　　**编辑部电话：**（010）51873026　　**邮箱：**the-tradeoff@qq.com
封面设计：MXK DESIGN STUDIO
责任校对：孙　玫
责任印制：赵星辰

出版发行：中国铁道出版社有限公司（100054，北京市西城区右安门西街 8 号）
印　　刷：三河市兴博印务有限公司
版　　次：2021 年 5 月第 1 版　2021 年 5 月第 1 次印刷
开　　本：787 mm×1 092 mm 1/16　**印张：**24.75　**字数：**512 千
书　　号：ISBN 978-7-113-27594-5
定　　价：79.00 元

前　言

人工智能技术的快速发展，掀起了人们学习编程的浪潮，因为只有通过学习编程，人类才不会被机器取代，并且有可能成为赫拉利眼中的“神人”，成为统治机器的领导者。过去，编程好像只是一些聪明人的跑马场，普通人只能在场外转悠。然而，网络打破了入场的栅栏，借助网络，世界各地的人们频繁且高效地进行思想交流。于是，一个空前的创新时代出现了。近年来，只要几个月就会冒出一门新的编程语言，仿佛人人都能发明一门语言，我们是如此的幸运，赶上了这么好的时代。如果你也想成为一名发明家，那么，请从学习编程开始。

众所周知，学习编程的第一步要学习一门语言，那么该如何选择呢？是基础的C语言，还是高级的 Java 语言？如果你也有上面的疑惑，请参考一下每年的十大最流行编程语言排行榜。2020 年排在第一位是 JavaScript，可见它是最受欢迎的语言，原因是 JavaScript 不仅用途广泛、使用简单，并且具有良好的可移植性；它的应用常见于 Web 开发，比如网站和 App，还可以用于开发游戏。最重要的是，当今是移动互联网的时代，Web 开发技术已经成为刚需。如果你想学习 Web 开发，请从本书开始。

什么是 Web 全栈开发

Web 全栈开发的概念是扎克伯格在 2014 年第一次提出的，但到目前为止，人们尚未对 Web 全栈开发给出一致的定义。普遍比较认可的一种观点是，一个 Web 应用产品（比如网站、App）从技术方面来看，可以分为前端和后端，而全栈就是涵盖了前后端两种技术栈的总称。具体来说，这些技术栈包括前端开发（HTML、CSS 和 JavaScript）、服务器部署、数据库（比如 MySQL 和 MongoDB）、后端开发（PHP 或 Nodejs）、性能优化技术（比如缓存）等。如果要全面掌握这些技术至少需要五年，然而这不是本书的意图。本书只是希望从前/后端编程技术出发，带你初步领略一下 Web 全栈世界。本书的写作目的有以下三个：

第一，对初学者友好，通过揭示 Web 应用的工作原理和 Web 开发需要的编程技术，结合大量实例，帮助你轻松打开 Web 开发世界的大门；

第二，详细地描述搭建完整 Web 应用的全部流程，便于你快速了解前端工程师需要做什么，后端工程师更看重什么，以及前端工程师与后端工程师之间如何配合；

第三，清晰地展示 Web 开发岗位的职业晋升路线，先成为一名前端工程师，再转为后端工程师，逐步升级到全栈工程师，最终成为系统架构师。

编程语言只是工具

市面上大多数 Web 开发书籍都是以编程语言的语法介绍和使用为主线，包括罗列 HTML 的标记，展示 CSS 的样式属性和选择器的用法，讲解 JavaScript 的基本语法等。

很多读者表示，这些语言学完后，还是不会做 Web 开发，也记不住这么多的语法。原因在于，这类“手册式”的书，只是为你提供了一个个独立的知识点，而具体应用时，则需要对这些知识点进行多种组合和不断实践。但是，关于如何去组合和实践，却没有告诉你。

本书想告诉你的是，编程语言只是工具，是帮助你建设一个 Web 应用的手段而已。所以，你应该有个具体的挑战目标，想要搭建一个什么样的网站或 App，然后对应着各个页面的功能，去学习所需的技术就好，没有必要把每一门编程语言的所有语法都学一遍再动手；实话告诉你，很多 CSS 的样式属性你可能未来十年也用不到。实际上，学习 Web 开发技术，树立一个明确的目标才是最重要的，而编程语言只是实现目标的手段，千万不要本末倒置。有了目标之后，就要不断尝试与实践，这才是打开 Web 开发世界大门的正确方式。

主张带着任务主动学习

有效的学习一定是主动的，只有当你为了解决问题而去有意识地学习，才会真正有效果。如果你以前只是一味地跟着作者的思路走，那么大概率是，你以为看完了全书好像什么都会了，实际上，一周过后，你会发现，全书跟你一点关系都没有。因此，本书提倡以任务为主的学习，通过给出若干个任务（示例），让你思考并选择合适的技术去完成任务。要知道，所有技术只是为你建造 Web 大楼提供水泥和钢筋而已，其设计和实施才是核心，而这两项重要任务的决定权完全在你。

全书内容框架

全书从总体上来看，可以分为 4 个部分。

第一部分是准备工作。第 1 章，主要介绍 Web 的发展历史和规律，重点揭示 Web 的工作原理。第 2 章，安装必要的开发工具，为正式的开发做准备。

第二部分是详细阐述前端开发技术。第 3 ~ 5 章，围绕前端的基础技术展开，包括 HTML、CSS 和 JavaScript 这三大核心技术，能够实现交互式网页的基本搭建。第 6 ~ 9 章，深入地介绍对象的使用，并重点介绍框架的用法和对于快速开发的意义。

第三部分是关于后端开发技术的介绍。第 10 ~ 13 章，重点介绍服务器端的开发技术，包括 PHP 脚本的用法，MySQL 数据库技术能做什么，以及 PHP 和 MySQL 之间的合作。

第四部分（第 14 章）是一个综合项目。目标是通过一个综合项目实战，展示如何将前端技术和后端技术相结合，实现一个强交互性的全栈。

本书适合哪些读者

本书可以作为想要成为具有竞争力的全栈工程师的入门书籍。其中，前端技术包括 HTML、CSS、JavaScript，以及 CSS 的框架 Bootstrap 和 JavaScript 的 jQuery；后端技术主要是 PHP 和 MySQL。或许你已经听说过这些技术，但好奇为什么没有提到当下流行的框架，Vue.js 和 AngularJS，以及后端的代表 Node.js，原因是它们并不适合初学者

(连全栈是什么都不懂的小白),它们更适用已经练就了基本功并且已经具备实战经验的开发人员,它们是用来提高效率的,而不是领你入门的。如果你现在只是一个程序员小白,恭喜你,你选对了书。因为学完本书,我保证你将对 Web 全栈开发有一种“原来如此简单”的感觉,因为我不只是手把手教你做 Web 开发,而是将其中暗藏的玄机(技巧和原理)告诉你,让你不至于为了一个坑而陷进去很久出不来。但同时,我要郑重声明,本书不是手册式教程,所以不会列出 Web 开发需要的所有语法和用法,而是会挑选出重点且具有启发意义的内容,帮助你尽快上路,从而找到进入 Web 世界的钥匙。

本书配套资源

对于执着于源代码的读者,我自然不敢怠慢,只要你从正版途径购买了本书,书中所有的源代码会随书附赠;除此之外,为了帮助读者理清图书脉络,也为了便于将本书用作培训教学用书的老师方便讲课,我抽取了全书的框架内容制作了 PPT 课件。以上内容作为本书的配套资源赠送给读者,读者可以通过封底的二维码和下载链接提取使用。

为了保证读者获取配套资源的顺畅度,还有以下备用链接,以作不时之需。

链接:https://pan.baidu.com/s/1HlP4suKFAVjQ5cu-Xcu-8A

提取码:4m63

感谢与交流

受我自身能力所限,书中难免会有对技术解读的不当和偏颇之处,如果你在阅读本书的过程中发现了类似的错误与不恰当的表述,诚挚地欢迎你在 github 上写下你的意见和建议(https://github.com/cathydongxueyan/Web-full-stack-develop),我会对你表示极大的感激,并将尽最大努力将其完善。

董雪燕

2020 年 12 月

目　录

第 1 章　Web 到底是怎么一回事儿

1.1　Web 的前世、今生和未来......1
1.1.1　被动的 Web 1.0......1
1.1.2　交互的 Web 2.0......1
1.1.3　智能的 Web 3.0......2
1.2　每一次浏览网页都发生了什么......3
1.2.1　通信......3
1.2.2　统一资源定位器......5
1.2.3　浏览器如何理解网页......6
1.2.4　从程序方面理解网页......8
1.3　Web 应用开发模式的演变......10
1.4　什么是前端、后端和全栈......11
1.4.1　吸引用户的前端......11
1.4.2　数据为王的后端......11
1.4.3　综合型全栈及案例分析......12
1.5　本章小结......13

第 2 章　开发之旅前的准备工作

2.1　代码编辑工具......14
2.1.1　万能的 Notepad++......14
2.1.2　极速开发者的利器：HBuilderX......14
2.2　测试环境——Chrome 浏览器......16
2.3　本地服务器的搭建......17
2.3.1　Xampp 的安装......17
2.3.2　Xampp 的配置......18
2.4　第一个 Web 应用——hello，world......19
2.5　本章小结......20

第 3 章　构建网页内容——HTML 基础

3.1　HTML 一门关于标记的语言......21
3.1.1　普通文本 VS 超文本......21

3.1.2 标签的基本用法 22
3.1.3 属性的基本用法 23
3.2 超链接标记小案例：做一个个人博客主页 23
3.3 关于路径 26
3.3.1 路径大考验 26
3.3.2 相对路径法则 28
3.4 列表标签小案例：制作国际新闻页面 28
3.4.1 列表标签的妙用 28
3.4.2 列表标签的基本用法 29
3.5 表格标签小案例：制作一张财务季度报表 30
3.5.1 表格的使用 30
3.5.2 表格跨行跨列的秘诀 31
3.6 表单小案例：制作求职申请表 32
3.6.1 表单标签 32
3.6.2 表单用法大揭秘 34
3.7 一对好兄弟——Get 请求和 Post 请求 34
3.7.1 数据在地址栏中的 Get 请求 34
3.7.2 数据在隐秘处的 Post 请求 35
3.8 本章小结 37

第 4 章 网页一定要漂亮——CSS 入门

4.1 为什么需要 CSS 38
4.1.1 什么是 CSS 38
4.1.2 CSS 的工作原理 39
4.1.3 CSS 带来了哪些变化 40
4.2 容器的作用 41
4.2.1 两个最常用的容器：div 和 span 42
4.2.2 容器的实际应用：添加样式 43
4.2.3 CSS 样式的基本用法 44
4.3 为什么是层叠样式表 45
4.3.1 四种定义样式的方式 45
4.3.2 样式冲突怎么办 46
4.4 一切都是盒子——盒子模型 48
4.4.1 盒子模型的基本定义 49
4.4.2 盒子使用定理 50
4.4.3 盒子在页面布局中的两种常见用法 50
4.5 选择器让样式的应用更有目标感 54
4.5.1 id 选择器 54
4.5.2 class 选择器 55

4.5.3 class 选择器与 id 选择器的嵌套使用 57
4.6 元素的浮动 58
4.6.1 一行多列 59
4.6.2 多个元素在一行 60
4.6.3 多个盒子元素在一行 61
4.6.4 清除浮动 62
4.7 关于伪类 65
4.7.1 伪类和伪类元素 65
4.7.2 利用伪状态修改选项卡 65
4.7.3 小案例：让图片动起来 66
4.8 本章小结 67

第 5 章 网页交互的核心——JavaScript 入门

5.1 前端三兄弟：HTML、CSS 和 JavaScript 69
5.1.1 各肩重任 69
5.1.2 在程序中的配合 70
5.1.3 代码的组织规范 71
5.2 JavaScript 工作原理大揭秘 73
5.2.1 编译型语言 VS 解释型语言 73
5.2.2 交互式网页的精髓 74
5.3 像程序员一样思考 77
5.3.1 看图猜价格游戏 77
5.3.2 程序控制的三种结构 82
5.4 JavaScript 基础 83
5.4.1 存储数据：变量与常量 83
5.4.2 做计算：运算符和表达式 88
5.4.3 功能实现的代码块：函数 96
5.4.4 变量大集合：对象 99
5.5 常用的两个原装对象：String 和 Array 102
5.5.1 字符串对象：String 102
5.5.2 数组对象：Array 103
5.5.3 JavaScript 的核心——API 104
5.6 本章小结 104

第 6 章 拜访三大对象：Window、Document 和 Event

6.1 三大对象概述 107
6.1.1 三大对象的作用 107
6.1.2 事件驱动 108

6.2 认识 window 对象 109
6.2.1 Window 对象的属性用法 111
6.2.2 Window 对象中方法的应用 112
6.2.3 Window 对象中事件的用法 113
6.2.4 超好用的计时器 114
6.3 理解 document 对象 117
6.3.1 一起来画 DOM 树 117
6.3.2 DOM 让 JavaScript 与元素互动起来 118
6.3.3 通过触发 DOM 事件实现交互 121
6.4 说说 Event 对象 122
6.4.1 Event 对象的属性 123
6.4.2 Event 对象的方法 125
6.5 本章小结 127

第 7 章 如何让你的页面吸引人——更多 CSS 样式

7.1 原来字体可以很高级 128
7.1.1 文字颜色的设计 128
7.1.2 字体样式的基本用法 129
7.1.3 文字的阴影效果 130
7.2 高大上的按钮 132
7.2.1 圆角按钮 132
7.2.2 渐变色按钮 133
7.2.3 单重阴影 133
7.2.4 多重阴影 135
7.2.5 禁用按钮 136
7.3 弹性盒子让布局更简单 136
7.3.1 弹性盒子的基本用法 137
7.3.2 弹性盒子的常见应用场景 140
7.4 元素在页面中的定位 143
7.4.1 position 的基本用法 143
7.4.2 绝对定位和相对定位在布局时的妙用 146
7.4.3 固定定位的实际应用 148
7.4.4 元素前后深度的定位——z-index 150
7.5 让元素动起来 151
7.5.1 transform 的用法 151
7.5.2 transition 用法 153
7.5.3 transition 和 transform 的结合 156
7.6 让内容自适应不同尺寸的屏幕：响应式网页 159
7.6.1 什么是响应式网页 159

7.6.2 响应式布局的实现 160
7.6.3 响应式布局案例 162
7.7 本章小结 167

第 8 章 一个超级好用的 JavaScript 库——jQuery

8.1 真正的动态交互应用 169
8.1.1 实现交互式 Web 应用的关键 170
8.1.2 为什么是 jQuery 171
8.1.3 jQuery 可以做什么 172
8.2 DOM 元素的选择 173
8.2.1 开发者工具查看 DOM 树结构 173
8.2.2 使用$()函数创建 jQuery 对象 174
8.2.3 常见的 CSS 选择器 174
8.3 jQuery 对页面事件的支持 179
8.3.1 用户和网页的交互事件 179
8.3.2 事件对象 181
8.3.3 事件代理 185
8.4 让内容和样式的修改变得简单 188
8.4.1 样式的修改 188
8.4.2 文本的修改 193
8.4.3 插入新内容 194
8.5 客户端和服务器之间传输数据的利器：Ajax 196
8.5.1 Ajax 原理 197
8.5.2 json 数据的读取和遍历 198
8.5.3 XMLHttpRequest 对象和响应状态码 201
8.5.4 $.get()方法 202
8.5.5 $.post()方法 204
8.6 本章小结 206

第 9 章 交互式网页的应用案例

9.1 图片轮播 207
9.1.1 实践案例：大气的家局开场秀 207
9.1.2 关于轮播图的使用技巧总结 212
9.2 网页内容的动态变化 212
9.2.1 实践案例：发表评论和点赞 212
9.2.2 实现评论功能的技巧汇总 217
9.3 信息验证大揭秘：正则表达式 218
9.3.1 正则表达式的基本用法 218
9.3.2 实践案例：新用户注册信息的验证 219

9.4 Cookie 小饼干有大作用 223
9.4.1 Cookie 的工作原理 224
9.4.2 实践案例：用 Cookie 保存登录信息 225
9.4.3 cookie 的使用技巧 226
9.4.4 三种存储方式大比较：Cookie、localStorage 和 session 228
9.5 从服务器获取数据给前端 229
9.5.1 从服务器端获取数据并更新页面 229
9.5.2 数据获取的秘籍：JSON 和 Ajax 231
9.6 本章小结 232

第 10 章 终于轮到服务器端了——PHP 入门

10.1 动态网页的工作机制 234
10.1.1 静态网页 vs 动态网页 234
10.1.2 两种动态网页技术大比拼 236
10.1.3 基于 PHP 的动态网页大揭底 236
10.1.4 服务器端开发前的准备工作 238
10.2 PHP 的基本用法 239
10.2.1 PHP 的基本语法 239
10.2.2 define()定义常量 242
10.2.3 好多美元——PHP 中的变量 243
10.3 数组的用法 245
10.3.1 普通数组的创建 245
10.3.2 关联数组的大用处 246
10.4 两个超级变量——$_GET 和$_POST 247
10.4.1 接收前端发出的 get 请求数据：超级变量$_GET 247
10.4.2 接收前端发出的 post 请求数据：超级变量$_POST 249
10.5 外部文件的引入——include 和 require 250
10.5.1 include 和 require 的用法 250
10.5.2 两者的区别 251
10.5.3 实践案例：制作一款在线点餐系统 251
10.6 PHP 与 JavaScript 的异同 256
10.7 本章小结 257

第 11 章 PHP 与 MySQL 的初次合作

11.1 关于表单数据的验证 258
11.1.1 检查用户输入数据是否为空 258
11.1.2 检查用户输入信息的合法性 258
11.1.3 跳转到指定页面 261

11.2 保存数据到数据库中——MySQL 262
11.2.1 在 phpMyAdmin 中创建数据库 263
11.2.2 PHP 连接数据库 266
11.2.3 从数据库获取数据 268
11.2.4 数据输出到模板化的 HTML 页面 269
11.3 PHP 为前端页面提供数据接口 271
11.3.1 再次明确何为接口 271
11.3.2 实现接口的两种方式 271
11.4 服务器端存储少量数据的两种方式：cookie 和 session 273
11.4.1 cookie：数据临时保存在客户端 274
11.4.2 session：会话数据临时保存在服务器端 276
11.4.3 cookie 和 session 的区别 277
11.4.4 实践案例：cookie 和 session 在登录中的应用 278
11.5 本章小结 282

第 12 章　MySQL 数据库的神奇之处

12.1 为什么需要数据库 284
12.1.1 为什么是 MySQL 285
12.1.2 开启数据库服务器 285
12.2 SQL 基础 286
12.2.1 数据库和数据表的创建 286
12.2.2 关于记录的四大基本操作：增删改查 289
12.3 对数据表中的记录排序 292
12.3.1 升序排列 292
12.3.2 降序排列 294
12.3.3 多列排序 294
12.4 关键词搜索 296
12.4.1 WHERE 子句实现精确匹配 296
12.4.2 关键字 like 实现模糊匹配 297
12.4.3 更多单个字符的查询标识符 299
12.5 SQL 中的统计函数 299
12.5.1 COUNT()函数：统计匹配条件的行数 301
12.5.2 求和函数：SUM() 302
12.5.3 求平均函数：AVG() 303
12.5.4 计算最大/小值函数：MAX()和 MIN() 303
12.6 本章小结 304

第 13 章　PHP 与 MySQL 的再度合作

13.1 用户上传的图片去哪里了 306

13.1.1 用户上传图片 307
13.1.2 接收并保存用户上传的图片 308
13.1.3 查询数据库中的数据 311
13.2 多条查询结果的分页显示 313
13.2.1 限制每页显示记录数量 313
13.2.2 设置分页变量，实现自动分页 315
13.2.3 实践案例：一个简单的分页应用 316
13.3 PHP 和 MySQL 联手打造个性化 Web 应用 320
13.3.1 什么是个性化应用 321
13.3.2 在线点餐系统的业务逻辑 321
13.3.3 在线点餐系统的实现 322
13.4 多表查询 327
13.4.1 设计一张订单表 327
13.4.2 多张数据表的查询 328
13.4.3 主键约束 330
13.5 本章小结 331

第 14 章 综合项目实战：小说阅读网大挑战

14.1 动手前，先分析 333
14.1.1 业务逻辑 333
14.1.2 功能分解 334
14.2 静态布局 335
14.2.1 首页 336
14.2.2 作品简介页 355
14.2.3 全部页面 365
14.2.4 小说章节 367
14.3 动态页面 368
14.3.1 首页内容的动态更新 369
14.3.2 登录 371
14.3.3 我的书架 372
14.4 还可以做更多 376
14.4.1 第三方登录 377
14.4.2 支付功能 378
14.4.3 作者入口 379
14.4.4 数据过滤 379
14.5 本章小结 380

致谢 382

第 1 章　Web 到底是怎么一回事儿

作为全书的开篇，本章首先带你去初探一下 Web 世界。在开始一项具体的学习任务之前，对学习内容有一个全局的认识是非常重要的，这样不会一开始就陷入迷途，同时还能快速进入状态。为了做到这一点，你需要先了解一下 Web 的三个发展阶段。接着，通过深入剖析一次访问网页的过程，向你揭示 Web 应用中的核心概念和工作原理。最后，为帮助你尽快了解三种重要技术，将在最后一节讲述前端开发、后端开发和全栈开发三者之间的异同。

1.1　Web 的前世、今生和未来

Web 应用是一个很大的范畴，典型代表包括网站、App 和小程序。从 Web 应用的使用者与运营商之间的关系来看，Web 的发展经历了三个阶段：被动的 Web 1.0、交互的 Web 2.0 和智能的 Web 3.0。随着技术的不断发展与进步，用户和 Web 应用之间的关系也在不断变化。接下来，让我们去了解一下每个发展阶段的主要任务、典型应用以及遇到的新问题。

1.1.1　被动的 Web 1.0

Web 1.0 阶段，是指由生产内容的网站运营商负责发布网站上的所有媒体信息，这样用户就可以通过访问其门户网站浏览各类信息。20 世纪 90 年代的搜狐门户网站就是这个时期的代表，它主要为人们提供各种时事新闻和广告。在 Web 1.0 时期，可以说 Web 的作用就是将报纸和政府机构的宣传册搬到了互联网上，从而极大地提高了信息传播的速度。但是，当时的上网用户只能被动地接受网站运营商发布的信息，不具有任何主动权。

随着上网用户数量的不断增多，一批聪明人发现了商机，他们开始在网上通过发布商品信息来吸引用户购买。但可惜当时的 Web 技术无法实现他们的这一想法。主要原因在于，当时的网站无法记录谁来过，也不知道用户想购买哪些商品，更别提该向谁收钱了。于是，“电子商务”在 Web 1.0 时代只是一个遥不可及的梦想。为了解决这一问题，我们就来到了 Web 的下一个阶段。

1.1.2　交互的 Web 2.0

在 Web 2.0 时代，首要贡献就是解决了上一代的遗留问题，而这得益于 1994 年网景

公司的员工卢·蒙特利的发明——cookie，该技术可以明确用户的身份并保存其购物车的记录。至此，“电子商务梦”才得以成真，比如现在人们熟知的京东和淘宝。

但更重要的是，随着技术的不断进步，交互式 Web 慢慢兴起。这时，用户提出了新的需求，“我们不能只是被动地接受信息，是不是也应该允许我们制造一些内容”。于是，Web 2.0 的真正标志是用户成为发布网站内容的参与者。比如，大家熟悉的论坛、微信和微博等，我们既可以看网站为我们准备的新闻和广告，也可以上传并发布我们自己的图片、状态和博文。要知道，当前很多社交网站上的大部分内容其实都来自用户。

然而，有一天也许你会突然明白过来，自己发布的这些内容有可能被所有人看到，这意味着你已经毫无隐私可言。于是，某一天你决定退出新浪微博，再也不去京东网购，但随之而来的就是你失去了与全世界的联系。这当然不是你想要的，要解决这个问题，你可以期待 Web 3.0。

1.1.3 智能的 Web 3.0

严格来说，官方至今还未给出 Web 3.0 的定义。但是它表现出的新特性仍然值得我们先睹为快。近年来，你一定听说过人工智能（AI）。其实，一些大型网站早已纷纷引入人工智能技术，比如“智能推荐系统”。当你在浏览网页时，是否注意到网页的一个角落总会弹出一些莫名其妙的广告，提示你 “一直关注的电器到货了，价格很优惠”，甚至，你从没关注过的一些商品也会有一个消息提醒，其实是因为你浏览过类似的商品或者你的朋友已经购买了相关产品，所以推荐系统认为你也有可能感兴趣。而这一切的依据就是你过往的上网记录以及社交网络中的大数据，并结合一些聪明的算法所做出的推断，这就标志着 Web 应用进入了 AI 时代。

在 Web 3.0 时代，最大的一个优势是解决用户数据所有权和隐私权的问题，也许在不久的未来，用户的数据所有权就可以掌握在自己手里，随时带走，能够在不同平台上使用。未来某一天，如果你不想用微博了，那么就可以带着所有数据轻松地转移到微信。其实，今天所有网站上的数据之所以被互联网巨头“霸占”，是因为维护数据库的成本是很高的，只有他们有能力做到。但随着分布式技术和线下程序优化技术的发展，通过鼓励用户贡献自己的本地存储空间来降低维护数据库的成本，将实现互联网的终极目标——“去中心化”，让每一个用户成为自己数据的掌控者。所有这一切让我们拭目以待吧！

如前所述，Web 发展的三个阶段是由用户和运营商的关系不断发生变化的产物，具体变化如图 1.1 所示。在 Web 1.0，用户只是被动地接受运营商提供的信息，比如新闻和广告；到了 Web 2.0，用户主动参与到运营商开发的 Web 应用的内容创作中，比如发表博文和视频；到了 Web 3.0，则是结合大数据和人工智能技术，Web 应用能够推测用户的潜在需求，提供更贴心的服务。同时，随着分布式数据库技术的发展，还会出现更多个性化的定制服务。

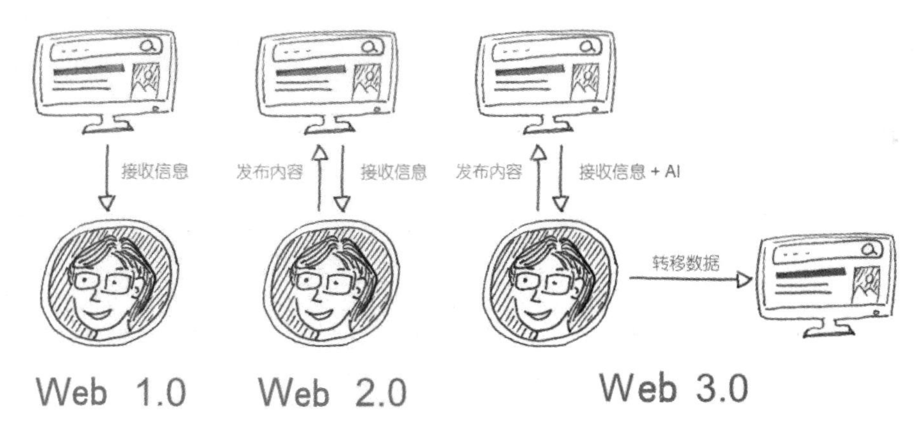

图 1.1

下面结合一个例子，进一步体会一下 Web 三个阶段的变化：

（1）Web 1.0：打开一个电子图书应用，你只能看书架上已有的书；

（2）Web 2.0：打开一个电子图书应用，你不仅可以浏览书架上看已有的书，还可以对其进行评价，甚至要求管理员再上一些感兴趣的新书；

（3）Web 3.0：打开一个电子图书应用，你一登录，系统就会自动识别出你的身份，便发出温馨提示："您感兴趣的新书到了，可以去看看"。但是突然有一天，你不满意这家图书应用的服务了，也可以带着自己收藏的书籍和评论数据换到其他应用。

1.2　每一次浏览网页都发生了什么

如今，人人都"挂"在网上，好像上网是一件再平常不过的事儿。只要我们在浏览器地址栏中输入一个网址，便能轻松打开一个网页，这看似极为简单的几秒钟，背后却默默发生了很多事情。要说清楚这背后的原理，我们需要先从网络通信谈起。

1.2.1　通信

众所周知，上网必须要依靠网络才能得以实现。无论你是用手机还是台式机访问网页，都离不开网络的支持。随着数以千万计的网络设备入网，网络这条高速公路变得异常繁忙。在这条高速路上行走的是各式各样的网络设备。包括手机、台式机、笔记本、路由器等。

回想一下，当我们用手机与另一个朋友联系时，双方首先都要有一个电话号码，这个号码就像身份证号一样是唯一的，这样才能保证准确地联系到的是朋友，而不是别人。同样的道理，网络中一台计算机与另一台计算机之间的通信，各自也有"号码"，这个号码称作 IP 地址。为了保证通信不会出错，这个 IP 地址必须是唯一的。

每当你打开一个网页时，本质上来说，是你本地的计算机想要和网站运营商的服务器主机通信，目的是请求访问网站相关的所有资源，即一个网页，服务器主机收到请求后，便会立即去寻找，如果一切顺利，它会把所有资源都发送到你所在的本地计算机，最后浏览器负责显示该网页。其中，本地的计算机是客户端（Client），而运营商提供服务的主机是服务器（Server）。

为什么说服务器是一台主机

一般来说，计算机是指一台具有完整上网功能的台式机或笔记本电脑，一般包括显示设备、主机箱、鼠标和键盘等硬件。相对地，主机则只是包含主机箱内的所有核心硬件，而没有像显示器和鼠标等输入、输出设备。因为这些核心硬件就足以完成计算机的核心任务，比如资源的管理，文件和数据的传输和存储等。

大型的网站运营商一般都有自己独立的机房用于存放多台服务器主机，或者租用专用的服务器，用于为邻近的客户端计算机提供服务。

每次打开一个网页时，相当于是客户端与服务器建立了一次通信。这里的通信可以简单理解为一次两者展开的会话，会话开始的标志是从打开浏览器输入网址的那一刻，而结束则代表关闭网页或退出浏览器。为了保证会话的顺利，通信双方要遵循统一的协议，即超文本传输协议（简称 HTTP）。该协议规定了通信的双方必须以请求-响应的方式展开，指定客户端能发送什么类型的请求以及服务器端能给出什么响应，以及资源的格式等属性，这些信息以 HTTP 报文的形式返回给客户端的浏览器。

客户端与服务器端之间的通信过程可以这样理解，当客户端发出对资源的请求时，服务器则负责查找是否存储有请求的资源，如果有，则将与资源相关的所有信息发送给客户端，即对请求做出响应。之后客户端的浏览器会对资源进行缓存并加载，最终网页的内容得以渲染在本地计算机的屏幕上。如果请求的资源不存在，则返回一些提示码（404）和警告信息（资源不存在）。

我要的是网页，为什么说是资源？

其实，浏览器中打开的每一个网页，它的实质是一个 HTML 文档，又称 HTML 类型的资源，更进一步来看，该文档通常还包含 CSS 样式表、图片、JavaScript 脚本等文件，这些文件构成了网页上对应类型的资源。因此，当提到浏览器通过地址栏中输入网址请求资源，其本质是根据资源的 URL（统一资源定位符）寻找文件，URL 用于表示其在本地计算机缓存中（一般是内存）的物理地址或网络服务器主机上的网络地址。

总结一下，一个网页包含多种不同类型的资源，每一个资源都有一个唯一的标识符，浏览器是通过 URL 请求资源，而服务器则根据 URL 寻找资源。可见，资源可以是一个 HTML 文档，也可以是一张图片。

接下来，我们来看看每次通信的过程中发生了什么？

1.2.2　统一资源定位器

在计算机中，所有文件都是依靠目录的方式组织起来的，比如一幅图片的存储路径为 D:/web/1.jpg，依靠这个路径，我们就可以很方便地找到该图片。类似地，网络中的所有资源也是依靠同样的方式，只不过它有一个很酷的名字——URL（统一资源定位），它主要用来寻找服务器上存储的资源。那么浏览器中的地址和 URL 的关系到底是什么呢？这一节我们就来一探究竟。

我们以一个网址 http://tech.sina.com.cn/csj/2020-02-11/doc-iimxyqvz1887699.shtml 为例，来看看该 URL 是如何标识一个 HTML 文档资源的。这个地址可以分解成 3 块来看：

（1）协议类型（http），这是客户端计算机和服务器主机进行网络通信的基础，双方必须遵守同一个协议才能保证正常通信，否则就是“鸡同鸭讲”，完全不在一个频道。

（2）服务器主机的 IP 地址和端口号（“tech.sina.com.cn”），这是为了从众多的主机群中找到目标服务器主机，建立一对一的通信。所以，这一串字符对应的是一个服务器主机的域名，它等价于一串 IP 地址（58.49.227.129）。也就是说，我们既可以通过 IP 地址也可以通过域名来访问服务器主机。而端口号则是特定的网页程序与外界通信的出口，采用 HTTP 协议的 Web 应用通常采用是默认的端口号：80 或 8080。

端口号一定要有吗？

答案是肯定的。为了回答这个问题，我们从 IP 地址与端口的关系来说一说。当两台计算机在通信时，IP 地址可以帮助我们定位到目标主机，但是由于目标主机上一般运行着多个网络程序，因此，还需要端口号来标识每一个不同的上网程序（进程）。准确来说，要寻找一个特定的网络程序，必须依靠 IP 地址和端口号的组合。其中，端口号是联网程序（进程）与外界进行通信（比如数据交换）的必经之地。如果做一个比喻的话，IP 地址和端口号的关系可以近似为楼栋和楼门号的关系。

回到新浪网的例子，好像网址中并未出现端口号，那是因为在默认情况下，HTTP 协议的程序都采用 80，这个可以省略。如果有其他非 80 的端口号，则必须要在地址栏中明确给出。

（3）文件路径（“csj/2020-02-11/doc-iimxyqvz1887699.shtml”），这一串看似复杂，其实逐一分解就会发现其实很简单。首先，从最后 doc-iimxyqvz1887699.shtml 看，这是一个 shtml 文档资源，“.”前面的字符串是文件名；接着，“2020-02-11”是该文件存储的文件目录（即一个文件夹）；然后，“csj”是上上一级文件目录。它跟在域名之后，表示对于网站站点的根目录的相对路径，说明目标网页文档的存储位置是相对于根目录下的 csj/2020-02-11 文件夹中。

这就更清楚了，上述地址中的 URL 对应的是新浪网上一篇文章的网页，它背后的本质是该地址指向存放在新浪的某一台服务器主机上的一个 HTML 文档。

shtml 和 html 文档是一回事？

其实，一个 HTML 文档的后缀名有三个，分别是 htm、shtml 和 html。也就是说，看见网页对应的 URL 的末尾是以它们结尾的话，都代表是对一个 HTML 文档资源的请求。

其中 htm 和 html 完全是一个意思，可以互换。但是为了技术上更容易理解，推荐使用 html。

shtml 和 html 对于本地浏览器来说都是 HTML 格式的静态网页。但有一点不同的是，shtml 中多了一些包含 SSI 技术命令和服务器端指令的语句，这些语句很大的可能是说这些 HTML 的内容是由服务器端的脚本动态生成的。更多关于静态和动态网页的介绍后面会有更详细地解释，这里不再赘述。

1.2.3 浏览器如何理解网页

前面提到，客户端的浏览器会接收到服务器主机发来的 HTTP 报文，这些报文信息经过传输和解析后就隐藏在浏览器中。

当你在百度搜索框输入“新浪”（即客户端发送一个 HTTP 请求到百度服务器），按下 F12 打开开发者测试工具，找到 Network 选项，可以看到甘特图下方有一个表格，如图 1.2 所示。它包含着无数行数据，其实每一行数据都代表着对不同资源的描述。

图 1.2

具体来看，每一行中包含一些列属性，这些属性是对资源的描述，属性的具体含义说明如表 1.1 所示。

表 1.1 请求资源的属性说明

名　称	描　述
Name	请求资源的名称
Status	HTTP 状态码，200 表示 ok，即请求成功
Type	表示请求资源的类型，这里的 xhr 表明它是一个异步请求对象
Initiator	解释请求是怎么发起的，图 1.2 中表示是由 JavaScript 脚本处理发送

续上表

名　　称	描　　述
Size	表示请求资源的空间大小，具体包括响应头部和响应体
Time	表示请求的时间，以 ms 为单位

通过表 1-1 中描述的信息，我们可以知道与网页中包含的所有资源的相关信息，从而有利于做进一步的网页优化。

接着，在 Name 列，随意选择一个资源单击打开，如图 1.3 所示的 Headers。这里隐藏着更重要的信息，即请求头和数据、响应头和数据。

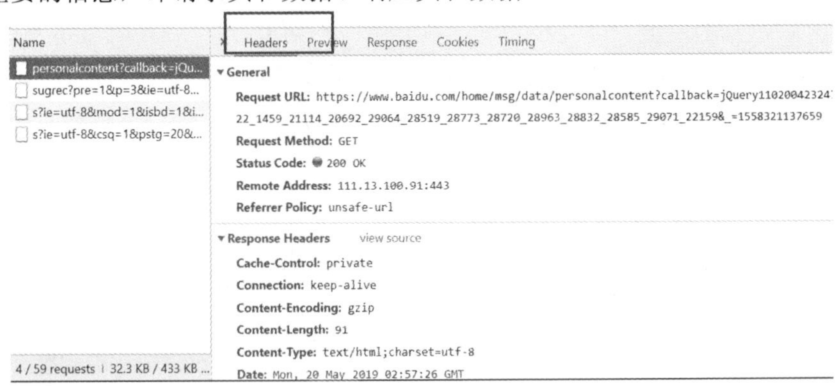

图 1.3

一般来说，一次正常通信的报文头（Headers）包括四部分内容：General、Response Headers、Request Headers 和 Query String Parameters（可选项）。

（1）General（通用信息）

它是本次请求-响应通信的基本信息，包括请求的新浪网页（Request URL），请求方式是 GET，HTTP 状态码是 200，表示正常，以及远程地址。

（2）Response Headers（响应头部）

这一部分是服务器发出响应的一些重要信息，其中主要的信息字段如表 1.2 所示。

表 1.2

字 段 名	说　　明
Connection	表示该网页打开后，客户端和服务器之间用户传输 HTTP 数据的 TCP 连接不会关闭，如果再次访问，会继续使用这一条已经建立的连接
Content-Encoding	内容编码方式是 gzip
Content-Length	内容长度为 91 字节
Content-type	内容类型，text/html，charset=utf-8，说明这是一个 html 代码，编码方式是 utf-8，这样浏览器就知道该以 HTML 文档的方式解析该文件

（3）Request Headers　（请求头部）

这一部分是关于客户端发出请求相关的一些重要信息，具体包括以下内容：

- Accept：表示能够接受的网页形式，包括 text（文本）、JavaScript 代码等；
- Cookie：用来存储一些用户信息以便让服务器辨别用户的身份（大多数需要登录的网站上面会比较常见），比如 Cookie 会存储一些用户的用户名和密码，当用户登录后就会在客户端产生一个 Cookie 来存储相关信息，这样浏览器通过读取 Cookie 的信息去服务器上验证，通过后会判定你是合法用户，从而允许查看相应网页；
- Host：发送请求时，这是必须指定的主机和端口号，主机是 www.baidu.com，端口号 80 省略即可；
- Referer：这个一般都会有，告诉服务器我是从哪个页面链接过来的，服务器借此获得一些信息。比如从我主页上链接到一个朋友那里，他的服务器就能够从 HTTP Referer 中统计出每天有多少用户点击我主页上的链接访问朋友的网站；
- User-Agent：告诉 HTTP 服务器，客户端使用的操作系统和浏览器的名称和版本，尝试找找有没有 Chrome 以及其版本号。我们上网登录论坛的时候，往往会看到一些欢迎信息，其中列出了你的操作系统的名称和版本，你所使用的浏览器的名称和版本，这往往会让很多人感到很神奇，实际上，服务器应用程序就是从 User-Agent 这个请求报头域中获取到这些信息的；
- X-Requested-With：这个属性用于在服务器端判断前端的请求（Request）是来自 Ajax 异步请求，还是传统的同步请求。当它为 XMLHttpRequest 时，表明是异步请求；如果为 null，则表明为传统的请求。

（4）Query String Parameters （查询字符参数）

从图 1.4 可知，由于用户输入了关键字“新浪”，所以它就是我们查询的关键字参数。这里的参数为加了 s 的复数，表明允许你一次输入多个查询参数，这些参数和值可以用“&”符号连接，比如 wd='新浪'&author='小红'。

▼ Query String Parameters

wd: 新浪

图 1.4

基于以上这些隐藏在浏览器中的信息，客户端和服务器的通信才会变得真正可行。

1.2.4 从程序方面理解网页

这一节要从程序的角度来理解一下要想成功打开并显示一个网页，都需要依靠哪些程序来完成。这里还是以在百度主页 https://www.baidu.com 中搜索“新浪”过程为例，来看看前端采用 JavaScript 程序和后端采用 PHP 程序的网页访问和加载过程，客户端与服务器之间的通信见图 1.5。

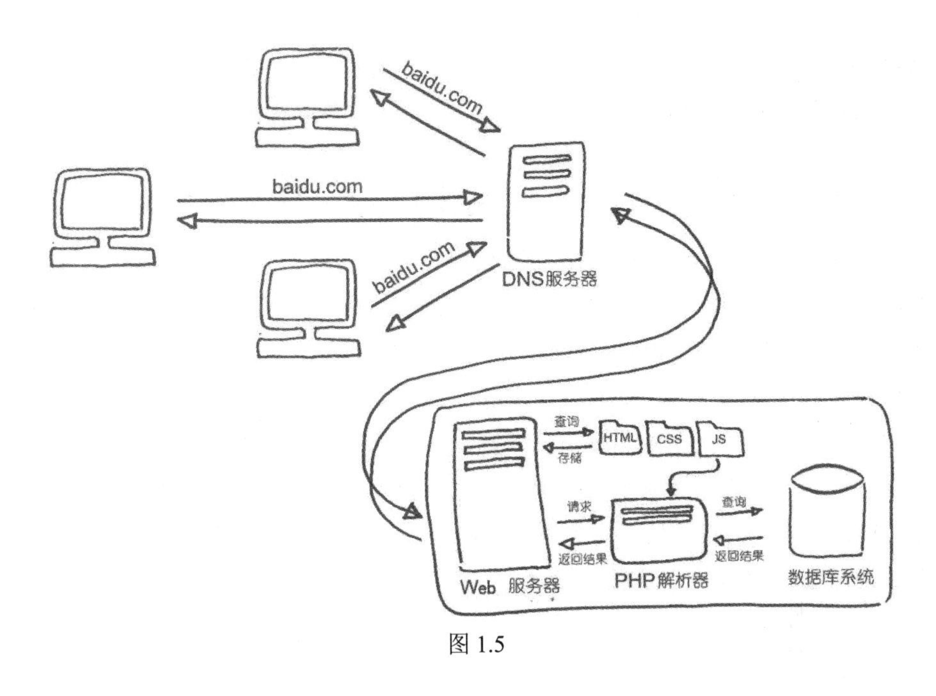

图 1.5

图 1.5 可以分成三个阶段来解读。

（1）客户端发送请求

在同一时段，网络中通常有多台本地主机在浏览器中输入百度的网址，这些请求会首先经过 DNS 域名解析服务器，负责将提取出来的服务器名称转换成一个 IP 地址，比如：220.181.38.148，从而去网络中查找该地址对应的百度上的一台服务器主机。

（2）服务器返回响应

服务器主机上一定装有一款 Web 服务器程序（比如 Apache），它通过遵守 HTTP（超文本传输协议）与客户端浏览器进行信息交流，并负责存放目标资源的相关文件。一旦用户在百度的搜索框内输入“新浪”，服务器很快便去搜索与关键词新浪相关的 HTML 文档、CSS 样式表、图片以及 JavaScript 程序。由于搜索的部分结果可能是从数据库中动态查询到的，所以在 JavaScript 程序中，还会通过服务器端的 PHP 脚本程序，该程序一般放在 PHP 应用服务器上，主要实现对数据库的查询，而数据库一般是以一个数据库管理系统程序的形式出现。

在通信正常且请求成功的情况下，新浪相关的查询结果会返回给 PHP 程序，接着它又把结果告诉 JavaScript 程序。

（3）浏览器解析代码并渲染网页内容

JavaScript 程序会在浏览器中解析和执行，随着搜索结果的相关资源下载到本地缓存中，网页中相关的 CSS 样式和 JavaScript 程序也会异步加载，最终会成功渲染（即网页内容是以画图的方式显示在屏幕上）到网页中，即搜索结果页面展现在操作者面前。

在网页内容的加载过程中，文字和 CSS 样式会首先显示在页面上，图片和视频等消耗更多网络资源的加载时间比较长，这就是为什么当网络环境不好时，你可能只看到一些文字，图片却没有正常显示或显示不全。

1.3 Web 应用开发模式的演变

20 世纪 90 年代初，Web 刚刚兴起的时候，市面上只有极少数的网站，人们可以通过在浏览器的地址栏中输入网址，实现对目标网页的访问。

随着 Web 应用的数量越来越多，单靠记忆网址就不太现实了。于是就有了以搜索引擎为入口的方式访问网页，比如百度搜索。这时好像不用再手动输入网址，但如果仔细观察搜索主页地址栏的变化，你会发现，随着关键词的输入，地址栏一直在发生变化。接着，随着操作者点击某一条搜索结果，地址栏也一直在发生变化。所以，从本质上来说，我们依旧是通过网址访问网页上的资源的。

QQ 为什么不用通过浏览器打开？

这个问题很睿智。要回答这个问题，不得不提到 Web 程序的两个分类，一个是 C/S 架构，另一个是 B/S 架构。这里的 C 代表 Client，表示客户端，主要指本地计算机。而 B 表示 Browser，即浏览器。所以，以上提到的网站是属于 B/S 架构，只要你的计算机安装了一款浏览器，就可以通过在浏览器的地址栏中输入网址来访问网页。而 QQ 则是基于 C/S 架构的应用，一旦你安装了 QQ，就相当于在本地计算机安装了客户端程序，而你每次和朋友聊天，都需要向腾讯服务器端程序发起访问请求，它会对你要联系的朋友进行身份验证以及消息的筛查，并保证消息的传输。

其实，B/S 和 C/S 架构的区别除了安装程序的支持不同之外，最重要的区别是 B/S 架构能够做到，只需要开发一套程序就可以通过跨平台的浏览器实现访问。而 C/S 架构的程序则需要开发两套，一套安装在服务器端，另一套安装在客户端。

手机本身就是为了更方便地通信。因此，选择 B/S 架构，实现安装 App 程序到手机当然更方便，但是安卓手机和苹果手机仍然要开发两套独立的 App。

再后来，有了微信小程序、支付宝小程序和百度智能小程序，它们是跨平台的。苹果手机和安卓手机都支持，现在几乎人人的手机上都安装了微信和支付宝，百度应用中一种或几种，基于小程序的 Web 应用也就应运而生了，你可以只开发一套程序，就可以保证所有平台的手机都能使用。

总结一下，Web 应用开发模式的演变过程，如图 1.6 所示。

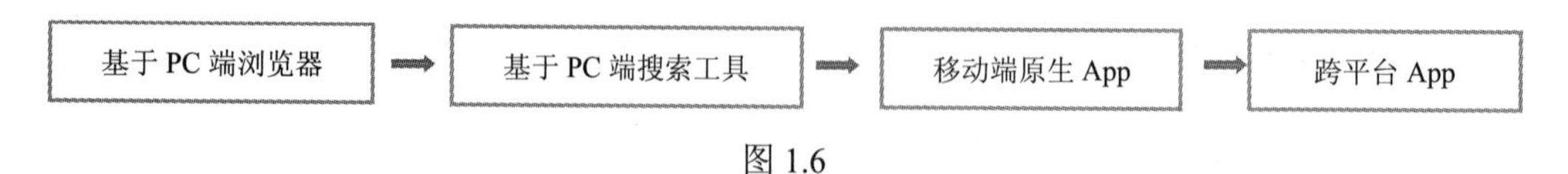

图 1.6

1.4　什么是前端、后端和全栈

全栈是 Web 开发技术的总称，简单来说，以客户端程序为主的开发称为前端开发，以服务器端程序开发为主的称为后端开发。因此，很容易知道，全栈开发人员必须既熟悉前端开发技术，又掌握后端开发技术。

1.4.1　吸引用户的前端

Web 应用的“前端”其实是指开发的程序能够在浏览器中解析和运行。这些程序可以实现网页内容的添加和设计，包括文字、图片、视频以及各种不同内容的布局，还包括一些动态效果，比如发表评论、倒计时等。这些功能的实现是由浏览器解析、处理、渲染相关 HTML、CSS，JavaScript 代码后呈现出来的。**前端开发的目标之一**就是要让网页足够漂亮，吸引更多人来使用。

随着网页的流行，网站仅仅作为浏览信息的功能就不够用了，于是人们希望在网页上与网站产生交互，比如发表日志和评论，还可以删除日志，单击实现网页上元素的动态变化等。这些主要是依靠浏览器对象技术（BOM），文档对象技术（DOM）和 JavaScript，通过浏览器自带的解析器程序对这些代码进行解析。这就是**前端开发的目标之二**：注重与用户的交互，关注用户体验。

前端开发的主流技术包括 HTML、CSS、BOM、DOM 和 JavaScript；除了这些基础的编程技术外，还有一些第三方的库和框架可以用于快速开发，比如 Bootstrap、jQuery、Vue.js 和 AngularJS 等。

1.4.2　数据为王的后端

Web 应用的“后端”是指用运行在后端服务器上的程序，通常用来针对前端程序发出的请求，做出回应，比如“反馈是否登录成功”，还可以是管理前端用户查询的数据（比如京东商城的商品），以及用户自己产生的数据，比如用户名、文章、评论等。这些主要依靠后端服务器技术（如 PHP）和数据库技术，让用户能够与数据库打交道，主要通过 Apache 服务器、后台服务器解析器、数据库管理器来实现。因此，后端开发的最重要的**目标之一**就是管理数据，**另一个目标**则是实现网页内容的动态更新。

后端开发的主流技术包括服务器端脚本语言 PHP、Node.js、Python、JSP 和 ASP.NET，以及数据库技术 MySQL、SQLServer 和 Oracle。后端开发也有一些框架，比如 MongoDB 和 Express。

1.4.3 综合型全栈及案例分析

全栈最初是由 Facebook 的工程师提出的，单纯从程序开发的角度来说，就是开发人员承担包括前端和后端在内的所有功能的开发任务。下面结合具体案例，让我们分别来看看前端开发、后端开发以及全栈技术可以实现什么样的网站。

1. 前端应用案例

前端的应用十分广泛，我们作为消费者所有在互联网上打开的网页都属于前端应用。如果你有网购经验的话，京东一定不陌生。我们以京东首页为例，可以看到其首页包含页面间的导航和左侧分类列表，以及中间的图片轮播效果和右侧的图文列，这些网页的内容和排版都可以通过前端技术实现。一般来说，网站的前端是服务于广大用户浏览网站，用户主要浏览网页上的内容获取资讯、资源等。

2. 后端应用案例

后端开发的重点是管理数据，因此，纯后端开发的案例常常是某后台管理系统，比如一个博客管理后台系统，它主要是对博客相关的数据进行管理，比如文字、图片、影音和其他日常使用文件的发布、更新、删除等操作，同时也包括用户信息、留言信息、流量信息的统计和管理。简单来说，该系统就是对数据库中的数据和文件的操作和管理，以使得面向大量消费者用户的前端网站内容得到及时更新。一般来说，网站的后端只是由少数具有管理员权限的人可以使用，他们主要负责管理数据的更新和删除，以及一些统计工作。

3. 全栈应用案例

全栈应用其实你一点儿都不陌生，现在很多网站都会允许用户主动修改和添加网页中的数据和信息，这些网站都属于这一类。因此，一些具有复合型功能的网站都采用前端和后端结合的方式，让网站实现包括评论功能、下单功能、关键词搜索功能。为什么说这些网站是全栈技术实现的呢？因为它不仅能够实现前端技术的目标：关于网页内容的布局和用户的交互，比如整个页面的布局，通过按钮的单击实现型号的选择和加入购物车等功能。另外，关于商品的价格、评价数量、版本、型号等描述数据，都是通过访问相关的数据库才得知的。这种类型的网站是前端和后端的一个综合体的呈现，也就是全栈的体现。

总结一下，前端更偏重于界面和内容的设计，后端则更侧重于对数据的操作和管理。从界面来看，前端页面和后端页面开发重点不同：前端要求页面漂亮，给用户提供良好的交互性；后端界面则要简洁便利，把功能和查询信息显示在同一页面。现在大多数网站，比如京东和新浪网都是前端和后端的结合。其中，前端负责网页内容的展示，后端负责数据的动态查询与更新，这就必须依靠全栈开发技术才能得以实现。

至此，本书的重点已经非常明确，就是希望带你去体会如何开发与实现一个“全栈”型的网站。简单来说，所有关于向用户展示的网页内容，由前端负责，而关于需要后端服务器给出响应消息以及数据库查询结果的，则要依靠后端技术，通过前端和后端的配合，你才能搭建一个 Web 全栈应用。

1.5　本章小结

本章向你展示了 Web 应用的发展历史，希望你能了解到运营商和用户之间的关系变化是建立在用户不断产生的新需求和每一次的技术革命之上的。接着，为了让你提前感受 Web 应用技术的核心，通过一次网页浏览的过程示例，向你揭示重要的概念，包括通信、客户端、服务器端和统一资源定位器，以及浏览器在这个过程中是如何工作的。最后，阐述了全书的三个重要技术概念（前端、后端和全栈），帮助你理解这些技术的区别与联系。基于对这些基本概念和工作原理的理解，下一章将介绍以网站开发为主的工具选择与准备，为你将来的开发之旅做准备。

第2章　开发之旅前的准备工作

工欲善其事，必先利其器，要做开发，没有工具是万万不行的。本章将介绍全书中用到的所有开发工具和测试工具。为你准备这些工具的原因有三个：第一，功能强大；第二，开源且完全免费；第三：简单易用。作为初学者，你一定不希望一上来就被一堆复杂的安装流程绕晕。因此，本书选择三个易于安装的开发工具：

（1）万能的代码编辑器；

（2）用于测试网页效果的浏览器——Chrome；

（3）用于后端服务器开发的集成软件——Xampp。

2.1　代码编辑工具

做开发少不了要和很多代码打交道，选择一款得心应手的代码编辑器尤为重要。这里我们重点是要做 Web 开发，下面推荐两款常用的代码编辑工具。

2.1.1　万能的 Notepad++

Notepad++是一款强大的文件编辑工具，支持对所有格式的网页文件的编辑，包括.html、.css、.js、.php 和.sql 文件。在学习初期，建议手动输入所有代码，这样既有助于强化记忆新学的语法，也有助于提高自己的打字水平。Notepad++界面如图 2.1 所示。

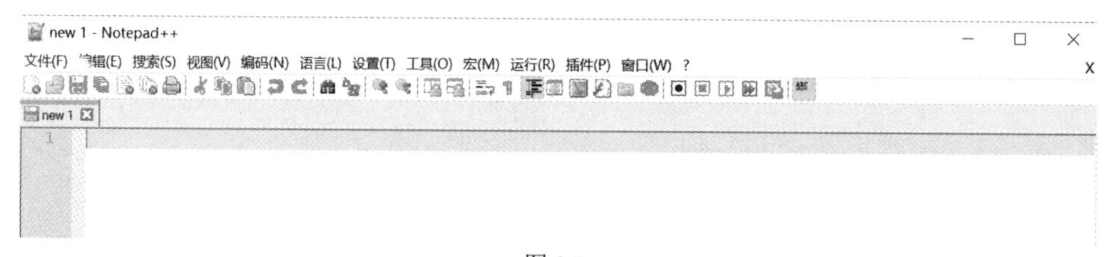

图 2.1

它的下载很简单，只需要在百度搜索 Notepad++就可以找到想要的软件，简单几分钟即可安装成功。

2.1.2　极速开发者的利器：HBuilderX

HBuilderX（简称 HB）是一款开源的 Web 开发 IDE，它支持网站、App 和小程序等各类 Web 应用的开发。主要用于快速开发时期，因为它具有代码提示功能，意味着当你忘记如何拼写某个**关键词**时，它会替你自动补全，比如 HTML 的标记只需要写出开始的一半，结束的一半标记 HB 会自动为你补齐。所以，拥有它，可以极大地提高代码输入的速度。

接下来看看如何下载并安装 HB 吧！

（1）下载地址，自行去官网 http://www.dcloud.io/，下载最新版的 HBuiderX（极客开发工具），并安装到本地计算机上。

（2）打开 HBuilderX 开发工具，文件→新建→项目，新建一个默认名称为 test 的项目，路径可自行选择，效果如图 2.2 所示。

新建项目

◉ 普通项目(V)　○ uni-app(U)　○ Wap2App(P)　○ 5+App(A)　○ 小程序(M)　○ 快应用(Q)

test

D:/web　浏览

空项目　仅包含一个工程目录
✓ 基本HTML项目　包含index.html和css、js、img目录
vue项目(2.5.17)　vue-cli默认项目（仅包含babel）

创建(N)

图 2.2

（3）这里以新建一个 html 文档为例，编辑窗口如图 2.3 所示。

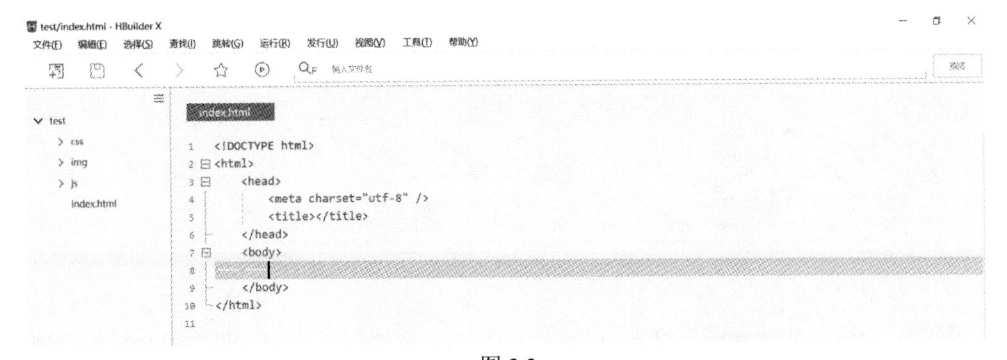

图 2.3

为什么要准备两款代码编辑器？

虽然两款编辑器中的任何一款都足以担当开发的重任，但是两者还是有一些各自的优势和不足。其中，Notepad++是初期学习 Web 开发的“神器”，它不仅体积轻巧、安装方便、界面简洁使其备受开发人员青睐。从使用时间来看，初学代码时，为了加深对代

码的理解和熟悉程度，Notepad++是不二之选。而到了中后期，需要写大量代码时，建议使用 HBuilderX，它的代码提示功能和自动补齐功能可以帮你节省大量敲代码的时间，从而提高开发效率。除此之外，还有一对常用的工具你也可以自行尝试：Sublime Text 和 Visual Studio Code。

简言之， Notepad++更适合于初学阶段，HBuilderX 则更适合于中后期开发阶段。

2.2 测试环境——Chrome 浏览器

本书的 Web 应用特指网站，因此浏览器是必不可少的，它主要用来展示网页的效果以及完成测试。Chrome 是一款功能非常强大的浏览器，它采用 V8 引擎，能够快速地解析和执行 JavaScript 脚本，让你的网站运行得更快。同时，它还支持 W3C 推出的许多最新技术。因此，我们选择 Chrome 作为网页的测试浏览器，最重要的是它提供了测试者开发工具，通过按下【F12】就可以调出来。例如在浏览器中打开百度首页，并尝试打开开发者工具，如图 2.4 所示。

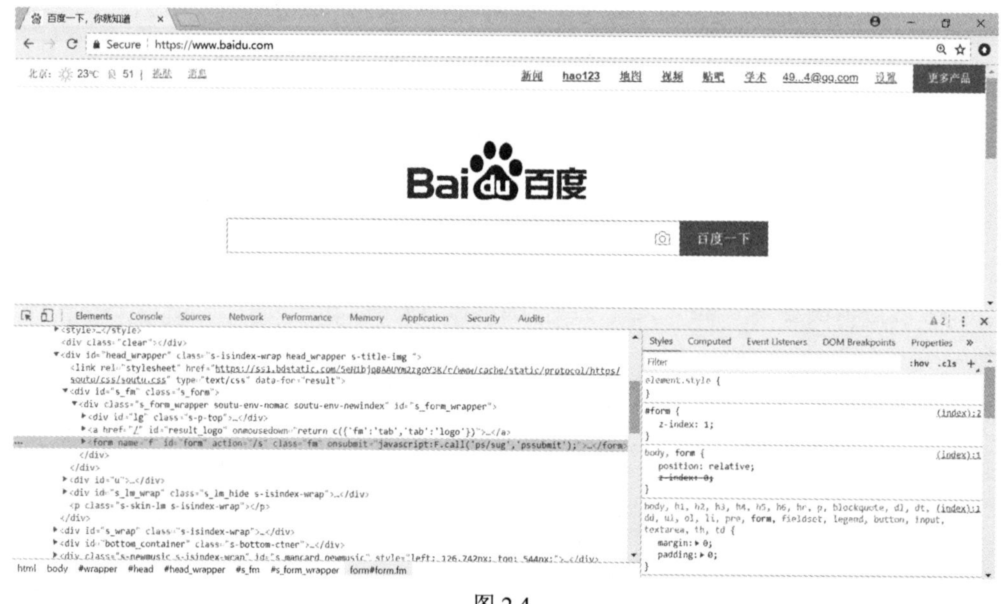

图 2.4

通过该工具，可以查看百度首页的所有 HTML 代码和 CSS 样式（Styles）（右侧）。你会经常用到选项卡工具栏上最左侧的箭头图标，帮你选中感兴趣的元素（Elements），控制台（Console）将为你展示错误提示信息，关于其他工具，你可以自行探索。

Console 选项用于显示输出到控制台的内容，用户看不到，只是开发者用于测试 Web 代码，尤其是 JavaScript 脚本中的某个变量的值或输出测试值，如图 2.5 所示。

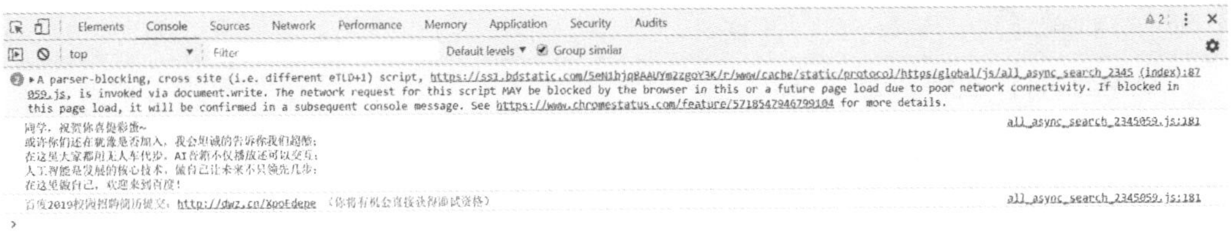

图 2.5

Network 选项是指客户端的浏览器向服务器发出请求，服务器返回的所有资源。图 2.6 中显示的前 6 张 gif 图片资源相关的信息。这里 Status 状态是 200，说明服务器响应正常，这些信息还包括图片的大小以及响应时间等，这部分信息可以用于测试网站的反应速度，用于做网站的优化。

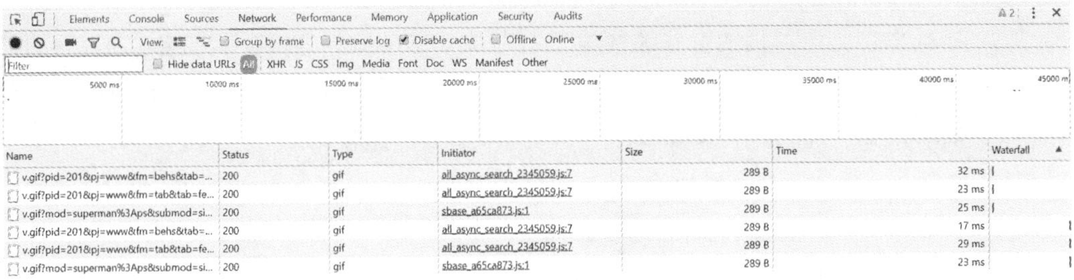

图 2.6

前端开发工具已准备就绪

至此，你需要的前端开发工具已经全部就绪，借助 Notepad++、HBuilderX 和 Chrome 浏览器，就可以去制作前端网站了。如果你还对其他浏览器感兴趣，也可以尝试火狐浏览器。注意，工具只是帮你实现网站的建设，不需要太纠结用哪一款最好，最重要的是你用得最得心应手。

2.3　本地服务器的搭建

一个真正的 Web 应用都需要将代码部署到服务器上，这样才能让更多人访问。因此，搭建服务器是必不可少的环节。一般来说，Web 应用的服务器都是在某个机房的大型服务器主机上，而在学习阶段，我们可以搭建一个本地服务器就能满足学习 Web 全栈开发的需要。因此，本节就来讲述如何安装一个本地服务器的集成工具。

2.3.1　Xampp 的安装

Xampp 是一款功能强大的服务器端集成软件，它包括最常用的 Web 服务器 Apache，以及 PHP 编译器和 MySQL 数据库服务器，主要用于 Web 的后端开发部署。之所以选择 Xampp，是因为它有免费版提供，所以可以节省开支。同时，集成工具也省去了安装每一个服务器的麻烦。

Xampp 有什么特别之处？

提到 Web 应用，就不得不谈到服务器，任何一个 Web 应用都离不开它。每次用户输入一个网址或通过单击一个链接，其实都是在向服务器发出一次 HTTP 请求，这种请求的目的是想查询服务器中的数据库，更新数据。整个过程从服务器端来看，一定需要一款 Web 服务器、后端脚本解释器和数据库服务器，幸运的是，Xampp 集成了这三者，从而免除了我们单独安装每一款软件的麻烦。

接下来，请你按照以下步骤完成 Xampp 的下载和安装。

（1）请自行去官网 https://www.apachefriends.org/index.html 下载，根据你自己的计算机型号选择合适的版本。

（2）根据你自己计算机的操作系统来选择版本，Windows 系统上安装完成之后的界面如图 2.7 所示，请忽略下方提示框的内容。你可以看到 Xampp 已经为我们提供了几种 Web 服务器，比如 Apache 和 Tomcat。

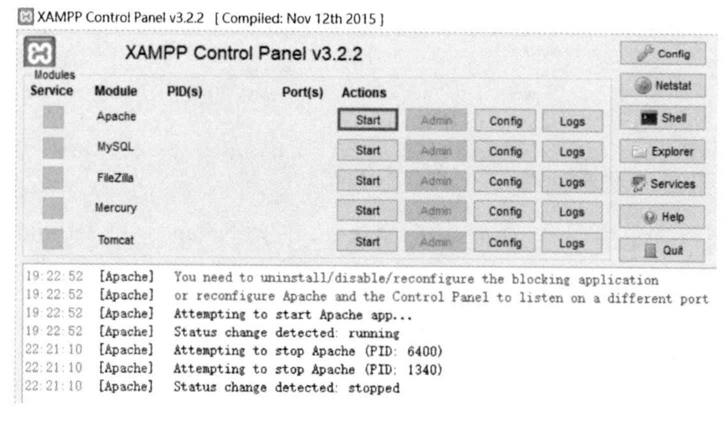

图 2.7

2.3.2 Xampp 的配置

Xampp 安装完成之后，需要在本地进行配置。具体步骤如下。

首先，本地计算机既要充当客户端的浏览器，又要充当后台的服务器。有了 Xampp 这一切就变得非常简单，你要做的只是在 Xampp 控制面板中单击 Apache 那一行对应的 Start 按钮，即可完成 Web 服务器的开启。这时，本地计算机上的浏览器就可以访问本地的服务器。由于是本地的主机，因此，这个服务器的地址是 127.0.0.1，它等价于 localhost。

初次使用 Xampp 一定要做的事

初次使用 Xampp 一定要测试其是否配置正确。具体做法是，首先需要开启（Start）Apache 服务器，然后在 Chrome 浏览器的地址栏中输入 localhost，看到一个 Xampp 默认的首页。这其中的原理在于 Xampp 的默认配置，通过输入一个地址，Xampp 就将自动寻找根目录（即 Xampp 安装目录下的 htdocs 文件夹）中是否含有 index.html，所以地址栏中的完整输入是 localhost\index. html，只不过 index.html 常常被省略。

但是为了将来设计属于你自己的 index.html，建议你一定要把 htdocs 文件夹下的所有原始文件夹及文件都删除，保证万无一失。否则，你可能永远无法显示自己的网页。

接下来，我们来建立站点。其中，Xampp 安装目录下的 htdocs 文件夹就相当于 www，所以又称为超级根目录。你需要做的是，把所有与你的网站相关的代码和图片等资源都放在这个文件夹下。比如，建立一个 test 文件夹（例如，我的目录路径为 D:\xampp\htdocs\test)，并同时准备一些子文件夹和首页文件，参考如图 2.8 所示的子目录效果。

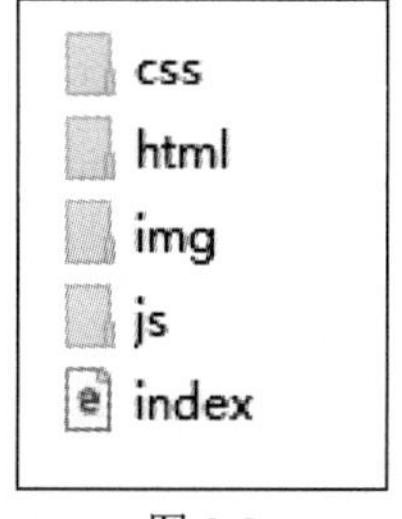

图 2.8

此时，这个 test 文件夹被称为**站点**，可以理解为一个名叫 test 网站相关资源的存放地。

站点建立完毕，就可以通过浏览器进行测试自己的首页。记住，一定要先开启 Apache 服务器，然后在浏览器地址栏中输入 http://127.0.0.1/test/index.html（或者 http://localhost/test/index.html）就可以看到自己网站的首页 index.html。

端口号冲突怎么办？

有时会遇到 Xampp 与你已安装的某款软件冲突，导致无法正常开启 Apache，这时，控制台窗口库的下方还会给出红色的错误提示，端口（port）被占用。请不要慌张，我们可以手动做一些配置来解决这个问题。

你可以通过 Apache 同一行的 Config 按钮，找到 hpptd.conf 文件，然后【Ctrl+F】搜索 Listen，找到 Listen 8080，有两个，以#开头的那一行是注释，没有#开头的才是真正的配置信息。这里你只需要把默认的 80 改为公认端口范围（0～1023）中除 80 之外的任意一个值即可。这里推荐改为 80 附近的端口，比如 81 或 82。因为其他的无法确定是否被另一个网络程序占用。

如果你对端口号进行了上述配置，今后一定要记得在浏览器地址栏中输入 http://127.0.0.1:82/test/index.html。

2.4　第一个 Web 应用——hello，world

学习程序开发的第一个内容，一定是输出“hello，world”，仿佛这就是一个开发仪式。本章也不例外，搭建我们的第一个 Web 应用，请按照如下提示一步一步来操作。

（1）找到 Xampp 安装目录下的 htdocs，就是 Web 应用中所有文件的根目录（root)，（比如 C:\xampp\htdocs)，新建一个文件夹 test，并在其中依次新建 css 文件夹（存放 css

文件）、js 文件夹（存放 js 文件）、data 文件夹(存放 php 文件）、imgs 文件夹（存放图片文件），这一步相当于搭建好站点。

（2）HTML 文件一般是放在应用项目的根目录下。因此，在 test 中，打开 Notepad++，新建一个 test.html，并输入如图 2.9 所示的代码（此时不用着急看懂这些代码的含义）。

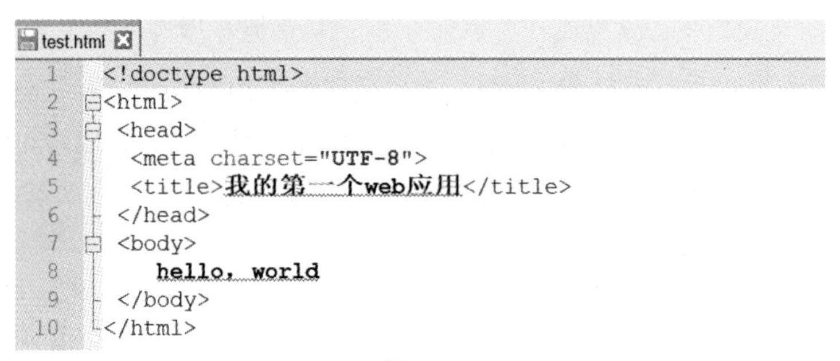

图 2.9

（3）在 Chrome 浏览器的地址栏输入 http://localhost/test/test.html，看看有没有“hello，world”。有的话，恭喜你，你的第一个 Web 应用搭建完成。

思考片刻

考验一下你的记忆力，localhost 好像可以替换成一个 IP 地址，它是什么？

（提示：忘记的话，请翻到前面关于 Xampp 的配置部分）

2.5 本章小结

开始真正的编程之旅之前，旅行装备必不可少，这些装备包括代码编辑工具、客户端测试环境和服务器的搭建。Web 应用中的所有网页都是依靠代码实现的，这些网页的最终效果则需要在浏览器中完成测试；然而，到这里你只能算是完成了前端开发的准备工作，后端的开发工作则需要服务器的搭建，因为后端的开发技术必须要工作在服务器端。准备工作就绪，还要及时地检查一下，这时你一定要亲自实现一下第一个 Web 应用，保证万无一失。

接下来，让我们从前端开发之旅开始吧。

第 3 章　构建网页内容——HTML 基础

现在你所看到的每一个网站，都是由一个个网页组成的，而每一个网页都包含着大量的文字、图片、音频和视频等内容，这些内容要想正确地显示在浏览器中，则必须依靠超文本标记语言——HTML。可以说，HTML 是 Web 开发入门且必备的技能。本章就从 HTML 的基本用法开始讲起，带领你正式迈入 Web 开发世界的殿堂。

3.1　HTML：一门关于标记的语言

HTML 的英文全称是 Hypertext Marked Language（超文本标记语言），所谓超文本，就是它的用途超越了纯文本。HTML 实际上是由多个具有特殊含义的标签组成，这些标签主要用于定义网页中的文字、图片、视频、音频等内容在网页中显示的格式，从而让浏览器知道如何将这些多媒体内容正确地显示在用户的屏幕上。然而，HTML 并不算是一门真正的编程语言，它只能算是一门标记语言。

为什么说 HTML 不算是一门编程语言？

HTML 是一门标记语言，但严格来说，不能算是编程语言，因为它不具备大多数编程语言（比如 Java、C）的逻辑性，即它自身无法完成逻辑判断、流程控制、循环操作等功能。同时，HTML 文档必须按照 W3C 的标准来书写，不允许用户自定义。但是，它在 Web 开发中的重要作用却是无可替代的。

3.1.1　普通文本 VS 超文本

先来说说我们熟悉的普通文本，在任何一款文字编辑工具里（比如 Word），输入一段文字就是默认的普通文本，但当你想要对其加粗，就要选中该段文字，并选择 B 对应的工具图标就能搞定。而在网页中，则需要依靠一对标签（又称标记）来明确指出加粗的含义，这对标记是<b></b>。为了更清楚地看出对比效果，可以在浏览器中打开一个空白页面，即在地址栏输入 about:blank，然后按下 F12，找到 Element 选项卡，右击 Edit as HTML，并在一对<body>标签内部输入以下两行文字：

```
<body>
普通文本
<b>加粗普通文本</b>
</body>
```

最终，可以看到网页上多了一段字，如图 3.1 所示。可以明显看出，由于<b>标签的作用，普通文本被加粗了。这里的<b>就是 HTML 中的一个标签。

普通文本 **加粗普通文本**

图 3.1

通过上面的对比可知，普通文本只能呈现出单一的状态，而超文本则可以实现更多可能，这大概就是它超级的地方。然而，你可不要以为 HTML 就这点儿本事，只是对文字做文章。它超级的功能还在于能标记出图片、声音、超链接、视频等多种多媒体内容以及表格、表单等多种格式。而所有这些都需要通过标签去定义，进而浏览器才能解析这些标记，并将内容正确地显示在网页上。由于 HTML 是一门由 W3C 标准制定的多种标记组成的语言，所以它被称为超文本标记语言，简称 HTML。

W3C 是干什么的？

W3C（World Wide Web Consortium，全球万维网联盟）是一个国际组织，专门负责明确万维网的发展方向，并制定 Web 应用相关的标准。该组织规定了 HTML 和 CSS 等网络语言的规范，从而保证全球的 Web 应用都按照同一个标准编写 Web 应用，这样更又利于协同合作。更重要的是，这些规范需要各种浏览器和网络设备能够遵守，从而更广泛地支持 Web 应用。

3.1.2 标签的基本用法

HTML 是由大量标签组成的，可以说标签是 HTML 的基本组成单位，它定义了网页内容的呈现方式。一般来说，标签是指由尖括号包围的关键词。其中，第一个标签是开始标签，第二个是结束标签，中间则是网页的内容。

```
<标签>内容</标签>
```

到底是标签还是标记？

标签和标记其实是同义词，两者经常互换。所以，标签等同于标记。每一个标签都代表着不同的含义。

标签通常都是成对出现，因此，又称双标记，包括<b><i><a><span><form><table><tr><td> <ul><li><button>等。但偶尔也会以单个形式呈现，又称单标记，它们一般只有结束标记，而且在右侧的尖括号前。比如，<hr/>
<img/><input/>。注意：单标记无法将网页内容包裹起来，因此，它们一般通过**属性**来定义内容。比如<img>图像标记：

```
<img src="1.jpg"/>
```

通过 src 属性，可以指定一个图像文件的路径。

3.1.3　属性的基本用法

标签内部都是可以添加属性的。当我们描述一个人时，可以说他是长发、单眼皮、高鼻梁等属性；对应的，标签也可以有类似的属性，一个属性的定义方式为一个键值对。

```
属性名 = “值”
```

属性总是在开始标签或单标签中定义，基本用法如下：

```
<标签  属性名 1 = “值”  属性名 2 = “值” >
```

属性的作用是定义网页内容的呈现形式，比如<p align= “center” >是让一个段落文字居中对齐显示。一个标签可以有多个属性，每个属性之间用空格隔开。

关于标签和属性，更复杂但也更常见的是**标签的嵌套**使用，也就是标签内嵌套其他标签：

```
<标记>
        <标记>内容</标记>
</标记>
```

比如，让一张图片成为超链接，即超链接图片，其中<a>代表超链接，HTML 代码如下：

```
<a href="#">
    <img src="1.jpg"/>
</a>
```

再比如，一个 form 表单里，有一个登录按钮，其中<form>表示表单，<button>表示按钮，HTML 代码如下：

```
<form>
    <button>登录</button>
</form>
```

紧急支招

问：一上来就要记那么多标签，根本记不过来，怎么办？

答：目前，所有的标签不需要一下全部记住，正确的做法是通过多使用，慢慢理解并体会其中的含义，从而让印象更加深刻。

在一个典型的 Web 页面中会有多种不同形式的文字和各类多媒体内容。接下来，我们来通过做不同的任务，认识并熟悉更多的标记。还有一点不得不提示你，HTML 中很多关于定义内容的样式，都不建议再使用 HTML 中的属性，而是采用后续提到的 CSS。

3.2　超链接标记小案例：做一个个人博客主页

首先，从一个简单的博客网页开始学习一下超链接标记的用法。

```
超链接<a>标签
```

任务描述：个人博客主页中，有文字和图片，还能打开文章的链接，进而打开链接一篇具体文章的页面，效果如图 3.2 所示。

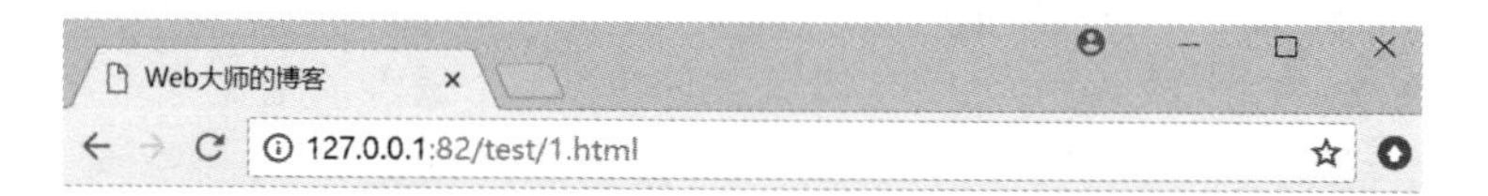

欢迎来到我的博客主页

Web大师

最新更新

万峰之巅，日月同辉——南美巴塔哥尼亚风光展作品三 ——转载自好摄之徒罗红的博客

图 3.2

图片素材准备：准备一张头像图片 myAvatar.jpg，将其保存在根目录 test/imgs 文件夹下。

操作步骤：在 test 文件夹中，右击打开 Notepad++，新建 01.html，并输入如图 3.3 所示的代码，输入完毕后保存。最后，用 Chrome 浏览器打开，查看网页效果。

```
1  <!doctype html>
2  <html>
3   <head>
4    <meta charset="UTF-8">
5    <title>Web大师的博客</title>
6   </head>
7   <body>
8       <h1 align="center">欢迎来到我的博客主页</h1>
9       <img src="imgs/myAvatar.jpg" width="150px" height="150px">
10      <p><b>Web大师</b></p>
11      <p>最新更新</p>
12      <a href="http://blog.sina.com.cn/s/blog_49a346ea0102xhui.html?tj=1">万峰之巅，日月同辉
13      南美巴塔哥尼亚风光展作品三—转载自好摄之徒罗红的博客</a>
14   </body>
15 </html>
```

图 3.3

思考时间

停一下，给自己 2 分钟时间，找找 HTML 代码与网页内容的对应关系。

时间到，相信聪明的你很容易就找到对应关系了，每一块内容都由一对或单个<标记名>包围，由于这是你的第一个网页，所以还是先跟着我来看一下每一行代码的含义。如果你已经很熟悉 HTML，则可以跳过该节。

代码行 1：<!doctype html>这是对 HTML 版本的声明，所有 HTML5 版本的网页，必须在文档的第一行声明，这里大小写都可以。

代码行 2：<html>是对 HTML 文档的定义标签，它也是双标记。它的作用是包围网页

相关的所有代码。

代码行 3-6：<head>是 HTML 文档的头部声明区，该区一般用于定义文档内容的字符集格式，声明 CSS 样式，定义网页的标题<title>等。这里字符集为 utf-8，表示支持中文内容的显示，关于 CSS 样式的声明和引入之后的章节再细聊。<head>内的所有内容都不会出现在网页主体中，它只是会影响整个 HTML 文档中内容的格式和样式。

代码行 7：<body>是正文部分，它是 HTML 文档的重中之重，因为与网页中内容相关的代码都在这里。

代码行 8：<h1>一级标题标签，文字会被加粗且字号变大，align="center"是文字居中的属性。相关的标题标签实际有 6 级，从 h1 到 h6，标题文字的大小依次变小，并且标题行之间的间距也越来越小。

代码行 9：<img>是图片标签，又称单标记，也可以写作<img/>。为了显示图片，我们需要告诉浏览器图片的存储路径，而它是通过 src 属性来定义的。类似的，width 和 height 也是 img 标签的属性，负责定义图片显示的宽度和高度，单位是像素（px）。

代码行 10-11：<p>是段落标签，表示开启一个段落的内容。<b>是将文字加粗显示。

代码行 12-13：<a>超链接标签，href 是超链接的跳转地址属性。

代码行 14：一定要记得在 html 中，很多标记都是成对出现的；因此，一定不要忘记<body>对应的结束标签</body>。

代码行 15：</html>是<html>标签的结束标记。

至此，就完成了第一个网页的开发，你的网页是否实现了如图 3.3 所示的效果呢？如果是，那么恭喜你了。如果不是，最可能出问题的就是图片的显示问题。

图片无法正常显示

首先，需要排除标签的拼写错误，常见的错误是将 src 写成 scr。如果确认无误，则要查看图片的存放位置，在 test 文件下，有一个 01.html 和 imgs 文件夹，图片应该在 imgs 文件夹下。如果都没有问题，则仔细检查图片名称是否写对，建议图片名称最好用英文，且通过重命名后复制的方式获取，以避免手动拼写错误。

这个小案例虽然简单，却涵盖了一个 HTML 文档应有的基本框架，包括文档声明、<html>、<head>、<body>等标签。在以后的任务中，为了节省空间，将不会再介绍和展示基本框架代码。

网页出现乱码怎么办？

问：在 Notepad++中运行 01.html，却发现网页中显示一堆乱码？

答：不要着急，这是由于 Notepad++的默认设置问题，你可以按照图 3.4 修改设置。即在工具栏中找到“设置”→“首选项设置”，将新建文档的编码格式由默认的 ANSI 改为 UTF-8，这个问题就可以迎刃而解了。

图 3.4

3.3 关于路径

路径属性在 HTML 的很多标签中都能见到，比如<img>元素的 src 属性是图片的存放路径，<a>元素的 href 属性的值是一个跳转到目标资源的路径。除此之外，还有音频和视频等标签也具有路径属性，如果路径错误，那么就会导致图片、视频等内容无法正常显示，可见路径的重要性。

3.3.1 路径大考验

路径一般分为绝对路径和相对路径，本地计算机中的绝对路径如下：D:\project1\imgs\logo.png，相对路径是指与当前操作文件的相对位置，以图 3.5 中的文件目录层级为例，所有文件存储在 D 盘，X 是一个站点的根目录，请先花几分钟自行尝试填空，然后参考后面的答案。

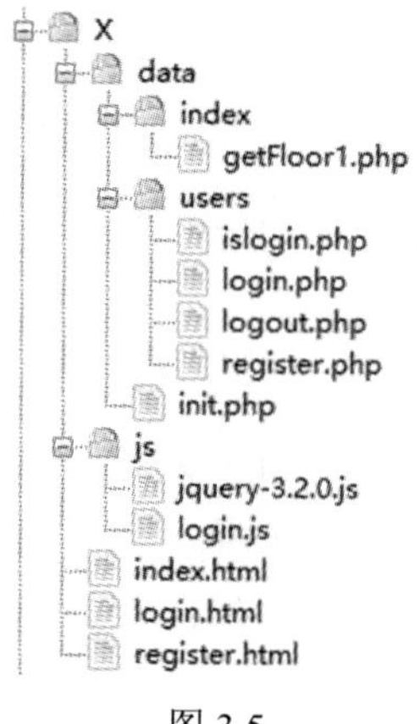

图 3.5

特别说明：在 HTML 中，路径中不同层级的目录分割符是/，而不是系统默认的\，因此，为了适应 HTML 的用法，参考答案都采用/。关于文件目录的路径，D 盘经常被称为盘符，X 是 D 盘下的一级目录，而 data 文件夹和 js 文件夹则是二级目录，其余文件夹依次类推。

（1）请写出与 index.html 文件同级的两个绝对路径。

（2）如果你现在正在编辑 index.html 代码，需要引入 index 文件夹下的 getFloor1.php 文件，相对路径应该怎么写？

（3）如果你现在正在编辑 login.js 代码，需要引入 data 文件夹下的 init.php，怎么写路径？请用/隔开。

（4）如果你正在编辑 login.php，想要发送数据给 login.html，请问你的路径要怎么写？请用/隔开。

参考答案

（1）答案是：D:/X/data、D:/X/js

解答：因为是 index.html 和 data 文件夹，js 文件夹都属于根目录 X 文件夹的下一级，所以它们对应的路径为 D:/X/index.html, D:/X/data 和 D:/X/js。

（2）答案是：data/index/getFloor1.php

解答：由于 index.html 和 data 属于根目录 X 文件夹下的同一级，即 D:\X，因此相对路径只需沿着当前目录，就可以直接查找到 data，进而向下查找到目标文件。

（3）答案是：../data/init.php

解答：这一题稍有难度，由于 login.js 文件和目标文件都处于三级目录，但是不在同一个二级目录下。前者在 Windows 系统中的绝对路径是 D:\X\js，而后者是 D:\X\data，不难看出它们的二级目录是不一致的，但是它们的一级目录都是根目录\X，因此，需要先返回到上一级 X 目录，然后再沿着二级 data 目录下寻找目标文件 init.php。这里就需要用到“..”去返回上一级。

（4）答案是：../../login.html

解答：login.php 在 Windows 系统中的目录是 D:\X\data\users，而 login.html 所在目录是 D:\X，可以知道 login.php 文件的目录层级比较深；因此，需要先返回到上一级 data 目录，然后再返回上一级到 X 目录，最后在 X 目录下找到 login.html。

建议路径最多就用到三级深度，../返回上一级，../../../返回上三级，因为再多的话，自己都乱了。还有一种是网络路径，也就是网址，如果你想引用网络资源，也要用到它的地址。比如一张网络图片，你可以右击图片然后选择复制文件路径，得到它的网址，就可以在你的网页中正确显示。

3.3.2 相对路径法则

在实际应用中，相对路径使用得更多，因此你必须要掌握。这里我们来总结一下相对路径的用法，要点是找到与当前目标文件同级的目录。一般来说，当前文件和目标文件所在的目录关系存在以下三种情况：

（1）二者在同一级目录，则直接给出文件名就是相对路径；

（2）如果目标文件所在的目录在当前文件目录的上一级，则查看离二者最近的同一级差多少级，差多少级就添加多少个“../”，直到找到相同的父级，则停止添加，并在最后一个“../”后面列出目标文件名即可；

（3）如果目标文件在当前文件的下级，相对路径则为“子级目录/目标文件名”。

3.4 列表标签小案例：制作国际新闻页面

一般来说，新闻网页上都会以非常整齐的列表形式展示每个新闻的标题和简介，在 HTML 中，这些列表也有对应的标记，这一节我们通过一个新闻页面的例子了解一下列表标签的用法。

3.4.1 列表标签的妙用

任务描述：新闻列表、标签的嵌套、列表的使用，效果见图 3.6。

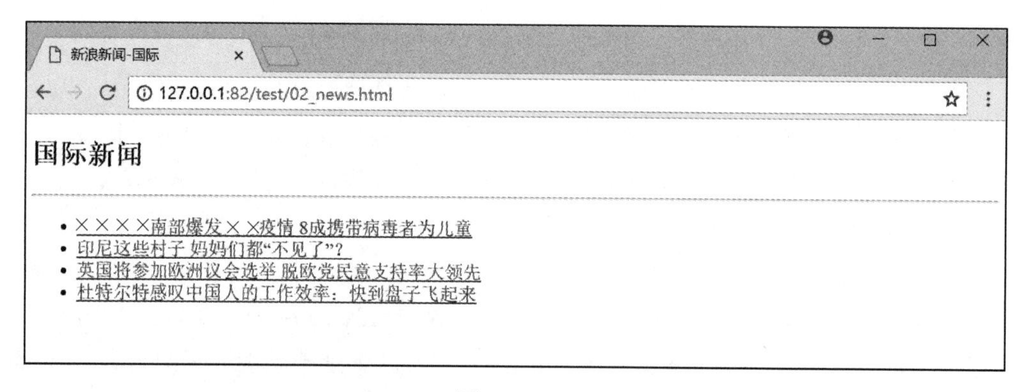

图 3.6

操作步骤：打开 Notepad++，新建 02_news.html，并输入如图 3.7 所示的代码。

在这个任务中，有三个标签：<hr>、<ul>、<li>，对应着每一行代码来看。

代码行 1-7，16-17：基本框架的代码始终和 3.2 小节案例一致，不再赘述。

代码行 8：<h2>是二级标题标签。

代码行 9：<hr>是一个单标记，它的作用是画了一条横线，将标题与正文分隔开，这个很有用，一定要记住。

```
02_news.html
1   <!doctype html>
2   <html>
3    <head>
4     <meta charset="UTF-8">
5     <title>新浪新闻-国际</title>
6    </head>
7    <body>
8       <h2>国际新闻</h2>
9       <hr>
10      <ul>
11          <li><a href="#" target="_blank">××××南部爆发××疫情 8成携带病毒者为儿童</a></li>
12          <li><a href="#" target="_blank">印尼这些村子 妈妈们都"不见了"? </a></li>
13          <li><a href="#" target="_blank">英国将参加欧洲议会选举 脱欧党民意支持率大领先</a></li>
14          <li><a href="#" target="_blank">杜特尔特感叹中国人的工作效率：快到盘子飞起来</a></li>
15      </ul>
16   </body>
17  </html>
```

图 3.7

代码行 10 和 15：<ul></ul>是无序列表的标签，无序的意思是用实心原点来代表每一个条目，这是默认的，如果你想要更多形状，可以参考 HTML5 手册，具体见这一章的结尾。无序列表在实际的应用中非常广泛，需要牢记。

代码行 11-14：四个 li 标签表示每一个新闻条目，且它们都是超链接。其中，<a>中 href="#"是指仍然停留在当前页面，不调转至其他页面，另外，target="_blank"是说另外打开一个新网页。（目标窗口的打开方式还有其他三种形式，请自己去查看手册自学）。你可以点击每一个条目看看效果，浏览器中又打开了 4 个新的网页窗口。你还会发现，<a>标签被放在了<li>标签里面，叫嵌套，就是标记内部套着另一个标记，这个非常常见，慢慢就会更有体会了。

3.4.2 列表标签的基本用法

在 HTML 中，列表分为有序列表<ol>和无序列表<ul>，要记住这两个标签，可以借助英文单词，ordered List 就是有序列表，意思是条目都是按照数字排列的顺序，比如罗马数字 1、2 等，而它的否定 unordered List 是无序列表，它其中的条目就不是按照数字顺序，而是统一的圆点、方块等实心形状。关于列表条目，则无论有序、无序，统一为<li>，这里我们以无序列表为例，说明列表的基本用法如下：

```
<ul>
    <li>第一条内容</li>
    <li>第二条内容</li>
    <li>第三条内容</li>
    <li>…</li>
</ul>
```

列表内部的条目内容很广泛，可以是文字类的新闻列表，也可以是图片，甚至可以是一个图文块。总之，你希望网页上的内容采用整齐的条目类表示法，就可以采用列表标签。

3.5 表格标签小案例：制作一张财务季度报表

虽然列表看上去功能已经很强大了，但是为了更加清晰地展示内容，有时还需要用到表格，它可以用于一些数据和文字内容的表格化呈现。因此，本节我们来领略一下表格标签的基本用法。

3.5.1 表格的使用

任务描述：制作一张公司季度财务报表，效果如图 3.8 所示

单位：元

公司季度财报			
第一季度	1月	收：+1000万	支：-3000万
	2月	收：+2000万	支：-2000万
	3月	收：+3000万	支：-1000万
	总计:	收支平衡	

图 3.8

事前分析：

你可能觉得表格还不简单，不就是行和列。你说得对，我们就是要用行标签和列标签来制作表格。但有时关于单元格的合并，可不能像在 Excel 中那样拖动点击合并就能完成，HTML 还需要做一些简单的计算。

操作步骤：在 test 文件夹下，打开 Notepad++，新建 03_table.html，在<body>元素内部输入如图 3.9 所示的代码。

```
03_table.html
8   <table align="center" width="600px" border="1" cellspacing="0">
9     <!--横跨4列 -->
10    <tr align="center">
11        <th colspan="4">公司季度财报</th>
12    </tr>
13    <!--横跨4行-->
14    <tr>
15        <th rowspan="4">第一季度</th>
16        <td>1月</td>
17        <td>收：+1000万</td>
18        <td>支：-3000万</td>
19    </tr>
20    <tr>
21        <td>2月</td>
22        <td>收：+2000万</td>
23        <td>支：-2000万</td>
24    </tr>
25    <tr>
26        <td>3月</td>
27        <td>收：+3000万</td>
28        <td>支：-1000万</td>
29    </tr>
30    <tr>
31        <td>总计:</td>
32        <td colspan="2" align="center">收支平衡</td>
33    </tr>
34  </table>
```

图 3.9

思考时间

请先找找又学到了什么新的标记，它们的含义是什么？请尝试写出来。

我们来看一下图 3.9 中每一行代码的具体含义。

代码行 8：表格标签是<table>，给它添加一些属性，align=“center”，让整个表格位于页面居中对齐；width=“600px”是宽度为 600 像素；border=“1”指边框宽度为 1 像素，cellspacing=“0”表示相邻单元格之间的间距为零，即没有间距。

代码行 9：<!-- -->是 HTML 的注释符，它里面的内容不会在网页中最终显示，只是方便程序员后续审查代码用的。

代码行 10：这是一张 5×4 的表格，即 5 行 4 列，首先输入 5 行<tr></tr>，在每一行内部输入 4 个单元格<td></td>，即代表列。

代码行 11-13：表格的第一行，修改<td>为<th>，让这一行的内容成为表头，即 table head 的缩写，效果是文字加粗显示。由于第一行的“公司季度财务表”需要横跨 4 列，所以用属性 colspan=“4”，并删除其余 3 行<td>。

代码行 14-19：表格的第二行，修改<td>为<th>，让第一个单元格为表头，效果是文字加粗。由于第一个单元格需要跨 4 行，因此添加属性 rowspan=“4”。

代码行 20-24：表格的第三行，原来是 4 列，由于第一列被第二行的表头占据，因此，删除第一个<td></td>，其余三个单元格输入内容。

代码行 25-29：表格的第四行，同第三行，不再赘述。

代码行 30-33：表格的第五行，原来是 4 列，由于第一列被第二行的表头占据，因此，删除第一个<td></td>。又由于第 3 个单元格横跨 2 列，所以删除第一个<td></td>，并添加属性 colspan=“2”。

代码行 34：<table>标签是双标记，千万记得还有最后一行结束标记</table>。

我们来总结一下表格的实现顺序。

（1）先准备好<table></table>元素，添加属性。然后在它的内部添加多行<tr>和多列<td>。由于是 5 行 4 列，因此就是 5 个<tr></tr>，在每一行内部，就是 4 个<td></td>。

（2）接着就开始根据需要合并或删除单元格，并随时在网页中看效果，随时调整。其中，跨列的属性是 colspan，跨行的属性是 rowspan。

请按照以上说明，给自己 15 分钟再做一遍这个表格的网页。

3.5.2 表格跨行跨列的秘诀

表格中的跨行和跨列的用法是很常见的，这里再告诉你一个好用的口诀。

（1）跨 n 列（colspan=“n”），就在自己所在行的内部删除其余 n-1 列<td></td>元素；

（2）跨 n 行（rows=“n”），就在接下来的 n-1 行删除对应的单元格<td></td>元素，比如由于第二行的第一个单元格要跨 4 行，那么在第三、四、五行就应该删除第一个

<td></td>。

单元格的合并还是不对？

如果你的表格合并还是出了问题，请这样做：以单元格的跨行为例：

首先，确定目标表格需要合并是 n 行，rowspan 的值应该是 n-1；

其次，合并之后多余的 n-1 行<tr>一定要删除。如果都做到了，问题应该就能得到解决。类似地，单元格的跨列是依靠 colspan 并删除<td>。

3.6 表单小案例：制作求职申请表

有很多网站都需要用户通过注册成为会员。注册时，需要填写一些个人基本信息。因为只有完成注册，才能被认为是网站可追踪记录的用户。网站会根据我们的浏览行为，提供更加个性化的服务。注册时填写的表格可不是简单的表格，而是一个表单。这一节介绍表单的基本用法。

3.6.1 表单标签

任务描述：制作求职申请表，效果如图 3.10 所示。

图 3.10

操作步骤：在 test 文件夹下，新建 04_jobApp.html，首先复制基本框架代码，然后输入主体代码如图 3.11 所示。代码完成后，可以在 Chrome 浏览器中打开查看效果。

```
04_register.html
 7  <body>
 8      <form align="center" method="post">
 9          <b>----求  职  申  请---</b>
10          <p>用户名：<input type="text"></p>
11          <p>密码：<input type="password"></p>
12          <p>籍贯：<select name="province">
13              <option selected>北京</option>
14              <option>北京</option>
15              <option value="0">===请选择===</option>
16              <option value="1">北京</option>
17              <option value="2">天津</option>
18              <option value="3">上海</option>
19              <option value="4">广州</option>
20              </select>
21          </p>
22          <p>留言：<textarea name ="message" cols = "30" rows="10" ></textarea>
23          <p>性别：<input type="radio" name="rdoGender" id="male" value="0"><label for="male">男</label>
24           <input type="radio" name="rdoGender" id="female" value="1"><label for="female">女</label>
25           <input type="radio" name="rdoGender" value="2" checked>不愿透露
26          </p>
27          <p>头像：<input type="file" name="photoFile"></p>
28          <p>愿意到以下城市工作：<br>
29          <select name="wordCity" size="3" multiple>
30              <option>内蒙古</option>
31              <option>河北</option>
32              <option>山西</option>
33           </select>
34          </p>
35          <p><input type="radio">不要公开我的信息</p>
36          <p><input type="submit" name ="submit" value="提交">
37             <input type="reset" value="清除">
38          </p>
39      </form>
40  </body>
41 </html>
```

图 3.11

我们跳过基本的框架代码，直接看主体代码行。

代码行 8 和 39：<form>是表单标记，对齐方式为居中，表单中的数据一般都会需要提交到数据库中。因此，需要定义提交方式为 post。关于表单的提交方式，稍后再谈。

代码行 9：<b>元素已经说过，就是让文字加粗的元素，这个 是什么？啊，你发现了，这是空格，“求职申请”四个字之间都有一定的空格，你可以试试手动敲入空格，而不用 ，那么空格是不会出来的。因为 HTML 会自动忽略代码中的空格，因此，若要输入空格，一定要用 ，需要十个空格，就输入十个 。

代码行 10：<input>是输入文本框标签，type 指定类型是文本。

代码行 11：<input>输入文本框，type 指定类型是密码，就是不会显示出你的密码。

代码行 12-20：<select></select>下拉列表元素，name 是它的属性，值为 province，用于与 JavaScript 程序交互。每一个选项都是<option>标签，选项的值是 value，一般就用序号，今后将用于与程序交互。

代码行 22：<textarea>是多行文本的输入块标签，name 的属性名为 message，一般用于发表很多文字内容的输入块，这里定义它的列为 30 个字符，行为 10 行。

代码行 23-26：单选按钮，类型为 radio，意味着这里三个选项，你只能选一个，眼尖的你一定发现了，性别的三个选项，“男”，“女”，“不愿透露”的 name 属性都是一样的，它就是通过这个来限定这一组值里只能有一个被选中。为了后续 JavaScript 程序的特定使用，又采用 id 属性和 value 属性把它们区别对待。

代码行 27：还是<input>标签，不过类型为 file，表示支持文件上传，同样有 name 属性。

代码行 28：
换行，又一个单标记。注意：你手动敲入的换行浏览器可是不认的。

代码行 29-33：<select>多选列表标签，就是在前面介绍过的籍贯标签中，用到的<select>加上一个属性 multiple，就表示可以选择多个，按下 shift 键，就可以选择多个。

代码行 36-37：这个按钮，有人说不对，按钮应该是 button，怎么这里不是呢？因为输入框中提交和重置按钮是最常用的。因此，HTML 就将它们设置为了默认的按钮，并且通过类型属性来指明。因此，提交就是 type="submit"，重置（清除）就是 type="reset"。不信，你试试按下这两个按钮。

代码行 38-41：它们是距离最近的开始标签<p>、<form>、<body>和<html>对应的结束标签。

表单<form>一般见于用户注册，报名申请表等需要填写个人信息并提交至网站的应用，因此它的用途也是很广泛的。在表单中，最重要的标签是<input>，表单的意义就是允许用户输入，至于输入的类型，则可以通过 type 属性来指定。

祝贺你，已经完成了第一个接近 50 行代码量的任务。你一定奇怪为什么一上来就做任务，而不是先介绍标签的用法。根据多年的教学经验，我发现直接从代码任务开始，一方面可以帮你尽快找到上手的感觉；另一方面能更有助于形成事后思考和修改漏洞的习惯。所以，请别怀疑，跟着步骤走下去，慢慢你就会体会到代码只是一种实现网页的工具。

3.6.2 表单用法大揭秘

你一定被吓到了，要记那么多标签，实际上，我劝你不要记忆它们，最常用的其实只是 3～5 个，包括普通文本、密码和按钮等。这里你只需要记住以下的基本框架：

```
<input type="text/password/button/radio 等" name="provice/rdoGender 等"
value="输入框中的默认值">
```

其中，type 表示输入框的类型；name 用于 JavaScipt 脚本中引用表单；value 就是在没有输入任何值时的默认显示值。

3.7 一对好兄弟——Get 请求和 Post 请求

前面提到的表单十分重要，因为它最大的作用是帮助用户提交一些数据给服务器端的程序，这个过程就是客户端在向服务器端发送请求，以便获取和提交数据。根据需求的不同，最常见的请求方式有两种：Get（请求资源）和 Post（提交数据）。

3.7.1 数据在地址栏中的 Get 请求

Get 请求是向服务器发出获取资源的请求，比如通过输入百度的网址，希望服务器能够将百度首页返回，这是典型的获取数据。

当我们在百度搜索框，输入查询关键字，如新浪，地址栏中会出现 https://www.baidu.com/s?wd=新浪...，你会发现在网址中有“?wd=新浪”的字样，这表示你提交的查询网页中含有新浪关键字的所有网页和资源。最终，百度会搜索出很多页的结果列表，这个也属于 Get 请求。

3.7.2 数据在隐秘处的 Post 请求

Post 请求一般是指你要提交数据到服务器，比如注册一个账号、上传一篇文章、上传图片或视频、发表一条评论，并不需要服务器返回给你什么，而是向服务器提交数据。

接下来，让我们通过一个任务进一步了解表单在两种不同请求方式下的不同表现。请你在 HBuilderX 中输入如图 3.12 所示的代码。

```
<form action="https://www.baidu.com" method="get">
    <p>
        <input type="text" name="uname"/>
    </p>
    <p>
        <input type="password" name="pwd"/>
    </p>
    <p>
        <input type="submit" value="登录"/>
    </p>
</form>
```

图 3.12

注意，这个登录表单的请求方式是 get，即 method=“get”，在登录框中输入用户名和密码，如图 3.13 所示。

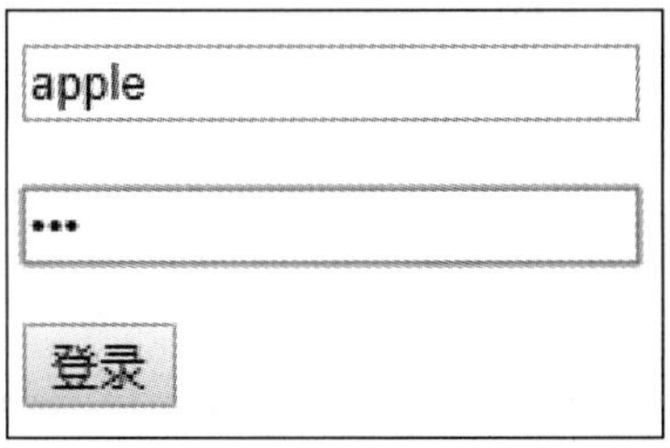

apple

•••

登录

图 3.13

并单击登录按钮后，在地址栏中的变化如图 3.14 所示。

baidu.com/?uname=apple&pwd=123

图 3.14

可以看到输入的用户名和密码信息出现在地址栏上，这个就是 get 请求的特点之一，它将你提交的信息以明文的方式显示在地址栏中。

那么，如果我们把表单的提交方式改成 post，你自己试试看有什么不一样？如图 3.15 所示只改动一处，注意这里没有发送给百度服务器，因为百度不支持外部的 post 请求。因此，这里我们发送本地服务器上的处理表单请求的 login.php 文件。

```
<form action="login.php" method="post">
```

图 3.15

你会发现，当请求方式改为 post 后，用户名和密码等信息没有在地址栏中显示。那它们是丢了吗？当然不是，post 请求是采用一种隐蔽的方式提交数据，不信你可以按下【F12】打开测试工具，找找 Request Headers 下的 Form Data 部分，就能看到它们了，如图 3.16 所示。

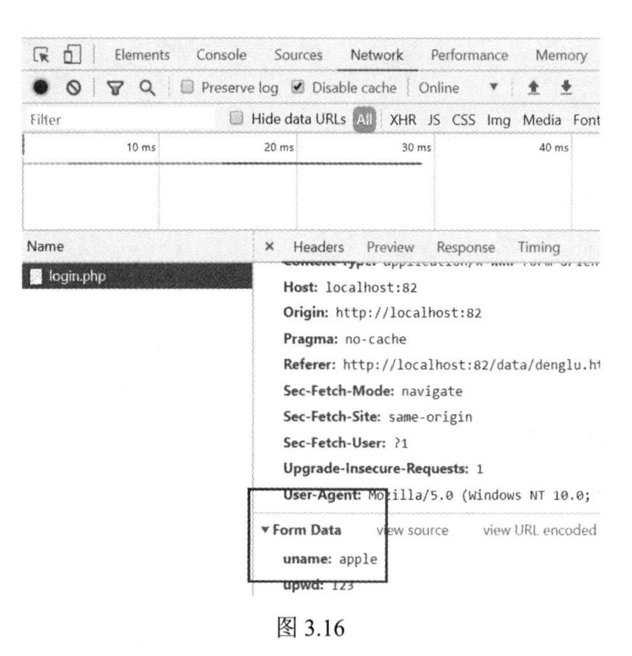

图 3.16

请你想一想，如果你的数据是一份文件，你要采用 get 还是 post 呢？

答：当然是 post 了，因为地址栏的容量是有限的，从上传数据量的大小来看，get 只能支持小数据量的信息，而 post 则支持较大数据量的信息。

补充重点

（1）HTML 的标签和标记可以互换使用，但是有时还会出现第三个同义词——元素。严格来说，元素与标签是不太一样的。不同之处在于，标签强调的是单个标记，而元素则是由开始标签、内容、结束标签组成的。当然，内容允许为空。这里我们用元素比较少，而它在 CSS 和 JavaScript 章节会频繁出镜。

（2）块级元素（block level element）和内联元素（inline element）：它们最大的区别是块级元素在浏览器中显示时，会从新的一行来开始，且行前和行后都会有一定间距，常见的块级元素包括<h1>、<p>、<ul>、<ol>、<table>、<div>等；而内联元素，除非其内容的宽度占满整个页面宽度，否则不会换行，常见的内联元素包括<span>、<b>、<td>、<a>、<img>等。

（3）Get 请求和 Post 请求的区别需要掌握，如果你需要向服务器提交一些简单的数据，比如关键字查询参数，则可以考虑使用 Get 请求；如果你要发送用户名和密码之类的重要数据，则建议你用 Post 请求。另外，Post 请求支持的数据量也比 Get 请求更大一些。

除此之外，其实前端向后端发送获取数据的请求方式一共有 4 种，除了 Get 和 Post 外，还有 Put 和 Delete，只是这些比较少使用，所以本章没有提及，你感兴趣的话，可以自行阅读相关介绍。

3.8　本章小结

本章介绍了 HTML 的基本用法，通过做任务（示例）的方式，重点讲解了超链接、列表、表格和表单标签的使用。HTML 的本质就是通过标签、属性和内容的结合，实现这些内容在网页中按照怎样的方式显示。希望你结合着书中的任务，进一步巩固并直至熟练掌握这些基本标签的用法。

本章中关于路径和表格合并的用法有一点绕，所以需要你多花时间把它们弄明白，建议可以自行画图帮助自己理解。本章的最后给出了一种前端与后端打交道的方式，就是通过表单提交 Get 请求或 Post 请求，这个用法很重要，希望你一定要掌握。

如文中所述，为了保持 HTML 代码的简洁性，装扮网页的任务就不再推荐通过 HTML 属性实现，而是交由 CSS 去专门负责，下一章我们将利用 CSS 将网页打扮得更漂亮一些。

一点点建议

本章没有罗列出所有的 HTML 标签，如果你对更多标签感兴趣，请参考官网手册 http://www.w3school.com.cn/或菜鸟网 https://www.runoob.com/。再次声明本书不会手把手教你每个标签的用法，因为官方的权威手册就在那里，你用或者不用，它都在那里。

虽然 HTML 标记并不难，但是想要熟练地写出一个网页，仍需要多多实践。具体做法如下：找一个感兴趣的网站，尝试去实现每一个网页，并将自己的网页与原有的做对比、找差距，这个阶段的目标是做到把常用的 HTML 标签形成机械记忆。熟练程度从耗费的时间来看，一个较复杂的网页，一般需要 30 分钟就能完成，这才算你基本掌握了 HTML。当然 15～20 分钟完成一个网页才算是熟练，当然这离不开敲键盘的速度练习。最后，留给你一个任务，找一个感兴趣的网站，利用 HTML 实现主页、详情页、注册页、和登录页。

第 4 章　网页一定要漂亮——CSS 入门

你有没有发现，好像平时看到的网页都很漂亮，而上一章 HTML 制作的网页却有点丑，你可能担心是不是 HTML 无法制作出漂亮的网页。其实不是的，HTML 是可以美化网页的，只是它的代价是以臃肿的代码和延迟的下载速度为前提的。为了更高效地开发网页，美化网页的任务一般会交给专用的技术——CSS。它是一种让网页变漂亮的技术。本章主要介绍 CSS 的作用、工作原理、基本用法以及常见样式的定义方法。关于网页中元素的布局，将详细阐述如何利用盒模型和元素的浮动去实现。最后，为了进一步美化网页，将引入伪类制造一些特效。

4.1　为什么需要 CSS

如前所述，网站的目标之一是吸引用户访问网站上的内容，而这需要网站的设计人员通过视觉设计手段，不断吸引用户的眼球，并帮助他们方便快捷地找到感兴趣的内容。

Web 刚兴起的时候，网站的设计人员只能利用 HTML 控制网页中文本和其他元素的显示，具体做法是给 HTML 标签定义大量的属性，利用 Photoshop 设计页面，然后通过切图将整个页面切成很多小块，最后使用表格标签对这些小块实现合理的布局。由于向 HTML 标签直接添加样式属性的做法无法实现代码的复用性，导致大量冗余代码。Photoshop 切图则带来了大量额外的图片负担，导致网站的下载速度变得异常缓慢，这显然背离了网站的快捷性原则。

为了解决这个问题，人们便想到采用分层的思想，让 HTML 专门负责网页内容的组织，即控制结构层；而 CSS 则负责网页的外观，即表示层。因此，HTML 和 CSS 共同构成了 Web 开发的必备技能。

4.1.1　什么是 CSS

CSS（Cascading Style Sheets，层叠样式表），是一种样式语言，用于修饰 HTML 设计的元素，从而告诉浏览器如何将这些元素精美地显示在网页中。

为了更好地理解 CSS 的准确含义，让我们按字面意思从后往前看。首先，一个网页的外观控制需要定义一系列的样式规则，这些规则组成了一个样式表。其次，由于元素的嵌套关系会带来样式的继承或直接为一个元素规定多种样式，导致一个元素通常会受到外层样式规则的影响，这时就形成了在显示层级、显示顺序和显示优先级方面的层叠关系，最终浏览器只选择其中一种样式显示元素。至此，CSS 的名字便一目了然了，不过，为了便于记忆，你可以简称它为 CSS 或样式即可。

4.1.2　CSS 的工作原理

CSS 的本质就是定义元素的样式规则，告诉浏览器如何在网页中显示元素；比如，将标题颜色设置为红色。那么 HTML、CSS 和浏览器到底要怎么配合才能实现这个过程？我们已经知道各类浏览器都必须遵守 W3C 的约定，才能做到正确地解析 HTML 的各类标签，那么对于 CSS 它又该如何解释呢？其实，浏览器首先要解析 HTML，并且创建一棵 DOM 树，然后下载并解析 CSS，目的是找到元素的样式定义。这样，HTML 和 CSS 结合便能够画出一棵文档对象模型树（简称 DOM 树），这里的 DOM 其实是计算机上存储的一个文档，它保存了文档内容和样式的逻辑关系，浏览器最终根据 DOM 树绘制并显示网页的元素，主要过程如图 4.1 所示。

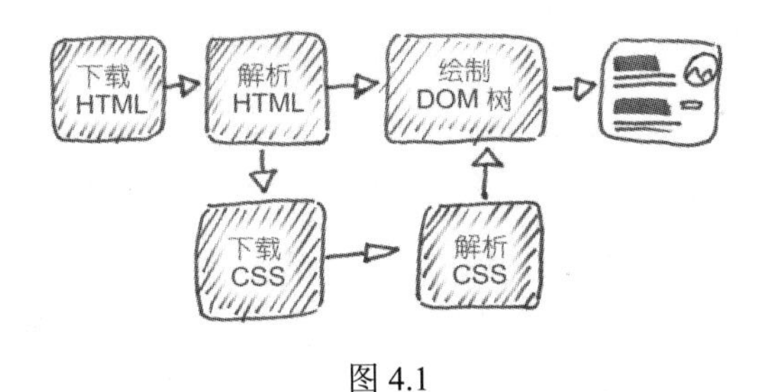

图 4.1

为了理解 DOM 树，我们来简单看一段添加了 CSS 样式的代码片段，如下：

```
<!doctype html>
<html>
  <head>
    <meta charset="UTF-8">
    <style>
    p{ color: green;
        font-size: 16px;}
    </style>
  </head>
  <body>
    <p>hello, world</p>
  </body>
</html>
```

它对应的 DOM 树为图 4.2。

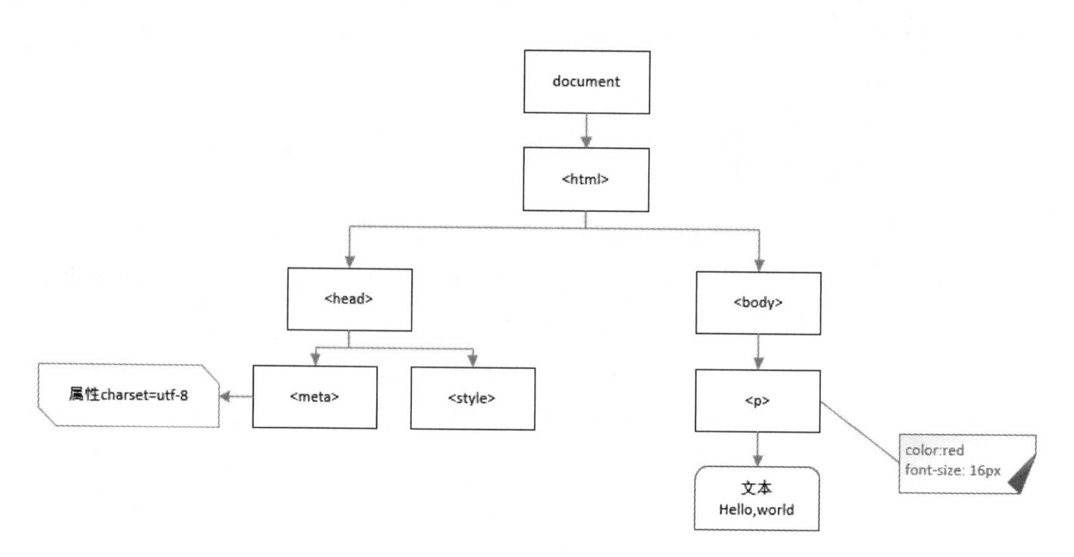

图 4.2

其中，每一个不同的形状都是一个节点，节点的类型采用不同的形状表示。需要说明的是，这里我们只绘制了一棵 DOM 树，但如果 CSS 样式是被定义在一个独立的外部文件中，那么真实的 DOM 树会是两棵，一棵是 HTML 对应的 DOM 树，一棵是 CSS 对应的 DOM 树。之所以 CSS 文档也会解析成树的结构，是方便于浏览器去检查顶部的通用规则，比如应用于 body 的样式，然后再逐级向下找到某一个精确元素的样式，如果发现有重复定义的样式，则越靠后的样式定义会覆盖之前的样式，所以就有了层叠样式的由来。

什么是 DOM 树？

DOM 树实际上是对文档的一种逻辑结构抽象，人们想象着 HTML 元素和 CSS 样式的层级结构就像一棵树根被倒置过来，有树根<document>、无数树枝（<html>、<head>、<body>）以及叶子组成等，而每一个树枝和叶子都叫作一个节点，于是，文档中的所有代码在计算机中采用树的数据结构进行存储。这里节点可以是一个元素，一个属性，甚至是一段文本等。关于文档中的层级关系，是通过树枝与叶子节点之间的关系来实现的，因此会出现一些父亲节点，另一些是儿子节点，拥有同一个父亲的节点则是兄弟关系。

4.1.3 CSS 带来了哪些变化

网页中有无 CSS 还是区别很大的，请你仔细对比图 4.3（无 CSS）和图 4.4（有 CSS），看看两者的区别。简单来说，HTML 只提供了网页的框架结构和内容，样式则是对内容的修饰，包括文字的颜色变化、内容的布局、列表的图标设置等，总之有了 CSS，你的 HTML 页面才会变得更出众。

我们来看一下，加入 CSS 之后，原来的 HTML 页面到底发生了哪些变化？

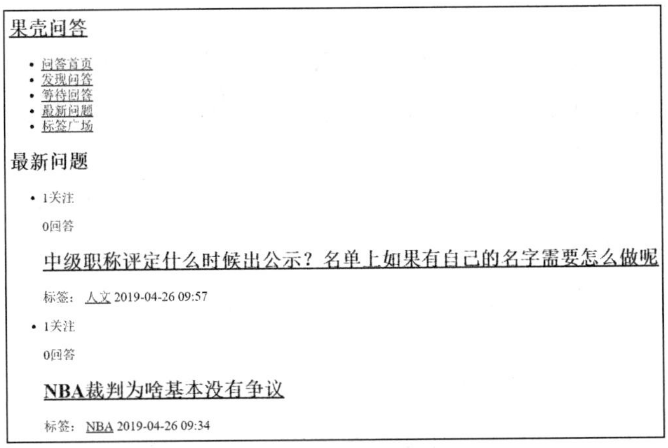

图 4.3

图 4.4

（1）页面上方的导航文字的大小和颜色发生了变化，导航文字由原来的纵向排列，变为横向布局，并且导航之间还存在一定的距离。

（2）为了分割不同的内容板块，添加了分割线，有实线也有虚线。

（3）每一个问答块以一个整体的布局展示，与问答相关的话题名称和标签内容以及日期都聚集显示在一个块中，呈现出合理的布局形式。

我们来总结一下 CSS 在网页中的作用：

（1）规定元素的基本样式，比如字体颜色、图片大小、背景图片和视频的表现等；

（2）设计元素的布局方式，比如横向布局、元素之间的间距设置等；

（3）控制元素的动态变化，比如变形、过渡和动画等。

4.2 容器的作用

在介绍更多的 CSS 样式之前，我们先来看两个特别重要的标签，它们在 HTML 中出现的频率非常高。

容器，顾名思义，就是用来存放物品的。在网页中，容器就是用来设置网页内容的，但不同之处是它自身是不可见的。就是说，如果容器中不放任何内容，你将根本意识不到它的存在。但是，它又是存在的，它的存在是以一种块标记的格式出现，也就是它规定了它内部的标签内容与前后元素之间有一定的间距。

本节介绍两个特殊的容器标签：<div>和<span>。它们的特殊性在于自身没有继承任何样式，但可以使用 CSS 定义任何需要的样式。<div>标签表示内容块，前后都有换行；<span>标签在一行内使用，是段落的一部分。

4.2.1 两个最常用的容器：div 和 span

图 4.5 给出了 div 和 span 这两个容器的实例。span 和 div 标签都包裹着文字，根据文字的宽度和高度不同，可以想象成这些文字被一个隐形的盒子包围着（图 4.5 中隐形的含义用虚线表示。），这个盒子就是容器。这两个标签与其他 HTML 标签不同，它们没有实际的意义，只是为了配合 CSS 为其内部的内容定义显示的规则。

```
<span>雷雨</span>
```

雷雨

```
<div>
        <p>雷雨</p>
        <p>雷雨的介绍文字 1</p>
        <p>雷雨的介绍文字 2</p>
        <p>雷雨的介绍文字 3</p>
 </div>
```

雷雨
雷雨的介绍文字 1
雷雨的介绍文字 2
雷雨的介绍文字 3

图 4.5

特别说明

span 和 div 作为容器元素还是有一定区别的。

其中，span 用于控制在一行内元素的样式，span 容器的宽度会随包裹内容的长度而改变，内容少，则宽度小，内容多，则宽度大。

div 则用于控制一块区域的整体样式。div 容器的宽度默认是占满整个页面的宽度（由显示器的宽度决定），无论每一个段落文字是否占满一行，div 的宽度都是一样的，就是撑满整个页面。另外，它内部的文字默认是靠左对齐的。

思考时间

基于以上特性，如果你想要给一大段文字中的个别词语添加特殊样式，你觉得应该用哪一个容器呢？如果你想给整个段落设置一个样式，又应该用哪一个呢？想好了之后，来看一个具体案例。

4.2.2　容器的实际应用：添加样式

任务描述：对雷雨的介绍文字添加样式，效果如图 4.6 所示。从现在开始，我们使用 HBuilderX，这么做是为了减轻你记忆标签和属性的负担。

《雷雨》是剧作家**曹禺**创作的一部话剧，发表于1934年7月《文学季刊》。

此剧以1925年前后的中国社会为背景，描写了一个带有浓厚封建色彩的资产阶级家庭的悲剧。剧中以两个家庭、八个人物、三十年的恩怨为主线，伪善的资本家大家长**周朴园**，受新思想影响的单纯的少年周冲，被冷漠的家庭逼疯了和被爱情伤得体无完肤的女人繁漪，对过去所作所为充满了罪恶感、企图逃离的 周萍，还有意外归来的**鲁妈**，单纯着爱与被爱的四凤，受压迫的工人鲁大海，贪得无厌的管家等，不论是家庭秘密还是身世秘密，所有的矛盾都在雷雨之夜爆发，在叙述家庭矛盾纠葛、怒斥封建家庭腐朽顽固的同时，反映了更为深层的社会及时代问题。

该剧情节扣人心弦、语言精炼含蓄，人物各具特色，是 **"中国话剧现实主义的基石"**，中国现代话剧成熟的里程碑。

图 4.6

操作步骤：打开 HBuiderX，新建一个 HTML 页面，取名为 css_container.html，输入主体代码如图 4.7 所示，用 Chrome 浏览器打开并查看效果。

```
<div style="margin:0 auto;width:960px;color:#808080">
    <p style="text-align:center;">
        <span style="font-size:24px;color=#000000;background-color:#3388FF">
            <b>雷雨（曹禺著话剧）</b>
        </span>
    </p>
<p><b>《雷雨》</b>是剧作家<span style="color:red"><b>曹禺</b></span>创作的一部话剧，发表于1934年7月《文学季刊》。
</p>
<p>此剧以1925年前后的中国社会为背景，描写了一个带有浓厚封建色彩的资产阶级家庭的悲剧。剧中以两个家庭、八个人物、
三十年的恩怨为主线，伪善的资本家大家长<span style="color:blueviolet"><b>周朴园</b></span>,
受新思想影响的单纯的少年<span style="color:limegreen">周冲</span>,
被冷漠的家庭逼疯了和被爱情伤得体无完肤的女人蘩漪，对过去所作所为充满了罪恶感、企图逃离的
<span style="color:darkorange"><b>周萍</b></span>,
还有意外归来的<span style="color:mediumvioletred"><b>鲁妈</b></span>，单纯着爱与被爱的四凤，受压迫的工人鲁大海，
贪得无厌的管家等，不论是家庭秘密还是身世秘密，所有的矛盾都在雷雨之夜爆发，在叙述家庭矛盾纠葛、怒斥封建家庭腐朽顽固的同时，
反映了更为深层的社会及时代问题。</p>
<p>该剧情节扣人心弦、语言精炼含蓄，人物各具特色，是<span style="color:darkred"><b>"中国话剧现实主义的基石"
</b></span>，中国现代话剧成熟的里程碑。</p>
</div>
```

图 4.7

代码解析：通过在标签对的开始标签内部添加了控制样式的属性，关键字是 style，其中定义了以下样式：

（1）margin：0 auto；让元素本身自动水平居中，这里它应用在最外层的 div 容器，使用这个样式时，一定要同时指定 div 宽度属性；否则，div 默认只会撑满整个屏幕，看不出居中的效果。注意，这个样式很有用，一般就是默认放在最外层元素（比如 body，div）样式定义中，这样可以让整个页面具有一定的宽度，且居中显示；

（2）width：960px/80%；元素宽度的取值可以是 px，也可以是百分数，它表示整个宽度的百分比；

（3）color：#808080；设置所有的文字颜色为灰色；

（4）text-align：center；让标签内部的元素水平居中对齐。注意：text-align 常用于控制块级元素包裹的内部元素居中对齐，它对内联元素或行内元素（img、a、b、span 等）本身无效，因此如果你想让某个内联元素居中显示，一定要将 text-align 属性放在一个块级元素中，比如 p、div 等。具体见如下代码：

```
<p style="text-align:center">
      <img src="img/1.jpg" alt="这是一张图片" >
</p>
```

（5）font-size：24px； 设置文字的大小为 24 像素；

（6）background-color：rcd/#3388ff；设置元素的背景颜色，可以采用颜色的英文单词，或者采用 6 位十六进制数，这个值不需要记忆，可以通过屏幕拾色器工具来自动获取任意网页中现有的颜色，建议自行下载小工具。

容器样式的使用秘籍

如果雷雨的第一行用<p>标签，那么背景颜色将适用于整个第一行，而不是任务中的“雷雨”两个字。<h1>标签的效果同<p>一样，也是独立一行。因此，<span>的特殊意义就在于可以只对其包裹的内容给出特殊样式。另外，<div>在 Web 开发中也经常使用，它们主要用于做大段落元素的整体页面布局，更重要的用法是，利用嵌套的 div 精准地定义样式和控制布局。

4.2.3　CSS 样式的基本用法

上一节的案例中提到了一种定义样式的基本用法，即在 HTML 标签中，样式的定义方法为：

```
<标签名 style="属性名 1:值 1; 属性名 2:值 2; 属性名 3:值 3; …"></标签名>
```

其中，样式声明的属性关键字是 style，跟在其后的是样式声明，其位置是在开始标签的内部。每一个声明由一个属性和一个值组成（属性：值）。如果有多个样式声明，则采用“;”隔开。最终的效果就是为该标签代表的元素声明了 CSS 样式。这只是一种声明样式的方式，不是很推荐，后面还会介绍更多的常用方式。

不算错误的 bug

由于 CSS 没有特别严谨的语法规范，所以无论最后一个属性样式声明是否以；结尾都不会报错。浏览器会在解析样式时表现出一定的大度性，直接忽略这种小错误。但是，为了谨慎起见，参考其他严谨的编程语言，比如 JavaScript，对于元素内声明的样式属性，最后一个不要加“；”。

4.3　为什么是层叠样式表

其实，CSS 样式的定义方式有四种，当一个元素出现重复的样式声明时，最终生效的样式是由它们的优先级来决定的。这种允许样式的重复定义和优先级设置就构成了样式的层叠性，因此，CSS 的全称是层叠样式表。

4.3.1　四种定义样式的方式

这一节我们来具体看看这四种样式的定义方式，以及它们的优先级，如图 4.8 所示。其中优先级的值越大，优先级就越高，意味着对最终样式的影响越大。

```
/*所有 span 元素的默认字体颜色样式*/
span {color: black;}
```

浏览器默认样式（优先级=1）

```
<head>
    <link rel= “stylesheet”  href= “mystyle.css” >
</head>
```

外部样式 mystyle.css（优先级=2）

```
<head>
    span{ color:limegreen; }
</head>
```

内部样式（优先级=3）

```
<body>
    <span style="color: limegreen">周冲</span>
</body>
```

内联样式（优先级=4）

图 4.8

四种样式的具体说明见表 4.1。

表 4.1

样式名称	定　义
浏览器默认样式	即如果你没有给出样式声明，HTML 元素自身也有样式的默认设置
外部样式	写在独立的 css 文件中，例如 mystyle.css
内部样式	在 html 文档的<head>结构内定义
内联样式	在标签内部直接定义

以上四种样式定义，除了内联样式是直接在目标元素内定义，此时不要指定目标元素，其余三种方式都采用元素选择器和声明块的定义方式：

```
元素选择器{
            样式声明语句 1;
```

```
                样式声明语句 2;
                样式声明语句 3;
                  ......
}
```

其中，元素选择器是指对哪一个元素应用样式，如上例中的 span 元素。声明块则是由若干行的样式声明语句组成的，其中每一条声明语句是由“属性名：值”的形式构成。

对于外部样式还需要引入外部的 css 文件，一般它都是加在 head 内部：

```
<head>
    <link rel="stylesheet" href="css 文件的路径">
</head>
```

在 html 文件中引入的外部文件位置都是在<head>内部定义的，依靠<link>标记来表示要连接的外部文件，内部的 rel 属性表明连接的外部对象是一个样式表（stylesheet），href 属性则是外部文件的路径。

不同样式的使用秘籍

CSS 有四种定义样式的方式，到底该用哪一种，还是全用？

正确的做法是，浏览器默认是一直都存在的，不存在选择性。对于其他三种则有分别的适用情况：（1）初学阶段，网页内容非常简单，又希望样式声明和 HTML 内容在同一个页面，推荐适用内部样式定义。

（2）对于中型到大型网站项目，推荐使用外部样式，原因很简单，为了便于代码的重复使用，即“代码复用”。因为很多样式可以在多个项目或网页通用，因此，只需要定义一次，其他地方引入即可。

（3）如果个别元素的样式非常重要且特殊，你希望提高它的优先级，则采用内联样式。

4.3.2 样式冲突怎么办

有时，不得不用到两种以上的方式声明 CSS。那么，就会不可避免地遇到样式冲突问题，到底该听谁的？这里总结了两种常见的冲突情况：

情况 1：对某一个元素，使用三种方式定义相同的样式。

请看下面的例子，代码如下：

```
<link rel="stylesheet" href="my.css">     <!--第一种：外部样式-->
  <style>      <!--第二种：内部样式-->
    h2{
        color: yellow;
    }
  </style>
    </head>
    <body>
```

```
    <h2 style="color: green;">请猜一下我是什么颜色？</h2><!--第三种：内联样式        -->
</body>
```

my.css 中定义的样式如下：

```
h2{
    color: red;
}
```

上述代码希望给二级标题设置字体颜色样式，请问标题文字最终显示为什么颜色？

根据优先级法则的判定：

```
内联样式>内部样式>外部样式
```

应该是绿色。

当然，如果你想强制改变默认的优先级规则，也可以给某个样式的属性声明后添加空格和关键字!important，试着修改内部样式如下：

```
h2{
    color: yellow  !important;
}
```

再试试看二级标题颜色还是绿色吗？

情况 2：同一级别下，重复定义的样式，谁后定义听谁的。

修改上述例子，删除内联样式，并添加一个新的内部样式。因此，二级标题的样式只有两个，具体如下代码所示：

```
<style>
    h2{
        color: yellow;
    }
    h2{
        color: blue;
    }
  </style>
```

你猜猜标题会是黄色还是蓝色呢？自己检查一下看看，再对对口诀。

样式不起作用

如果你给一个元素设计了 CSS 样式，却未得到期望的效果，则先要排除属性拼写等语法错误，然后去查看是否有重复定义的样式？如果有，则要根据优先级判定一下，是不是你期望的样式优先级太低了。最后，可以在浏览器的开发者工具中选中目标元素，查看样式，会发现某些样式虽然声明了，但是却没有被应用，因此，就会被~~画线，~~（见图 4.9 中的画线部分的样式）。

```
Styles    Computed    Event Listeners
Filter
body {
   background: ▸ □#fff;
}
body, html {
   height: 100%;
}
body, form {
   position: relative;
   z-index: 0;
}
body {
   text-align: center;
   background: ▸ □#fff;
}
```

图 4.9

4.4 一切都是盒子——盒子模型

请你做个裁判，看看图 4.10 中的（a）和（b）两个照片墙，哪个更好看？为什么？

（a）未使用盒子的照片墙

（b）使用盒子的照片墙

图 4.10

（a）中的图片是采用默认的 img 样式，即横向排列，而（b）则是通过 CSS 的盒模型，设计盒子之间的距离，实现照片之间留下空白，让照片墙因距离而产生美。如果你也想制作属于个性定制的照片墙，一定要学会如何使用盒子模型。

4.4.1　盒子模型的基本定义

图 4.11 是引自 W3C 官网的标准盒子模型，我们先作简单了解。

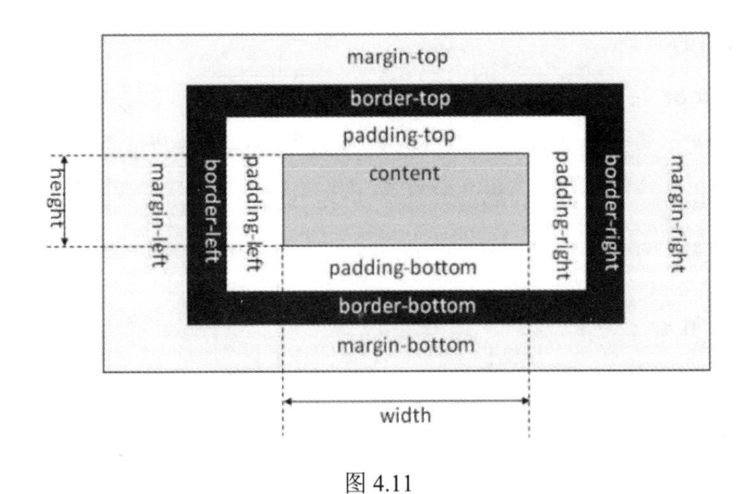

图 4.11

要知道，每一个可以包裹内容的元素都可以定义盒子模型，该模型可以想象成两层盒子。以 W3C 的标准盒子模型为例（图 4.11），外层盒子的边框是不可见的。因此，无法给最外层边框定义样式。而内层盒子的边框是可见的，因此可以定义 border 样式。关于盒子的边距，则分为外边距（margin）和内边距（padding）。

关于 width 和 height 的“坑”

在给某个元素定义宽度（width）和高度（height）属性时，是指盒子内部的内容（content）的宽度和高度，而不是盒子的实际值。盒子的实际高度和宽度的计算方式如下：

盒子宽度 = border-left + padding-left + width + padding-right + border-right

盒子高度 = border-top + padding-top + height + padding-bottom + border-bottom

---

即使是 body 元素的盒子，它默认的四个外边距 margin 也是 8 个像素，所以 body 内部的内容并不是占据了整个页面。如果你想让页面内容占据整个页面且横向居中显示，就需要自定义一个样式：

```
body{
    width: 960px;
    margin:0 auto;
}
```

这里我们用两个值的方式声明了 body 元素的外边距，其中第一个 0 表示上下边距为 0，第二个 auto，表示自动计算剩余空间，保证左右间距平分剩余空间，所以效果就是左右居中对齐。使用该属性，有一个要点，就是要配合 width 的定义，因为你没有见到过哪个网页是把宽度占满屏幕的一整行，那样很奇怪，而且对于超过 1200px 的屏幕宽度，用户需要移动头部才能看到完整内容，这是很不人性化的。另外，如果 width 没有定义，则采用默认宽度为整个屏幕的宽度，那么 auto 值计算出来的剩余空间就为 0，也看不出来居中对齐的效果。

一定要知道的技巧

margin：0 auto；这是一个非常有用的让盒子元素自动居中的样式声明，一定要记住。大多数网站，一定会给诸如 body，div 等元素定义该属性让其内容左右自动居中。不过，它一定要配合 width 属性使用，width 的值要小于元素的默认值，切记。

还有一个值得注意的地方，当属性涉及单位时，注意数值和单位之间不要有空格，比如：

```
width:   100px;        (√)
width: 100  px;    (×，数值和单位之间加了空格)
```

4.4.2　盒子使用定理

盒子模型在元素的布局中十分重要，通过给盒子内的元素设置 margin 和 padding 属性实现元素与边框之间的间距，达到距离产生美的效果。关于这两个属性的用法可以参考以下使用技巧：

（1）margin 用于定义两个盒子之间的距离，又称外边距；

（2）padding 用于盒子的内边框和内容之间的间距，又称内边距；

（3）还可以单独设定盒子上下左右的某一侧间距，包裹 margin-top（上外边距），margin-bottom（下外边距），margin-left（左外边距），margin-right（右外边距），padding-top（上内边距），padding-bottom（上内边距），padding-left（左内边距），padding-right（右内边距）；

（4）无论是外边距还是内边距，都有四种定义方式：

```
a. margin | padding: 10px 5px 10px 5px;      上右下左，顺时针方向的四个值
b. margin | padding: 10px  5px;              上下是 10px，左右是 5px
c. margin | padding:   10px;                 上下左右都是 10px
d. margin-top: 10px;                         单独定义某一侧边距
```

一般来说，外边距的使用频率比内边距要高一些。

4.4.3　盒子在页面布局中的两种常见用法

盒子模型经常用于页面中元素的布局，接下来介绍两种盒子布局的用法：整体布局

和内部布局。

1. 整体布局

当我们在建设一个网站时，首先需要设计整体布局，比如一个网页的布局为上（1）中（8）下（1）的三明治布局，或者上（1）左（1）右（4）的厂字型布局，这些布局都可以通过盒子模型来实现，下面来看一个典型的上中下布局，如图 4.12 所示。

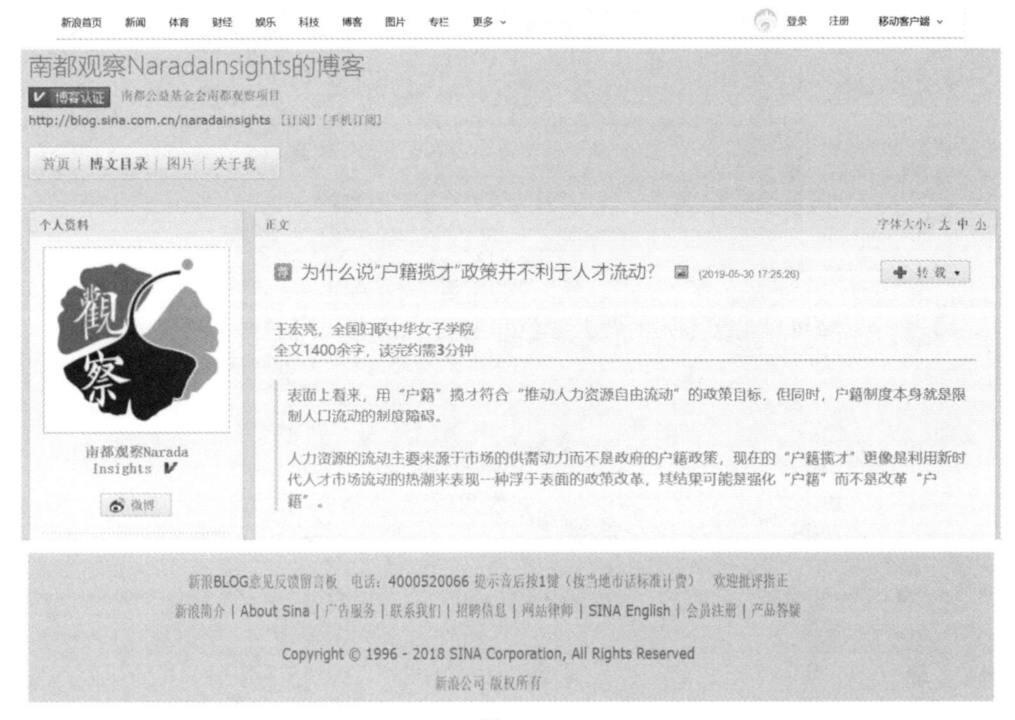

图 4.12

通过对布局的整体分析，得出如图 4.13 所示的分解图，于是我们可以采用三个不同的标签将页面划分成三个不同的功能区域，主要 HTML 代码如下：

```
<head>
  <title>盒子作大块布局</title>
  <link rel="stylesheet" href="my.css">
</head>
  <body>
    <header> 这是导航栏区</header>
    <section>这是内容区</section>
    <footer> 这是页眉区</footer>
</body>
```

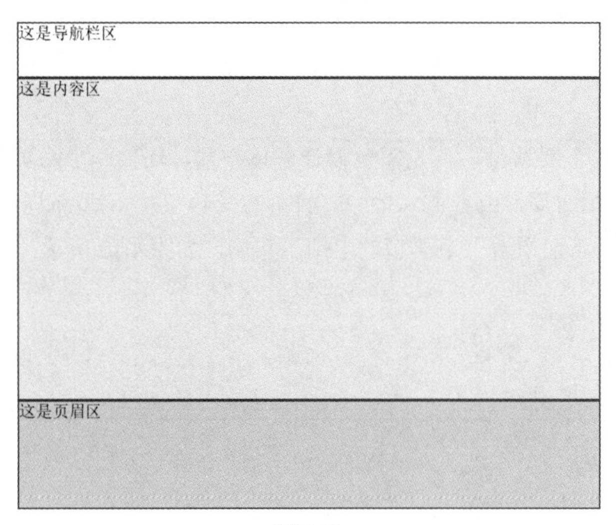
这是导航栏区
这是内容区
这是页眉区

图 4.13

对每一个区域可以定义不同的背景颜色和宽高，my.css 中的样式定义如下：

```
header{
   width:560px;
   height:50px;
   border:1px solid red;
   background-color:#ffffff;
}
section{
   width:560px;
   height:300px;
   border:1px solid red;
   background-color:#eeeeee;
}
footer{
   width:560px;
   height:100px;
   border:1px solid red;
   background-color: #dddddd;
}
```

最后，呈现出的效果就是图 4.13。接下来再来看另一种常用的布局：内部布局。

2. 内部布局

盒子元素还可以做细致的内部元素布局，如图 4.14 所示。

peacockse6297897967 北京
半导体热潮这次可能过去了。耐心等待下一次。
今天08:37
赞 回复

图 4.14

图 4.14 是一条评论内容，其中包括用户头像图片、用户名、评论内容、评论时间、点赞数量和回复等子内容。那么，要做到如图 4.14 所示的布局，大致需要定义多少种样式？思考 1 分钟后，再参考一下图 4.15 给出的一个可选方案（切记这只是可能方案之一，你还可以设计不同的方案）。

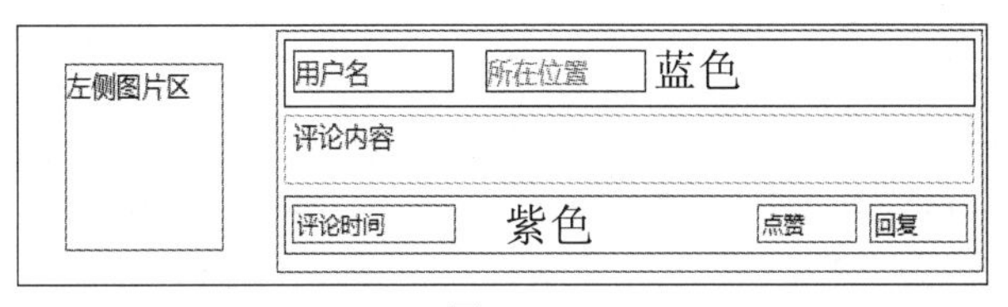

图 4.15

为什么要做这样的分解？

在上面的布局中，可以看到很多个不同颜色边框的盒子元素，看上去像是把一块大盒子不断做分解，折分成若干个小盒子。这样做最大的好处是给不同的盒子添加个性化的样式，也为了让每一个盒子之间都有间距样式的控制。这样的场景非常常见，每一个网页上都会有这种布局。这也是很多开发人员喜欢用 div 元素做布局的原因。

接下来，我们分别来看一下每个盒子的作用。

（1）最外层黑色盒子，是为了和其他类似的盒子产生距离，也为了控制整体盒子的大小。

（2）左侧图片区盒子，是为了方便地定义头像图片的样式，也为了增加一些间距。

（3）右侧内部的盒子很复杂，先从大的来说，有上中下区分，其中上方蓝色盒子是用户相关信息，中部是评论内容区，下方紫色盒子是评论时间、点赞和回复区。

（4）在右侧下方紫色盒子内部，又可以分为三个小盒子：评论时间、点赞和回复。这样拆分的原因是评论时间与点赞的字体颜色不一样，因此采用分开的盒子更便于设置单独的样式。而点赞和回复最好也采用两个不同的盒子，原因是点赞的图片和回复前的图标不一样，各自用不同的盒子布局便于利用 CSS 中的图片样式加以区别。

最后，请参考图 4.16 的实现代码，自己做一遍。有不理解的样式属性也不要紧，此时，只需要了解如何用嵌套的 div 盒子做布局即可。

```
<div style="width:620px;height:140px;border:1px solid black;">
    <div style="margin:20px 30px;float:left;width:100px;height:100px;border:1px solid green;"> 左侧图片区</div>
    <div style="margin:2px;float:right;width:450px;height:130px;border:1px solid red;">
        <div style="margin:4px;width:440px;height:35px;border:1px solid black;">
          <div style="width:100px ;margin-left: 5px;margin-top:5px; border:1px solid blue;font-size:16px;color: blue;float: left;"> 用户名</div>
          <div style="width: 100px;margin-left: 20px;margin-top: 5px;border:1px solid blue;font-size:16px; color: gray;float:left;">所在位置</div>
        </div>
        <div style="margin:4px;padding-left: 5px;width:434px;height:36px;border:1px solid red;border:1px solid orange;font-size:16px;"> 评论内容</div>
        <div style="margin:6px 4px;height:30px;border:1px solid purple;">
            <div style="margin:4px;padding-left: 2px;float:left;width:100px;border:1px solid green;font-size:14px;"> 评论时间</div>
            <div style="margin:4px;padding-left: 2px; float:right;width:60px;border:1px solid green;font-size:14px"> 回复</div>
            <div style="margin:4px;padding-left: 2px;float:right;width:60px;border:1px solid green;font-size:14px"> 点赞</div>
        </div>
    </div>
</div>
```

图 4.16

4.5 选择器让样式的应用更有目标感

选择器可以说是 CSS 样式声明的一个重点，在前面所有的例子中，只是针对一类元素进行样式设定，这属于最简单的元素选择器。其实，CSS 还允许很多种方式选出为哪个或哪些元素应用样式，表 4.2 列出了 CSS 中基本选择器的用法。

表 4.2

选 择 器	含 义	示 例
*	所有元素	*
元素	选定文档中的所有 p 元素	P
class	选择所有 class 属性值为 outBox 的元素	.outBox <div class="outBox"></div>
id	选择 id 属性值为 header 的元素	#header <div id="header"></div>
元素 a，元素 b	选择所有<div>元素和<p>元素	div, p
元素 a 元素 b	选择<div>元素的所有后代<p>元素	div p
父元素 a>子元素 b	选择父元素为<div>元素的儿子代的所有<p>元素	div>p

选择器中的“坑”

表 4.2 中容易有“坑”的地方在于容易分不清后代选择器和子代选择器，中文好像很容易分清楚，后代的范围比较广，包括儿子代、孙子代、重孙子代等；而子代则特指儿子一代。

由于 div>p 多了一个“>”符号，就将后代的范围缩小到了只在儿子代，不管有多少儿子，都要选上；而没有限制的 div p 范围更广，由于它普遍撒网，没有限制，所以收获了更多的后代。虽然这样的解释不太恰当，但是希望这种解释便于你区别这两类选择器。

在表 4.2 中，最常用的两类选择器是 class 选择器和 id 选择器，其中 class 选择器是为了选择一组元素，而 id 选择器则只是选择特定的某个元素。网页中常常存在一些元素以相同的外观存在，为了实现样式的复用性，相同的样式只需要定义一次，通过 class 选择器选中所有的目标元素，即可一次性实现目标。然而，网页中也有个别元素就喜欢特立独行，需要采用专门的样式，这时就可以通过 id 选择器实现选中目标元素。

接下来我们来重点看看这两个重要选择器的用法。

4.5.1 id 选择器

一般来说，网页的首页会有三个明显的区域，从上到下依次是导航区、主内容区和脚注区，为了将它们区别开来，可以用三个<div>元素分别包裹每一个区域，如图 4.17 所示。

id 属性可以用于给这三个 div 分别添加不同的样式。

```
<div id="header">最上方的导航区</div>
<div id="content">主要内容展示区</div>
<div id="footer">最下方的脚注区</div>
```

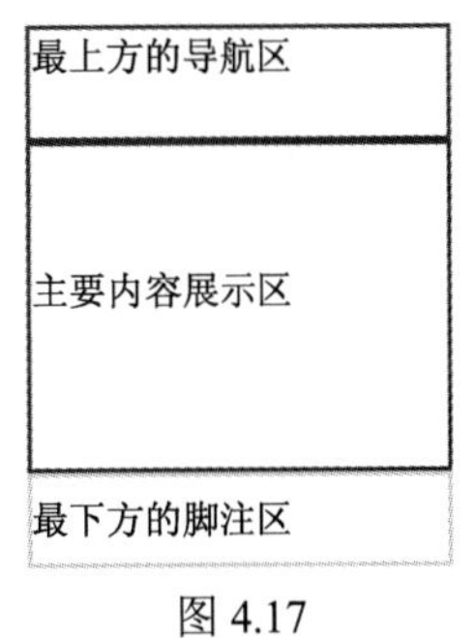

图 4.17

CSS 样式定义如下：

```
#header{
    width: 200px;
    height:50px;
    border:2px solid red;
}
#content{
    width: 200px;
    height:150px;
    line-height:150px;
    border:2px solid blue;
}
#footer{
    width: 200px;
    height:40px;
    text-align: center;
    line-height:40px;
    border:2px solid #dddddd;
}
```

从上面的例子可以看出，id 选择器的样式使用规则如下：

（1）在 HTML 代码中，如果需要对某个元素设计唯一的样式，则可以使用 id 选择器。

（2）在 CSS 样式文件中，声明相对应的样式。

```
#id选择器名称{
   text-align:center;
   color:red;
}
```

居中显示的常用属性

关于元素内容（可以是文字、图片等）的居中对齐方式，一般有水平居中对齐和垂直居中对齐，常用的属性如下：

水平居中采用“text-align：center”；

垂直居中采用“line-height: 行高;”：行高指的是元素的高度，一般以 px 为单位。

4.5.2　class 选择器

有时网页上的很多内容看上去很统一，原因是对应的元素采用了相同的样式，比如图 4.18 中关于商品分类的列表和两个相似的商品图文块，其实，它们的样式只定义了一次，却被应用了很多次，这就是类选择器的重要意义。

家用电器
手机/运营商/数码
电脑/办公
家居/家具/家装/厨具
男装/女装/童装/内衣
美妆/个护清洁/宠物
女鞋/箱包/钟表/珠宝

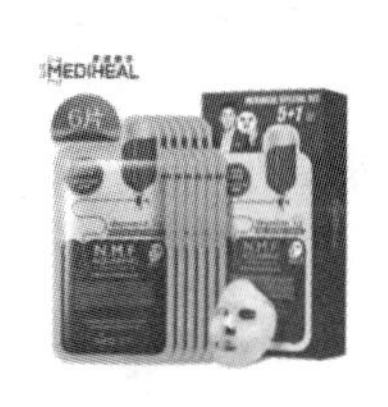

美迪惠尔(Mediheal)水润保...
¥29.90 ¥99.00

【不限颜色 汽车通用】汽车...
¥9.90 ¥32.90

图 4.18

下面让我们通过一个任务了解一下。

任务： 制作一首小诗，每一行诗句都以同样的字体和颜色显示，效果如图 4.19 所示。

美丽的小红花
独立行走的小鸟
一片花海
庭院的花海
森林中的小镇
一片树林

图 4.19

主要的 HTML 代码如下：

```
<ul class="list">
        <li class="list">美丽的小红花</li>
        <li class="list">独立行走的小鸟</li>
        <li class="list">一片花海</li>
        <li class="list">庭院的花海</li>
        <li class="list">森林中的小镇</li>
        <li class="list">一片树林</li>
</ul>
```

其中，CSS 样式声明如下：

```
ul{
    list-style: none;
}
.list{
    color: #666666;
    font-size: 16px;
    font-weight: bold;
}
```

技巧总结：

（1）纵向排列整齐的元素布局采用 ul 和 li 标签，比较方便。

（2）为了给一组元素（通常大于 2 个元素）添加相同的样式，可以采用类样式。

接下来，我们重点了解一下 class 选择器的用法。

（1）在 HTML 代码中，给一组元素标签内部添加 class 属性，比如<p class= “类名”></p>。

（2）在样式声明中，类选择器以一个点"."号+类名表示：

```
.类选择器名称{
    样式属性声明;
}
```

切记：在标签内部，class 属性的值要和类样式声明的名称保持一致，且千万不要忘记类选择器前面的“.”。例如：

```
<li class="list">独立行走的小鸟</li>
.list{
    color: #666666;
    font-size: 16px;
    font-weight: bold;
}
```

4.5.3　class 选择器与 id 选择器的嵌套使用

很多时候，class 选择器和 id 选择器会同时使用，比如图 4.20 中的页码例子，页码出现的场景有很多，比如小说网每一个章节的分页、百度搜索结果的分页等，就是当内容很多且需要分页显示时，分页就会很常见。在一般的页码应用中，页码和导航都会采用同一个样式，但是当前页面为了突出显示，则采用唯一的样式。因此，很容易想到大多数页码采用 class 样式，而当前页则采用 id 样式。

首页 上一页 1 2 3 4 5 6 7 8 下一页 尾页

图 4.20

1. 实现过程

我们来看一下具体的实现过程：

页码相关的 HTML 代码如下：

```
<div id="pageNum">
    <a class="page">首页</a>
    <a class="page">上一页</a>
    <a class="page">1</a>
    <a class="page">2</a>
    <a class="page">3</a>
    <a class="page" id="current">4</a>
    <a class="page">5</a>
    <a class="page">6</a>
    <a class="page">7</a>
    <a class="page">8</a>
    <a class="page">下一页</a>
    <a class="page">尾页</a>
</div>
```

CSS 样式定义如下：

```
.page{
    width: 50px;
    height:30px;
    text-align:center;
    line-height:30px;
    display:inline-block;
```

```
    background: #eeeeee;
}
#current{
    background: #808080;
}
```

2. 要点

（1）id 选择器主要用于为具有独特效果的元素设置样式。

（2）当一个元素同时设置了 class 属性和 id 属性时，如果遇到重复的样式声明，则元素的最后效果由 id 样式决定（见上例）。

3. 关于样式优先级的补充

至此，我们已经学习了多种定义样式的方法，除 4.3 节提到的行内样式、内部样式和外部样式外，这一部分又加入了 id 选择器和 class 选择器，当它们发生冲突时（即一种元素采用两种以上的方式声明样式），那么元素的最终样式将遵循以下优先级：

```
行内样式 > id > class > 内部样式 > 外部样式
```

为什么 id 和 class 会排在中间

因为 id 选择器和 class 选择器定义的样式，是通过行内元素的 id 属性和 class 属性给出的，所以就相当于扩展了行内样式。

明明以前的就够用，为什么还要扩展出两个新的？这是因为人们更倾向于通过外部的 CSS 声明样式。

怀疑它们之间确实存在优先级的话，可以试着给当前页码 4 添加行内样式，看看到底哪个会起作用？

4.6 元素的浮动

通过前面的学习，我们已经知道 HTML 的块级元素都是占满一行，并且从上到下纵向排列。但是，有时为了更加合理地利用空间以及设计一些特殊效果的布局，我们常常希望这些块级元素能够在网页中横向排列，这就要说到元素浮动的原理。

文档流是什么？

在 HTML 文档中，所有元素会排列成一个文档流，你可以想象成是很多个元素排成一队等待显示在网页中。其中，一行的空间有限，行内元素会挨个排列，直到一行排不下就换行。而块级元素则很霸道，一个人就占据一行，所以下一个块级元素就要排在下一行。因此，你就看到有些行内元素，（比如<a>、<img>）是挤在一行，而<p>和<div>等块级元素则自己独占一行。不过，有了这个排队机制，元素才不会乱跑！

但是，我们希望改变原来排队的方式，实现块级元素也能横向显示。这就要用到浮动属性。简单来理解，就是让元素浮到空中，不再占用原来的地面道路，于是就会腾出不少地方。

浮动的声明方式如下：

```
float:left | right | none（默认）;
```

其中，float 的取值有三个：左浮动（left）、右浮动（right）和不浮动（none）。

为了理解浮动的重要性，接下来我们通过三个具体的应用场景来进行介绍浮动在其中的作用。

4.6.1　一行多列

在默认情况下，一行多列的布局中，三个 div 元素应该是纵向排列（见图 4.21 左侧的红色盒子）。然而，有时这种默认的配置并不好看，人们更希望获得灵活的多列布局（图 4.21 右侧图），这就要通过浮动来实现。

三个盒子的 html 代码如下：

```
<div>排行榜</div>
<div>会买专辑</div>
<div>领券中心</div>
CSS 样式定义如下:
div{
    float: left;    /*定义左浮动*/
    width: 100px;
    height:200px;
    border:2px solid red;
}
```

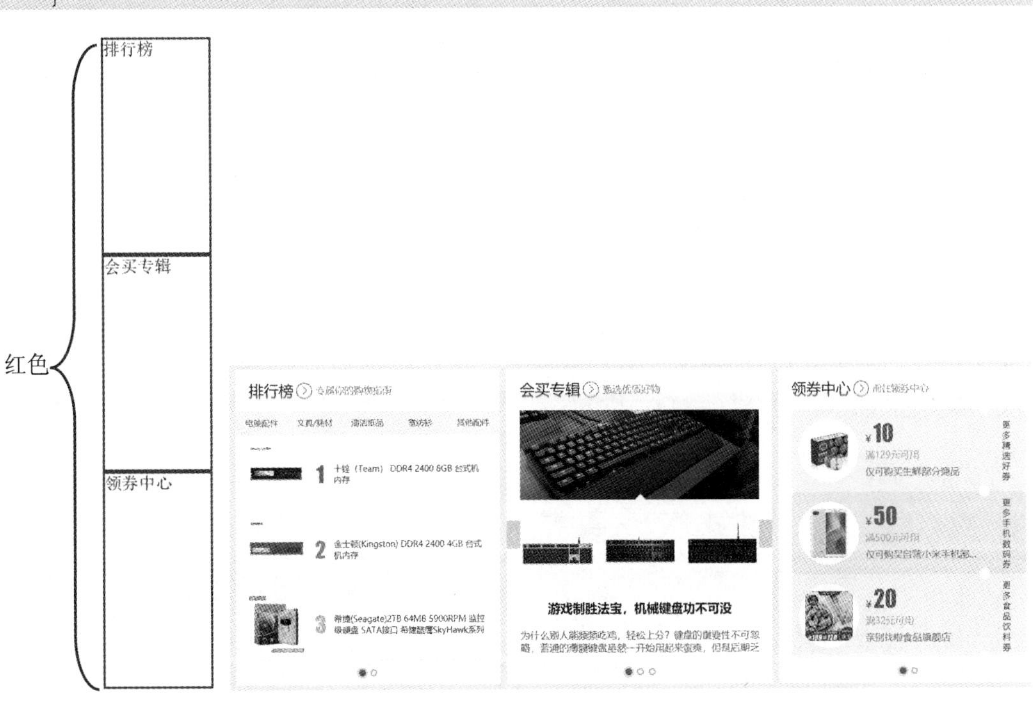

图 4.21

通过给三个 div 元素设置靠左浮动的样式，它们的布局就发生了变化，效果如图 4.21 所示。

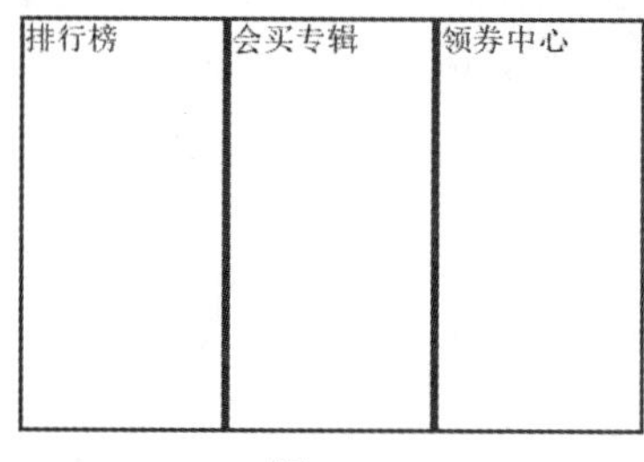

图 4.22

怎么做到的

浮动让三个元素都脱离了原来的文档流，可以认为它们都改道成高空飞行，空中的规则和陆地的规则不同，这次它们都一致向左看齐，于是它们才可以整齐地排列在一行。

等等，如果让它们都向右看齐，效果会一样吗？如果好奇你可以试一试。

通过这个例子，我们还应该掌握一个必备技能，那就是 CSS 中注释符的用法。

```
/*注释内容*/
```

CSS 注释符也很关键

前面已经提到过，注释符包裹的文字没有实际的意义，因为它不会影响 CSS 样式的定义，但是如果你将它错写成//或<!--   -->，尽管不会报错，但还是会影响之后定义的一个样式属性，即紧挨着它之后的一个属性样式会不起作用。

由此可见，不能小瞧每一个符号，一定要谨慎再谨慎。因为这种隐蔽错误，很难被发现。明智的做法是不让它发生。

4.6.2　多个元素在一行

有时我们希望元素的对齐方式是一个靠左，另一个则靠右（如图 4.23 所示，Logo 图靠左，搜索框靠右），依靠浮动就可以办到。

图 4.23

主要 HTML 代码如下：

```
    <div id="left"><img src="imgs\soccer.png" alt="logo 图"> 悦享品质
</div>
    <div id="right"> <input type="text">
```

```
        <button>搜全网</button>
    </div>
```

CSS 样式定义如下：

```
img{
    width: 30px;
    height:30px;
  }
 #left{
    border:1px solid red;
    float: left;     /*左浮动*/
    height: 40px;
  }
 #right{
    float: right;   /*右浮动*/
    height:40px;
    margin-top:2px;
    border:1px solid green;
}
```

原本 p 和 div 元素应该各占一行，但是通过浮动，我们改变了它们的布局，让它们不仅在同一行显示，还可以分别向左和向右对齐。

思考时间

如果将上面这个任务稍微做一下改动，变成三个盒子，要求三个盒子分别靠左，居中和靠右显示，请问利用浮动该怎么做呢？

（可选答案：可以利用三个 div 元素，第一个 div 元素和第二个 div 元素都设定为左浮动，并且让第二个元素的左边距增大，制造出居中的效果，而第三个 div 元素则设定为右浮动。这个答案可不唯一，你还能想到其他答案吗？有的话，一定要试一试才知道。）

4.6.3　多个盒子元素在一行

有时为了整洁性，我们希望将图片和文字在一个盒子内显示，同时，每一行的盒子能整齐地横向排列，如图 4.24 所示，该怎么办？答案还是通过浮动。

图片1　图片2　图片3　图片4
企业购　加油卡　电影票　火车票

图 4.24　多个盒子在一行

来看主要的 HTML 代码如下：

```
<div class="outerBox">
     <div><img src="" alt="图片 1"></div>
     <div>企业购</div>
```

```
    </div>
<div class="outerBox">
    <div><img src="" alt="图片 2"></div>
    <div>加油卡</div>
</div>
<div class="outerBox">
    <div><img src="" alt="图片 3"></div>
    <div>电影票</div>
</div>
<div class="outerBox">
    <div><img src="" alt="图片 4"></div>
    <div>火车票</div>
</div>
```

CSS 样式定义如下：

```
.outerBox{   /*给最外层盒子添加浮动样式*/
    width: 70px;
    float: left;
}
div img{
    width: 50px;
    height:20px;
    border:2px solid red;
}
```

思考时间

把图 4.24 的任务升级一下，四个图文块的下方出现第五个 div 元素，它的功能是对上述四个图文块的文字说明。我们希望第五个 div 元素占满整行，不需要浮动，难道真的这么简单就可以了吗？答案是否定的，不信你可以先自行试试看。

答：需要清除浮动。

4.6.4 清除浮动

要解决上面“思考时间”中提出的升级任务，我们真正需要做的是清除浮动效果，如图 4.25 所示。先来直接看实现的代码：

```
<!--   这是第五个 div -->
<div id="disc">
   文字说明区：这是这个系列产品的介绍
</div>
对应的 CSS 样式定义
#disc{
    float: clear;
    width:280px;
    height:100px;
    border:1px solid black;
}
```

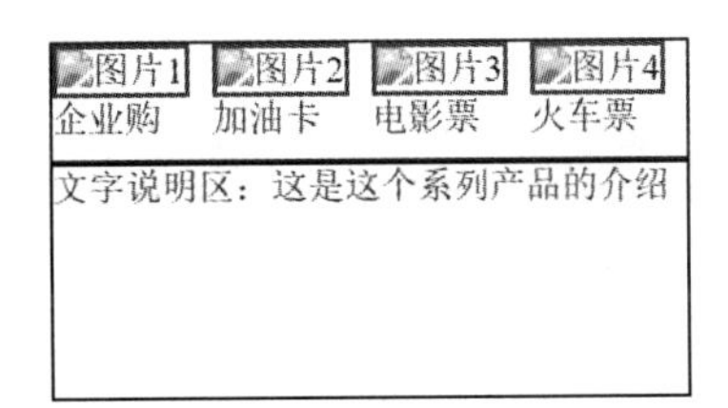

图 4.25

可以看到，浮动属性的取值又多了一个：

```
clear: left | right | both | none;
```

为什么要清除浮动

浮动看似很神奇，可以让元素随意的靠左、靠右放置，但是它也不可避免地会带来一些负面影响，主要表现在以下两点：

（1）它会造成父元素高度塌陷，如图 4.26 所示。当没有为包裹浮动元素的父元素设定高度时，由于浮动元素脱离文档流，父元素的高度变成 0，相当于父元素内没有任何元素。一个没有高度的元素，就无法设置关于行高、背景颜色等样式，这个相当糟糕。

（2）它会遮盖后续元素，如图 4.27 所示。后续第三个 div 没有设置浮动属性，但是却被第 1 个浮动起来的元素遮挡住了，这可不是我们希望看到的情景。

综上所述，为了解决浮动带来的负面影响，清除浮动就显得很有必要。

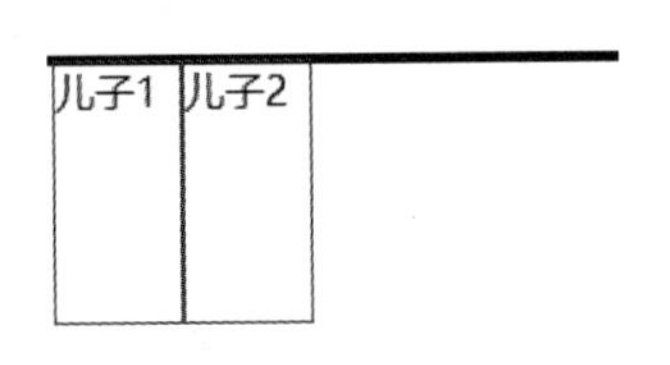

图 4.26

图 4.27

浮动带来的一种负面影响示例，其中一个父元素<div>，有两个浮动的子元素。

```
<!-- 浮动带来的第一种影响-->
<div id="parent">
       <div class="son">儿子 1</div>
       <div class="son">儿子 2</div>
</div>
```

对应的 CSS 声明如下：

```
#parent{ /*浮动效果*/
   border: 3px solid #000;
  }
.son{
   width: 50px;
   height:100px;
```

```
    border:1px solid red;
    float: left;
}
```

浮动带来的另一种负面影响示例如下，有一个<div>父元素，有两个儿子<div>元素，其中第一个儿子<div>元素浮动起来，第二个儿子没有浮动，结果儿子 2 的一部分被儿子 1 遮挡住（见图 4.27）。

```
<!-- 浮动带来的第二种影响-->
<div>
      <div class="first_son">儿子 1</div>
      <div class="second_son">儿子 2</div>
</div>
```

对应的 CSS 声明如下：

```
.first_son{
   width: 80px;
   height: 100px;
   float: left;
   background-color: blue;
   color: #fff;
}
.second_son{
   width: 50px;
   height: 150px;
   background-color: pink;
}
```

考虑到浮动带来的上述两种影响不是我们想要的，所以当务之急是想办法清除浮动带来的影响。

第一种负面影响情况的解决办法有两种：

（1）给父元素定义高度样式，且值应该大于子元素的高度。

（2）在最后一个浮动元素的末尾添加兄弟元素，比如原来有儿子 1，儿子 2，现在添加儿子 3，并为儿子 3 添加清除浮动的样式，代码如下：

```
<div id="parent">
   <div class="son">儿子 1</div>
   <div class="son">儿子 2</div>
   <div class="clear">儿子 3</div>
</div>
```

其中类样式.clear 的定义如下：

```
.clear{
   clear: both;
}
```

第二种负面影响情况的解决方案也有两种：

（1）同第一种情况的办法（2），因此这里不再赘述。

（2）给父元素设置 overflow: hidden。

根据经验，添加一个子元素并清除浮动的办法最常用，因为一箭双雕，何乐而不为呢。

4.7 关于伪类

伪类和伪元素中的“伪”字，字面意思是“不存在的”，也就是说，当你想要选择一个页面上的元素，但这个元素在 HTML 中没有对应的标签名，因此就不便于 CSS 通过选择器的方式设定样式。这种情况包括：

（1）一段话的第一行；

（2）一个鼠标划过的超链接状态；

（3）一个单选按钮被选中的状态等。而这些内容或状态都可以通过伪类和伪元素来选定。

4.7.1 伪类和伪类元素

伪类和伪元素大体可以分为两类：

（1）元素的状态，比如输入框获取焦点的状态，超链接的四种状态。

```
input: focus 表示被选中且有光标显示的输入状态
a:link 表示未访问的链接
a:visited 表示已访问的链接
a:hover 表示鼠标划过链接
a:active 表示已选中的链接
```

（2）一个元素结构内某个部分的选择。

```
:firstline 表示一段文字中的第一行
:first-child 表示选择父元素下的第一个子元素，例如 li:first-child，表示 ul 下的第一个
li 元素。
```

4.7.2 利用伪状态修改选项卡

接下来看一个选项卡任务，目标是实现鼠标悬停在一个链接导航，就将其背景颜色设置为红色，字体颜色为黑色，效果如图 4.28 所示。

红色→ 商品介绍 规格与包装 售后保障 商品评价（1800+） 本店好评商品

图 4.28

选项卡的 HTML 代码如下：

```
<div id="tab">
    <a class="page" id="current">商品介绍</a>
    <a class="page">规格与包装</a>
    <a class="page">售后保障</a>
    <a class="page">商品评价（1800+）</a>
    <a class="page">本店好评商品</a>
```

```
</div>
```

相应的 CSS 样式定义如下：

```
#tab{
    background:#F7F7F7;
}
.page{
    width: 140px;
    height:30px;
    color:#A29588;
    font-weight:bold;
    text-align:center;
    line-height:30px;
    display:inline-block;
}
#current a:hover{
    background: red;
    color:#000000;
}
```

在上述案例中用到了超链接元素的伪类。

```
a:hover{
      样式声明 1;
      样式声明 2;
}
```

思考题

如果用<li>元素实现上述导航功能，并通过:first-child 对当前导航的样式进行设定，你知道该怎么做吗？去试试吧！

4.7.3 小案例：让图片动起来

在博客中，很多博主会贴出一些照片跟大家分享，原本这些照片只是安静整齐地排列在那里，动也不动好无趣。如果给它们添加一些特效，让它们动起来，你觉得怎么样？一个普遍的做法是给图片标签添加放大效果的伪类样式，实现的效果是当鼠标划过一张图片时，图片就会自动放大，来看具体实现步骤。

首先，准备 6 张图片，实现效果是鼠标划过每一张图片上方，就会出现图片的文字描述，并且图片会适当放大，如图 4.29 所示。

图 4.29

图片块的 HTML 代码如下：

```
<div class="photos">
    <a href="#"><img src="imgs/photo-1.jpg" title="美丽的小红花"></a>
    <a href="#"><img src="imgs/photo-2.jpg" title="独立行走的小鸟"></a>
    <a href="#"><img src="imgs/photo-3.jpg" title="一片花海"></a>
    <a href="#"><img src="imgs/photo-4.jpg" title="庭院的花海"></a>
    <a href="#"><img src="imgs/photo-5.jpg" title="森林中的小镇"></a>
    <a href="#"><img src="imgs/photo-6.jpg" title="一片树林"></a>
</div>
```

CSS 样式声明如下：

```
.photos img{
    width:100px;
    height:100px;
}
.photos img:hover{
    transform: scale(1.1,1.1);
}
```

说明：这里图片的动态变化用到了两个技巧：第一，图片的伪状态 hover，当鼠标悬停在一张图片上时，就会触发内部的样式从而产生变化；第二，具体的动态变化是通过图片的变形实现的，通过将图片的宽度和长度的拉伸一定比例，实现图片放大的效果。

图片的二维变换

当下最新的 CSS3，添加了图片二维变换的属性样式，其定义方式如下：

```
translate: scale(ws, hs)
```

该属性是指目标元素按指定比例放大或缩小的变换。其中，ws 表示宽度缩放比例，hs 表示高度缩放比例。比如让图片动起来的案例中，这两个参数表示相对于原始图片样式大小的比例，比如 1.1 就是原始图片宽高的 1.1 倍。

快来试试这个动态图效果，让你的图片动起来吧！

4.8　本章小结

本章介绍了 Web 前端开发中另一个重要的技术：CSS。在 Web 开发中，HTML 负责网页的架构，CSS 则负责网页的外观装扮。CSS 的重要作用之一是对指定元素设置样式规则，因此，CSS 常见的用法就是由元素选择器选择目标元素，然后通过样式声明语句块指定具体的样式。

CSS 另一个重要作用在于调整元素在网页中的布局，通过容器元素和盒子模型，可以为元素之间增加一些距离感，从而形成一种美化的布局。有了 CSS，网页就可以变得更精美，以吸引更多的用户访问网站。

然而，本章的内容还无法真正帮助你实现最终的目标，因为此时你的网页还只是很单调的静态网页，还没有通过真正的程序实现自动化的变化效果，下一章我们就将去学习一门动态编程语言：JavaScript。

推荐阅读

（1）如果你想了解更多 CSS 的属性，请参考中文的官网手册 http://www w3school.com.cn/。

（2）菜鸟网 https://www.runoob.com/ 是一个更易学的网站。

（3）如果你喜欢看书，推荐你去阅读《CSS 实战手册》，里面有很多实用的技巧，相信会助你一臂之力。

最后的忠告：多练习、多实践

仅仅跟着做本书的案例，是无法真正掌握 CSS 的，你需要找几个做得精美并且吸引你的网站，尝试自己动手去实现每一个网页，看看自己能否做出更精美的效果。另外，随着网页的复杂性提高，定义的样式也越来越多，很容易就会出现样式的重复定义，这时千万别忘了打开浏览器的开发者工具调查一下真相。如果你真的希望某个元素的样式不会被其他人随意修改，就提高它的优先级吧！最后，还是给你留一个任务，把上一章中仅用 HTML 标签搭建的网页利用 CSS 对其进行装扮，让你的网页看上去更吸引人。

第 5 章　网页交互的核心——JavaScript 入门

简单来说，JavaScript 是一门能够让你轻松实现用户和网页交互的脚本语言。本章就带你进入 JavaScript 世界，去领略它的基础语法和重要功能。本章首先讨论 JavaScript、HTML 和 CSS 三者之间的配合，接着阐述 JavaScript 作为典型脚本语言的特点以及程序的基本控制结构。有了这些前期背景知识的铺垫，再正式进入 JavaScript 语言的学习，包括变量和常量、运算符和表达式、函数、对象的基本用法以及常用接口。快来认识一下这门交互型脚本语言吧。

5.1　前端三兄弟：HTML、CSS 和 JavaScript

首先需要声明的是，你所访问的漂亮网页，可不是一个人的功劳，而是三个人的功劳。这三个人就是 HTML、CSS 和 JavaScript。它们三者必须密切配合，才能帮你打造出一个高大上的网站应用。因此，在开始 JavaScript 的内容之前，我们需要先理清三者的关系。

5.1.1　各肩重任

通过之前的学习，我们已经知道 HTML 负责搭建网页的框架，CSS 则负责美化网页和布局元素，而 JavaScript 则负责让页面与用户互动起来，这些互动包括以下类别：

- 单击鼠标
- 鼠标滑过某个元素
- 添加新留言
- 删除某条评论
- 时间倒计时

从编程语言的类型和功能来说：

- HTML 是一种标记语言，可用于制作适合于浏览器显示的内容，比如定义段落、表格、图片等；
- CSS 可以看作是另一种标记语言，主要应用在 HTML 元素上，用于为其定义样式，比如字体样式，背景颜色以及元素布局等；
- JavaScript 是一门脚本编程语言，用于动态地更新页面的内容、制作动画特效、实现与用户的互动等自动化任务。

5.1.2 在程序中的配合

在具体的程序中，HTML、CSS 和 JavaScript 又是如何配合的呢？首先它们三者的关系就像图 5.1 所示的三角关系，从下往上看，HTML 负责搭建网页中基础的框架；CSS 则是为网页添砖加瓦的再一次装修；JavaScript 是让页面更加炫酷和丰富，更重要的是，JavaScript 可以实现动态地添加 HTML 和 CSS 代码。

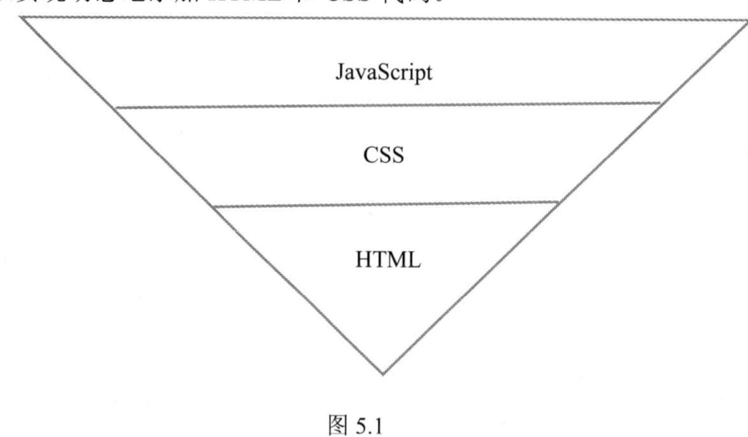

图 5.1

接下来让我们通过一个例子来看一下它们在代码中的配合表现：

```
HTML 定义一个文档的结构
<body>
   <p>在场选手：姚明</p>
</body>
CSS 丰富页面的样式
<style type="text/css">
p {
       font-family: 'helvetica neue', helvetica, sans-serif;
       font-weight: bold;
       letter-spacing: 1px;
       text-transform: uppercase;
       text-align: center;
       border: 2px solid rgba(0,0,200,0.6);
       background: rgba(0,0,200,0.3);
       color: rgba(0,0,200,0.6);
       box-shadow: 1px 1px 2px rgba(0,0,200,0.4);
       border-radius: 10px;
       padding: 3px 10px;
       display: inline-block;
       cursor: pointer;
   }
</style>
JavaScript 添加一个动态更新效果
<script>
```

```
        const para = document.querySelector('p');
        para.addEventListener('click', updateName);
        function updateName() {
        let name = prompt('请输入一位替换选手');
        para.textContent = '新选手: ' +name ;
        }
    </script>
```

通过单击输入框，键入一个替换选手的名字来替换原来的选手“姚明”，见图 5.2 所示为页面效果。

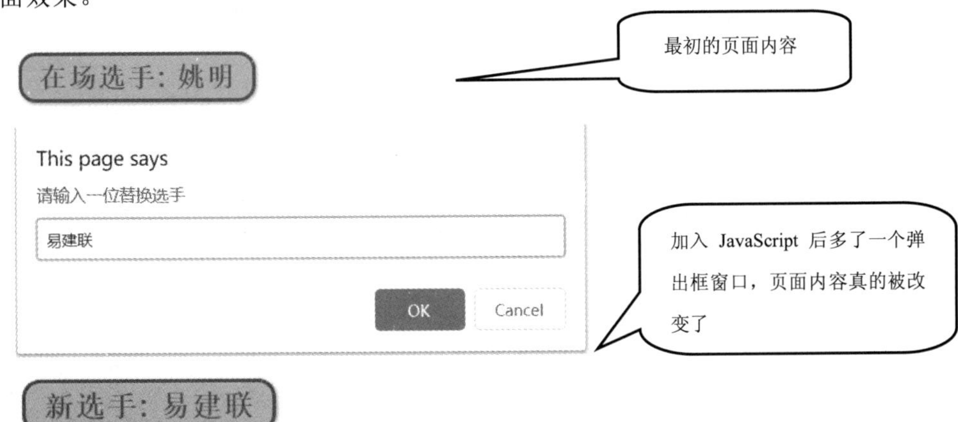

图 5.2

不错嘛！加入 JavaScript 代码后，居然多了一些不一样的效果，让我们可以跟网页简单地互动了。看到了吧，多亏了 HTML、CSS 和 JavaScript 三者的配合，只靠其中任何一个，是无论如何也做不到这么有趣的网页的。好了，如果你实在忍不住，可以去敲一下上述代码，看看效果吧！

5.1.3　代码的组织规范

在上一节中，所有代码都可以放在一个 HTML 文档中，这在初学阶段是可以的。但随着代码量的不断增多，更推荐的方式是采用外部文件，引入 HTML 文档中的做法。本节就来体会一下这两者的主要区别。

首先来看 HTML、CSS 和 JavaScript 代码在同一个文档中的位置安排。

```
<html>
    <head>
        <style>这里是定义 CSS 的地方</style>
    </head>
    <body>
      <标签名>HTML 主体内容区</标签名>包裹的就是 HTML 代码    <!-- 页面上显示的内容
-->
      <script>这里是 JavaScript 代码区</script>
```

```
    <body>
</html>
```

可以看到，如果你观察得足够仔细，上述示例代码可以看出，通过不同的标签名加以区分 HTML、CSS 和 JavaScript。其中<html>表示 HTML 标记，<style>表示定义 CSS 样式，<script>表示声明 JavaScript 程序。另外，它们的位置关系也很重要，一般来说，网页中的内容代码就是在<body>内部，CSS 样式定义文档在<head>标签内部，表示它和 HTML 文档的关系，而 JavaScript 一般处于 HTML 正文代码的下方，也就是</body>之前。这种位置关系很重要，千万不要出错。因为一旦 JavaScript 代码的位置提前了，就可能导致意想不到的漏洞。

虽然上述代码符合网页代码的规范，并且浏览器能够对其进行正确的解析和显示。但是，随着任务越来越复杂，代码量会逐渐增多，上述将网页的所有代码都放在一个 HTML 文档中的做法就不推荐了。一种更常见且合理的方式是将 HTML 代码、CSS 代码和 Java Script 代码分离开，在具体应用时，通过引入标签将它们组合进一个 HTML 文档。其中，它们分别对应着不同的后缀名，即.html、.css、js。

my.html 的示例如下：

```
<html>
    <head>
        <link rel="stylesheet" href="css/my.css">  <!-- 引入外部的 CSS 样式文件  -->
     </head>
    <body>
     HTML 标记（标签）<标签名></标签名>包裹的就是 HTML 代码
    <script src="js/first.js"></script>  <!-- 引入外部的 JS 文件  -->
    <body>
</html>
```

my.css 样式文件在 css 的文件夹下，示例代码如下：

```
body{
    font-size: 16px;
}
```

first.js 文件在 js 文件夹下，示例代码如下：

```
window.onload = function(){
    alert("hello welcome to javaScript ");
}
```

采用外部文件方式引入的好处

通过对比文档内的代码组织结构和外部文件引入的组织结构可知，my.html 在代码的体量上比以前更轻了；my.css 变得更纯粹了；first.js 则更清晰，全是 JavaScript 代码，不用担心和 HTML 代码弄混，因为它里面基本就是各种函数的集合。

其实，除了上面提到的代码清晰，提高了易读性的好处。代码分离最大的好处是代码的复用。比如，可以将公共的样式抽取出来定义在一个 css 文件中，实现定义一次，便可多次应用到不同的 HTML 文档中；同样也可以将通用功能的代码放在一个 js 文件中，从而通过引入方便更多的应用使用。

CSS 和 JavaScript 引入方式的不同

在使用外部文件引入的方式中，由于 CSS 和 JavaScrip 的引入方式不同，很容易造成初学时的困扰，因此这里再做一次重申如下：

（1）CSS 文件中路径引入的属性是 href，和<a>超链接标签一样，就像是超链接带你飞到某个地方。所以，把 CSS 想象成是页面需要跳转的一个地方。这也是为什么用<link>标签就需要连接到 HTML 文档的原因；

（2）JavaScript 文件路径引入的属性是 src，和<img>图片标签一样，就像是图片要告诉你要找的 js 代码块图藏在哪里，所以把 js 想象成是代码图。当然，<video>视频标签也是类似的，需要告诉视频文件在哪，也就是来源 source。

接下来，我们去看看 JavaScript 是一门怎样的编程语言，同时我们要好好理解以图形化界面为主的交互式网站应用的核心原理。

5.2　JavaScript 工作原理大揭秘

JavaScript 是最重要的客户端脚本语言之一，客户端是特指用户的浏览器。因此，JavaScript 程序主要是运行在浏览器中，并被其解释执行，最后实现网页上的一些交互效果。与 HTML 和 CSS 的标记语言不同，JavaScript 是一门有着严格语法规范的编程语言，它能够实现一些自动化任务和逻辑任务。从本章起，我们就开始学习 JavaScript，它的官方全称是 ECMAScript，下文中简称 JS。

5.2.1　编译型语言 VS 解释型语言

现代编程语言可以说是对人类很友好的高级语言，因为很多标识符都能够见名知意。这要多亏了后来发明这些语言的人。然而无论这些语言多么“高级”，要想让计算机理解，都必须被翻译成机器语言，也就是一串 0101 的二进制代码。所以，计算机上通常会有一个被称为编译器的软件，专门将高级语言实现的程序翻译成机器所能理解的二进制代码，才能被真正执行。这个过程说明所有高级语言都是一样的，从写好的源程序到可执行的二进制代码。这个被编译和执行的过程，其实可以有一些不同，导致编程语言出现两大阵营：**编译型语言**和**解释型语言**。两者最显著的一个差别就是：**源代码翻译成机器识别的可执行文件的时间不同**。

编译型语言的翻译时间是在运行之前，这项工作只做一次，如果再次运行同一个程序，就无须重复翻译。比较常见的编译型语言代表，主要包括 C 系列，从 C、C++到 C#，还有曾经红火一时的 Java，都属于编译类型的语言。

而解释型语言则不同，源代码是在运行时才被翻译，甚至是逐条语句地翻译和执行。那么，你肯定会想，JavaScript 应该是和 Java 一样的吧！还真不是，虽然它们都有“Java”，但前面说过了，JavaScript 的官方名称可是 ECMAScript，你看，这就和 Java 没什么关系了吧。所以，JS 是属于另一个阵营的，也就是和 PHP、Ruby 和 Python 属于同一类，即解释型语言。

接下来具体来看看编译型语言和解释型语言在计算机执行方面的特点。

（1）编译型语言的优点是执行效率高，因为只需要编译一次，就可以无限次执行。但它不支持跨平台，例如 Windows 系统下可执行文件后缀名为.exe 或.ios 的镜像文件，而 Mac 系统下则为.pkg 或.dmg 的镜像文件。

（2）解释型语言的优点是支持跨平台，只要通过提供跨平台的解释器就能实现，如解释 JavaScript 的浏览器，以及解释 PHP 的解释器等。但是它的执行效率比较低，每次都需要翻译。

总结来看，上述特点可以简化为表 5.1。

表 5.1

特性	编译型语言	解释型语言
特性 1：执行效率	高，只需一次翻译	低，每次运行都需要翻译
特性 2：可否跨平台	否	是

以上两个特性是对于机器来说的，那么对于开发人员来说，JavaScript 作为解释型语言之一，给开发人员的福利包括：

（1）可以嵌入 HTML，程序由浏览器解释执行，可以直接看到结果；

（2）交互性好，一句一句执行，一般执行一段功能代码，就会有输出；

（3）由于代码是一条语句式地执行，一条有错，下面的语句就无法执行，这为调试错误提供了方便，可以准确定位到第一个可能出错的位置；

（4）支持跨平台，常见的浏览器都能解释 JavaScript 程序；

（5）单线程应用，一次只能执行一段功能代码，其他功能代码需要排队等待依次被执行。能够准确定位哪个应用被处理了，哪个还没有。

5.2.2 交互式网页的精髓

最近这十五年来，JavaScript 一直蝉联交互式动态网页的冠军宝座。因此，要开发一款交互式的 Web 应用都离不开它。JavaScript 关于交互功能的核心原理是**事件驱动模型**，其工作原理是，由用户或用户的计算机系统主动发出一种行为，浏览器则处于被动监视的地位，一直暗中窥探，一旦捕捉到一个行为，就会触发一个或多个事件，从而带来网页内容的改变。在这个过程中，有用户与网站的互动，也有网页内容的动态变化，这就构成了交互式网页的精髓。比如监听器一直在监视用户或系统改变网站的行为，如果发现用户与网页中特定元素进行了互动，比如单击了哪个按钮，监听器就会随即触发一个事件，该事件将针对用户的行为给出一个反馈，即带来跳转到另一个页面的变化。

因此，学习 JavaScript 的核心任务之一就是弄清楚用户或系统是怎么与网站实现交互的。为了让你提前感受一下，接下来列出四个例子，在看例子的同时，希望你带着以下两个问题去思考一下：

问题 1，试着找出用户或系统做出了什么行为？

问题 2，用户行为之后，引发了网页的什么效果？

例子 1：文档加载完毕，段落元素内容改变

HTML 主体代码如下：

```
<h1>我的第一段 JavaScript</h1>
<p id="demo">JavaScript 能改变 HTML 元素的内容。</p>
```

JavaScript 代码如下：

```
<script>
    function myChange(){
        x=document.getElementById("demo");  // 找到元素
        x.innerHTML="Hello JavaScript!";    // 改变内容
        }
</script>
window.onload = myChange; //如果直接写成这样，就会看不到原来的文字内容，因为页面内容太简单了，文档加载过快。
```

上述代码最开始的效果是在 h1 的标题内容下方的 p 元素的位置输出：JavaScript 能改变 HTML 元素的内容。然而，你看到的实际效果却是 p 元素输出：Hello JavaScript!。这是因为 JavaScript 脚本通过监视到系统的变化，window.onload，即网页内容加载完毕，就触发了改变 p 元素中原有文字的内容，最终带来变化后的文字输出效果。由于该网页内容简单，因此加载的速度很快，导致你看不出原始的文字内容，而是直接看到改变后的文字。这个也许有点儿迷惑，你猜对了吗？

例子 2：通过单击事件改变元素内容

HTML 主体代码如下：

```
<p id="demo">JavaScript 能改变 HTML 元素的内容。</p>
```

JavaScript 代码如下：

```
<script>
function myFunction()
{
    x=document.getElementById("demo");  // 找到元素
    x.innerHTML="Hello JavaScript!";    // 改变内容
}
</script>
```

```
<button type="button" onclick="myFunction()">点击这里</button>
```

上述代码与例子 1 的不同之处在于，文字的内容不是迅速改变，而是只有当用户单击 p 元素时，文字内容才会发生变化。因此，这里的行为是用户发出的单击操作，而事件是 onclick 单击事件，最终带来的变化是文字内容发生变化。

例子 3：改变 HTML 元素的属性

HTML 主体代码如下：

```
<img id="myimage" onclick="changeImage()" src="/images/pic_bulboff.gif"
width="100" height="180">
```

JavaScript 代码如下：

```
<script>
  function changeImage() {
      ele=document.getElementById('myimage')
      if (ele.src.match("bulbon")) {
          ele.src="/images/pic_bulboff.gif";
      } else {
          ele.src="/images/pic_bulbon.gif";
  } }
</script>
```

上述代码的效果是通过单击已有图片，就会更换成另一张图片。其中，用户的行为是单击图片元素，这样就触发了 onclick 单击事件，该事件的功能是变换一张新图片，具体是通过修改图片元素的 src 属性。

例子 4：改变元素的样式

```
<p id="demo">JavaScript 能改变 HTML 元素的样式。</p>
<button type="button" onclick="myFunction()">点击这里</button>
<script>
function myFunction()
{
   x=document.getElementById("demo") ;// 找到元素
   x.style.color="#ff0000";           // 改变样式
}
</script>
```

上述代码的效果是通过单击按钮，改变 p 元素中的文字内容的颜色。其中，用户的行为是单击按钮元素，这样就触发了 onclick 单击事件，该事件功能是改变 p 元素中的文字的颜色，具体是通过修改 p 元素的 style 属性。

事件模型的简化理解

事件这个概念在刚接触时比较不好理解。因此，再向你总结一下它的意义，说不定对你理解它会有帮助。

首先，网页中的互动很简单，频率并不会太多，只是需要有一方先动，另一方进行反馈，便形成一次互动。然而，很不幸浏览器很害羞，喜欢一直处于被动方。于是，它只是默默等待用户或系统发出一个行为，才知道要做出怎样的反馈。简而言之，事件监听器的作用就是告诉网页："喂，这里有事情发生，快来处理一下！"

对应到 JavaScript 程序中，每一次用户或系统发出的行为，就被称为一个事件，表明有事情发生，紧接着就会有一个变化随之而来，就造成了网页内容的动态改变。其中，这个事件的触发可以是来自用户，也可以是来自用户所用的系统，比如操作系统、浏览器窗口、打印机等。这些事件通常是 JavaScript 已经为我们定义好的，需要我们做的只是去设计，该给出什么样的反馈，也就是事件发生后带来的改变。

在进一步学习 JavaScript 的基础语法前，你还需要了解一点程序员的思维方式。

5.3　像程序员一样思考

通常来说，程序员在接手一个新的开发任务时，并不是直接上手就写代码的，而是有一个过程。这个过程需要先确定用户的真实需求，然后开发组长或项目经理会给出大致的分工和工期估计，接下来才是程序员领到各自的任务，开始分工合作写代码和做测试。这一节我们将一个真正的 Web 项目的执行过程简化一下，只考虑需求分析、任务分工和代码实现三个核心任务，以体会一下程序员在项目开发中的主要工作。

5.3.1　看图猜价格游戏

学习一门编程语言最难的不是语法，而是学习如何应用它来解决问题。你需要做的是像一个程序员一样思考，思考你的程序要实现什么目标？包括哪些功能？最好这些功能可以细化到用一个函数就能完成，最后用代码把所有功能一一实现，经过层层测试，最后完工。首先，让我们从一个游戏开始去探一探 JavaScript 小镇有什么？

1. 需求方的游戏说明

我们是一档生活类电视节目的工作小组，想设计一个环节叫"老公猜猜猜"，目的是测试嘉宾们是否是生活模范丈夫，主要通过展示一些生活用品的图片，让老公猜价格，如果他很快能猜出来，就认为他是模范丈夫。所以非常希望你们能开发一款看图猜价格的游戏。

2. 程序员的解读

我们是侠客联盟游戏开发团队，根据您的需求，我们将游戏设计为：该游戏一共有 10 关，也就是有 10 张随机的生活用品图片，玩家老公共有三次机会，每一次他给出一个价格，系统针对他的答案给出反馈，比如"猜对了""您给的价格太高了"或"太低了"。同时，还要告诉玩家这个价格以前已经猜过了。最后，如果他猜对了，游戏就直接结束。否则直到三次机会都用完，本轮游戏强行结束，并允许该玩家选择是否重新开始。

3. 动手开发之前项目组长要做的事

首先进一步确定该游戏项目的任务，计算机术语为“要解决的问题”，开发组组长要做的是把这个游戏任务分解成可编程的最小单元模块，尽可能小到用一个程序模块实现一个特定功能。于是组长就在任务墙上写下了主要任务：

（1）展示一张生活用品的图片，并记录其正确的价格；

（2）记录猜测的次数，从 1 开始，每猜一次，就加 1，上限为 3；

（3）玩家提交了猜测结果；

（4）检查玩家的猜测是否和物品的正确价格一致。

如果猜测结果与正确价格一致，则：

（1）显示祝贺信息；

（2）停止游戏，不允许玩家再次输入；

（3）允许玩家重新开始新一轮游戏。

如果猜测错误且还有机会，则：

（1）提示猜错了；

（2）允许玩家再次输入一个新的猜测；

（3）将猜测次数加 1。

如果猜测错误且没有机会，则：

（1）告诉玩家游戏结束；

（2）停止游戏，不允许玩家再次输入；

（3）允许玩家重新开始新一轮游戏；

（4）一旦游戏重新开始，确保图片重新换一张，然后重新从第 1 步开始。

接下来，让我们直接来看代码。在这个阶段，你不需要理解任何一行代码，只是去看看，试着体会一下设计和实现的过程，以及是如何利用 JavaScript 完成这个游戏开发的。

首先，price-guess-game.html 代码如下：

```
<!doctype html>
<html>
  <head>
    <meta charset="utf-8">
    <title>Number guessing game</title>
    <style>
    html {
      font-family: sans-serif;
    }
    body {
      width: 50%;
      max-width: 800px;
      min-width: 480px;
      margin: 0 auto;
```

```
        }
    img {
      width: 200px;
      height: 250px;
        }
        .lastResult {
          color: white;
          padding: 3px;
        }
      </style>
    </head>
    <body>
    <h1>看图猜价格</h1>
    <p>请根据图片中的物品，试着猜出它的价格是多少，精确到多少角就可以了。请在下方给出你的正确答案，确定后，请按下确定按钮。
    <b>注意，每一张图片，你只有三次机会。</b></p>
    <img src="imgs/001.png">
    <div class="form">
      <label for="guessField">请输入你猜的价格：</label><input type="text" id="guessField" class="guessField">
      <input type="submit" value="确定" class="guessSubmit">
    </div>
    <div class="resultParas">
      <p class="guesses"></p>
      <p class="lastResult"></p>
      <p class="lowOrHi"></p>
    </div>
  //以下是js代码区
  <script src="js/jquery.js"></script>
  <script>
    //定义变量保存真实的商品价格
    let realPrice = 9.5;
  //定义常量保存猜测的数据
    const guesses = document.querySelector('.guesses');
    const lastResult = document. querySelector('.lastResult');
    const lowOrHi = document.querySelector('.lowOrHi');
    const guessSubmit = document.querySelector('.guessSubmit');
    const guessField = document.querySelector('.guessField');
     //定义变量，保存参与游戏的次数
    let guessCount = 1;
    let resetButton;
  //定义猜测功能的函数
    function checkGuess() {
        let userGuess = Number(guessField.value);
        if (guessCount === 1) {
        guesses.textContent = '之前你猜过:';
      }
```

```
    guesses.textContent += userGuess + ' ';
    if (userGuess === realPrice) {
        lastResult.textContent = '祝贺你猜对了!';
        lastResult.style.backgroundColor = 'green';
        lowOrHi.textContent = '';
        setGameOver();
    } else if (guessCount === 3) {
        lastResult.textContent = '!!!本轮游戏结束!!!';
        setGameOver();
    } else {
        lastResult.textContent = '对不起，你猜错了!';
        lastResult.style.backgroundColor = 'red';
        if(userGuess < realPrice) {
        lowOrHi.textContent = '你猜低了!';
    } else if(userGuess > realPrice) {
        lowOrHi.textContent = '你猜高了!';
    }
}
    guessCount++;
    guessField.value = '';
    guessField.focus();
}
guessSubmit.addEventListener('click', checkGuess);
function setGameOver() {
    guessField.disabled = true;
    guessSubmit.disabled = true;
    resetButton = document.createElement('button');
    resetButton.textContent = '开始一轮新游戏';
    document.body.appendChild(resetButton);
    resetButton.addEventListener('click', resetGame);
}
function resetGame() {
    guessCount = 1;
    const resetParas = document.querySelectorAll('.resultParas p');
    for (let i = 0 ; i < resetParas.length ; i++) {
        resetParas[i].textContent = '';
    }
    resetButton.parentNode.removeChild(resetButton);
    guessField.disabled = false;
    guessSubmit.disabled = false;
    guessField.value = '';
    guessField.focus();
    lastResult.style.backgroundColor = 'white';
}
let resetParas = document.querySelectorAll('.resultParas p');
for (let i = 0 ; i < resetParas.length ; i++) {
    resetParas[i].textContent = '';
```

```
    }
    </script>
    </body>
</html>
```

以上代码产生的网页如图 5.3 所示。可以看到一个看图猜价格游戏的界面，虽然很丑，但是功能都能达到要求，可以作为一个测试版展示给电视工作小组交差。

看图猜猜价格

请根据图片中的物品，试着猜出它的价格是多少，精确到1个小数就好。请在下方给出你的正确答案，确定后，请按下确定按钮。**注意，每一张图片，你只有三次机会。**

图 5.3

这里 JavaScript 程序主要做到了如图 5.4 所示的游戏互动区，即随着用户每输入一个猜测价格，下面的提示区就会随之变化，就是诸如“猜错了”“猜高了”的提示语。值得一提的是，玩家之前猜过的所有价格都被保存了下来，这样可以避免玩家重复输入。

请输入你猜的价格: 确定

之前你猜过:3 14.5 9.5

祝贺你猜对了!

开始一轮新游戏

图 5.4

接下来，需要我们把上述代码中 JavaScript 部分简单拆解一下，看看 JavaScript 的葫芦里到底卖的什么药。

（1）定义了几个“变量”存储商品的真实价格以及三个猜测价格、猜测次数、提交按钮和输入框区域等。用到了 let、const 等关键字。

```
let realPrice = 9.5;
const guesses = document.querySelector('.guesses');
```

（2）定义了几个函数。

```
checkGuess(),完成对猜测价格的检查和判断
setGameOver(),设定游戏结束
resetGame(), 重玩一局的设定
```

（3）用一个循环清空游戏互动区的三个段落的内容，即已猜测的价格、猜测结果、以及提示。

```
for (let i = 0 ; i < resetParas.length ; i++) {
      resetParas[i].textContent = '';
 }
```

（4）判断玩家猜测次数。

```
if(guessCount ===3)
```

（5）对象的属性，输入框有一个是否能输入的属性。

```
guessField.disabled  = true;
```

（6）字符串的拼接符+，将文字串'之前你猜过: '和玩家给出的每一次猜测价格拼接起来，保存在变量 guesses 的文本内容中。

```
guesses.textContent = '之前你猜过:';
guesses.textContent += userGuess + ' ';
```

没错，就这么一个小游戏，几乎涵盖了 JavaScript 所有基本的知识点。如果你也想制作一款属于自己的游戏，先别着急，我们还得学习一点点程序设计的基础，一起来看一下吧！

5.3.2 程序控制的三种结构

程序简单来说是由对计算机发出的一条一条指令组成的。每一条指令相当于一个执行步骤，我们人在做事的时候也是有顺序的，而计算机则属于更听话的，它会严格按照我们输入的指令，指哪打哪。

拿如何做一道尖椒土豆丝来说，第一步，先洗菜并削土豆，第二步，切菜，第三步，向锅内加入食用油，判断油差不多热了，再倒入葱姜炝锅，第四步，不断翻炒多次，直到土豆丝颜色变透明，就可以加入盐，第五步，继续翻炒，直到盐分布均匀，一道土豆丝就出锅了。一起来总结一下这个炒菜过程，我们大多数情况是按照第一到第五的顺序来完成整个炒菜的过程，但是仔细分解每一步又会发现，我们经常需要做出判断，比如油温是否足够，再决定是否进行下一步，还有，为了让一道菜受热均匀，还需要不断挥动铲子，做一次一次地重复动作，直到炒熟出锅才停止翻炒。

总结一下，一个人做事的顺序有三种：**顺序**，**选择**（根据情况判断，是否做，何时做），和**循环**（重复做某事，直到满足某个条件才停下来）。类似的，计算机执行的程序也是通过这三种控制结构才能得以实现一个任务。其中，顺序控制表示程序是自上而下逐行执行的，而选择控制则通过判断条件来决定执行哪些语句，跳过其他语句；而循环控制则表示某些语句被多次重复执行。还需要说明的是对应到做土豆丝的“每一步”来说，一段程序中的每一个步，可以只是输出一句话到屏幕的一条语句，也可以是做计算的几行语句，又或者是跑完了一段代码才算完成一个完整步骤的函数。

由此得出的启示

程序的执行，是由顺序、选择和循环三种控制结构的组合实现的。如果你愿意去阅读别人的代码，并去尝试分析，会发现程序语句的逻辑关系不外乎就是其中的一种或几种的组合。对这三种控制结构的理解有两个好处：一是帮助你在任务分析阶段设计正确的逻辑；二是有助于你写出合理的程序。

前面对 JavaScript 在网页开发中的作用、编程语言的特点以及程序中基本的逻辑结构做了讲解。有了这些基础，我们就可以正式进入 JavaScript 的学习之旅了。

5.4　JavaScript 基础

JavaScript 是学习 Web 开发的第一门编程语言，我们必须要认真对待，首先了解一下编程的结构，理解为什么每一门语言总有一系列新名词，**变量**、**运算符**、**函数**和**对象**。

5.4.1　存储数据：变量与常量

本节主要介绍 JavaScript 中两种最基本的存储数据的方式：变量与常量。其中变量中存储的值在程序执行过程中可以改变，而常量中存储的值一旦定义好，后续的程序就无法改变。接下来，我们分别介绍变量和常量的用法，最后结合一个示例体会两者在实际应用中的区别。

1. 变量

在 JavaScript 中，变量可以看作是存储值的容器。说起容器，你一定不陌生，比如，衣柜用来储存衣服，笔筒用于存放各种笔，文件夹可以帮我们收集整理纸质文档等，如图 5.5 所示。你发现了什么，这些容器不仅有大小之分，而且不同的容器有不同的用途，而这是由它们的名字来决定的。

我想你一定不会一辈子只穿一件衣服或用一支笔，如果你买了新的衣服、新的签字笔和新的文件，但之前容器都已经被占了，那么是不是需要先扔掉旧的，才能把这些新的物品放进去。

类似的，在计算机这个超大存储空间里，有很多长相一样的容器（图 5.6 所示的每一层抽屉），现在你想把写的程序和数据都放进去，怎么做呢？首先，为了区别它们，你需要给每个容器起个名字。然后再根据名字决定往哪个容器放代码。好的，就是这么简单。

这一部分，就让我们从最简单的**变量**开始，一个容器放一件物品，并且允许它替换成别的物品，所以它里面存放的东西可以变化。

在 JavaScript 中，定义一个变量，必须先为其指定一个名字，这样便于与其他变量进行区别。一旦定义了一个变量，就可以通过为它赋值来表示对该值的临时存储。后续这个值还允许改变，也就是去存储别的值。它的语法如下：

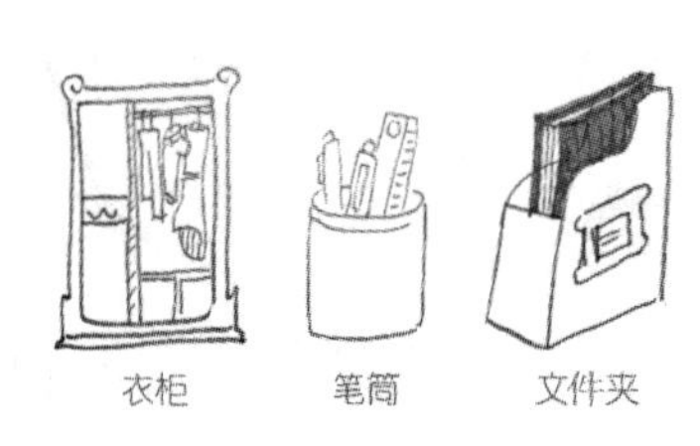

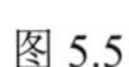

图 5.5

图 5.6

（1）声明一个变量

```
let 变量名;（或者 var 变量名;）
```

（2）声明一个变量，并赋予一个初始值

```
let 变量名=值;（或者 var 变量名=值;）
```

到底是 let 还是 var?

现代主流的浏览器对于 JavaScript 中的 var 和 let 的用法都是支持的。只是考虑到最新版的 JavaScript 推荐使用 let，所以推荐你优先使用 let，当然任何一个新版本也是需要向下兼容的，所以你通过 var 来声明变量也是可以的。

此外，关于声明一个变量，一定要记得在语句的末尾添加“;”表示结束，这一点很容易被忽视，导致出错。

你已经知道，变量的名字虽然看上去是我们随意取的，但是考虑到将来要跟你的团队成员合作，还时不建议你用太简单的 1、2、3 等来命名，而应该用实际意义的英文单词的缩写，有一种命名方式又叫**驼峰法**，形象地表示驼峰有高有低的状态，使用规则如下：

第一个英文单词中的首字母小写，第二个及以后的英文单词中的首字母大写；例如 teacher、myTeacher、myMathTeacher 等。

除了驼峰法，还有一种叫**下画线分词法**的命名方式，即用下划线连接两个及以上的单词，例如 my_teacher、 my_math_teacher 等。

如果你对起名字感觉困难，也可以采用英文单词与数字的组合；例如 img1、img01、img_01 等，这样相对简单一些。

名字取好了，那么值可以随意给，还是必须是指定呢？确实不能太随意，但是你要记得也比较简单，就 5 种类型的值。

（1）数值

可以是整数，也可以是小数，如下：

```
let myAge = 18;
let price = 35.8;
```

（2）字符串

它表示一段文本信息，可以是英文或中文等任意语言的文字信息，这些文本必须要用一对单引号' '或一对双引号" "包围起来，比如下面例子中教师姓名中存放的字符串'Lily'：

```
let teacherName = 'Lily';
```

（3）布尔值

布尔值可以是 true 或者 false。这个很有用，当我们在做一些选择的时候，时常需要判断结果是真还是假，从而决定下一步的操作。

```
let  isAlive = true;
```

（4）数组

一组相同类型的值，比如一个家庭中三个孩子的姓名：

```
let names = {'婷婷',  '媛媛',  '晨晨'};
```

（5）对象

抽象出来的一个汽车对象包含与汽车相关的一组属性，比如型号、颜色、类型。

```
let car = { motor:  'Yaris', type: 'manual',  color: 'white'};
```

基于上述对象变量的声明，可以通过“. ”来访问 car 对象的属性，例如：

```
console.log(car.motor);
```

此时，就可以在控制台中看到输出结果为 Yaris。

（6）函数

在 JavaScript 中，函数扮演着非常重要的角色。它的基本用法如下：

```
function FuncName(形参 1, 形参 2…){
        函数体 // 通常是一段代码块
}
```

其中，function 是函数的关键词，它必须存在，而 Func 是可以自由定义的函数名，需要特别指出的是，有时这个名字也可以不指定，成为匿名函数，但是一旦指定函数名，则必须保证该函数名在一段程序中是唯一的，就像是一段程序中不能存在两个同名变量，否则程序会无法区分。“()”内部的形式参数是可选项，数量根据需要给出。之后跟着的{}包裹的函数体是一段用于实现某个具体功能的代码块。这段代码只是对函数的定义，它自身并不会自动执行，而是需要我们指定它何时执行，这就是函数的调用。函数的调用非常简单：

```
FuncName(实参 1, 实参 2…);
```

来看一个例子，代码如下：

```
<head>
<script>  // printHello 函数的声明
    funtion printHello(text){
          document.write(text);
    }
</script>
</head>
<body>
```

```
        <script> printHello("你好！"); </script>    //printHello 函数的调用
    </body>
```

通过上述例子，希望你能了解函数的基本用法。这里之所以把它和变量类型放在一起，是因为在 JS 中，函数也可以赋值给一个变量，请看下面的代码：

```
let myBtn = document.querySelector('button');
myBtn.onclick = function(){
   alert('hello');
}
```

上述代码将一个输出 hello 的函数赋值给了 myBtn 变量的 onclick 属性，意思是当点击这个按钮变量时，就在弹出框中输出 hello。

JavaScript 中函数的用法需要特别重视

上述将一个函数赋值给一个变量的用法看上去很难理解，而这正是 JavaScript 的特点之一，同时也是很重要的用法。关于它的用法需要特别注意以下三个方面：

第一，函数运行的结果可以是有返回值的，这时需要通过 return 特别指定，此时，它的结果往往是一个具体类型的值；将它赋给一个变量时，一般需要函数返回值的类型与变量保持一致，如果不一致，将进行自动的类型转换。另外，函数还可以是没有返回值的，比如上述代码中只是执行了输出操作，却不返回任何一个具体值，此时它的作用是将函数的入口告诉赋值符号左边的变量；

第二，关于函数内部一般也会有一些变量，但是这些变量的作用域是有限的，即它们只能被函数内部的其他变量或函数访问，而不能被函数外部的其他变量访问，也就是说，函数中变量的作用域是局部的。这样做的好处是可以节省全局变量中对内存的消耗；

第三，在 JavaScript 中，函数也是一个对象，不过它是通过构造函数添加原型来定义方法的，这是属于 JS 的高级问题，本书暂不涉及。这里最常见的用法就是将一个函数句柄与网页中的一个元素进行绑定，从而触发一些事件，实现网页的动态变化。

你还要知道 JavaScript 是动态类型的语言，这意味着你不需要一开始就指定一个值的准确类型，JavaScript 会随着赋值自动判断出类型。比如，你有下面的变量定义：

```
let myString = 'Hello';
```

如果声明一个变量并且用"把值括起来，那么 JavaScript 就直接将 myString 看作是字符串类型的变量。

2. 常量

有的时候固定不变的量也很重要，比如圆周率的值是固定不变的，因此你希望给它设定一个固定的值 3.14，这样可以防止别人随意对它的修改。

```
const pi = 3.14;
```

比如一个星期 7 天，一天 24 小时；也是一个固定的值。

```
const daysInWeek = 7;
const hoursInDay = 24;
```

再比如我们在看图猜价格游戏中玩家给出价格，你也不希望随意被人改变，所以也用常量定义：

```
const guesses = document.querySelector('.guesses');
```

总之，在 JavaScript 程序中，如果你希望它的值一旦给定后，就不再允许其他程序修改，那么请一定使用 const 关键字，因为它会保护你的常量不被改变，而一旦有人试着改变，程序就会报错阻止程序继续执行。

3．示例：欢迎光临我的小店

为了表示友好，美丽向每一位到店的顾客都表达一句亲切的问候，“你好，***，欢迎光临我的小店！”请你思考一下，这句问候语中，哪些可以作为常量，哪些可以作为变量呢？

请尝试阅读以下代码，看看是否和你想的一样：

```
<body>
<h1>美丽的苹果店</h1>
<p>你好，<b id="name"></b>，<span id="greet"></span></p>
<script>
    let i1 = document.getElementById('name');
    let name = prompt("请问你叫什么名字?");  //每位顾客的名字不一样，所以要用变
量来接收
    i1.innerHTML= name;
    const greet = "欢迎光临我的小店！";   //这句话是永远不变的，所以用常量来定义
    let span1 = document.getElementById('greet');
    span1.innerHTML= greet;
    </script>
</body>
```

美丽的苹果店

你好，**冰冰**，欢迎光临我的小店！

图 5.7

思考时间

在图 5.7 的任务中，请你思考以下问题，并尝试对上述代码做出修改：

（1）为什么先出来的是输入弹出框，而不是 HTML 代码中的网页内容？

（2）在这段代码中，除了“欢迎光临我的小店”是固定不变的，可以作为常量使用，还有哪些文字也可以作为常量？

（3）请尝试添加女士和男士的尊称，比如“你好，冰冰女士”或“你好，张先生”？

5.4.2 做计算：运算符和表达式

一直以来，很多人对编程的印象仅仅停留在会做计算题。没错，程序是很擅长做计算，然而除了数值类的计算题，程序还会做很多其他可计算的任务。本节我们就先来看看 JavaScript 能够实现哪些计算任务。在其他编程语言中，你可能听说过要学习很多数据类型，比如整型、双精度型、浮点数型等，但是在 JavaScript 中，事情变得非常简单，就一种叫作 Number 的类型，它包括一切数值类型，它的做法是把一切数值当作小数看待，而把整数当作小数的一种特殊情况，即小数位为零；同时还支持数值之间的数学运算；JavaScript 中的操作符如表 5.2 所示。

表 5.2

操作符	名　称	示　例
+	加法	3+5
-	减法	200-100
*	乘法，用*号表示	3*2
/	除法	15/5
%	取余数	6%4（结果为 2，6 除以 4，商为 1，余数为 2）
**	指数，用**号表示	2**3（相当于 2*2*2）
typeof	检查变量的类型	Let price = 18.45; typeof　price;（结果为 Number）
++	自增，单运算符	let num = 4;num++;　　　（num 变为 5）
--	自减，单运算符	let num = 4;num--;　　　（num 变为 3）
=	赋值运算符	let *x* = 34;
+=	先加再赋值	let *x* = 1; *x* += 1;　（*x* 为 2）
-+	先减再赋值	let *x* = 1; *x* -= 1;　（*x* 为 0）
*=	先乘再赋值	let *x* = 1; *x* *= 1;　（*x* 为 1）
/=	先除再赋值	let *x* = 2; *x* /= 1;　（*x* 为 2）

1．关于运算你还要知道一点

一个复杂的数值计算式可能包含不止一个运算符。因此，就需要考虑先计算哪一个操作符，当然这并不难，只要你会小学数学就行，就是先乘除后加减。如果想改变运算次序，使用圆括号()即可。

2．示例：购物车

在网站购物时，当你选择好商品加入购物车后，会自动计算出你要购买商品的总价，这是怎么做到的呢？来看以下代码：

```
<body>
<h1>购物车</h1>
```

```
        <ol>
          <li>食盐，<span id="salt">2</span>个，单价：￥<span id="saltPrice">2.5
</span>元</li>
          <li>奥妙洗衣液，<span id="laundryLi">1</span>个，单价：￥<span id="
laundryPrice">19.9</span>元</li>
          <li>潘婷洗发水，<span id="shampoo">3</span>个，单价：￥<span id="
shampooPrice">27</span>元</li>
        </ol>
        <p>您好，您一共购买了<b id="quant"></b>件商品，优惠前价格为<b id="befo
reDiscount"></b>元，优惠后价格为<b id="afterPrice"></b>元</p>
        <script>
          const sPrice = Number(document.getElementById('saltPrice').innerHTML);
          const lPrice = Number(document.getElementById('laundryPrice').innerHTML);
          const shPrice = Number(document.getElementById('shampooPrice').innerHTML);
          let sQuant = Number(document.getElementById('salt').innerHTML);
          let lQuant = Number(document.getElementById('laundryLi').innerHTML);
          let shQuant = Number(document.getElementById('shampoo').innerHTML);

          let quant = sQuant+lQuant+shQuant;
                  let toPrice = sPrice*sQuant+lPrice*lQuant+shPrice*shQuant;
          let toQuant = document.getElementById('quant');
          toQuant.innerHTML = quant;
          let oriPrice = document.getElementById('beforeDiscount');
          oriPrice.innerHTML = toPrice;
          if(toPrice > 100){
            toPrice -= 20;
          }
          let disPrice = document.getElementById('afterPrice');
          disPrice.innerHTML = toPrice;
    </script></body>
```

购物车

1. 食盐，2个，单价：￥2.5元
2. 奥妙洗衣液，1个，单价：￥19.9元
3. 潘婷洗发水，3个，单价：￥27元

您好，您一共购买了**6**件商品，总价为**105.9**元

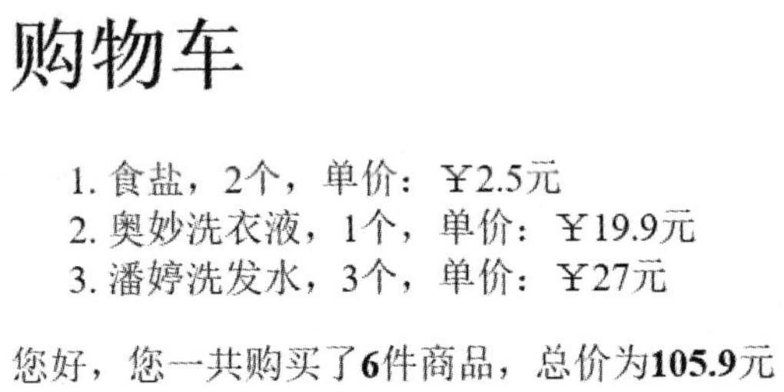

图 5.8

思考时间

在图 5.8 的任务中，请你思考并回答以下问题？

（1）为什么要用常量定义单价？

（2）为什么用变量定义数量和计算后的总价？

（3）上述代码是如何获取标签内的文本的？（提示：.innerHTML）

（4）span 和 i 标签内的文本是字符串类型，要计算的价格是数值类型，那么上述代码是如何做到对两种不同的类型做计算的？（提示：类型转换）

3. 条件表达式

有时，为了让程序根据不同情况做出对应的行为，就需要做条件判断；在 JavaScript 程序中，则是通过 if 条件语句实现的，具体用法有三种情况。

（1）只有 if 语句时，仅 if 语句中的条件为真时，才会执行内部的代码块，语法规定如下：

```
if (条件表达式){
当条件表达式的值为 true 时执行的代码
}
```

例如下面的例子：

```
let score = 61;
if(score > 60){
     console.log(“你的成绩为及格!”);
}
```

（2）if...else 语句，表示若 if 语句中的条件为真，就执行它内部的代码块，否则就执行 else 语句内部的代码块，语法规定如下：

```
if (条件表达式){
当条件表达式的值为 true 时执行的代码
}else {
    当条件表达式的值为 false 时执行的代码
}
```

请你想想下面的例子应该执行 if 内部的代码还是 else 内部的代码？

```
let score = 59;
if(score > 60){
     console.log(“你的成绩为及格!”);
}else{
     console.log(“你的成绩为不及格，请继续努力!”);
}
```

（3）更复杂的情况是，else 语句内部可能还需要嵌套 if 语句，规则如下：

```
if (条件表达式 1){
当条件表达式的值为 true 时执行的代码
}else  if (条件表达式 2){
    当条件表达式的值为 true 时执行的代码
}else{
   当条件表达式 1 和条件表达式 2 都为 false 时执行的代码
}
```

请你想想下面的例子应该执行哪一块代码？

```
let score = 59;
if(score < 70){
     console.log( “你的成绩为良好!” );
}else if(score > 60){
     console.log( “你的成绩为及格!” );
}else{
     console.log( “你的成绩为不及格，请继续努力!” );
}
```

无论一个任务有多少种复杂的情况，都可以利用 if...else 结构实现，无非就是多几个 if 和 else 的多层嵌套，以及条件表达式的变换。这个逻辑判断结构中，条件表达式十分关键，它主要用于比较两个值之间的关系，这里就涉及比较运算符，JavaScript 中常见的比较运算符见表 5.3。

表 5.3

操作符	名　称	返回值为 true 的例子
===	完全相等（类型和值必须相同）	6 === 2+4
==	相等（值相等，类型可以不同）	x = 5; x == 5；或 x = “5”; x == 5;
!==	不完全相等（值不等或类型不等）	6 !==2+3
!=	不相等（值不相等）	x = 5; x != 8;
<	小于，左侧值小于右侧值	32 < 40
≤	小于等于，左侧值小于或等于右侧值	4≤6,　4≤4
>	大于，左侧值大于右侧值	15>5
≥	大于等于，左侧值大于或等于右侧值	5≥5,　5≥1

4．示例：满减活动

在购物车的任务中，有时商家会推出满减活动，这时就需要判断客户购买的物品总价是否达到了某一条满减条件，从而自动计算出应该优惠多少？一起来看具有优惠信息的购物车代码：

```
<!-- 这部分代码有修改 -->
<p>您好，您一共购买了<b id="quant"></b>件商品，优惠前价格为
    <b id="beforeDiscount"></b>元，优惠后价格为<b id="afterPrice"></b>元
</p>
<!-- 这部分代码是新添加的 -->
let oriPrice = document.getElementById('beforeDiscount');
oriPrice.innerHTML = toPrice;
   if(toPrice > 100){
       toPrice -= 20;
}
```

购物车

1. 食盐，2个，单价：￥2.5元
2. 奥妙洗衣液，1个，单价：￥19.9元
3. 潘婷洗发水，3个，单价：￥27元

您好，您一共购买了**6**件商品，优惠前价格为**105.9**元，优惠后价格为**85.9**元

图 5.9

思考时间

在图 5.9 的任务中，请你思考并回答以下问题？

（1）我们的满减活动到底是什么？

（2）你能否添加一个满 200 再打 9 折的计价功能。

（3）你能否修改一下计算价格的描述，将本例中最后一行的表述改为，“总价为**元，我们为您节省了**元”。

（4）这里我们设置了一种优惠方式，如果消费满 100，总价就减 20，但如果不满 100，也能享受打 9 折的优惠，又该怎么办呢？

请一定不要忽略这些挑战问题，学习不能只是复制代码，而是要动脑，重新组装代码，让它变成你自己手中的利器。另外，除了 if...else 结构的判断逻辑，JavaScript 还提供了 switch 结构，感兴趣的话，推荐你自学。

5. 字符串

文字在 Web 应用中占据着十分重要的地位，它不仅是网页内容的主要形式，还是文字搜索的关键。在 JavaScript 中，字符串通常可以是一个词或一段话，这段文字内容必须用一对单引号''或一对双引号""包围，这两种符号是通用的，只是要求必须在英文状态下输入。比如下面的例子：

```
let comments = 'This is the best dish ever';
```

需要特别注意前后一定要配对，不然就会出错了，比如像下面这样：

```
let msg = ' I am hungry, let's go to the restaurant";                ×
```

上面赋值表达式中右侧的字符串有两处错误，解决办法分两步：第一步是将“I”之前的单引号换为双引号，这里做到开头和结尾的相呼应；第二步是为 let's 引入转义字符，变为 let\'s，这里的“\'”表示单引号的转义字符，这里的 “'” 不再是字符串中需要成对出现的“'”，而是一句话中的撇。关于字符串中更多用法，你可以去官网自学。最后得出正确的语句如下：

```
let msg = "I am hungry, let\'s go to the restaurant";
```

关于字符串，还有两个特别需要注意的地方，一起来看看。

（1）字符串的拼接

在字符串变量中，用“+”将几个字符串拼接在一起，从而形成一个更长的字符串。

```
let one = 'Hello, ';
let two = 'how are you? ';
let joined = one + two;
console. log(joined);
```

"+"将两个字符串变量连接在一起

最后输出结果为：

```
Hello, how are you?
```

还可以将变量和字符串常量穿插搭配，只需要小心变量没有引号帽子，而字符串常量有引号帽子。

```
let res = one + 'I am okay, ' + two;
console. log(res);
```

最后输出结果为：

```
Hello, I am okay, how are you?
```

这看上去很好理解，同种类型的数值做运算，字符串做拼接，那么数值和字符串之间能擦出什么样的火花吗？一起来看看。

（2）Number 和 String 的结合

```
'add'  + 23;
```

当有上述计算式时，你也许以为计算机会晕掉吧。但实际上根本不会，JavaScript 会巧妙地把数字 23 当成字符串来处理，所以最后结果为 add23。

```
let year = '19'+ '97';
            typeof year; //year 的类型是 string
```

如果你只是想把一个数值转换成字符串类型，但是不改变它原本的值，可以这么做：

```
let myString = '123';
let myNum = Number(myString);  //字符串转为数值
                typeof myNum;  //myString 的类型是 string
```

Number()这个方法非常有用，当用户在一个文本输入框中输入一个数字，它会被认为是字符串。但是，如果你希望把它用于计算，比如计算商品的价格，那么就需要将它转换成数字，通过 Number()就能完成。

另外，每一个数值类型也有一个方法叫 toString()，可以把它转换为等价的字符串：

```
let myNum = '123';
let myString = myNum.toString();//数值转为字符串
                typeof myString; //myString 的类型是 string
```

6．数组

在 JavaScript 中，数组是指申请了一块连续的存储空间，用于存放一组值，比如某班级所有学生的《Web 开发技术》课程的期末考试成绩存储在一个数组变量中。请你想象一下，如果没有数组，要存储 10 名学生的成绩怎么办？你也许会说定义 10 个变量，那么一万名学生呢，就要用一万个变量，那你的变量命名该不会用到 studentScore_10000 吧！

显然这种方式不太可取。有了数组变量，我们可以只定义一个变量 studentScore[10000] 即可。使用数组的好处主要体现在 4 个方面：

（1）可以用一个单独变量存储一系列的值；

（2）通过下标法对数组中的任意值进行修改；

（3）可以体现数据之间的内在联系；

（4）JavaScript 中的数组允许存放不同类型的数据，数组大小可以动态变化，灵活性强。

首先，看一下数组的声明，可以通过数组对象创建，如下：

```
// 第一种方式
let scores = [90,  86,   61,   78,   93];
console.log(scores);
//第二种方式，利用 Array 对象创建，其中也有三种方式
//1.声明一个空数组，其内容之后添加
let teacherNames = new Array();
teacherNames [0] = 'Mr Zhang';
teacherNames [1] = 'Miss Li';
//2.声明数组时就直接实例化初始值
let teacherNames = new Array('Mr Zhang', 'Miss Li') ;
//3.声明数组时，指定数组的长度，即存储多少个值
let teacherNames = new Array(2);
teacherNames [0] = 'Mr Zhang';
teacherNames [1] = 'Miss Li';
```

其中，第一种方式创建数组的方式输出结果见图 5.10，数组的长度 length 为 5，即存储了 5 个成绩。要修改数组中某个值，可以采用下标法，一定记住第一个值的下标是 0，最后一个下标的值是数组的长度减 1。比如，最初第一个同学的成绩是 90，后来在由于成绩审核的时候，发现多加了 2 分，因此要扣去 2 分，并重新登记，因此就有了：

```
scores[0] = 88;    //修改第一个成绩，注意 0 表示第一个值
```

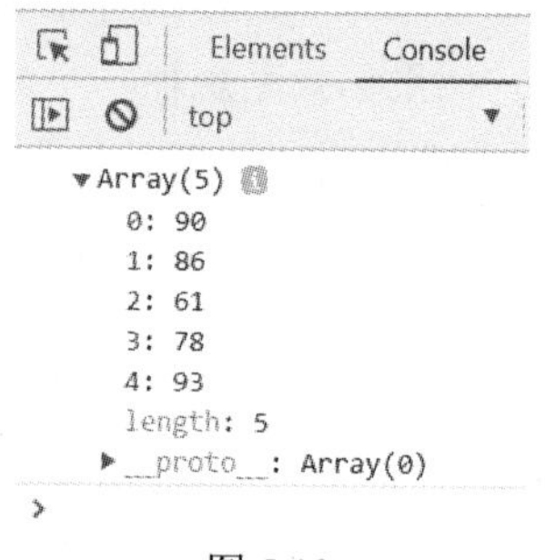

图 5.10

7. 示例：挨个查房（数组的遍历）

在集体宿舍的生活中，每晚查房是一个必选项，宿舍管理老师会一个房间接一个房间地确认，以确保学生们都已安全回到宿舍就寝。这个过程如果以程序的形式表达，就可以将所有的房间号被保存在一个数组变量 rooms 中，宿管老师每查完一次房，就输出该房间号，并在记录本上做标记。具体可以通过以下代码实现：

```
let rooms = [410, 412, 414, 416, 411, 413, 415, 417];
for(let i = 0; i< rooms.length;i++){
     console.log(rooms[i]);
}
```

上述代码中的房间号共 8 个，先查阳面的偶数房间，再查阴面的奇数房间。每一次查一间房，就是通过 for 循环一次输出一个房间号，这就是数组遍历的方法，由于是顺序查房，所以这个遍历过程仅需要通过数组下标变量 *i* 的每次加 1 来实现即可，最终便可以将所有查完的房间号输出到控制台。

8．循环

有些时候，需要重复执行一些操作，比如：

- 一次输出数组的一个值，直到将所有值都输出；
- 倒计时，一次减一秒，直到 0 结束；
- 游戏中，一辆坦克一次走一格，直到抵达目的地。

从以上例子很容易看出，程序中确实存在一些重复性的操作，但是这些重复不能无休止，而是必须在满足某一条件时停止；否则程序就会陷入死循环，无法再做别的事了，只能在原地转圈。在 JavaScript 中，这些重复操作都可以通过循环来实现，比如遍历数组时的 **for 循环**，这是它最常用的用法，就是挨个查找数组中的元素，并输出或做运算。

我们来列举一下循环的用法。

（1）有循环变量；

（2）有重复执行的步骤；

（3）一定要有循环停止的条件，以终止循环。

一起来看一个利用循环做累加计算的任务。

9．示例：计算 1+2+3+…+100

```
<body>
  <h1>从 1 一直加到 100 的和是多少</h1>
  <p>答: <span id="outSum"></span></p>
    <script>
    let sum = 0;
    for(let i = 0; i<=100;i++){
       sum = sum + i;
    }
    let outSum = document.getElementById('outSum');
    outSum.innerHTML = sum;
    </script>
</body>
```

1．循环变量为 i；

2．重复操作是 i++,sum=sum+i；

3．循环停止条件：i>100，即当 i=101。

页面效果图见图 5.11，这个例子中的计算比较简单，就是通过不断地存储累加和的临时变量，以获得最终的计算结果。

从1一直加到100的和是多少

答：5050

图 5.11

停不下来的循环很可怕

循环控制属于程序中最常见的一种控制结构，一般有重复执行的操作，比如：

（1）输出多次内容，相同的内容就用常量，不同的内容就用变量和常量的组合，比如一个班学生的成绩；

（2）反复做一种计算，比如累加器计算中的累加操作。

循环好用，但是却有一个陷阱，就是一定要保证有一个终止条件，让循环能够按照预期停下来，否则将可能带来大麻烦。它会使你的内存被占满，让你无法执行其他程序。希望通过这个提醒，你今后不会有这种麻烦，祝你好运！

5.4.3 功能实现的代码块：函数

函数主要用于定义一段代码块，这一段代码通常是为了完成一个独立的功能，比如计算折扣后的价格。这样在使用时，只需要通过函数名的调用即可。使用函数最大的好处是能够实现代码的复用。比如，你写好了一个计算优惠价格的函数，以后使用时，只需要根据需要修改规则即可，哪里调用都可以，就不需要再重复写一次。

1. 函数的用法

基本函数的用法，简单来说就是先定义再调用。这里定义是说你得先有一个函数，调用是指具体要执行这个函数。

首先，函数定义时，要有关键字 function，此时函数内部的代码不会被执行，注意：参数不是必需的。

```
function funcName(形参1, 形参2){
}
```

接着，函数只有被调用才会被执行，函数的调用方式如下：

```
funcName(实参1, 实参2);
```

是的，你没看错，只需要给出函数名和一对括号以及参数即可。等等，你很细心，定义和调用的参数名称怎么变了，是的，它们确实不一样了，定义时的形参是变量，因为它要允许输入任意的变量；而调用时的参数就成了实际的参数，就是一个含有具体值的变量。

如果将参数作为函数的输入来看，那么函数执行完毕的结果便可以当作函数的输出。通常函数的参数和返回值有如下两种情况：

（1）没有参数，即没有输入，只修改一些全局变量（函数外部的变量）的值，此时函数的功能很可能只是为了输出一些固定内容；

（2）有输入、有输出。根据一定的输入，得出输出结果，这时的函数像是一个魔术师，拿着几个道具，变出另一个东西。所以，调用函数时，输入的值需要通过传递参数作为输入，输出的值则需要通过 return 语句来实现。

函数中参数的使用技巧

关于函数是否设计参数，总结一句话，可以带参数，也可以没有参数。在应用时，需要根据实际情况来选择。如果需要接受输入，才能得出一定的输出，就带上参数；否则，就不需要。

来看一个简单的例子。

2．示例：计算两个数的和

该示例是做求和函数，允许用户随意输入两个数，函数能自动求和。效果如图 5.12 所示。其主要代码如下：

```
<h1>计算两个数的和</h1>
  <p>
    <span id="num1"></span>
  +
    <span id="num2"></span>
  =
    <span id="outSum"></span>
  </p>
    <script>
   let num1 = Number(prompt('请输入第一个数: '));
   let num2 = Number(prompt('请输入第二个数: '));
              //这是求和函数，输入 a 和 b 两个值，输出求和的结果
   function sum(a,b){
      return a+b;    //输出
   }
   let spanNum1 = document.getElementById('num1');
   spanNum1.innerHTML = num1;
   let spanNum2 = document.getElementById('num2');
   spanNum2.innerHTML = num2;
   let out = document.getElementById('outSum');
   out.innerHTML = sum(num1,num2);     //sum(num1,num2)在调用求和函数 sum
    </script>
```

This page says
请输入第一个数:
12
OK Cancel

This page says
请输入第二个数:
13.5
OK Cancel

计算两个数的和

12 + 13.5 = 25.5

图 5.12

3. 特例：匿名函数

有一些函数很特别，并不需要为它们指定名字，你唯一要做的只是和一个元素的事件绑定在一起，当某个事件发生时，这个被绑定的函数就会自动执行。比如，当单击“点我”按钮时，出现“hello!”。核心代码如下：

```
<h1>单击我，我会自动执行函数</h1>
<button id="btn">点我</button>
<script>
var myButton = document.getElementById('btn');
myButton.onclick = function() {
    alert('hello!');
}
</script>
```

单击我，我会自动执行函数

图 5.13

当你单击图 5.12 中的“点我”按钮后，便会弹出一个新窗口，如图 5.14 所示。

图 5.14

上述代码中有一个没有名字的函数（其实是 function()）与 myButton.onclick 进行了绑定，绑定的方式是通过“=”的赋值，实现的效果是当与它绑定的按钮元素的单击事件被触发时，该匿名函数便会自动执行，即生成一个弹出框。

匿名函数和普通函数的区别

从定义和调用的次数来看，两者确实是有区别的。

匿名函数只会出现一次，就是定义的时候，调用的时候会根据绑定的元素何时被触发特定的事件才决定何时执行。因此，不需要在其他地方通过函数名调用。匿名函数能够执行的关键在于 JavaScript 的事件驱动机制，关于这个机制我们将在下一章详细阐述，目前，你不需要太纠结于它的特殊性。

而其他有名字的普通函数，则会出现至少两次，一次是定义，一次是调用，有时函数还会根据需要调用多次，这些调用的过程都需要依靠函数名。

5.4.4　变量大集合：对象

前面变量的小节中提到了数值变量、字符串变量、数组变量以及函数。而在现实世界中，有一种更复杂的事物，为了在程序中更好地描述它，我们会用到对象。

请你先回想一下，教师群体是不是有一些共同特征，姓名、性别、工作时间、职称、教授课程等；同时，教师可以做一套自我介绍，这些构成了教师的重要特征，为了在程序中表示教师这类人群，JavaScript 为我们准备了一个强大的对象类型。其中，姓名等描述教师群体特征的属性会用一组键：值对表示属性，而自我介绍部分则会用函数来表示方法。于是，教师这个对象在程序中就有了如下的表示方式：

```
let teacherZhang = {
  name:'张艳丽',
  takeJobYear: 2010,
  position: '副教授',
  teachCourses:['web 开发技术','数据结构'],
  totalSalary: 0,
  posSalary: 0,
  selfIntro: function (){
    alert('大家好,我是'+ this.name+',我主要教授'+this.teachCourses[0]+'和'+
  this.teachCourses[1]+'课程');
    }
```

从这个对象中可以看到如下一些信息。

（1）首先对象变量的名称：teacherZhang。

（2）它用{ }包含很多属性，每一个属性都是一个 name : value（键与值以冒号分割）对，这里的属性可以是数值、字符串和数组变量。可以看到 selfIntro 属性是个函数，在对象中，它常常被称为方法，所以 JavaScript 对象可以看作是存放键值对的容器，或者说是存放一堆属性变量的容器。

（3）多个属性之间，用“,”隔开，最后一个属性没有“,”。

接下来，我们通过一个示例来看看对象变量到底该怎么用？它是会像普通变量一样只需要声明，然后输出吗？还是像函数一样需要先定义再调用呢，还是一种混合体呢？

1. 示例：创建一个教师对象

示例代码如下：

```
<h1>我是一名教师</h1>
    <p>我的职称是<span id="pos"></span>，目前月薪是：<span id="salary"
></span></p>
    <script>
    let teacherZhang = {
    name:'张艳丽',
    takeJobYear: 2010,
    position: '副教授',
    teachCourses:['web开发技术','数据结构'],
    totalSalary: 0,
    posSalary: 0,
    selfIntro: function (){
       alert('大家好,我是'+ this.name+',我主要教授'+this.teachCourses[0]+'和'+
    this.teachCourses[1]+'课程');
    },
    setPosSalary:function(){
      if(this.position==='讲师'){
      this.posSalary = 1000;
    }
   if(this.position==='副教授'){
      this.posSalary = 2000;
    }
   if(this.position==='教授'){
      this.posSalary = 3000;
    }
    return this.posSalary;
    },
    compSalary:function(basicSal, yearSub){
       var date = new Date;
    var curYear = date.getFullYear();
    this.salary = basicSal + (curYear-this.takeJobYear)*yearSub +
    this.setPosSalary();
    return this.salary;
    }
 };
    teacherZhang.selfIntro();
    let basicSal = 4000;
    let yearSub = 20;
    let cmptSalary = teacherZhang.compSalary(basicSal,yearSub);
    let pos = document.getElementById('pos');
    pos.innerHTML = teacherZhang.position;
    let salary = document.getElementById('salary');
    salary.innerHTML = cmptSalary;
    </script>
```

加粗的代码是对对象中属性的访问

示例的最终执行结果如图 5.15 所示。

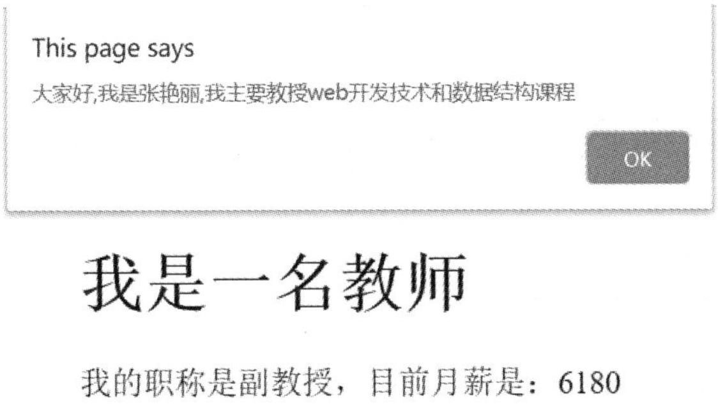

This page says

大家好,我是张艳丽,我主要教授web开发技术和数据结构课程

OK

我是一名教师

我的职称是副教授，目前月薪是：6180

图 5.15

在图 5.15 的示例中，用到了关于对象的访问，常见的方式有两种。

（1）可以用“.”的方式，如下：

```
teacherZhang.position;
```

（2）通过指定键名的方式，键名等同于属性名，比如：

```
teacherZhang ["position"];
```

2. 对象中最难理解的部分

（1）this 的用法

为什么对象内部的方法（即函数，但在对象中常常被称为方法）中使用对象的属性要用 this？因为这个方法内部只认识三种变量：全局变量（也就是在对象外定义的变量）、形参以及函数内部定义的局部变量，但是图 5.15 的例子中的 position 是属于对象的属性，而它不属于这三种情况中的一种，因此需要用 this 来明白地告诉方法，这是当前对象的属性，你需要去属性区找，它已经被定义过了，现在你可以直接用了。

（2）如何理解对象中的方法

对象中的方法可不是随便定义的，它需要和属性配合，完成对属性变量中值的修改或访问来实现其他功能。所以，切记方法和属性要有一定的联系，比如你可以继续添加张老师教了新课，因此可以添加一个 teachCourese 方法，然而不能无缘无故地设计一个方法，比如张老师买衣服，因为根本没有衣服这个属性。

3. 对象的特征

一个对象主要包括两部分：“属性”（这个对象有哪些状态）和“行为”（这个对象通过这些状态能做什么）。其中，通过一系列变量来声明属性，通过函数来声明方法。对象也是变量，但它和前面提到的变量不同，它是包含多个属性变量的复杂变量，有多复杂，看看上面的例子就知道了。

当然，理解了对象，对你开发自己的项目是非常有帮助的，因为 JavaScript 为我们提供了大量的内置对象，我们可以直接访问，而不需要关心它们是怎么做到的，也就是不需要知道它内部的代码都是怎么写的，这给我们提供了极大的便利。

接下来我们来看一下两个常见的内置对象。

5.5 常用的两个原装对象：String 和 Array

为了帮助我们更好地专注在重要的事情上，JavaScript 为我们提供了很多内置对象，供我们直接使用，这里我们以 String 对象和 Array 对象来具体了解一下。

5.5.1 字符串对象：String

要使用 String 对象提供的属性和方法，首先你要有一个字符串的实例，即要先完成对象实例的创建，代码如下：

```
//string对象的创建
let content = "hello,world";
```

或者

```
let content = new String("hello,world");
```

String 对象的属性

一个字符串，可以通过访问 length 属性来获取其长度，比如图 5.16 的页面：

```
<h1>计算字符串的长度</h1>
  <p>hello,world的长度是: </p>
  <script>
    let content = "hello,world";
    document.write(content.length);
  </script>
```

执行结果如图 5.16 所示。

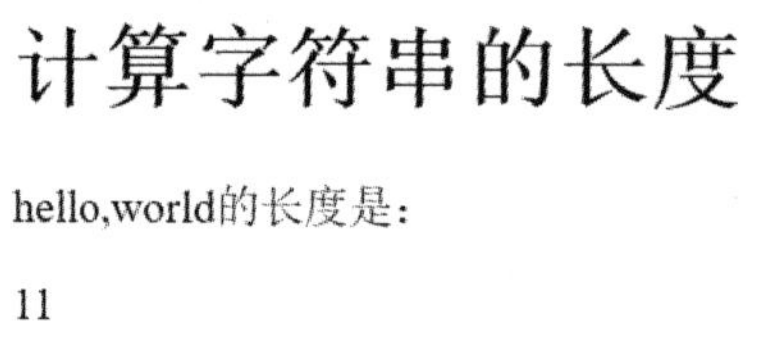

计算字符串的长度

hello,world的长度是：

11

图 5.16

为什么是实例不是变量

一般来说，JavaScript 中的对象是对生活中一类事物的一个抽象化的概念，而在这个类中一个具体的事物，在对象中就被看作是一个实例。虽然表面看起来，实例的声明和变量的声明类似，但是要结合上下文来考虑，才能得出正确的判断。一个对象的实例最强大的功能在于，可以随意调其对象的方法和属性。相比而言，变量的力量就十分单薄，无法做到这一点。

String 对象还为我们提供了很多方法，这里我们来看看图 5.17 实现的主要代码：

```
<p id="locate">单击按钮显示"天"第一次出现的位置。</p>
  <button onclick="myFunction()">点我</button>
  <script>
    function myFunction(){
      var str="你好,这是训练营的第一天";
      var n = str.indexOf("天");
      document.getElementById("locate").innerHTML = n;
    }
```

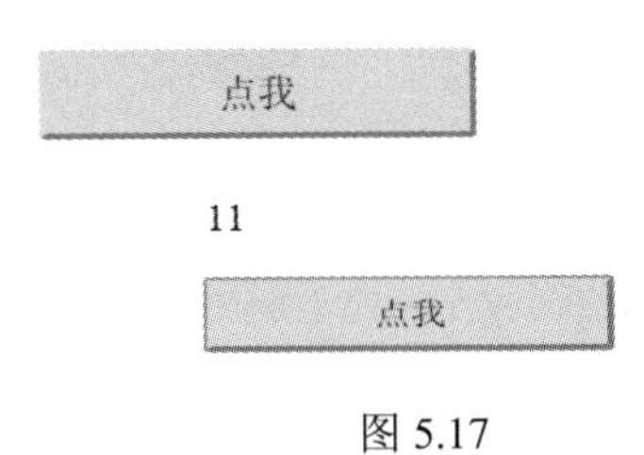

图 5.17

5.5.2　数组对象：Array

同样地，为了使用 Array 对象内置的属性和方法，你需要先定义一个数组对象的实例。

```
let arr = ["hello","world"];
```

Array 对象中包含一个经常使用的 length 属性来告诉你数组中有多少个值，你已经在介绍数组变量时用过了，它就是 JavaScript 为我们提供的一个非常方便的属性，有了它你可以方便地遍历数组，无须提前知道数组中到底有多少个值。

Array 对象还为我们提供了很多方法，比如：

（1）字符串转换成数组的 split()

```
let cityNames = '成都，北京，天津，青岛，无锡';
let cityArray = cityNames.split('，');
```

测试输出一下：

```
console.log(cityArray);           //输出这个数组对象，可以看到是一串城市的字符串
console.log(cityArray.length);  //有长度属性，且值为 5.
console.log(cityArray[0]);        //成都
```

（2）数组转为字符串有两个方法：带返回值的 join()和不带返回值的 toString()

```
let newCityNames = cityArray.join('，');
```

或者

```
cityArray.toString(); //结果都是成都，北京，天津，青岛，无锡
```

（3）向数组中添加新值的方法 push()

```
let myArray = ['1','2','3','4'];
myArray.push('5');  //数组中多了个 5
```

（4）删除数组中最后一个值的方法 pop()

```
myArray.pop(); //数组中最后的 5 被删除了
```

（5）如果你想在数组的开头添加或删除值

```
myArray.unshift();//在第一个值前面添加
myArray.shift();//删除第一个值
```

是方法不是函数？

JavaScript 中内置的一些对象中的函数不能被称为函数，而应该是方法。本节所提到的内置对象中的方法与普通函数的区别在于，方法是定义在对象里面的函数，而普通意义上的函数是自定义的局部函数或全局函数。

5.5.3 JavaScript 的核心——API

前面提到 JavaScript 提供了很多内置对象。我们开发人员可以通过定义一个对象实例，就可以轻松访问这些内置对象相关的属性和方法。而这些提前封装好的属性和方法，常常被称为接口（API，Application Programming Interface，应用程序编程接口），简单来说就是一些预定义的属性和函数。接口的最大好处是，使用者既可以方便调用这些接口，同时还不需要关心内部的实现细节。

可以说每一个接口都是已经封装好了具有功能意义的“秘密通道”，通过这些通道，能够省去开发人员很多麻烦，比如有了 Array.length 这个接口，我们就不需要自己写一个计算数组中元素个数的函数，而是直接调用一个数组实例.length 属性就可以了。再比如，删除数组中最后一个值，可以通过 Array.pop()接口实现目标，而不需要知道内部的代码到底是怎么实现的。

掌握 JavaScript 的关键就在于灵活使用它提供的各种 APIs，这些接口有些来自内置的对象类，有些来自第三方的库。常见的内置对象，比如与 HTML 文档相关的 DOM APIs，获取当前地理位置的 API 等，总之，这些接口都已经实现了特定的功能，我们要做的只是去确定它输出的结果是不是符合我们的需要，如果是，直接拿来用就行。对于有时会用到一些第三方的 APIs，它们通常实现了一些特殊的功能，它们或许对我们的 Web 应用也十分有用。使用它的方法是需要引入包含这些 APIs 的第三方的库文件，通常是一个.js 的文件。

总之，有了这些预先定义好的 APIs，能为我们写代码省去不少麻烦，至少不再需要每一个功能都自己实现，要知道真正的高手一定是精通 APIs 的。

5.6 本章小结

JavaScript 在 Web 开发中的重要性是不可替代的，它是当前交互型的网站开发的首选。

本章作为入门，首先向你介绍了 JavaScript 在前端开发中的作用。其中，在页面的内容方面离不开 HTML，漂亮的页面则依靠 CSS，而 JavaScript 通过让我们的网页看上去更加人性化，从而让用户可以与网页有更多的互动。

接着提到 JavaScript 作为一门编程语言，需要具备一定的逻辑力，在编程中最基本的逻辑控制就是顺序、选择和循环，本章通过一个游戏任务，展示了如何利用这三种控制来实现。

本章的重点是关于 JavaScript 的基础用法，提到了 5 种常见的变量类型，可用于存储数值、字符串、数组、函数和对象类型的值，这些值可以是不能改变的常量，也可以是随时被改变的变量。

总之，一切在 JavaScript 程序中需要用到的值，一定要先定义再使用，不然就会出现“该值未定义”的错误。最后，JavaScript 中一个很重要的方面就是理解对象的用法。本章通过重点介绍 String 和 Array 对象的使用方法，帮助你建立对象基本的认识。基于此，再去了解数组对象、日期对象等。下一章我们还将学习更复杂的三个对象，它们是 Web 应用中的具有根基作用的对象，希望你好好学习。

扩展阅读

如果你希望真正掌握 JavaScript，仅仅靠学习这一章是远远不够的，还需要配合大量的自学。这里向你推荐以下资源作为自学的参考资料：

（1）关于 JavaScript 中拿不准的用法，可以参考中文的官网手册 http://www.w3school.com.cn/ 。

（2）和中文官网配套的菜鸟网 https://www.runoob.com/是一个更易学的 JavaScript 网站。

（3）国外的 MDN 网站推荐经常去查阅，https://developer.mozilla.org/en-US/，虽然是全英文，但是偏难的词汇也没有太多，如果英文实在没自信，可以借助谷歌翻译实现无障碍阅读。

（4）如果想提高编程基础，强烈推荐图灵丛书的《父与子的编程之旅》，虽然该书的代码都是通过 Python 实现的，但是这是一本讲解编程概念和原理的最佳入门书籍之一。

（5）如果你喜欢看书，推荐去阅读 HeadFirst 系列的《JavaScript》以及灰犀牛系列《JavaScript 权威指南》，有对应的淘宝团队翻译的中文版，虽然个别地方翻译很拗口，但是总体上还不错，这本大部头适合在拿不准规范到底是什么，以及查询基本原理的时候翻看一下。

（6）如果你喜欢关注微信公众号，推荐“前端开发大全”。

（7）如果在码代码时遇到问题，推荐去国内的 CSDN 和国外的 Stack Overflow，基本上你的问题都能在上面找到答案。

最后的建议

当你具备一定的 JavaScript 基础知识后，就可以为自己设定一个挑战任务，这样才能有针对性地去验证自己学得是否扎实，是否真的理解了，记住一定要去实践，只看书是没用的，程序开发绝不能纸上谈兵。

另外，开发人员通常有一双魔力的手，可以通过多种可能创造出一些奇迹。所以，希望你也能有一点点创新精神，今后的每一个任务都可以去尝试多种可能性。随着你写的代码越多，就会越得心应手。编程之路没有捷径，代码只能一行一行地敲，踏实地实现若干个实际的项目，半年后才能勉强称得上上路了。

第6章　拜访三大对象：Window、Document和Event

本章将带你去探访 JavaScript 中最重要的三个核心对象： Window 对象、Document 对象和 Event 对象。对象在 JavaScript 中的地位是十分重要的，它不仅提供了一种存储各种不同类型值的容器，对象中预先定义的属性和方法还能够为开发人员省去大量编写常用功能的重复性工作。通过理解这三个经典对象的用法，不仅有助于理解 JavaScript 作为事件驱动模型的工作原理、特点和用法，同时还能帮助你迅速了解浏览器窗口和 HTML 文档是如何通过 JavaScript 实现交互式 Web 应用的。此次拜访的重点是了解三大对象常见的特性和基本用法，为今后的交互式 Web 开发做好准备。

6.1　三大对象概述

在开始正式拜访之前，我们首先要了解 Window 对象、Document 对象和 Event 对象能对我们的网页开发有什么作用；然后重点是掌握 JavaScript 中事件模型的原理，如图 6.1 所示。

图 6.1

6.1.1　三大对象的作用

请你先回忆一下访问一个网页的过程，首先打开 Chrome 浏览器，输入一个网址，浏览器便会为你开启一个 tab 窗口（如图 6.2 所示，打开了三个网页，对应着三个 tab 窗口），随着你每打开一个网页，这个窗口就会自动增加一个，你也可以通过单击+手动打开一个窗口。另外，在右上角还有三个按钮，对应的功能分别是缩小、放大和关闭窗口。这就是我们看到的直观效果。

图 6.2

殊不知你所看到的这一切，本质上都是依靠程序实现的。其中的核心程序一定会涉及 JavaScript 中的 **Window 对象**，其中每一个窗口都对应着一个 **Window 对象**。窗口的主要内容区负责加载并显示网页内容，这些内容是由 HTML 文档产生的。因此，它又对应着一个 **document 对象**（文档对象），这样浏览器才知道如何显示网页中的每一个元素以及显示什么内容。这两个对象为了便于 JavaScript 程序的开发，都被封装成了对象。Window 对象主要提供跟浏览器窗口相关的接口，比如窗口的高和宽的属性，以及窗口大小改变的方法；document 对象则提供跟 HTML 文档中的元素相关的接口，比如 HTML 元素的查找和替换方法，这两个对象和一般对象一样，都封装了一些特有的属性和方法，供具体的应用去调用。

除此之外，Window 对象和 document 对象还提供了对用户的行为做出响应的**事件**，比如用户单击评论按钮，就会自动产生一个 **event 对象**，相应的，该对象会触发相应的处理函数，随着处理函数的执行，网页上就添加了新的评论内容。借助 event 对象，能够做到对触发事件的元素进行跟踪，获取其专有的属性和方法。可以毫不夸张地说，事件驱动模型是交互式 Web 应用的精髓，而 event 对象又是精髓中的核心，有了它，你的 Web 应用才称得上真正进入了 Web 2.0 时代。

接下来，让我们来深入地了解一下事件驱动模型。

6.1.2 事件驱动

以 JavaScript 为基础开发的所有图形化网站都属于典型的**事件驱动型 Web** 应用，它的目的为了实现用户与网站之间的互动，互动的方式包括通过鼠标单击、鼠标滚动、键盘按下、鼠标光标插入等方式去控制网页中的内容如何显示或触发一些动态变化。比如，通过单击“展开”按钮控制文字的完整显示，单击“收起”按钮，从而只显示部分文字。再比如，可以在评论框中输入评论内容，最后单击“发表”按钮，这条评论便以一条新评论的形式显示在评论区。从这些例子中不难发现，网页总是处于被动地等待，只有当用户发出一个行为指示（如鼠标单击，键入文字），才会引发网页的动态变化（如文字的展开与收起、新评论）。

其实，当用户访问一个网站时，无时无刻不在主动发出各种行为，希望带来网页的变化。这一切从程序的角度来说，这些行为构成了**事件队列**，JavaScript 程序会负责检查这个队列，并按照排队顺序依次处理这些事件，处理的结果就是引发了网页的变化。为了进一步说明事件驱动模型中的重要概念，我们来看一个例子：

在小学，一到 8:00，就打铃提示同学们该上第一节课了，如图 6.3 所示。

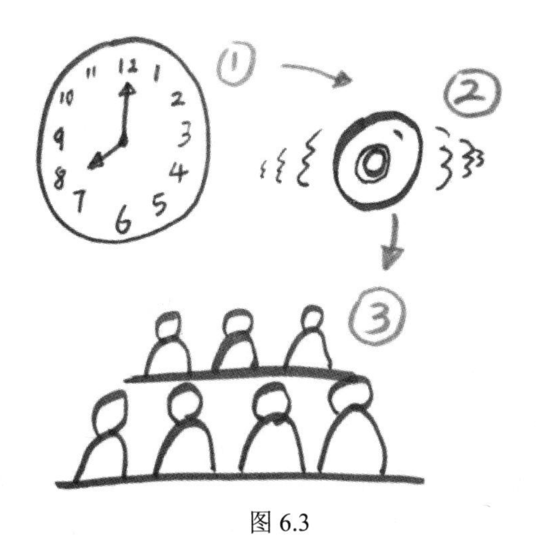

图 6.3

本例中，**事件**是时间一到 8 点整，**事件处理函数（响应函数）**是打铃，并播放提示音乐“同学们，上课了，请赶快坐好”，最后的效果是同学们整齐地坐好，开始上课。事件就是指用户发出的行为，网站接收到这个行为要决定怎么去处理，比如是增加一条新评论，那么事件处理函数就是向网页中添加新评论的程序。它们之间的响应关系永远是网站负责被动监听，一旦监测到用户主动发出了行为，便立即出发相应的处理函数。因此，事件驱动模型的关键就是事件的捕捉与相应事件处理函数的定义。

时间的变化也能算用户发出的行为？

是的，如果以网站为例，网站的变化因素可以有很多，除了常见的用户依靠鼠标、键盘和触屏来实现外，还有一种就是通过感受操作系统中时间的变化，来引发网页的变化。比如京东网上每年双十一的抢购活动，就是通过计算用户计算机的系统时间，来设定商品的价格变化，所以时间变化可以算是事件，只不过不是用户自己发出的，而是用户的计算机系统触发的。

本书所介绍的Web应用属于图形化交互应用的典范，这些应用实现的基础离不开window对象、document 对象和 event 对象提供的大量 APIs（接口）。为了能够让我们自己开发的应用能够更好地利用这些预置的接口，我们必须知道这些 APIs 有哪些以及怎么用，下面的章节就来为你一一道出。

6.2　认识 window 对象

你已经知道浏览器都能做什么，对吗？它可以从服务器获取你想要的网页以及网页上的所有内容，然后在你的浏览器窗口中把网页渲染出来，呈现到你的面前。然而你可能不知道的是，浏览器的工作可远不止这些，它还是个幕后工作者，它在悄悄地观察用户通过鼠标和键盘等对网页的一举一动。其中，被重点关注的行为包括：

（1）与窗口相关的：

- 跟踪用户缩放或滚动页面；
- 检查网页是否加载完毕；
- 监视时钟并管理定时器和定时事件。

（2）与设备相关的：

- 监视鼠标的移动；
- 知道哪个键被按下了。

（3）与文档相关的：

- 知道 cookie 已经加载完毕；
- 知道用户提交了表单；
- 跟踪用户在网页上任何单击或移动到某个元素，比如链接、按钮等。

一个 Window 对象就对应着浏览器中打开的一个包含网页的窗口（即一个 tab 选项卡），既然是对象，它一定是预先定义了很多属性和方法，见图 6.4。一个 Window 对象通常包含：

- 基本属性：比如窗口名称 name，文档窗口的高度 innerheigth 等；
- 子对象：包括与导航有关的 navigator 对象以及与屏幕有关的 screen 对象，这些子对象又封装了大量属性和方法；
- 方法：比如弹出框窗口 alert，输出到控制台 console.log()；
- 事件：比如网页内容加载的 onload。

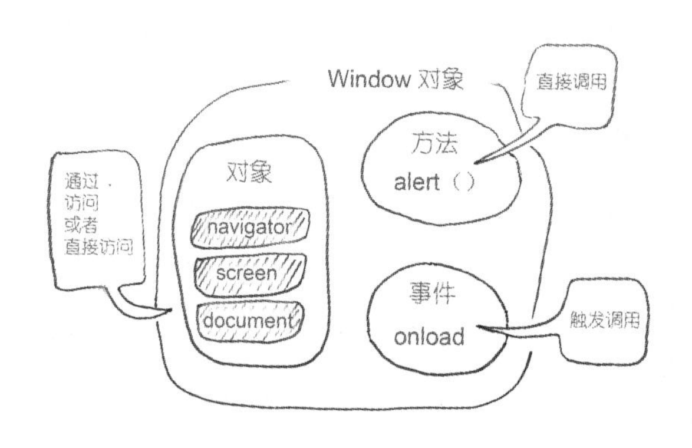

图 6.4

在任何一个网页程序中，一直有一个默认的全局变量 Window，你自己的 JavaScript 程序可以随时调用它预先定义属性、方法和事件。接下来，我们结合任务来具体看看这个全局对象的用法。

6.2.1　Window 对象的属性用法

在 JavaScript 程序中，对象都可以通过“.”访问其属性，有一些对象则只允许被访问不允许被修改，比如 window.screen.width；另一些则既允许被访问也允许对其修改，即属性的赋值。关于 Window 对象中的属性用法，我们通过一个示例了解一下。

示例：Window 对象中属性的用法

在 Window 对象中，screen 属性用于获取与浏览器屏幕相关的具体属性值（比如宽度、高度、分辨率），而 onload 属性则是一个触发事件，图 6.4 中的事件是当图 6.4 左侧图页面中所有文字内容加载完成后，就改变页面的背景颜色。

window对象和子对象中属性的用法

文档显示区的宽度：844px
浏览器屏幕的宽度：2560px
窗口的名称为：window object

图 6.5

HTML 主体实现代码如下：

```
<h1> window对象和子对象中属性的用法</h1>
<script>
    window.name = "window object";
    window.document.write("文档显示区的宽度： "+window.innerWidth+
"px<br/>");
    window.document.write("浏览器屏幕的宽度： "+window.screen.width+
"px<br/>");
    window.document.write("窗口的名称为： "+window.name+"<br/>");
</script>
```

我们直接看<script>标签内部的代码，通过 window.innerWidth 获取到了 HTML 文档显示区的宽度，而 window.screen.width 则是获取子对象 screen 浏览器屏幕的宽度。这两个属性只有返回值，而第三行的窗口名称属性 name 则不同，它还允许设置为新值。

这里的 window.document.write()是向文档中写入新的内容，具体内容要传入()内的参数，其中的换行标签
直接看作 HTML 代码翻译并执行。

如何知道哪些属性只能访问，哪些属性能设置新值

一般来说，不允许被修改的属性要被设置为只可以访问，即只有返回值；反之，则既有返回值，也允许被设置。上述示例中，前两个属性只能访问，因为它们是用户的浏览器的自带信息，是不能被改变的，所以就只能访问其值，不能被赋值。而窗口的名称则允许用户自定义，比如一个空内容的新窗口的 name 值为""，当然更多的时候，它为了配合使用框架标签和 window.open()方法，因此必须指定要打开哪一个具体的窗口，这时就需要为你的每一个网页指定 name，从而保证按照用户的希望打开某个网页。

6.2.2 Window 对象中方法的应用

上一章提到，alert()函数可以通过弹出警示框的方式展示一段信息。殊不知，该函数其实是 Window 对象提供的一个方法，它完整的表达是：

```
window.alert();
```

而考虑到每一个窗口中只对应一个网页，因此可以简写为：

```
alert();
```

同样的用法，还有输出到控制台的方法：

```
window.console.log();
```

简写为：

```
console.log();
```

console 也是一个对象

你应该发现了，输出到控制台的语句中，console 其实是 Window 对象的子对象，它也有一些方法，比如 log()，因此，可以通过“.”来调用方法。”

再比如，带返回值的确认框方法：let result = window.confirm(message);该方法的返回值是布尔类型，即 true(OK)或 false(Cancel)。来看一个例子：

```
if(window.confirm("真的要离开吗？")){
  window.open("exit.html","感谢关注！");
}
```

上述代码的含义是，当用户单击弹出的确认框中的“确认”按钮时，将打开一个新窗口的页面 exit.html，窗口名称为“感谢关注”。

由于 Window 对象是全局的，在具体应用调用时，Window 对象经常可以省略，如下代码所示：

```
window.alert() ;              alert();
window.confirm();             confirm();
```

千万别误当作全局函数

本节介绍的省略方法调用方式，很容易给人以一种错觉，以为这些方法是全局函数，甚至还试图找到它们的定义出处。这种想法是有误解的，这就是本节内容的必要性。了解一门过程性开发语言（比如 C 语言）的读者，肯定无法接受这一点，因为它不支持面向对象，一些函数都需要自己定义，并通过显示的调用才能使用。而 JavaScript 是一门面向对象的语言，因此它支持对象的表示方式。

6.2.3　Window 对象中事件的用法

JavaScript 的基本特征之一就是支持事件驱动模型的实现，因此 Window 对象也为这个特性给出了很好地支持，它的做法是通过添加事件监听器来获取用户发出的触发事件的行为。下面来看一个示例：

示例：元素获取焦点，就触发 focus 事件；反之，则触发 blur 事件。

任务的主要实现代码如下：

```
//my.css
.paused{
   background:#ddd;
   color:#555;
}
<p id="log">单击这个段落所在窗口让它获取焦点</p>
   <script>
      function loseFocus(){
         document.body.classList.add('paused');
            log.textContent = '失去焦点了';
      }
      function getFocus(){
         document.body.classList.remove('paused');
            log.textContent = '获取到了焦点，点击窗口外部区域失去焦点';
      }
      const log = document.getElementById('log');
      window.addEventListener('focus',getFocus);
      window.addEventListener('blur',loseFocus);
</script>
```

上述代码实现的效果如图 6.6 所示。当你将鼠标单击在段落文字内容所在的窗口之外，就会显示“失去焦点了”，此时整个页面的颜色就变成了灰色，文字的颜色也变成了浅灰色。当你单击窗口内部，则会显示“获取焦点”的字样，此时页面的背景颜色又会恢复成默认的白色，文字颜色为默认的黑色。你可以去试试看。

失去焦点了

获取到了焦点，点击窗口外部区域失去焦点

图 6.6

1．事件的用法

事件在 JavaScript 中非常重要，因为在交互型的网页中会发生大量的事件。因此，这里有必要介绍一下添加事件的两种常见方式。

（1）通过 window 对象的 on 事件属性

window.onfocus = 处理函数名；同样的，还有 window.onblur = 处理函数名；在这种方式中，事件是 JavaScript 已经定义好的，比如 onfocus，表示获取到焦点的事件，而 onblur 则表示失去焦点的事情发生。通过为其赋予函数名，就表示一旦定义的事件被触发，就会自动执行函数内部的代码，最后的效果一般是网页内容的一些动态变化，比如背景颜色的改变等。

（2）通过 window 对象的 addEventListener()方法

在上一个任务中，主要通过 addEventListener（'事件名称'，事件处理函数名）；的方式，添加了两个事件，一个是获取焦点事件，一个是失去焦点事件。该方法需要提供两个必须的参数，第一是“事件名称”，第二是“事件句柄”，它就等价于事件处理函数。这里将一个函数作为该方法的参数，这个函数有个专有名称——回调函数。下面来具体了解一下它到底是什么。

2. 回调函数

简单来说，一个函数被当作是另一个函数的参数，并且这个函数不需要像一般函数那样通过()进行调用，才去执行。而是一旦某个事件被触发，该函数就会自动执行。比如在 window.onload()函数中出现的匿名函数 function(){}，我们并没有对它进行显式地调用，实际上，由于它没有名称，也无法进行显式调用（即通过函数名()的方式）。因此，该函数只出现一次定义，至于它应该何时执行，则取决于与它绑定的事件何时被触发，这里页面加载完毕时，就会执行匿名函数内部的代码。

6.2.4 超好用的计时器

每逢双 11、618 等，各大电商网站就会开始抢单倒计时，本小节就带你去探一探这一切是如何做到的。这就要谈到 Window 对象的计时器事件，下面我们通过两个示例来体会一下几个常见的计时器事件的用法。

示例 1：抢单倒计时

主要 HTML 代码如下：

```
<!--js:倒计时 -->
<div id="digitalClock">
      <h2>抢单倒计时</h2>
      <p id="clock"></p>
</div>
```

CSS 样式声明：

```
#digitalClock{
   margin-top:20px;
}
#digitalClock h2{
```

```
    color:red;
  }
  #clock{
    margin:20px 0;
    width: 300px;
    font: bold 24pt sans;
    background: #ddf;
    padding: 10px;
    text-align:center;
    border:solid black 2px;
    border-radius: 10px;
  }
```

JavaScript 实现代码：

```
  <script>
  function countDownTime(times){
    var end=new Date("2019/12/25 00:00:00");
    var now=new Date();
    var s=parseInt((end-now)/1000);
    //距离下一个假期还有：?天?小时?分?秒
    var p=document.getElementById("clock");
    if(s>0){
      var d=parseInt(s/3600/24);
      if(d<10) d="0"+d;
      //s/3600/24,再向下取整
      var h=parseInt(s%(3600*24)/3600);
      if(h<10) h="0"+h;
      //s/(3600*24)的余数,再/3600,再向下取整
      var m=parseInt(s%3600/60);
      if(m<10) m="0"+m;
      //s/3600 的余数,再/60，再向下取整
      s%=60;//s/60 的余数
      if(s<10) s="0"+s;
      p.innerHTML=d+"天"+h+"时"+m+"分"+s+"秒";
    }else{
      clearInterval(timer);
      timer=null;
      p.innerHTML="抢单已结束";
    }
   }
   var timer=setInterval(countDownTime,1000);
   window.onload = countDownTime;
  </script>
```

在抢单倒计时的例子中，页面效果如图 6.7 所示，其主要思路是：希望倒计时在 1 秒后更新一次时间，并且是从某一个时间点减去当前的时间，由于当前时间不断增加，所以倒计时的时间在一秒一秒不断减少。这里用到了计时器事件 setInterval，它允许我们设定每隔 1 秒做一次时间的更新显示。另外，考虑到倒计时结束时，就不再显示倒计时的

内容，因此用到了清除计时器事件 clearInterval，用于清除当前的计时器。

抢单倒计时

163天05时57分01秒

图 6.7

这两个事件都是 window 对象提供给我们的事件处理函数，而实际上，window 对象包含多个计时器用法，下面说说常见的三个计时器函数的用法：

（1）**setInterval(‘函数名’，间隔时间（ms））**：指定在每隔一定的毫秒（ms）时间，就执行一次执行指定函数或具体的脚本计算代码。

（2）**clearInterval(定时器的引用变量)**：用于清除 setInterval 设置的计时器，停止其正在执行的动作。

（3）**setTimeout(‘函数名’，时间（ms））**：在指定的毫秒数后只执行一次函数或计算。

为了理解第三种计时事件的用法，下面来看示例 2。

示例 2：3 秒后，提示包裹即将送达

```
<h1 id="heading">这有一条重要消息，快点击按钮查看</h1>
    <button>点我</button>
    <script>
        var myEvent;
        var btn = document.getElementsByTagName('button');
        function myFunction() {
           myEvent = setTimeout(alertFunc, 3000);
        }
        function alertFunc() {
           alert("有一个包裹即将在 30 分钟后送达，请注意查收!");
        }
        btn[0].addEventListener('click',myFunction);
</script>
```

程序执行结果如图 6.8 所示。

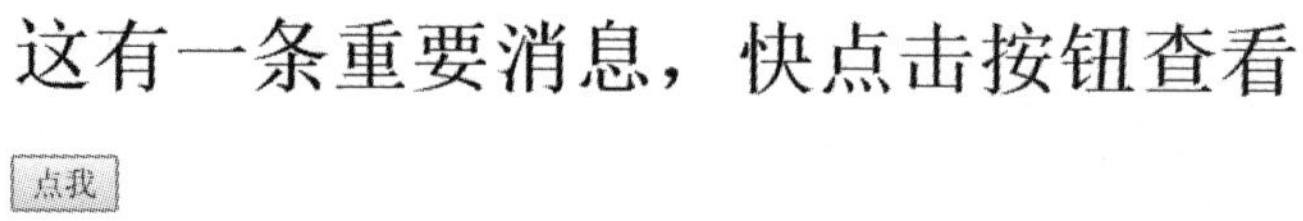

这有一条重要消息，快点击按钮查看

点我

图 6.8

一旦单击图 6.8 中的“点我”按钮后，过 3 秒钟，会有一个弹出窗口，如图 6.9 所示。

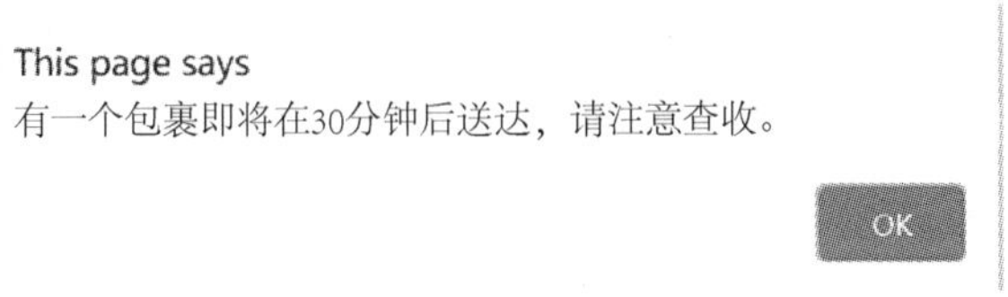

This page says
有一个包裹即将在30分钟后送达，请注意查收。
OK

图 6.9

有时，setInterval 和 setTimeout 很容易搞混，因此，建议你多花点时间，去体会一下示例中两者的不同之处，看完后请参看表 6.1。

表 6.1

函数名称	setInterval	setTimeout
何时	每隔一段时间	过了一段时间之后
处理函数执行次数	多次	仅一次

6.3　理解 document 对象

要理解 document 对象，就不得不提 DOM（文档对象模型），因为在交互式网页的应用中，都需要依靠它才能将网页上的元素与 JavaScript 脚本程序联系起来。它通过将一个 HTML 文档表示成一种类似于树的结构，树上有一些节点元素和节点属性、文本节点等，每一个节点都包含着对应的对象。这样就便于 JavaScript 程序去访问和操作这些元素。另外，这些树上的节点还有一些事件句柄，一旦一个事件被触发，这个句柄就会执行。那么到底这棵 DOM 树长什么样呢？下面我们一起来看看就知道了。

6.3.1　一起来画 DOM 树

DOM（Document Object Model）文档对象模型，当浏览器在渲染页面的时候，文档中元素及其属性和文本内容的关系被抽象为了一棵树的形状，这颗树上挂着页面上所有元素和文本字符串（文字内容和注释文字），请看下面这个例子：

下面是一个很简单的 HTML 文档，代码如下：

```
<html>
     <head>
          <title>文档示例</title>
     </head>
     <body>
           <h1>这是一个 HTML 文档</h1>
           <p>这是一个段落</p>
     </body>
</html>
```

上述 HTML 文档对应的 DOM 树如图 6.10 所示。

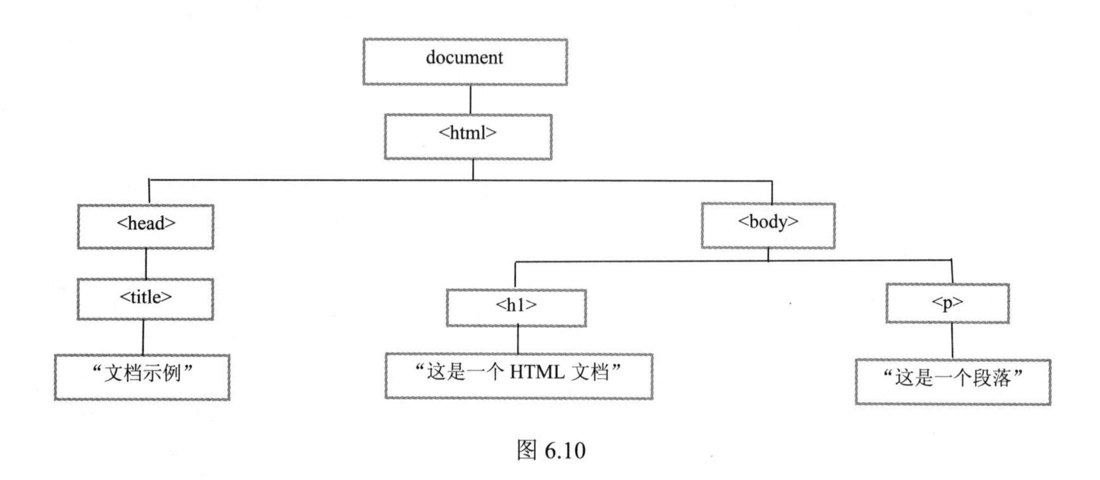

图 6.10

由图 6.10 可知，一个 HTML 文档一定对应着一棵逻辑上的 DOM 树，并且 document 对象永远是这棵树上的根节点。基于这种树的结构，我们可以很轻易地获取到各个标签和文本内容之间的关系，主要包括父子关系和兄弟关系。直观来看，已知树上任何一个节点（即每一个方框），都可以很方便地通过关系操作来获取到其他节点。为了能够更方便地在 JavaScript 程序中找到这些元素，并对其进行动态修改，document 被封装成对象，基于这个对象，我们可以轻松访问到其中对应的属性和文本内容，从而对其进行样式修改、属性修改、文本内容修改等操作。

有了 Document 对象使我们可以从 JavaScript 脚本中对 HTML 页面中的所有元素进行方便地访问，同时也可以让浏览器知道每个元素在页面中的位置。

为什么需要 DOM 树？

其实 DOM 树并不是一棵真实存在的“树”，而是为了描述 HTML 文档中对应的元素，样式属性和文本内容之间的关系，构建的一种类似于树的逻辑结构表示。这种逻辑结构是非常有用的，因为源代码的线性结构，无法反映出元素之间的任何关系。而树形结构有其结构特点的优势，其父与子上下级和同级的关系，可以很容易通过一个元素，推演出其他元素的位置。这是它的一大优势。

另外，JavaScript 程序中有一种数据结构叫二叉树。它和 DOM 树结构类似，因此，为了让 JavaScript 程序很好地控制元素的变化，它将每一棵树上的节点封装了 Node（节点）对象，从而能够对文档中元素的属性和方法方便地表示和操作。

6.3.2 DOM 让 JavaScript 与元素互动起来

通过可编程的 DOM（文档对象模型），JavaScript 获得了足够的能力来创建动态的 HTML，它主要可以做到以下内容：

（1）改变页面中的所有 HTML 元素。

（2）改变页面中的所有 HTML 属性。

（3）改变页面中的所有 CSS 样式。

（4）能够对页面中的所有事件做出反应。

和 window 对象类似，document 对象通过一个 document 变量来为 JavaScript 提供各种接口，接下来我们来一起看看这些到底是怎么做到的。

1. 查找 HTML 元素

这是 document 对象提供的使用频率最高的方法，原因很简单，无论是你想要修改某个元素，还是添加新的元素，都需要先查找到要被修改或原有的元素。

接下来一起来看看 document 对象提供的几种常用的查找元素的方式。

（1）通过 **id** 查找唯一的元素：

```
document.getElementById('id名');
```

（2）通过类样式的名称查找一组元素，就会用到如下代码：

```
document.getElementsByClassName ('class名');
```

通过一个示例来具体了解一下上述方式的用法。

示例：通过 id 号，查找一个 div，并在弹出框内显示其包裹的文本内容。

示例代码如下：

```
<body>
    <div id="divContainer">
    你好，这是一个div
    </div>
    <script>
        //通过id号，查找div
        var div = document.getElementById('divContainer');
        alert(div.innerHTML);
  </script>
</body>
```

程序执行效果如图 6.11 所示。

图 6.11

在图 6.11 的示例中，可以看到通过调用 document 对象提供的 getElementById 接口来查找某个元素，然后再通过调用其内容属性来查看其文本内容。

接下来，再通过一个示例，看看如何添加一个新的元素到 HTML 文档中。

2．动态创建元素

示例：在已有的 div 之前动态添加一个新的 div，并向其中添加文本内容。

```
<body>
 <div id="oldDiv">
    你好，这是旧 div
 </div>
<script>
      document.body.onload = addElement;
      function addElement(){
      //创建一个新的 div 元素
      var div = document.createElement('div');
      //给这个 div 添加内容
      var content = document.createTextNode('你好，这是新的 div 元素');
        //把内容添加到
       div.appendChild(content);
       //最后把 div 和它的内容分支添加到 DOM 的 body 之后
       var oldDiv = document.getElementById('oldDiv');
       document.body.insertBefore(div, oldDiv);
      }
</script>
</body>
```

执行结果如图 6.12 所示。

你好，这是新div元素
你好，这是旧div

图 6.12

```
document.createElement();
```

上面的代码虽然只是一个简单的添加元素，但是由于计算机很笨，所以你必须要告诉它至少两个问题：

（1）创建了什么元素？

答案：一个 div 元素。

（2）把这个新元素加到 DOM 树上的哪个位置？

答案：在这里，我们需要加在 id='oldDiv'的 div 元素之前。

有时，如果你创建了一个容器元素，那么还需要向里面添加文本内容，并将内容作为该容器元素的儿子节点。

3．修改元素

有了前面查找目标元素的基础，再来看看如何对目标元素的内容和样式进行修改。让我们分别通过两个小例子来了解一下。

（1）修改元素内容

```
<p id="p1">Hello World!</p>
document.getElementById("p1").innerHTML="欢迎来到全新的世界!";
```

上述代码可以通过.innerHTML 修改其内容，最终原来的“Hello World!”被替换成了“欢迎来到全新的世界!”

（2）修改元素的样式

```
<p id="visited">近日印尼再一次受到暴风影响，迎来 12 级台风</p>
<script>
    var ele = document.getElementById("visited");
    //修改该元素的样式
    ele.style.color="red";
</script>
```

上述代码通过元素的 style.color 属性实现了对 p 元素的文本颜色的修改。默认情况下，文字都是黑色的，运行上述代码，文字变为红色，效果如图 6.13 所示。

近日印尼再一次受到暴风影响，迎来12级台风

图 6.13

6.3.3　通过触发 DOM 事件实现交互

前面提到过添加事件的一种方法是 window.addEventlistener()；在 document 对象中，它也有该方法，并且用法和以前一样，所以在此不再赘述。

这里我们只看几个 DOM 独有的事件，比如：

- 元素被单击 onclick()；
- 输入框被修改 onchange()；
- 当鼠标移动到元素上时 onmouseover()；
- 当提交 HTML 表单时 onsubmit()；
- 当用户触发按键时 onkeydown()。

还是通过两个任务来体会一下 DOM 事件的两种用法。

用法一：通过 onclick 事件，改变 h1 的文本内容

```
<h1 id="heading">点击这个一级标题</h1>
<script>
    var h1 = document.getElementById("heading");
    h1.onclick = changeText;
    function changeText(){
        h1.innerHTML = "我被改变了";
    }
</script>
```

执行以上代码，结果如图 6.14 所示，上为原始标题，下为改变后的内容。

点击这个一级标题

我被改变了

图 6.14

其中，用法一用到了全局变量 h1 来保存目标元素。实际上还有另一种更方便的办法来轻松获取用户当前单击的元素。

用法二：通过标签的属性（以后不推荐使用）

```
<h1 id="heading" onclick="changeText(this)">点击这个一级标题</h1>
<script>
    function changeText(e){
       e.innerHTML = "我被改变了";
    }
</script>
```

为什么要将 this 当作参数？

在属性中添加单击事件用于改变文本内容的用法中出现了 this 参数，它表示当前被单击的元素，也就是 h1 本身。因此，this 可以理解为元素本身的含义。具体的，在一个局部函数的上下文中，它就是当前元素。但是如果在全局环境中，它代表的是当前窗口，也就是 window 对象。JavaScript 规定，在程序运行时才会指定 this 的具体值，而不是程序执行结束指定，这样就能获取到运行时的动态元素。

需要注意的是，虽然元素属性的方式看上去简便，但是却不再推荐。原因是现在的编码规则来说，代码的简洁性原则是很重要的。这个原因就像是更推荐使用外部样式文件去定义 CSS 样式，从而做到 HTML 代码的纯粹和易读性。因此，今后的开发建议使用 on 开头的事件方法。

6.4 说说 Event 对象

前面介绍的 window 对象和 document 对象都会涉及事件，说明事件在 Web 应用的出镜率是很高的。为了配合 addEventListener 更方便地使用事件，其实还有一个专门的事件对象需要被重视，它就是 event 对象，本节就来讲一讲该对象的用法。

首先，还是先从事件对象的工作原理说起，如图 6.15 所示。

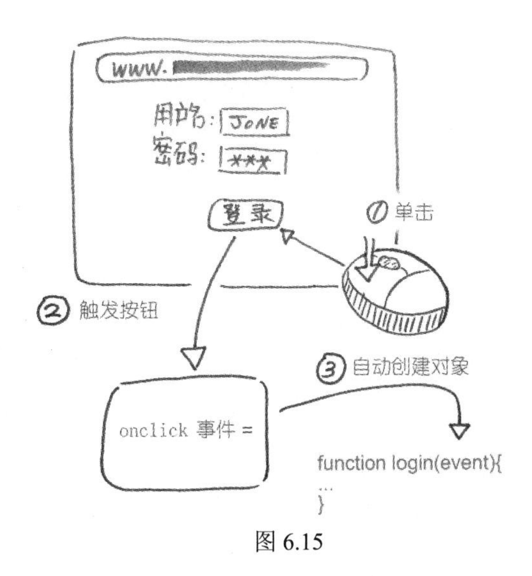

图 6.15

event 对象可谓是个隐形高手。在前面的示例中，好像根本没有遇到它，也一样完美地实现了预定的事件任务。但其实前面的代码存在一定的“漏洞”。

（1）对于上述通过 DOM 提供的 API 触发事件的任务中，通过给属性赋值的方式，如果遇到某些事件不支持这种方式怎么办？

（2）理解 this 是一个很耗时的事。

（3）如果面对有一组类样式的元素，比如一组图片，你希望单击一幅图片，就将其翻转成另一个图片，你怎么知道是哪个图片被单击了？

为了解决上述“漏洞”，我们来做一下小处理，来看下面的代码：

```
<h1 id="heading">点击这个一级标题</h1>
<script>
    var h1 = document.getElementById('heading');
    h1.addEventListener('click',changeText);
    function changeText(e){
       e.target.innerHTML = "我被改变了";
    }
</script>
```

这里通过引入 event 对象（e），可以轻松解决前面提到的三个问题。其实，这个 event 对象是每一个事件处理函数自带的，只是在不需要时就被省略了。只有在你需要它出现时，它可以做到随叫随到。同样的，使用它的目的，也是为了调用它的属性和方法。

6.4.1　Event 对象的属性

表 6.2 列举了 event 对象中一些常用的属性，和 window 对象 document 对象一样，这些属性可以通过“.”访问到。具体我们来看两个常见的属性。

（1）e.target：主要用来获取当前被触发的元素，比如被单击的 h1。

（2）e.type：可以获取当前事件的类型，比如 click、mousedown、mouseup 等。

表 6.2

属性	用途
target	存储触发事件的对象，一般是 HTML 元素
type	指出是哪一种事件类型，“click”,“load”等
clientX	用户单击屏幕上一点距离窗口左侧距离
clientY	用户单击屏幕上一点距离窗口上方距离
keyCode	用户按下了哪个键，一般是一个数字编码
timeStamp	查出事件是何时发生的
touches	在可触摸设备上，确定用户是几根手指来触摸屏幕的

通过一个示例来了解一下 event 对象，是如何解决一组元素中确定当前被触发元素的。

示例：页面上有一组按钮，需要判断用户到底单击了哪个按钮

CSS 样式声明：

```
button{
    height:30px;
    width: 150px;
    border-radius: 2px;
}
<body>
    <h1 id="heading">这有好多按钮，我能知道你点了哪个，不信就试试吧！</h1>
    <div id="btns">
        <button id="btn1">我是第一个按钮</button>
        <button id="btn2">我是第二个按钮</button>
        <button id="btn3">我是第三个按钮</button>
        <button id="btn4">我是第四个按钮</button>
    </div>
    <script>
      var btns = document.getElementById('btns');
      btns.addEventListener("click", function(e){
             //如果目标元素是按钮，才触发
            if(e.target.nodeName =="BUTTON"){
                var currentBtnId = e.target.id;
                alert(currentBtnId);
            }
        }
     );
     </script>
</body>
```

在这个例子中，通过 event 对象 e.target 属性来获取当前单击的按钮元素。单击事件的内部，还要判断当前按钮元素的节点名称是否是按钮，从而使用弹出框的方式显示当前按钮的 id 号用于确认，如图 6.16 所示。

图 6.16

6.4.2　Event 对象的方法

添加事件的方法通常都采用 window 对象或者 DOM 元素的 addEventListener（）方法。该方法其实有一个默认的事件对象参数，它的名称随意，可以是 e，eventObj, event 等。只要显式地指定这个参数，就可以方便地访问其属性。而除了上一节提到的关于 event 对象的属性，其实它也有一些方法可以供我们调用。比如这里介绍两个 event 对象的常用方法：

（1）preventDefault()，用于阻止默认行为，比如表单提交时，会自动将数据提交给服务器的后台程序。调用它，可以阻止这种默认行为；

（2）StopPropagation()，用于阻止事件的蔓延。默认情况下，嵌套的元素，一旦一个元素被触发，根据冒泡法则，就会向上寻找父亲节点，也会激发其父元素的事件处理函数。因此调用它，可以阻止蔓延的发生。

接下来看一个示例，了解一下 preventDefault()方法的使用，因为其他方法的使用也是类似的。

示例：阻止表单的自动提交行为

主要的实现代码如下：

```
<body>
    <form id="form1">
        <h2>增加管理员</h2>
        <table>
            <tr>
                <td>姓名：</td>
                    <td>
                    <input name="username"/>
                    <span>*</span>
                </td>
            </tr>
            <tr>
                <td>密码：</td>
                <td>
                    <input type="password" name="pwd"/>
                    <span>*</span>
```

```
                </td>
            </tr>
            <tr>
                <td></td>
                <td colspan="2">
                    <input type="submit" value="提交" id="sub"/>
                    <input type="reset" value="重填"/>
                </td>
            </tr>
        </table>
    </form>
  <script>
    var form = document.getElementById('form1');
    form.addEventListener("submit",function(e){
      var uName = form.username.value;
      var uPwd = form.pwd.value;
     //如果用户名和密码有一个为空，就阻止提交表单
     if(uName===''||uPwd===''){
         e.preventDefault();
     }
  });
  </script>
```

当用户名和密码都不为空时，你输入的用户名和密码会默认提交给某个后台程序（比如 php 脚本程序），并以明文的形式出现在地址栏中，如图 6.17 和图 6.18 所示。而当用户名或密码两者一个为空时，就会阻止该表单的数据提交行为，因为空数据提交的意义不大。

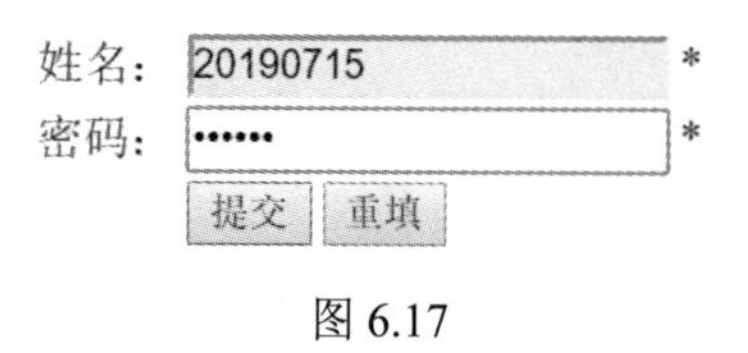

图 6.17

6-event-method.html?username=20190715&pwd=123456

图 6.18

至此，三大对象的基本用法就介绍完了。你一定会奇怪，为什么本章的所有示例实现中总是把 JavaScript 脚本代码放在最后？你可以自行尝试把 JavaScript 代码放在<head>中，很可能的情况是你的 JavaScript 代码并没有运行，甚至打开测试工具会发现还有 bug。这是因为浏览器是从上到下一行一行地解析 HTML 文档中的代码的，如果 JavaScript 代码中涉及到需要修改 DOM 元素，但是该 DOM 元素还未加载完成，就会报错。因此，建议你今后

将<script></script>放在最下面，或者引入外部的 JavaScript 文件，但也要记得放在最下面，如果要引入多个外部 JavaScript 文件时，还要注意它们之间的依赖关系，一定要保证先引入会用到的 JavaScript 库文件，然后再加入自己写的 JavaScript 文件。

6.5　本章小结

本章主要介绍了以 JavaScript 为基础的应用中必须掌握的三大对象技术：Window 对象、document 对象和 event 对象。这三个对象在 Web 的应用中非常重要，不仅能帮助你进一步熟悉 JavaScript 中对象的用法，还有助于你理解事件驱动模型在图形化为主的 Web 应用中的工作原理。本章围绕这三大对象的使用方法以及作用进行阐述，你需要明确各个对象的范畴，Window 对象主要提供了大量与窗口相关的 APIs、获取窗口的大小、高度和宽度等属性。document 可以让我们方便地操作文档中的元素，写入、查找、替换和删除。Event 对象可以更好地操控事件发生的元素和状态等。

恭喜你，学完了三个强大的对象，Window 对象、document 对象和 event 对象，你现在一定非常清楚，一谈到它们，你就会立刻想起属性、方法和事件，它们永远绑定在一起，组成现成的接口供我们使用。最聪明的学习者，一定是先通过掌握基础的，进而推演出复杂的关系，总结经验，不断试错，一路前行。

扩展阅读

为了进一步理解 Window 对象、document 对象和 event 对象，你还需要大量课外阅读，推荐你去看看以下网站和书籍：

（1）国外的 MDN 网站推荐经常去查阅，https://developer.mozilla.org/en-US/，去 Web API 板块，就能找到你想了解的关于三大对象的几乎所有用法，有的还能找到生动的例子。

（2）网络上还有很多在线课程，比如 Udacity、HTML5 Rocks 提供了很多关于 Web 开发，移动开发课程，你可以去试试看看他们的讲法是不是更好理解。你还可以去公益的 Khan Academy，一定要去英文原版的可汗学院，因为中文开放的资源太少。

（3）当你的技术不断进步之后，并开始开发自己的网站时，需要找专家引路，这时推荐去 Lynda 网站，进一步学习 WordPress、jQuery 以及网络内容的分发。

第7章　如何让你的页面吸引人——更多CSS样式

如今Web应用市场的竞争可谓空前激烈，大家都在努力地争夺用户的访问量并保持用户黏性，那些表现一般的网页是注定要被淘汰的。一个解决办法是给网页添加一些“高大上”的样式，让它的外观更加精美且富于活力，从而博得用户的关注。本章主要介绍如何通过对字体和按钮样式改善呆板的网页内容，以及如何利用弹性盒子和定位实现元素的布局。为了给网页制造动态效果，利用变形和过渡样式的设置，进一步提升网页的外观。最后，为了适应不同屏幕的尺寸，将介绍如何实现响应式网页的开发和布局。

7.1　原来字体可以很高级

之前制作的网页，字体都是统一的黑色并且采用一种默认的字体，看上去十分单调。有没有可能换一种颜色和字体，当然是可以的。一般来说，流量大的网站，一定不会只采用默认的背景颜色和字体，而是通过开发人员的魔力之手，尝试柔和的背景颜色和丰富的字体搭配。本节就让我们了解一下CSS中的字体样式。

7.1.1　文字颜色的设计

字体的颜色可以通过color属性声明如下：

```
color: 英文颜色词汇| RGB | 十六进制数（3位数或6位数）|;
```

颜色的属性名称color含义直观，上述代码中的“|”表示支持三种方式中的任意一种：

（1）利用给出颜色对应的英文词汇，比如green、blue、yellow来定义颜色

（2）通过RGB（r，g，b）或RGBA（r，g，b，a），其中r，g，b分别表示红色、绿色、蓝色分量，取值范围在[0～255]之间，a表示透明度alpha，取值在[0～1]，0表示0%的透明度，即不透明；1表示100%的透明度，即全透明。比如RGB（0，79，255），RGBA（0，79，255，0.3）。

（3）通过6位十六进制数给出三组值，比如#ddeeff，如果每一组对应的奇偶位是重复值，则还可以简写为3位的十六进制数，即#def。

三种都是常用的字体颜色定义方式吗？

这是个好问题，虽然各种主流浏览器都支持上述三种字体颜色的定义方式，但结合实际的开发应用来看，第一种英文词汇的使用非常有限，因为靠记忆英文单词的方式十分费力，并且能够表达的颜色也有限，故这种方式在初学时推荐使用，实际应用中不推荐。第

二种 RGBA 方式和第三种十六进制数的方式则更为常见。

尤其十六进制数是最推荐的，因为市面上有很多颜色拾取器小工具，可通过鼠标点击当前屏幕上某一个像素点获取其对应颜色的十六进制数，并允许复制到你的代码中。

7.1.2　字体样式的基本用法

对字体进行样式设计可以让文字不再乏味，下面来看字体的样式定义：

```
    font-family: 字体 1，字体 2， 字体 3 等;
```

从上述用法可以看出，字体的样式是通过 font-family 属性给出的。与其他属性不同，它一般需要给出多个值（至少三个以上），比如一个英文网站中字体的定义如下：

```
    font-family: Microsoft YaHei, PingFangSC-Regular, Helvetica, STHeiTi,
Arial, sans-serif;
```

这样做的主要原因是防止用户的浏览器不支持某一种特定字体，故而提供若干个备用字体。一般来说，浏览器会根据字体的排列顺序做判断，首先判断用户的系统是否支持排在第一位的，如果支持，则后续的不再起作用；如果不支持，则依次向后继续判断，总能找到一种字体是用户的浏览器支持的。

关于中文汉字的字体样式的选择也有很多，具体可以参考图 7.1 中显示的字体效果。

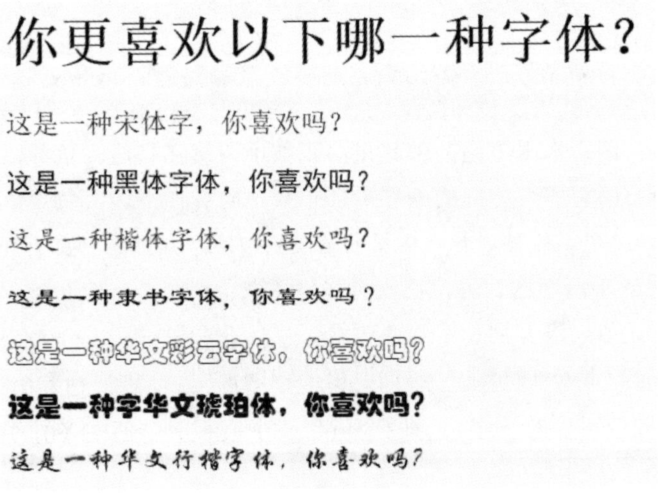

你更喜欢以下哪一种字体？

这是一种宋体字，你喜欢吗？

这是一种黑体字体，你喜欢吗？

这是一种楷体字体，你喜欢吗？

这是一种隶书字体，你喜欢吗？

这是一种华文彩云字体，你喜欢吗？

这是一种字华文琥珀体，你喜欢吗？

这是一种华文行楷字体，你喜欢吗？

图 7.1

关于图 7.1 中对应的 font-family 属性的取值，具体可查看表 7.1。

表 7.1

中文字体名称	英文取值
宋体（默认）	SimSun
黑体	SimHei

续上表

中文字体名称	英文取值
楷体	KaiTi
隶书	LiSu
华文彩云	STCaiyun
华文琥珀	STHupo
华文行楷	STXingkai

背景的使用秘诀

其实，要打造一个精美的网页，不仅能依靠文字的颜色和字体的设计得以实现，一个小细节的调整也可以做到，比如背景颜色和网页内容的完美搭配。

一般来说，为了将网页内容突出显示，背景最好选用一个纯色的设计，推荐颜色以浅色系为主，这样才不会抢夺用户对主要内容的关注。比较推荐的颜色有浅灰、浅粉等，具体可以根据网站的主题决定。背景颜色的属性名是 background，与 color 属性不一样，它支持一组值的设置，具体推荐你自行学习。

7.1.3 文字的阴影效果

文字的阴影通常可以制造出一些意想不到的效果，其对应的样式属性名称为 text-shadow，其用法如下：

```
text-shadow: h-shadow v-shadow blur-radius color | none;
                ①          ②          ③         ④      ⑤
```

① h-shadow：阴影水平方向的偏移量，正数，阴影在右边，负数，阴影在右边；

② v-shadow：阴影垂直方向的偏移量，正数，阴影在下边，负数，阴影在上边；

③ blur-radius：阴影模糊半径，0 表示无模糊效应，只能为正数，值越大，越模糊；

④ color：阴影颜色，默认为黑色，可以随意取值；

⑤ none：默认值，没有阴影。

下面我们来看一下 text-shadow 属性取值的特别说明。

这个属性的取值可以有一个值、两个值、三个值和四个值的多种组合方式，具体组合见表 7.2。

表 7.2 text-shadow 的用法

参数	box-shadow 取值	CSS 效果
1 个	none（默认无阴影）	哈利波特
2 个，h-shadow，v-shadow（横向阴影和纵向阴影叠加）	2px 2px	哈利波特

续上表

参数	box-shadow 取值	CSS 效果
3 个，必须指定 h-shadow，v-shadow，color	2px 2px blue	哈利波特
3 个，h-shadow，v-shadow，color（数值越大，向右向下偏移越大）	10px 10px blue	哈利波特
3 个，h-shadow，v-shadow，color（负值，阴影会向左、向上偏移）	-10px -10px　blue	哈利波特
4 个，h-shadow，v-shadow，blur-radius，color（增加了一点模糊效果）	5px 5px 2px blue	哈利波特
4 个，h-shadow，v-shadow，blur-radius，color（模糊半径比上一个更大）	5px 5px 10px blue	哈利波特

通过观察表 7.2 不难发现，只要 text-shadow 的取值超过两个，则必须包含 *h-shadow 和 v-shadow* 两个分属性。

接下来，通过一个简单的示例来熟悉 text-shadow 的用法。

示例：给广告语增加特效

本示例要达到的效果是通过向页面中的广告语添加阴影，实现三维立体文字的效果，让广告语更加醒目。示例的效果如图 7.2 所示。

欢 迎 光 临　爱的礼物　甜 品 站

图 7.2

CSS 样式定义如下：

```
div{
  font-family: STXingkai, Simhei;
  color: #404040;
  font-size:30px;
  text-shadow:5px 5px 10px yellow;
}
span{
  text-shadow:5px 5px 10px blue;
}
#shopName{
  text-shadow:5px 5px 10px red;
}
```

对应的 HTML 代码如下：

```
<div>
    <span> 欢  </span> 迎  <span> 光 </span>  临  <span
id="shopName"> 爱的礼物 </span> <span> 甜  </span> 品  <span> 站
</span>
</div>
```

注意：上述代码只是提供了一种实现方式，你还可以选择用其他方式去实现同样的效果，文字效果也可以自由设计，给自己几分钟设计一下吧！

7.2 高大上的按钮

普通的按钮一眼望去，只是灰色，毫无生趣，吸引人更是谈不上。如果按钮能有一些阴影效果，就会呈现出三维立体的效果；如果颜色不再是单一的灰色，而是渐变色，那么就会显得很有艺术感。如果普通的方角按钮给人感觉很死板，那么来点圆角按钮是否看上去会更柔和呢？本节就带你来实现如图 7.3 所示的按钮效果。

图 7.3

7.2.1 圆角按钮

普通的矩形按钮实在太单调，不如一些俏皮的圆角按钮看上去舒服。我们可以通过 border-radius 属性来实现这一效果，来看一下它的基本用法：

```
border-radius: 四个值 | 两个值 | 一个值;
```

最常见的取值就是具体的圆弧的半径大小，单位是 px，其中：

- 四个值分别是：左上角、右上角、右下角、左下角的半径值；
- 两个值分别是：左上角和右下角的半径值；
- 一个值表示四个圆角的值都相同。

其实还有三个值的情况，但是并不多见，所以这里并未列出。

图 7.3 中，除了第一个默认的按钮外，其余五个按钮就是通过如下样式产生的圆角效果：

```
border-radius: 6px;
```

当然，这个圆角属性可不是只能应用在按钮元素上，它也可以用于其他任何元素，比如用于图片，就成了圆角图片，用于 div，就成了圆角盒子。

7.2.2　渐变色按钮

默认的按钮是灰色的，显得很无聊。为了有一些高级感，颜色可以设置为渐变色，从而实现元素的颜色在两个或多个指定颜色之间平稳过渡。这里以线性方式来说明渐变色的用法，它一般是作为背景颜色的值来定义的：

```
linear-gradient(方向, 颜色 1, 颜色 2, …);
```

其中，方向的取值可以是默认的 to bottom 表示从上到下渐变，也可以是 to right 表示从左到右渐变， to bottom right 表示从左上到右下等。

- 颜色 1：表示起始色
- 颜色 2：当只指定两个颜色值时，则表示终止色，如果多于两个颜色时，则表示中间的过渡色，最后一个颜色就是终止色。其中，颜色的具体取值和 color 的取值相同。

一般情况下，在给某个元素设置背景颜色时，给出上述渐变色的值。比如图 7.3 中第二行第二个按钮的渐变效果就是采用如下的方式定义：

```
background: linear-gradient(#4CAF50,#97CB00);
```

7.2.3　单重阴影

阴影效果会让我们的按钮实现三维立体的效果，所以很多网页已经采用了这个样式，如图 7.3 中第一行第三个带阴影的圆角按钮。

阴影样式是通过 box-shadow 属性设定，基本用法如下：

```
box-shadow: h-offset v-offset blur spread color | none | inset;
                ①        ②      ③      ④     ⑤       ⑥       ⑦
```

上述取值的含义是：

① h-offset：阴影水平方向的偏移量，正数，阴影在右边，负数，阴影在左边；

② v-offset：阴影垂直方向的偏移量，正数，阴影在下边，负数，阴影在上边；

③ blur：阴影模糊半径，0 表示无模糊效应，只能为正数，值越大，越模糊；

④ spread：阴影扩展半径，正数，扩展效果增大，反之缩小；

⑤ color：阴影颜色，默认为黑色，可以随意取值；

⑥ none：为阴影类型，默认值，没有阴影；

⑦ inset：内部阴影，即阴影效果向左、向上。

下面我们来看一下 box-shadow 属性取值的用法。

这个属性的取值可以是单个值 none 或 inset，也可以是几个分量的组合。常见的组合情况见表 7.3。

表 7.3

参数个数	box-shadow 取值	CSS 效果
1 个，none，默认无阴影	none	
2 个，必须指定 h-offset 和 v-offset（默认颜色为黑色）	10px 10px	
3 个，h-offset，v-offset，color（指定了阴影的颜色）	10px 10px grey	
3 个，h-offset，v-offset，color（偏移数值增大）	50px 50px grey	
4 个，h-offset，v-offset，blur，color（增加了一点模糊效果）	20px 20px 10px grey	
4 个，h-offset，v-offset，blur，color（比上一个，模糊的半径更大）	20px 20px 50px grey	
5 个，h-offset，v-offset，blur，spread，color（多了阴影的扩展效应）	20px 20px 50px 15px grey	

和 text-shadow 属性类似，当 box-shadow 属性的取值超过两个及以上，则必须包含 h-offset 和 v-offset 两个分属性。

7.2.4　多重阴影

多重阴影效果看上去更有立体感和艺术感，如图 7.4 中三个 div 元素的阴影效果。

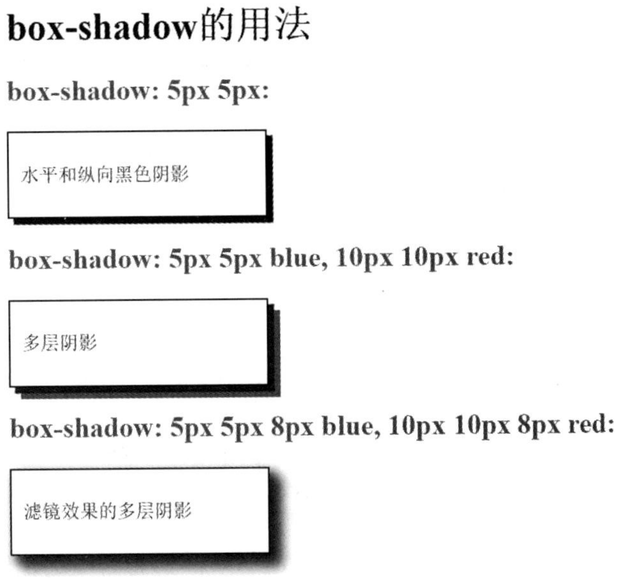

box-shadow的用法

box-shadow: 5px 5px:

水平和纵向黑色阴影

box-shadow: 5px 5px blue, 10px 10px red:

多层阴影

box-shadow: 5px 5px 8px blue, 10px 10px 8px red:

滤镜效果的多层阴影

图 7.4

图 7.4 的效果是通过以下主要代码实现的：

CSS 样式定义：

```
div{
        width:200px;
    }
    #example1 {
        border: 1px solid;
        padding: 10px;
        box-shadow: 5px 5px;
    }
    #example2 {
        border: 1px solid;
        padding: 10px;
        box-shadow: 5px 5px blue, 10px 10px red;
    }
    #example3 {
        border: 1px solid;
        padding: 10px;
        box-shadow: 5px 5px 8px blue, 10px 10px 8px red;
    }
</style>
```

主要 HTML 代码：

```
<body>
    <h1>box-shadow 的用法</h1>
    <h2>box-shadow: 5px 5px:</h2>
    <div id="example1">
        <p>水平和纵向黑色阴影</p>
    </div>
    <h2>box-shadow: 5px 5px blue, 10px 10px red:</h2>
    <div id="example2">
        <p>多层阴影</p>
    </div>
    <h2>box-shadow: 5px 5px 8px blue, 10px 10px 8px red:</h2>
    <div id="example3">
        <p>滤镜效果的多层阴影</p>
    </div>
</body>
```

7.2.5　禁用按钮

禁用按钮是一种很特殊的效果（如图 7.3 中右下角的按钮），一般用于提示用户在当前情况下，单击该按钮无效，这种方式比给出问题提示要有效得多。常见的应用有，先勾选“同意”选项，才能进行下一步，如果用户未勾选，则可以将下一步的按钮设置为不可点击的禁用状态。下面来看一下这个用法的具体步骤。

首先，通过 opacity 指定透明度，取值为 0～1 之间的小数，0 表示完全透明，1 表示完全不透明，中间值表示透明的程度。

然后，要通过 cursor 设定不允许单击的鼠标样式。

如图 7.3 所示的禁用圆角按钮的设定：

```
opacity: 0.6; /*表示 60%的透明度*/
cursor: not-allowed;
```

用法非常简单却很常用。多数情况下，图形化的提示方式比文字能更清楚地让人们理解按钮被禁用的含义。当然这个方法也可以用于其他具有单击性质的元素，比如超链接标签 a。

本节介绍了五种给按钮添加精美样式的方法，你可千万别以为每一种样式只能单独使用。在实际应用中，往往是多种样式一起使用，从而制造出一些叠加样式的效果，这样才可能制造出一些意外的惊喜。但是并不是说样式越多越好。原则上是要让按钮看上去怎么更美就怎么设计样式，同时还要考虑与周围元素的和谐搭配。

7.3　弹性盒子让布局更简单

第 4 章最初学习 CSS 时，已经了解到通过盒子、浮动、position 属性可以实现元素在页面中位置的设定（即布局）、但盒子的使用需要小心计算四个边距、消除浮动、调整

position 上、下、左、右的值，还是给我们带来了小小的麻烦，那么有没有更简单的方式呢？还真有，那就是弹性盒子，它可以让元素快速实现父容器内的对齐分布，比如你所熟知的 Word 提供的行内左对齐、右对齐和居中对齐的功能等。

7.3.1　弹性盒子的基本用法

弹性盒子的组成包括两个部分：一个父容器元素和若干个弹性子元素。类似的，Word 中的父容器就是一行，子元素就是每个字符或文字。这里可以将父元素当作锚点。必须首先指定锚点，才能保证容器内的子元素排列是按指定方式在父容器中对齐的。如果不指定，显然就会杂乱无章，像一堆无头苍蝇。

在规定了基本的组成部分后，就可以进行弹性盒子样式的设定，简单来说也分为三步：

第一步，将父容器设定为弹性显示，可以选择性的指定 width 和 height 等其他属性。

```
.flex-container{
    display: flex;
}
```

第二步，在上一步的基础上，为了指定子元素的对齐方式，继续为父容器添加以下属性。

```
flex-direction | flex-wrap | justify-content | align-items
```

第三步，为弹性子元素指定 width 属性，从而保证所有子元素的对齐方式会自动排列，height 属性可选。

关于第二步中若干个属性值的定义，允许出现多个组合，表 7.4 列出了常见的组合。

表 7.4

属性及含义	取值	CSS 效果
flex-direction：元素的对齐方式，默认值是 row 横向对齐	column 纵向对齐	1 2 3
justify-content：弹性盒子元素在横轴方向上的对齐方式 默认值是 flex-start 朝左侧（横向）或上侧（纵向）对齐	center 居中对齐	1 2 3
	space-between 平均分布且一般元素之间存在空隙	1 2 3

续上表

属性及含义	取值	CSS 效果
flex-wrap：换行方式 默认是 nowrap 不换行	wrap 换行	
align-items：弹性盒子内部元素在纵轴方向上的对齐方式	stretch 拉伸至与纵轴近似一样的属性	

表 7.4 中列出的关于弹性子元素的四个属性取值常见的用法是采用默认值，比如 flex-direction 默认取值是 row，表示希望子元素在父容器内横向对齐，除非你希望让子元素纵向排列，才需要特别指定 flex-direction：column。更常见的情况是只需指定其中的两个属性：flex-wrap 和 justify-content，因为 align-items 的使用频率非常低。

需要特别注意的是，justify-content 属性要和父容器的 width 属性一起看，从而可以自动计算弹性盒子元素的空间，保证按照规定方式均分剩余空间。而 align-items 属性要和父容器的 height 属性一起看，从而自动计算弹性盒子元素的空间，保证按照要求拉伸至撑满整行的高度，如果是 align-items:center，则表示子元素不被拉伸，只是按照文字默认的高度显示，并且位于一行的中心即可。

这么简单的基本用法够用吗？

在 CSS 中，所谓基本用法，通常是为了突出某一单一属性的定义方式而给出的基本介绍。一般来说，为了排除其他样式的干扰，给出的示例都很简单，应用的元素也比较单一，比如 div 和 li。这么做的好处是显而易见的，它能够非常清晰地展示特定样式的用法。然而，在实际的 Web 开发中，这些基本用法却很少能被直接套用，而是需要考虑多种不同类型的元素混杂排列的情况。

所以，基本的用法只是向你展示有这一个属性的存在，以及它的外观效果是什么样，让你有个大致了解。而对于今后的实际项目开发，你要做的是不断去尝试和探索各种可能的复杂属性的组合情况，不仅是元素的类型增加，样式的复杂度也会有所提升。

介绍完弹性盒子的基本用法，下面通过一个任务来了解一下它的应用。

示例：弹性盒子实现 div 盒子和文字内容的均匀分布。

本示例要达到的效果是元素上下均分两行，铺满整个盒子区域（见图 7.5），第一行显示 1、2、3 标识的三个 div 元素，第二行是盛放文字的 span 元素。其中，三个 div 元素平均分布在第一行。与之前通过手动计算 div 元素的高度、宽度和外边距不同，这里我们借助弹性盒子就可以做到让这些 div 均匀分布，它的好处是可以实现自动计算剩余空间，让元素在盒子内部按照规则均匀分布，从而省去手动计算的麻烦，也可以避免手动计算的失误。

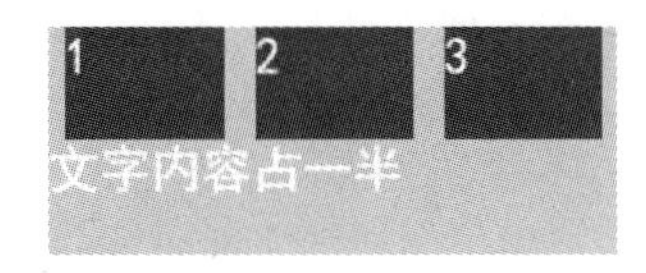

图 7.5

CSS 样式定义如下：

```
/*给父元素定义弹性盒子的相关属性*/
.flex-container {
   display: flex;
   justify-content: space-between;
   flex-wrap: wrap;
   align-items: stretch;
   width: 180px; /*设置父元素的宽度*/
   height: 70px;
   background-color: lightgrey;
   font-family: Simhei;
   color: #fff;
}
.flex-item {
   background-color: green;
   width: 50px; /*设置子元素的宽度，但没有设置高度，高度是弹性盒子自己计算出来的*/
   margin: 0px 5px; /*设置了左右外边距*/
}
span{
   background-color: blue;
   margin-left: 5px;
}
```

HTML 主体代码如下：

```
<div class="flex-container">
      <div class="flex-item"> 1</div>
      <div class="flex-item"> 2</div>
      <div class="flex-item"> 3</div>
    <span>文字内容占一半</span>
</div>
```

在这个例子中，我们要理解 CSS 是如何根据弹性盒子的属性自动分配 div 元素和 span 元素的高度的，这里可以分解为两步来看。

首先，根据弹性盒子的属性 display：flex 来看，说明最外层 div 是弹性盒子，其内部的子元素要弹性分布的。再从 align-items 和 height：70px 来看，div 元素和 span 元素要撑满整个容器；然后结合 flex-wrap: wrap 和 width 属性来看，第一行已经被三个 div 占满了，因此，span 元素只能换行到下一行。形成上下两行的布局，并且要平分总高度 70px；因此，可以得出 div 元素和 span 元素的高度都是 35px。

其次，为了进一步验证，根据 align-items: stretch 的设置，表示 div 元素和 span 元素在纵轴方向上，也就是说高度都要拉伸，以填充父容器的整个高度。

综上所述，div 和 span 的高度都为 35px，这就是为什么 span 元素的背景颜色区域的高度为 35px 的原因。

7.3.2 弹性盒子的常见应用场景

弹性盒子的应用场景很多，根据弹性子元素的类型和其大小的不同，将其使用场景分为三类：

（1）一个父容器内，弹性子元素的类型一致，并且每个子元素的宽度和高度都一样；

（2）一个父容器内，弹性子元素的类型一致，但每个子元素的宽度或高度不一致；

（3）一个页面的整体布局，包含各种不同类型的元素，且宽度和高度不一致的元素。

应用场景 1：多个类似的子元素在一个父容器内的均匀分布，如菜品图片。

比如图 7.6 中的子元素是四个大小一样的菜品图片。

今日菜谱

图 7.6

图 7.6 的主要实现代码如下：

CSS 样式声明：

```
h2{
      font-family: Simhei;
      color: black;
      text-shadow: 5px 5px 10px green;
  }
    .dish-container {
       display: flex;
       justify-content: space-between;
      flex-wrap: wrap;
      width: 800px;
      height: 150px;
      background-color: #808080;
```

```
    }
     .flex-item img {
        width: 180px;
        height: 150px;
        margin: 0px 5px;
    }
    </style>
```

HTML 主体代码如下：

```
    <div id="main">
    <h2>今日菜谱</h2>
    <div class="dish-container">
          <div class="flex-item">
             <img src="imgs/list_img1.png" title="清汤海鲜锅">
          </div>
          <div class="flex-item">
             <img src="imgs/list_img2.png" title="健康的卷饼">
          </div>
          <div class="flex-item">
          <img src="imgs/list_img3.png" title="健康小食">
           </div>
           <div class="flex-item">
             <img src="imgs/list_img4.png" title="红烧排骨">
            </div>
       </div>
    </div>
```

应用场景 2：多个类似的子元素在一个父容器内的不均匀分布，如照片展。

想要办一场艺术感爆棚的照片展，就要发挥想象，让众多照片错落有致地排列，才会更显艺术气息，如图 7.7 所示。

图 7.7

图 7.7 页面效果的主要实现代码如下：

CSS 样式声明如下：

```
.row {
   display: flex;
   flex-wrap: wrap;
   padding: 0 4px;
}
.column {
   width: 45%;
   max-width: 50%;
   padding: 0 4px;
}
.column img {
   margin-top: 8px;
   vertical-align: middle;
   width:100%;
   display: block;
}
@media (max-width: 800px) {
     .column {
       flex: 48%;
       max-width: 50%;
     }
}
```

HTML 主体代码如下：

```
<div class="row">
  <div class="column">
    <img src="imgs/photo-1.jpg" style="height:140px">
    <img src="imgs/photo-2.jpg" style="height:270px">
  </div>
  <div class="column">
    <img src="imgs/photo-4.jpg" style="height:100px">
    <img src="imgs/photo-5.jpg" style="height:200px">
    <img src="imgs/photo-6.jpg" style="height:100px">
  </div>
</div>
```

在这个示例中，照片的高度存在不一致性，因此，实现难度看似要比第一类场景复杂不少。然而真正实现起来，却发现非常简单，只需要给每一个 img 元素定义不同的高度就可以实现，而这一切都要归功于弹性盒子的强大功能，由于我们对父容器元素声明了弹性盒子，它就会根据子元素的宽度和高度自动计算并分配空间，保证子元素之间的间距都能整齐划一。

本例中我们用到了一个技巧性的属性@media，它是响应式布局的核心属性，其功能是为了跟弹性盒子属性搭配，共同实现响应式网页，即随着你的网页的放大和缩小，网页中元素的大小可以自适应变化，这样就可以避免页面大小改变后某些内容的失真。关于响应式网页的布局将在 7.6 小节中详细介绍，在此先做简单了解。

应用场景 3：页面的整体布局

有了 flexbox 属性，可以让我们更快实现页面的整体布局，只需要给出百分比例，而无须再做更多关于盒子的 padding（内边距）和 margin（外边距）的计算，使用起来非常方便，这里我们就不再给出任务，如果你实在感兴趣，可以去 W3C 英文官网查看示例 https://www.w3schools.com/css/tryit.asp?filename=trycss3_flexbox_website2。

网页上一组元素的对齐布局方式已经介绍的差不多了，下面我们来看看如何实现特定元素的个性化位置设定。

7.4　元素在页面中的定位

关于元素的布局还有一种重要的用法，就是对元素在页面上的位置进行设定，即元素的定位。说到它的应用你也许不会陌生，比如一些网页上的广告弹出框，总是出现在网页的右下角，还有一些在线咨询窗口无论你如何拉动滚动条，始终在页面的中部位置显示。而这些在特定位置的布局，都要依靠定位属性，即 position。首先让我们来看一下 position 的基本用法。

7.4.1　position 的基本用法

position 属性做布局的机制是通过控制元素在页面中的定位方式和精确位置实现元素的布局，本小节从 position 的基本定义和常见的定位方式出发，来看看它是如何实现元素在页面中的定位的。

1. position 属性

position 属性是由两部分声明组成。

（1）元素在文档中定位方式的指定：

```
position: static | relative | fixed | absolute;
```

（2）元素最终位置的指定，除 static 方式之外，其余三种方式都可以通过 top（上）、bottom（下）、left（左）、right（右）属性给出元素在页面中的具体位置。而关于位置的取值可以是具体的像素值或百分比，且取值可以为正数或负数。

```
top: 10px | 30%;
bottom: 20px | 20%;
left: 30px | 20%;
right: 10px | 40%;
```

2. 不同定位方式的用法

不同的定位方式决定了其用法的不同，下面依次来说明四种定位方式的具体含义和用法。

（1）**static**：默认值，表示元素出现在正常的文档流中，即按照元素的标记先后顺序依次排列。由于它相对于其正常位置没有任何偏移，因此就不需要指定四个位置值。

（2）**relative**：相对定位，表示元素的位置是相对于其自身在文档流中的正常位置进行偏移定位。比如图 7.8 中第一行的 h2 元素是正常位置，第二和第三行的 h2 元素是采用 position：relative；实现相对定位。

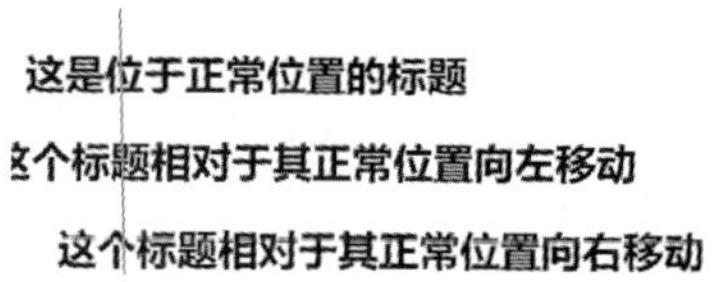

这是位于正常位置的标题

这个标题相对于其正常位置向左移动

这个标题相对于其正常位置向右移动

图 7.8

观察图 7.8 可知，第三行的 h2 元素能够正常偏移，因为原始位置的右侧位置足够宽裕，允许它沿着原始位置向右偏移 20px；然而第二行的 h2 元素却发生了文字溢出页面的效果，这显然不是我们想要的。但是按照 left=20px 的设定，它必须沿着原始位置向左偏移，由于整个页面中 body 元素默认的 margin-left 是 8px，因此无法满足其 20px 的左偏移，只能溢出页面。

---

relative 定位好像不太好用

由图 7.8 的例子不难看出，relative 这个定位方式并不算太人性化，它的位置不能任意偏移，只能相对于其正常位置进行偏移。因此，其偏移的位置相当有限。这里不推荐单独使用相对定位。但是相对定位有一个妙处，那就是其与绝对定位组合使用时，它能发挥很大的作用，关于这一点，稍后就能看到。

（3）**absolute**：绝对定位，可以将元素放置在页面的任何位置。具体的，它表示相对于 static 定位以外的第一个父元素进行定位，如果父元素是采用 static 定位，那么它是相对于整个页面。

比如在图 7.9 中，h2 元素的活动范围很广阔，其父元素是 body 元素（红色边框标注，height=250px;），h2 元素是相对于 body 元素向右偏移 100px，向下偏移 200px。

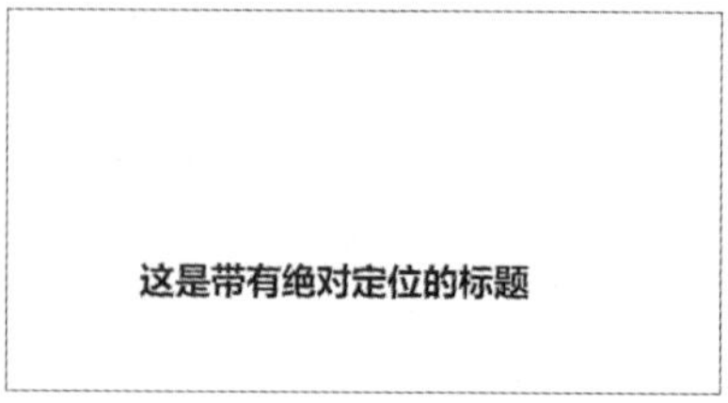

这是带有绝对定位的标题

图 7.9

由图 7.9 可以看出，绝对定位允许元素的位置出现在父元素 body 中的任何位置，偏移的位置则是根据父元素计算得知。

“static 定位元素以外的第一个父元素”，是什么意思？

根据定义，绝对定位的含义，父元素有一个很长的限定词，“static 定位元素以外的第一个父元素”，前面已知元素可以有四种定义方式：static、relative、absolute 和 fixed。那么，父元素也可以是这四种定位方式中的一种。在图 7.9 的示例中，body 作为父元素，是采用默认的 static 定位方式。但是如果是一个 div 元素包裹 h2 元素，并且它的定位方式是 relative，那么你认为这时 h2 元素偏移位置的计算，会相对于 body 变化还是 div 变化呢？答案是 div。不信的话，可以自己去尝试一下，或者看看图 7.10。

综上所述，这个很长的限定词，是为了包含一些特殊情况。同时，也给出一些提示，表明绝对定位要与其他定位方式一起组合使用，最常见的就是与相对定位一起使用。

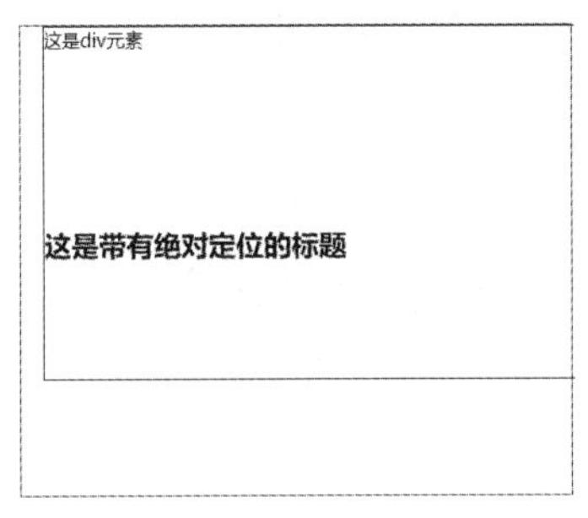

图 7.10

思考时间

请你思考以下两个问题。

（1）如果只允许使用一种定位方式，你愿意采用相对定位（relative），还是绝对定位（absolute），为什么？

（提示：哪一个更灵活？）

（2）如果图 7.10 中的 div 元素不采用相对定位，那么 h2 元素的偏移位置要相对于谁呢？

（提示：整个页面）

（4）**fixed**：固定定位，主要指元素相对于视口进行定位，视口包括浏览器的页面窗口和打印页面窗口。比如设定元素相对于浏览器窗口的左下角显示，那么无论窗口如何变化，变大、变小或者上下拉动滚动条，该元素始终会保持在窗口左下角的位置。其实可以理解为它和窗口绑定在一块了，无论窗口如何变化，它与窗口的相对位置都不会发生改变。

位置属性的使用秘籍

我们都知道，对于一个元素位置的精确描述，通常最多需要两个值：比如左上、右上、居中、左下和右下。因此，很多时候，根本不需要给出 top、bottom、left 和 right 四个值，而是给出两个值的组合即可。如果你不想对元素精确定位，也可以只给出四个属性中的一个值，那么元素则会按照其默认的文档流的位置进行排列，文档流是采用自上而下、自左至右排列。

关于上下左右的取值，无论是 px 还是%，都可以取正负值。

（1）取值为正：表示相对于指定位置的某一侧，**增加**偏移距离，比如 left: 20px;就是沿着左侧，向正方向增加 20px；相当于向右移动 20px。

（2）取值为负：表示相对于指定位置的某一侧**减少**偏移位置，比如 bottom:-20px;就是沿着底侧，向相反方向减少 20px；相当于向下移动 20px，就会溢出原始位置的底部。

光看文字还是很抽象的，接下来的小节让我们通过几个示例进一步了解 position 的用法。

7.4.2 绝对定位和相对定位在布局时的妙用

在很多 Web 应用中，绝对定位和相对定位会组合在一起使用，做法是将父元素设置为相对定位，而将子元素设置为绝对定位。

示例：实现按钮和文字在一幅图片上的固定定位。

本示例要达到的效果是让文字 Top left 和 Center 相对于父元素固定显示在背景图片的左上角和正中间，同时，Click me for save 按钮则固定显示在背景图片的左下角（见图 7.11）。最终实现的效果是：无论该背景图片的位置在整个网页中如何变化，这些文字和按钮将始终固定在图片的特定位置。示例效果可以通过 position 属性中的 relative（相对定位）和 absolute（绝对定位）实现，一起来看看示例代码。

图 7.11

页面中所有元素经过 HTML 标签进行结构化组织，主体代码如下：

```
<div id="main">
    <h2>相对定位和绝对定位</h2>
    <p>div.container 内部的元素是<b>相对定位</b></p>
    <p>文字和按钮在图片上是<b>绝对定位</b></p>
    <div class="container">
        <img src="imgs/flowers.jpg" alt="这是一张图片">
        <div class="topleft">Top left</div>
        <div class="center">Center</div>
        <button>Click me for save</button>
    </div>
</div>
```

对 HTML 中的元素进行的 CSS 样式声明如下：

```
#main{
      width:800px;
      font-family: Simhei;
}
   .container {
       position: relative;
    }
    .topleft {
       position: absolute;
       top: 8px;
       left: 20px;
       font-size: 18px;
    }
    .center {
       position: absolute;
       left:50%;
       top: 50%;
       text-align: center;
       font-size: 18px;
    }
    img {
      display: inline-block;
       width: 100%;
       height: 300px;
       opacity: 0.3;
    }
    button {
    background-color: #5F6368;
     border:0px;
     color: white;
     text-align: center;
     height: 30px;
     width: 180px;
     line-height:30px;
     font-size: 16px;
     position: absolute;
```

```
    left:20px;
    bottom: 20px;
    border-radius: 25px;
}
```

在这个例子中，我们需要重点关注以下几点：

（1）为了实现示例中的效果，我们通过为父元素设置相对定位，子元素设置绝对定位。具体想法是希望文字 Top left 和 center，以及按钮 click me for save 的位置相对于背景图片显示在某个固定位置。具体的做法是将最外层的 div 元素设置为相对定位，来指明该容器内的元素采用相对该 div 元素定位，而文字和按钮则设置为绝对定位（即 topleft、center 和 button 中的 position: absolute）；

（2）再次提醒，div 只是容器，当里面没有内容时，比如图片由于路径不对加载失败，父元素 div 就只有默认的页面宽度，而高度由于只包含图片，所以当图片只设置 alt 属性且图片加载失败时，图片的高度仅为 alt 文本的高度，大约 18px；

（3）只有块级元素才能设置高和宽，而 img 是行内元素，所以不能设置 width 和 height 属性，为了能设置，就必须修改它的显示方式为 display：inline-block 或 block。最后，为了让图片撑满整个 div，可以设置 width：100%。看上去效果就像是图片成了背景；

（4）定位元素的居中对齐方式，可以采用“top：50%；left：50%”；

（5）为了进一步验证效果，建议你为 div.container 元素设置 top:50px;left:100px，可以看看文字和按钮是否依然显示在背景图片上的固定位置。

为什么要将父元素设置为相对定位？

在图 7.11 的例子中，我们将父元素设置为相对定位，原因是希望将 top left，center 文字以及按钮元素能够相对于 div 这个元素为绝对定位。反过来想，如果不这么做，那么绝对定位就会相对于整个页面，这些文字和按钮就会在 div 之外，这显然不是我们想要的。

所以，这是一个 trick（小技巧），如果你希望子元素的绝对定位是相对于父元素，而不是整个页面，那么一定要记得将其父元素设定为相对定位。记住一句口诀，“父相对，子绝对”。

7.4.3 固定定位的实际应用

你一定见过一些网页上的动图，无论窗口大小如何变化，它们在页面上的位置好像都是固定不变的。我们通过一个示例来看看如何实现这个效果。

示例：一个 gif 动图固定显示在网页屏幕上

本示例要达到的效果是让一张动图固定显示在页面上，无论滚动条如何改变页面内容的显示，这张图片始终都会在整个页面的特定位置显示（见图 7.12）。要实现这个效果，就要依靠 position 属性中的 fix（固定定位）实现。

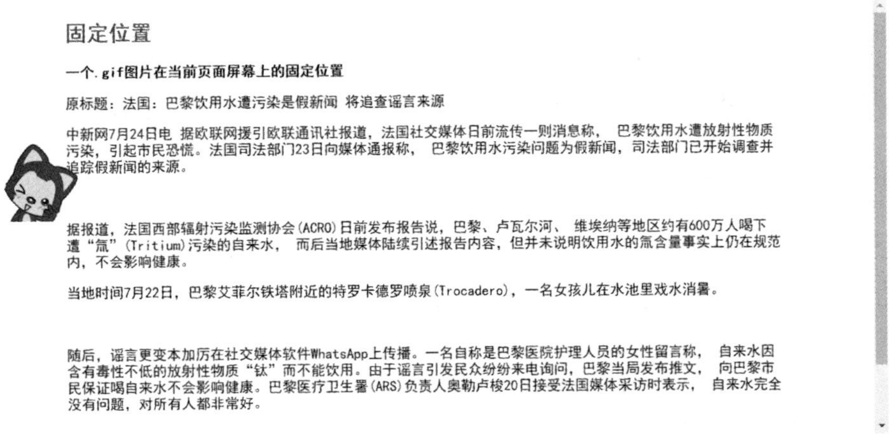

固定位置

一个.gif图片在当前页面屏幕上的固定位置

原标题：法国：巴黎饮用水遭污染是假新闻 将追查谣言来源

中新网7月24日电 据欧联网援引欧联通讯社报道，法国社交媒体日前流传一则消息称， 巴黎饮用水遭放射性物质污染，引起市民恐慌。法国司法部门23日向媒体通报称， 巴黎饮用水污染问题为假新闻，司法部门已开始调查并追踪假新闻的来源。

据报道，法国西部辐射污染监测协会(ACRO)日前发布报告说，巴黎、卢瓦尔河、 维埃纳等地区约有600万人喝下遭“氚”(Tritium)污染的自来水， 而后当地媒体陆续引述报告内容，但并未说明饮用水的氚含量事实上仍在规范内，不会影响健康。

当地时间7月22日，巴黎艾菲尔铁塔附近的特罗卡德罗喷泉(Trocadero)，一名女孩儿在水池里戏水消暑。

随后，谣言更变本加厉在社交媒体软件WhatsApp上传播。一名自称是巴黎医院护理人员的女性留言称， 自来水因含有毒性不低的放射性物质“钛”而不能饮用。由于谣言引发民众纷纷来电询问，巴黎当局发布推文， 向巴黎市民保证喝自来水不会影响健康。巴黎医疗卫生署(ARS)负责人奥勒卢梭20日接受法国媒体采访时表示， 自来水完全没有问题，对所有人都非常好。

图 7.12

为了节省空间，图 7.12 的页面上显示的长篇新闻内容在此省略，核心 HTML 代码如下：

```
<body>
  <div id="main">
  <h2>固定位置</h2>
     <b>一个.gif 图片在当前页面屏幕上的固定位置</b>
     <div class="container">
     <img src="imgs/licat.gif" alt="这是一张图片">
  <div class="news">
     <p>原标题: 法国: 巴黎饮用水遭污染是假新闻 将追查谣言来源….</p>
  </div>
  </div>
</body>
```

对应的 CSS 样式声明如下：

```
#main{
    width:800px;
    margin:0 auto;
    font-family: Simhei;
}
img {
     position: fixed;
     left:20px;
     bottom:50%;
     display:inline-block;
     width: 100px;
     height: 100px;
}
```

上述任务中的重点和难点说明。

（1）这里 position：fixed 是相对于你页面的打开窗口，如果是一个 tab 选项卡窗口，它的 left 和 bottom 就是相对于浏览器窗口的位置；

（2）这一点和 absolute 不一样，fixed 是相对于窗口，而 absolute 是相对于父元素，一定要注意体会两者之间的区别。

7.4.4 元素前后深度的定位——z-index

前面提到的定位，都是在 X-Y 平面上的定位，还有一种深度定位的样式，z-index。它可以在（假想中的）Z 轴上，通过为元素定位前后的位置制造出一种不同层次的效果。

首先来了解 z-index 的基本用法：

```
z-index: auto（默认值）|正整数或负整数
```

z-index 的值用于指定元素的堆叠顺序。当取默认值时，表示元素的堆叠顺序与父元素一致。如果是其他值，则 z-index 值较大的元素将叠加在 z-index 值较小的元素之上。

该属性最多的应用是改变图片与文字的显示方式的层次顺序，如果希望图片显示在文字之上，可以通过增大图片元素的 z-index 值，比如改为 10，而文字为 0，则图片的深度相当于在图片在 z 轴的正方向上，而文字在原点，所以我们看到的是图片在前，文字在后。我们通过一个示例来直观地了解一下。

示例：让文字显示在图片之上

本示例要达到的效果是让文字在图片上显示，实现图片为背景的效果，具体效果如图 7.13 所示。在 CSS 中，我们可以通过 z-index 属性制造不同深度的显示层以实现该效果。

图 7.13

在图 7.13 的例子中，原本 img 元素、p 元素和 body 元素在 z 轴方向上属于相同的显示顺序，但是我们通过 z-index 主动调整了 img 元素的显示顺序，而 p 元素则保持不动，从而做到了图片显示于文字之下，造成了背景图片的效果。

主要实现代码如下：

HTML 主体代码：

```
<img src="imgs/photo-1.jpg">
<p>今天天气好，快来做运动吧！</p>
```

CSS 样式声明：

```
img{
  position: absolute;
  top: 50px;
  left: 10px;
  display: block;
  width:400px;
```

```
    height:100px;
    opacity:0.3;
    z-index: -1;
    border-radius: 50%;
  }
  p{
    font-family: Simhei;
    color: blue;
    font-size:30px;
    margin-left: 15px;
  }
```

7.5　让元素动起来

是不是觉得这一章更有趣，因为文字比以前的选择更多了，按钮也更好看了，唯一美中不足的就是差点儿动态特效，说来就来，这一节就带你来了解一下如何让元素发生二维形变和位移的过渡变化制造动态效果。

7.5.1　transform 的用法

动画的效果是通过形变和位置的移动来实现的。以二维形变为例，它主要包括放大、缩小、旋转以及位置的变化带来的移动。对应的，CSS 提供了 transform 属性，其中每一种变化都有对应的类型。首先还是从 transform 的基本用法说起：

```
transform: translate | rotate | scale;
```

它有三个可选值，每一个值都代表一种二维平面上的形变方式。每一个具体的子属性，又需要通过具体的值进行设定。

接下来，让我们分别看一下它们的用法。

（1）translate：表示元素从原始位置分别沿着 x 轴水平移动若干像素和 y 轴垂直移动若干像素；基本用法是 translate(*x*, *y*)，*x* 为正数表示向右移动，为负数向左移动；*y* 为正数表示向下移动，为负数向上移动；效果如图 7.14 所示，示例代码如下：

```
transform: translate(30px, 30px); /*从原始位置向右移30px，向下移动 30px*/
```

图 7.14

（2）rotate：表示元素沿着其中心点旋转指定的度数。用法为 rotate(xdeg)，其中 deg 为 degree 的缩写，转满一圈为 360 度。*x* 为正数时，表示顺时针旋转 *x* 度，*x* 为负数时，表示逆时针旋转。例如：

```
transform:rotate(40deg);/*沿着参考位置的中心点顺时针旋转 40 度
transform:rotate(-40deg);/*沿着参考位置的中心点逆时针旋转 40 度
```

上述示例代码效果如图 7.15 所示。

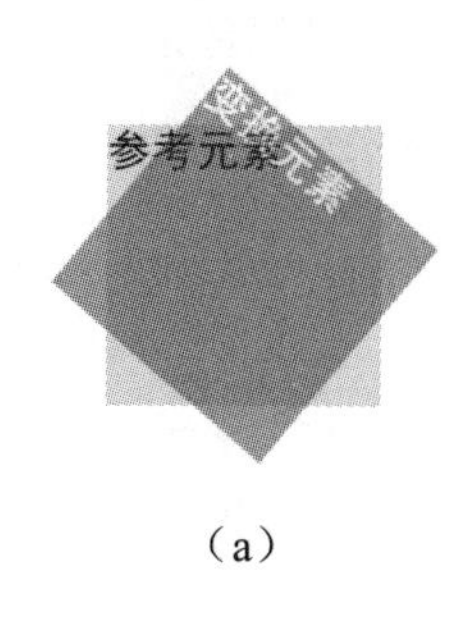

（a）

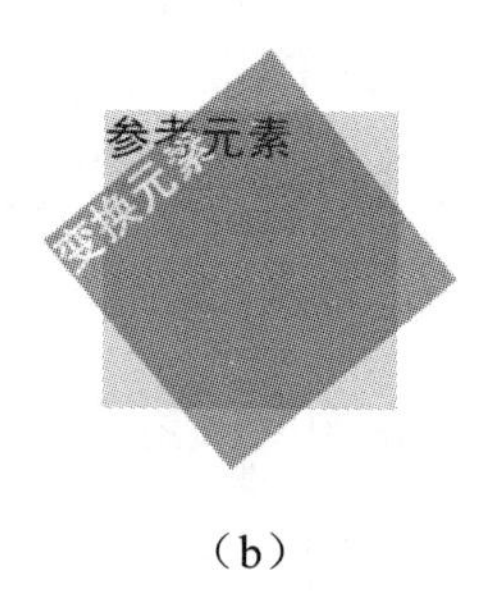

（b）

图 7.15

（3）scale：表示按照给定的比例将元素拉伸相应的倍数，基本用法是 scale(*w*,*h*)，*w* 表示宽度的拉伸比例，*h* 表示高度的拉伸比例。例如：

```
transform: scale(2, 3); /*沿着 X 方向将其宽度增大 2 倍，沿着 Y 方向将其高度增大 3 倍数/
transform: scaleX(2); /*只沿着 X 方向将其宽度增大 2 倍，效果见图 7.16b */
```

上述示例代码效果如图 7.16 所示。

（a）

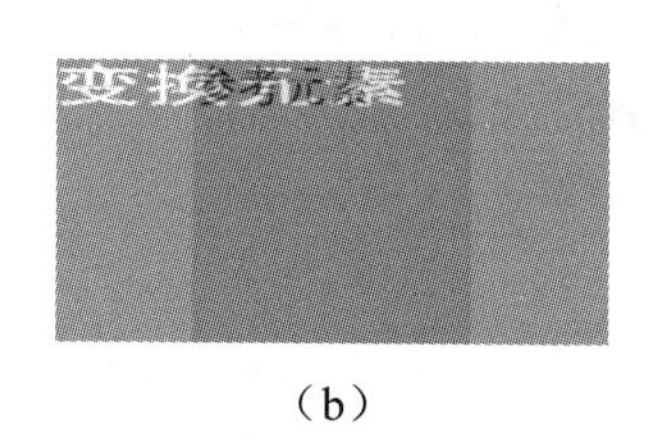
（b）

图 7.16

除了上面介绍的三个常见的二维变换属性外，还有一些三维变换属性，比如 scale3d(*x*,*y*,*z*)、rotateX(angle)、rotateY(angle)等，我们已经学习了二维的用法，三维的这些变换推荐你自行学习。

另外，需要注意的是，单纯声明 transform 样式属性会导致两个问题：

（1）无法知道元素原来的位置，依靠猜测显然是不可行的；

（2）由于只显示最后变换的结果，无法看到变换前的效果，导致看不出是一个动态变化的过程。

为了解决上面两个问题，还需要引入一个属性，可以放慢变换的过程，让我们看清楚从原始状态到最终状态的过程，它就是 transition（过渡）属性。

7.5.2　transition 用法

本小节接续上一节的内容，翔实阐述一下 transition 属性的基本用法，然后通过一个具体的示例展示一下该属性的具体应用。

1．transiton 的基本用法

通常情况下，transition 属性都要配合 transform 属性使用，其中 transform 负责设置元素变换的最终状态，而 transition 则负责规定元素是如何从原始状态过渡到最终状态的。与 transition 相关的 4 个过渡属性包括：

```
transition-property
transition-duration
transition-timing-function
transition-delay
```

一般来说，可以单独指定每一个过渡属性，也可以仅通过一个 transition 属性给出 4 个子属性的值；注意每一个子属性的值之间以空格区分，按照顺序逐一给出。

```
transition : transition-property-value transition-duration-value
transition-timing-function-value transition-delay-value
```

接下来，对 transition 相关的子属性详细说明一下，必要时会给出简单示例。

（1）**transition-property**：指定过渡效果的 CSS 属性名称，它的取值范围如下：

```
transition-property: all | none | specific-property;
```

其中当值为 all 时，表示需要过渡的属性是元素的所有 CSS 属性；当值为 none 时，表示不发生过渡，这也是默认情况，其值还可以是特别指定一个或几个特定的 CSS 属性，此时，则记得要用“,”隔开。

来看一个简单的示例如下：

```
div{
    width:200px;
    height:200px;
    background:red;
    transition-property: width;
}
div:hover{
    width: 100px;
}
```

上述例子实现的效果是：当鼠标悬停在 div 元素上时，它的宽度就会迅速缩减为 100px。为了让这个过渡更平缓一些，一般都需要配合下一个属性。

（2）**transition-duration**：设定完成过渡需要的时间，单位为秒或毫秒。注意其值必须大于 0，否则看不到过渡效果。基本用法如下：

```
transition-duration: time;
```

我们可以改进一下 transition-property 中的小例子，让过渡效果不那么突兀，这个可

以通过设置过渡需要在 1s 内完成，就可以实现 div 的宽度平缓地缩小。这里我们只需要给 div 的样式添加一个属性如下：

```
div{
    width:200px;
    height:200px;
    background:red;
    transition-property: width;
    transition-duration:1s;
}
```

其实，就像 PPT 中每一张幻灯片的过渡变换一样，CSS 也为我们提供了多种变换方式，再来看第三个属性。

（3）**transition-timing-function**：过渡变换切换的速度。

```
transition-time-function: ease | linear | ease-in | ease-out | ease-in-out;
```

默认值是 ease，以慢速开始，然后变快，最后慢速结束；linear 表示从开头到结束以相同速度变化；ease-in 表示以慢速开始的过渡效果；ease-out 表示以慢速结束的过渡效果；ease-in-out 表示以慢速开始和结束的过渡效果。我们依然在上一个例子的基础上添加变换速度属性，实现匀速变化，代码如下：

```
div{
    width:200px;
    height:200px;
    background:red;
    transition-property: width;
    transition-duration:1s;
    transition-timing-function:linear;
}
```

（4）**transition-delay**：指定变换效果开始的延迟时间，即多少秒（s）或毫秒（ms）后开始过渡变换。

```
transition-delay: time;
```

我们还是在上一个例子的基础上，继续增加该属性，实现 2s 后再开始发生过渡变化，代码如下：

```
div{
    width:200px;
    height:200px;
    background:red;
    transition-property: width;
    transition-duration:1s;
    transition-timing-function:linear;
    transition-delay:2s;
}
```

上述 4 个属性也可以简写为一个 transition 属性，如下：

```
div{
```

```
    width:200px;
    height:200px;
    background:red;
    transition:  width 1s linear 2s;
}
```

由于 transition 属性定义的效果都是动态变化的，无法用静态图片给出效果图，希望你能自行输入代码完成测试。

2. transition 的应用示例

学习了上面的用法，你是否感觉 transiton 是一个比 transform 更实用的属性呢，为了证实这种感觉，我们通过一个示例来看看。

示例：会变形的魔法盒子

本示例要达到的效果是：通过缓慢改变方形盒子的状态和颜色，实现由最初的红色方形盒子，经过中间过渡变换，渐渐变为圆角的墨绿色盒子，最后，终止状态成为绿色椭圆盒子，效果变换如图 7.17。

图 7.17

由于 HTML 代码比较简单，此处省略。主要 CSS 样式代码如下：

```
div{
    width: 200px;
    height: 200px;
    background: red;
    transition-property: all;   /*指定所有可过渡属性实现过渡*/
    transition-duration: 3s;    /*指定完成过渡的时长*/
    transition-timing-function: linear;     /*匀速完成过渡*/
    transition-delay:2s;   /*延迟 2s 后执行过渡*/
}
div:hover{
    background: green;
    border-radius: 50%;  /*方形的 div 盒子，变成了圆形*/
}
```

注意：要引发上述过渡变换，必须要将鼠标移动到 div 盒子上才可以，否则盒子自己是不会动的。另外，通过测试上述代码，你会发现，当鼠标移开盒子后，它又会自动变回原始的状态。

transition 使用秘籍

transition 使用心得可以总结成以下两点：

（1）给元素的最初状态的声明 transition 属性样式，从而指定哪个属性发生变化以及如何变化；

（2）元素的最终状态由 transform 规定如何变换。

7.5.3 transition 和 transform 的结合

在 Web 应用中，更常见的用法是将 transition 和 transform 两者结合使用，这样能够达到某个元素的具体形变以及形变的持续时间。具体情况我们来看两个示例。

示例 1：图片的缓慢放大效果

本示例要达到的效果是：当鼠标悬停在任意一张图片上时，该图片会呈现缓慢放大的效果，图片和布局如图 7.18 所示。这个效果，我们可以通过 transform 实现图片宽度和高度的放大，而 transition 属性则负责实现该过渡效果的缓慢变化。

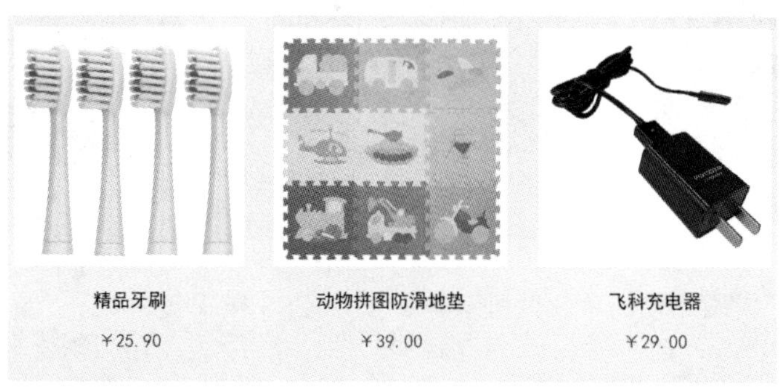

图 7.18

图 7.18 对应的主要代码如下。

HTML 主体代码如下：

```
<h2>看看我家的商品</h2>
<div id="products">
    <div class="pro_list">
        <img src="imgs/toothBrush.jpg">
        <p class="disc">精品牙刷</p>
        <p class="price">¥25.90</p>
    </div>
    <div class="pro_list">
        <img src="imgs/animals.jpg">
        <p class="disc">动物拼图防滑地垫</p>
        <p class="price">¥39.00</p>
    </div>
```

```
    <div class="pro_list">
      <img src="imgs/charger.jpg">
      <p class="disc">飞科充电器</p>
      <p class="price">￥29.00</p>
    </div>
  </div>
```

CSS 样式定义如下：

```
#products{
   background-color:#F4F4F4;
   display:flex;
   justify-content:space-between;
   }
.pro_list{
   font-family:Simhei;
   text-align:center;
   margin: 10px 5px;
   }
.pro_list img{
   width: 200px;
   height:200px;
   transition: transform 2s;
   }
.pro_list img:hover{
   transform: scale(1.1,1.1);
   }
.price{
      text-align:center;
      color: red;
}
```

关于 transform 和 transition 属性定义位置，需要注意的是，本例用到了 img:hover 属性，需要强调的是，hover 内部定义的样式是你希望图片如何变换，所以应该把 transform 的属性定义放在内部。

```
img{
   /*这里放 transition 属性的定义，表示该图片有过渡效果，*/
   transition: transform 2s;
}
img:hover{
   /*这里放 transform 属性的定义，表示鼠标移到图片上的变形效果*/
   transform: scale(1.1,1.1);
}

img{
   transition: transform 2s;
   transform: scale(1.1,1.1);
}
```

分开定义是正确的做法

集中定义是错误的做法，会看不出区别

其中：img 和 img：hover 定义的顺序可以交换，但是 transform 和 transition 的位置要格外小心，因为如果你将它们两个放在同一个元素样式定义的内部，只能看到变化后的最终效果，不信的话，你可以试试。

其实这里的原理很简单：在原始图片的样式定义中，你希望 transition 中发生变化的 property 是通过 transform 来定义的，而 transform 的发生应该是当用户把鼠标移到图片上的那一刻。对应到图片放大的例子中，我们希望 2 秒后，图片发生放大的形变，而这一个形变要在鼠标移动到图片上才发生。

一句话总结就是：原始元素内部通过 transition 告诉过渡的方式，其中 transition 中 property 取值为 transform，而 hover 内部通过 transform 定义变化最终状态的取值。

更广泛的理解是：不仅仅 hover 属性可以用来定义 transform，只要你希望某个事情发生时就让元素变化，比如用户单击一个 img 元素，或者过 60 秒，分针就动一下，就可以给这些事件内部添加 transform 属性，接下来，我们通过一个示例进一步体会 transition 和 transform 的用法。

示例 2：运动中的足球

本示例要达到的效果是：当鼠标悬停在足球图片上时，足球会逐步向右滚动，当鼠标离开时，足球又自动滚动回原始位置。足球图片如图 7.19 所示。我们可以通过 transform 属性中的 translate（平移）和 rotate（旋转）实现图片水平移动和旋转，transition 属性同样负责实现该过渡效果的缓慢变化。

CSS 样式声明如下：

```
img{
   display: block;
   width: 100px;
   height: 100px;
   border:2px solid black; /*添加一个黑色边框*/
   border-radius: 50%; /*形状由原来的方形变为圆形*/
   transition: all 3s ease-in;
}
img:hover{
   transform: translate(300px) rotate(720deg); /*向右移动 300px,旋转 3 圈*/
}
```

HTML 主体代码如下：

```
<h2>滚动的小球</h2>
<img src="imgs/soccer.png">
```

上述代码实现效果如下：

（1）在页面中创建一个 100×100 的圆形 img 元素。

（2）鼠标悬停在足球图片（图 7.16）时，3 秒钟之内，向右移动 300px 的同时再旋转 2 圈。

（3）鼠标移出时，能够自动滚回原位。

图 7.19

（4）注意该示例中足球的平移和旋转只是一个过渡效果，不是永久的变换，所以，当鼠标离开足球图片时，该过渡效果就将从最终状态回到最初状态。

容易出 bug 的地方

运动的足球任务中，有一处经常容易犯错：就是图片的大小没有按照预期的设定显示。究其原因，没有设定 img 的块级元素属性，比如 display: block 或 inline-block 都可以。造成这个 bug 的原因是没有考虑到 img 具有行内元素的特点，即无法对其设定宽度和高度属性，即使强行设定也无效。

7.6　让内容自适应不同尺寸的屏幕：响应式网页

响应式网页的技术对于移动端设备显示网页来说是一个很重要的技术。因为手机和平板电脑的尺寸差别很大，如何将网页的内容更好地适配于这些不同尺寸的屏幕是当今 Web 开发人员必备的技能。

7.6.1　什么是响应式网页

为了理解什么是响应式网页，我们先来看一个网页示例（图 7.20），当窗口缩小时，会发现右边的一部分内容并未显示完全，这时不得不调整下方的横向滚动条，让它滑到右侧，这样的操作会给用户带来一定的麻烦。当用户使用平板电脑或手机访问该网页时，尴尬的是，这些设备不支持左右滑动的滚动条。那是不是只能显示一半或三分之一的内容。这个体验很糟糕吧！其实现在有很多网站都有类似的糟糕体验，响应式网页就是专门来拯救它们的一种技术。

图 7.20

简单一句话来说，响应式布局是为了解决网页在不同尺寸设备上的显示问题，它能够做到网页的内容根据设备的宽度自适应地调整，如图 7.21 所示。

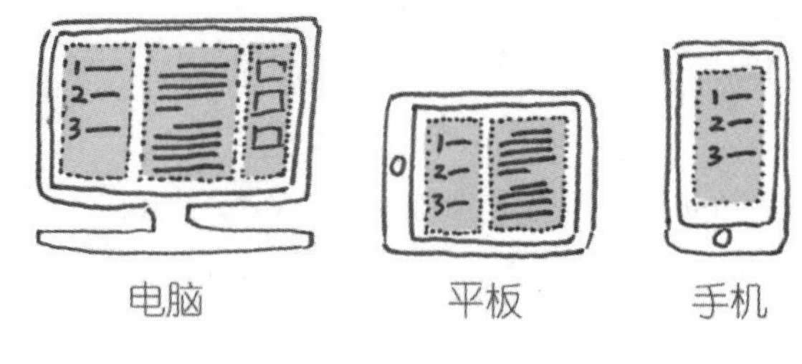

图 7.21

7.6.2 响应式布局的实现

要实现响应式布局，你需要知道以下三个重要知识点。

（1）理解 viewport 视口，即视图窗口

很显然不同的设备会有不同大小的 viewport，尤其是电脑屏幕和手机屏幕的大小差别较大，这个可以在 HTML 的<head>标签内部做如下的设定：

```
<meta name="viewport" content="width=device-width, initial-scale=1.0">
```

- name="viewport"，即通过 meta 标签告诉浏览器该如何控制页面的大小，要根据视图窗口的情况而定；
- width="device-width"：获取设备的宽度，并将其指定为网页的宽度；
- initial-scale="1.0"：设定初始的放大规模，当该值等于 1，表明保持原始大小不变。

（2）格子布局，大部分设备的屏幕宽度都支持被分为均等的 12 列小格子，如图 7.22 所示。

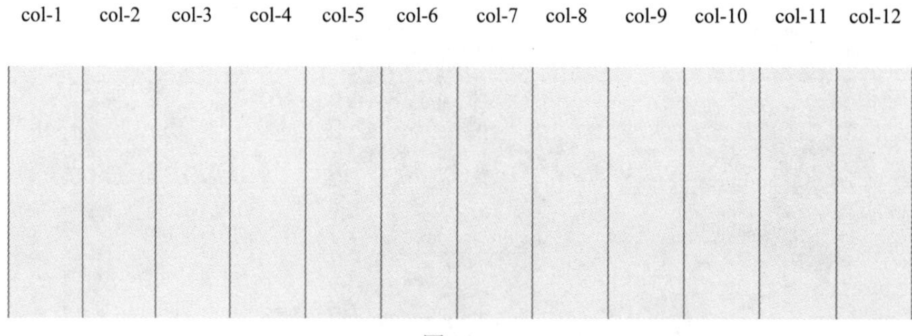

图 7.22

当 width="100%"时，表示网页的内容占据整个屏幕，即图 7.22 显示的 12 列格子。可以通过给元素添加 CSS 样式，定义该元素所占据的格子数量或比例。下面我们来了解一下如何创建格子视图。

首先，通过 CSS 中的 box-sizing 属性，指定盒子模型的宽度和高度属性，包括内边

距 padding 和边框 border。在之前的学习中，box-sizing 的默认取值为 content-box，即一个元素的 width 属性只是内容的宽度，不包括内边距和边框。而响应式布局则要通过修改其默认值，得到元素的宽度和高度值，计算方式如下：

一个元素的宽度= width + padding + border；

一个元素的高度= height + padding + border。

上述属性的指定，是通过在 CSS 样式定义中添加如下声明：

```
*{
    box-sizing: border-box;
}
```

接着我们还需要通过“.col-n”给具体的内容指定一个格子列的宽度，这可以通过百分比给出：

```
.col-1{width:8.33%;}
.col-2{width:16.66%;}
.col-3{width:25%;}
.col-4{width:33.33%;}
.col-5{width:41.66%;}
.col-6{width:50%;}
.col-7{width:58.33%;}
.col-8{width:66.66%;}
.col-9{width:75%;}
.col-10{width:83.33%;}
.col-11{width:91.66%;}
.col-12{width:100%;}
```

有了以上的指定，我们就可以为某个元素通过“.col-n”的方式指定宽度，比如我们现在有两列，按照 3∶9 的比例分配全部 12 列格子。注意：这里列一定要放在 class="row" 的 div 容器中：

```
<div class="row">
   <div class="col-3">...</div> <!-- 25% -->
   <div class="col-9">...</div> <!-- 75% -->
</div>
```

另外，所有的 class="col-n"都应该采用**左浮动**，格子的所有列的 CSS 样式定义如下：

```
[class*="col-"]{
   float: left;
   padding: 15px;
}
```

考虑到这个 row 之后的内容会受到浮动的影响，所以必须**清除浮动**，可以这么做：

```
.row::after{
   clear: both;
   content:"";
   display: table;
}
```

（3）媒体查询：最后还要查询设备的媒体信息，包括设备的宽度和高度、视口、屏幕的方向（横向或纵向）以及分辨率等特征。

媒体查询的语法如下：

```
@media not|only  mediatype  and (mediafeature and|or|not mediafeature)
{
    CSS 样式定义;
}
```

媒体查询的语法由三部分组成：修饰关键字、媒体类型和条件表达式；只有当这个条件表达式为 true 的时候，内部定义的 CSS 样式才会生效。下面我们具体来看这三部分。

（1）修饰关键字 not |only 的含义：not 是用来排除某个设备类型，而 only 是用来指定只在某类设备。

（2）媒体类型：可取值 print | screen（计算机屏幕、平板电脑和智能手机）| speech（可读设备）。

（3）媒体特征：它有很多值，最常用的有 min-width | max-width | orientation 等，一般这一部分是一个条件表达式，可以进行条件的判断是否满足，若满足即为真，就执行内部定义的 CSS 样式；反之则不执行。

来看一个简单的例子：

```
@media only screen and (max-width:768px){
 /*只有当设备的屏幕大小满足小于 768 像素的时候，body 页面的背景颜色才会改变为黄色*/
     body{
         background-color: yellow;
     }
}
```

在上面的例子代码中，@media 是媒体查询关键字，通过 only 指定只在 screen 屏幕设备设定，进一步通过 and 连接符，指定屏幕的特征，即屏幕的最大宽度为 768px。综合来看，其内部关于 body 样式的设定，只有当用户设备的屏幕缩小至小于等于 768px 时，body 页面的背景颜色才会变为黄色；如果大于 768px 时，则该样式设定不生效。

7.6.3 响应式布局案例

下面我们通过一个例子来看看究竟如何实现响应式布局，本案例要达到的效果是随着用户屏幕尺寸的变化，让网页的内容可以自适应屏幕尺寸的变化，效果如图 7.23 所示。

当浏览器屏幕大于 768px 时（一般为台式机屏幕），网页以三列显示的布局呈现；当屏幕尺寸落在（600px～768px）的区间内时（一般为平板电脑屏幕），网页以两列显示的布局呈现；当屏幕尺寸小于 600px 时，则以一列显示，比如我们的手机屏幕。这个效果可以通过响应式布局来实现，来看看具体的实现代码。

（a）屏幕宽度>768px

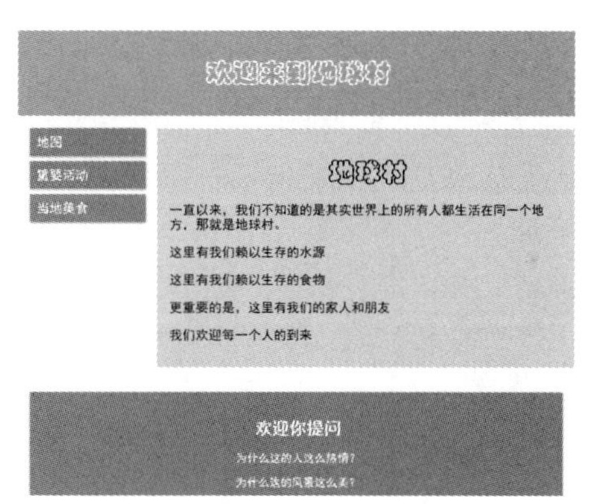

（b）768px>屏幕宽度>600px

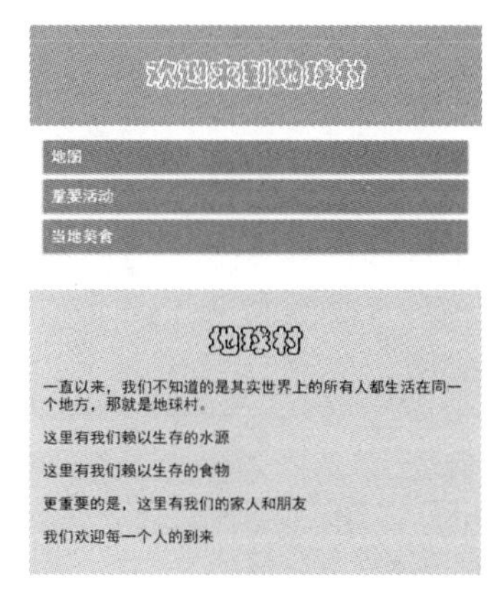

（c）屏幕宽度<600px

图 7.23

CSS 样式声明如下：

```
* {
    box-sizing: border-box; /*第一步，首先要盒子边距计算在宽度和高度以内*/
}
[class*="col-"] {  /*第二步，所有列都要左浮动*/
  float: left;
  padding: 15px;
}
.row::after { /*第三步，清除浮动，防止对列后面的内容有影响*/
  content: "";
  clear: both;
  display: table;
}
h1{
   text-align: center;
   font-family: STCaiyun, Simhei;
}
html {
```

```
  font-family: Simhei, sans-serif;
}
.header {
  background-color: #74DA76;
  color: #ffffff;
  padding: 15px;
}
.menu ul {
  list-style-type: none;
  margin: 0;
  padding: 0;
}
.menu li {
  padding: 8px;
  margin-bottom: 7px;
  background-color: #33b5e5;
  color: #ffffff;
  box-shadow: 0 1px 3px rgba(0,0,0,0.12), 0 1px 2px rgba(0,0,0,0.24);
}
.menu li:hover {
  background-color: #0099cc;
}
.aside {
  background-color: #33b5e5;
  padding: 15px;
  color: #ffffff;
  text-align: center;
  font-size: 14px;
  box-shadow: 0 1px 3px rgba(0,0,0,0.12), 0 1px 2px rgba(0,0,0,0.24);
}
.footer {
  background-color: #0099cc;
  color: #ffffff;
  text-align: center;
  font-size: 16px;
  padding: 15px;
}
 [class*="col-"] {    /* 定义手机屏幕  */
  width: 100%;
}
@media only screen and (min-width: 600px) { /*用于中号平板电脑屏幕*/
  .col-s-1 {width: 8.33%;}
  .col-s-2 {width: 16.66%;}
  .col-s-3 {width: 25%;}
  .col-s-4 {width: 33.33%;}
  .col-s-5 {width: 41.66%;}
  .col-s-6 {width: 50%;}
  .col-s-7 {width: 58.33%;}
```

```
    .col-s-8 {width: 66.66%;}
    .col-s-9 {width: 75%;}
    .col-s-10 {width: 83.33%;}
    .col-s-11 {width: 91.66%;}
    .col-s-12 {width: 100%;}
  }
  @media only screen and (min-width: 768px) { /*用于台式机和笔记本电脑*/
    .col-1 {width: 8.33%;}
    .col-2 {width: 16.66%;}
    .col-3 {width: 25%;}
    .col-4 {width: 33.33%;}
    .col-5 {width: 41.66%;}
    .col-6 {width: 50%;}
    .col-7 {width: 58.33%;}
    .col-8 {width: 66.66%;}
    .col-9 {width: 75%;}
    .col-10 {width: 83.33%;}
    .col-11 {width: 91.66%;}
    .col-12 {width: 100%;}
  }
  #content{
    background-color: #dddddd;
    margin: 16px 0px;
  }
```

如下 HTML 代码只给出主要部分，其余部分希望你自己补足，然后再去和源代码做对比。

```
  <head>
  <meta name="viewport" content="width=device-width, initial-scale=1.0"> /*
一定记得要定义 meta*/
  </head>
  <div class="row">
    <div class="col-3 col-s-3 menu">
      <ul>
        <li>地图</li>
        <li>重要活动</li>
        <li>当地美食</li>
      </ul>
    </div>
    <div class="col-6 col-s-9" id="content">
      <h1>地球村</h1>
      <p> 一直以来，我们不知道的是，其实世界上的所有人都生活在同一个地方，那就是地球村。
</p>
   <p> 这里有我们赖以生存的水源</p>
   <p> 这里有我们赖以生存的食物</p>
   <p> 更重要的是，这里有我们的家人和朋友</p>
   <p> 我们欢迎每一个人的到来</p>
    </div>
```

```
    <div class="col-3 col-s-12">
      <div class="aside">
        <h2>欢迎你提问</h2>
        <p>为什么这儿的人这么热情？</p>
        <p>为什么这儿的风景这么美？</p>
        <p>为什么这儿的人这么多？</p>
      </div>
    </div>
  </div>
```

我们针对上述案例中实现响应式布局的重点和难点做一下说明。

（1）在 HTML 代码中，要通过 meta 标签定义网页的内容，以视口为基准，同时指定网页的宽度等于显示设备的宽度。

（2）box-sizing 属性的值设置为 border-box，这样保证网页最外层的盒子边距也在内容的宽度和高度之内，从而才能精确地控制网页中元素的宽度变化。

（3）响应式布局的关键是通过将不同尺寸的屏幕的一行划分为等距的 12 列，并且固定这些列的 div 元素都采用左浮动，从而实现横向布局；然后就可以在 HTML 的 div 元素的 class 属性中定义每一行可以显示的列数，比如对于中间的三个导航（地图、重要活动和当地美食），我们希望它在平板电脑中占据 3 列，而右侧的地球村的正文内容则占据 9 列，正好分完 12 列。至于为什么要分成 12 列，这是一个根据经验形成的划分法，因为 3、6、9 的比例很适合 1、2、3 列式的布局。

（4）利用媒体查询获取用户所使用的显示设备信息，由于我们要控制的是一行能够显示多少列格子，所以重点要查询设备的宽度，这里用到了@media 媒体查询。

（5）这个例子的重点在于：要理解一行中定义两个列属性的原因，这才是适应不同尺寸的关键。以<div class="col-3 col-s-3">为例，这里我们定义了两种方式的布局，第一个 col-3，当媒体查询发现用户的屏幕尺寸符合笔记本电脑时，col-3 就会发生作用，后面的 col-s-3 被直接忽略。当用户的屏幕尺寸为平板电脑时，col-3 就失效了，生效的是 col-s-3。从这里可以看出，它们之间是二选一的过程，关键就是媒体查询相当于是做了一个选择的过滤助手。我们需要做的是尽可能地给出所有屏幕下的可能性，从而让 CSS 去自动查询用户的设备，最终决定选择哪一个样式。这样就实现了网页内容能够自动适配不同屏幕的显示效果。至于为什么手机屏幕下没有出现，你应该可以想到它不用特别指定，永远都是以占满整个屏幕宽度的一列显示，因此只在 CSS 样式中指定即可。

响应式布局中的一个小秘籍

在响应式布局中，width 和 height 属性的取值尽量不要使用数值，而要使用相对值的百分比形式，因为具体数值的计算容易不精确。

最后，再跟你分享一下常见的媒体分辨率查询用法：

```
/* 一些超小屏幕设备 比如手机屏幕在 600px 以下 */
@media only screen and (max-width: 600px) {...}
```

```
/* 小型屏幕设备，比如大屏幕的手机和平板电脑，屏幕宽度在 600px 以上*/
@media only screen and (min-width: 600px) {...}
/* 中型大小的屏幕设备，比如一些笔记本屏幕宽度在 768px 以上 */
@media only screen and (min-width: 768px) {...}
/* 大型大小的屏幕设备，比如一些笔记本电脑和台式机，宽度在 992px 以上 */
@media only screen and (min-width: 992px) {...}
/* 超大型大小的屏幕设备，宽度在 1200px 以上*/
@media only screen and (min-width: 1200px) {...}
```

7.7　本章小结

关于 CSS 样式的内容很多，看上去比较杂乱，但是千万别忽视它，因为 CSS 在 Web 应用中真的很有用，因为你不能指望一个十分丑陋的网站就能吸引大量用户的关注。本章介绍了一些高级 CSS 样式的用法，包括：

（1）精美的文本，不要忽视文字的字体效果对提升网页外观的影响，甚至一些网站的 Logo 就是靠文字的字体变形实现的；

（2）时尚的按钮，默认的矩形框按钮实在太老土，如果能多一些圆角和阴影，那效果会提升一个档次；

（3）flexbox 让元素布局变得简单。如果你觉得浮动布局不好掌握，不妨试试弹性布局，保证让你对布局产生好感；

（4）position 让元素的位置任由我们把控。这是对元素在网页中位置的控制享有的特权，千万利用好它，是可以让布局做到事半功倍；

（5）形变为网页的元素增加动感。为了增加网页的流量，试试加入一些形变吧！让页面中的元素动起来。在 CSS 中，二维形变主要借助 transform 和 transition 的属性结合，创造出百变的变换方式，以最佳的过渡效果带来不一样的动感效果；

（6）响应式布局对于适配于不同尺寸的显示屏幕的网站和 App 应用十分有用。因为现在每个用户都拥有至少两个不同尺寸的电子设备，所以需要我们的内容能够满足用户在不同设备上合理的显示。

为了实现前端的动态网站，我们还需要知道更多 JavaScript 脚本的秘密。下一章我们将介绍交互式应用中的核心技术。

一点点建议

这一章又接触了许多 CSS 样式的属性，每一个属性又包括若干子属性，其实这还只是冰山一角，那么多 CSS 属性到底该怎么学习呢？这里给你三点建议。

首先，理解 CSS 常见属性的用法，知道设定不同的值会产生什么样的效果。

其次，要学会变换组合，这也是考验你的想象力的时候。比如，圆角的按钮怎么做？让一个球动起来，既需要 transform 转动变换，又需要让它平缓地变动，不然就显得过于笨拙；充分发挥你的想象力，探索属性的组合，组合越多惊喜越大。

最后，要通过自我学习而提升。

关于 CSS 样式再向你推荐如下一些自学资料。

（1）简书（网站）上有很多 CSS 相关技术的文章总结得不错，推荐找来做参考。

（2）配合 MDN 的 CSS 指南 https://developer.mozilla.org/zh-CN/docs/Web/Guide/CSS/Getting_started，再结合菜鸟网上 CSS3 的介绍 https://www.runoob.com/css3 /css3-tutorial.html，每一个样式结合案例看，争取理解每一种样式带来的效果。

（3）遇到不懂的属性，或不知道如何设定合理的值，一定要多问百度，前人也曾遇到过同样的问题，并且给出了可能的解答。

第 8 章　一个超级好用的 JavaScript 库——jQuery

JavaScript 通过事件模型实现了用户与网站之间的动态交互。在具体实现中，JavaScript 封装了许多对象和 APIs 供开发人员直接调用，以实现动态交互任务；但是这些用法十分复杂，而 jQuery 库则为我们提供了更简便的方式，以实现同样的效果，它不仅用法简单，而且包含丰富的 APIs。

本章将介绍如何利用 jQuery 开发具有交互效果的网站，围绕交互式应用的 4 个方面展开介绍：

（1）DOM 元素的选择；

（2）对元素样式和内容的动态修改；

（3）对事件的支持；

（4）客户端和后端传输数据的利器：Ajax。

8.1　真正的动态交互应用

上一章精美的 CSS 样式让人回味无穷，然而这些仍然无法满足用户的需求。因为总有一些“挑剔”的用户希望能够与网页再多一些互动，比如发表一些评论，点个赞，从而成为网页内容的制造者。这些互动仅仅依靠 CSS 是很难办到的，而 JavaScript 可以让这一切成为可能。说到互动，必然涉及双方：其中一方是用户；另一方则是网站，更确切地说是网站的运营商，网页只是用户与运营商之间沟通的媒介。作为开发人员，首先要分析双方的需求，才能做到有的放矢。

1. 网页运营商希望知道的东西

（1）谁来过我的网站？我需要记录他（她）的身份，这样才能向他（她）发货，收费。

（2）他（她）什么时候来过，他（她）做了什么，选了什么，收藏了什么，写了什么，删除了什么？我想更了解用户，才能为他（她）推荐更好的服务。

2. 用户希望得到的东西

（1）向网页中添加新内容，比如发表评论、图片、博文、点赞、收藏等。

（2）修改个人信息，比如地址、电话、简介等。

（3）删除不想要的内容，一些旧的照片、不想要的文字不希望再被其他人看见，选择删除或隐藏。

（4）搜索感兴趣的内容，为了更快地找到自己感兴趣的内容，有个搜索工具就最好了。

（5）网页中的内容可以不断更新，每天来都能有新鲜事发生。

综上所述，网站运营商希望得到用户访问网站相关的所有记录，用户则希望成为内容的制造者和管理者，并打造自己的专属领域。以上这些互动的功能，都可以依靠 JavaScript 脚本得以实现。接下来，我们就来探索建设交互式网站的精髓。

8.1.1 实现交互式 Web 应用的关键

JavaScript 主要负责实现网页的动态行为；在具体实现中，一种常见的方式是通过给页面中的元素绑定事件，一旦用户通过某种行为触发该事件，就会引发页面内容的动态变化，这就是搭建交互式网站的核心。由此可以看出，交互式 Web 应用的实现要点包括：

- 精确地选择要操控的 DOM 元素；
- 为用户触发的元素绑定事件；
- 引发页面的动态变化。

为了进一步理解上述要点，来看一个简单的例子，如图 8.1 所示，该页面中共有 3 个 div 元素，分别显示着数字 1、2 和 3。当单击 2 号 div 时，会触发一个 alert 警示框，内容是“您单击了 2 号按钮”。先来看主要的实现代码，然后我们再去找出它是如何做到交互式应用的 3 个核心要素的。

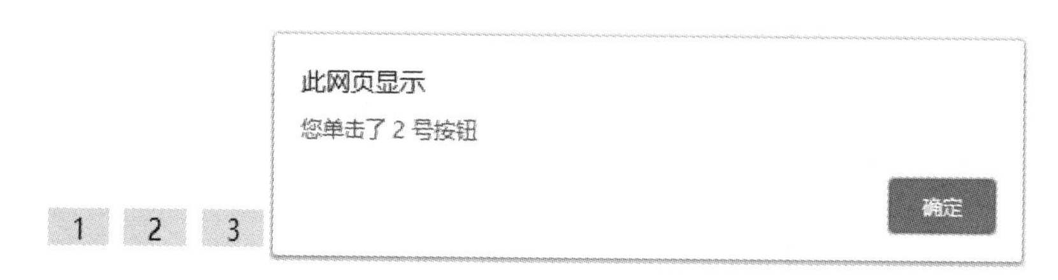

图 8.1

本例中有 3 个 div 元素，其对应的 HTML 代码如下：

```
<div>1</div>
<div id="btn">2</div>
<div>3</div>
```

对应的 CSS 样式声明如下：

```
div{
  width: 40px;
  height: 20px;
  margin: 5px;
     float: left;
```

```
    background-color: yellow;
    text-align:center;
    pointer: cursor;
  }
```

其中的 JavaScript 代码如下：

```
<script>
①    let btn = document.getElementById('btn');
②    btn.onclick = function(e){
③          alert("您单击了 "+ e.target.innerHTML+" 号按钮");
 };
</script>
```

本例中，我们重点来看 JavaScript 代码。

第 1 行代码实现了选择第二个 div 元素，第 2 行代码是给该元素绑定单击事件，一旦用户单击该元素，则会触发第 3 行 alert 弹出框的内容。这 3 行代码正好对应交互式 Web 应用的 3 个核心要素：选择 DOM 元素、触发事件和引起页面的变化。当然，这个示例过于简单，因为它只是为了向你展示满足这 3 点，实现了交互式网页的效果。但是，这还远远不够，原因如下：

（1）一个网页通常会有大量元素，因此，要精确选择一个或一组元素并不容易；

（2）页面中的事件有很多，比如单击、双击、失去焦点、鼠标离开、键盘按下等，必须根据需要进行绑定；

（3）页面中动态变化的形式有很多，比如显示一个弹出框，对页面中元素的内容、样式和属性的修改以及页面中数据的更新等。

所以本章我们将重点围绕这 3 个核心要素展开，讲述如何利用 jQuery 打造真正的交互式网页。

8.1.2　为什么是 jQuery

第 4 章介绍的 JavaScript，一般又称为原生 JavaScript，它严格遵循 ECMAscript 标准，并依托于浏览器标准引擎，而 jQuery 是在原生 JavaScript 的基础上集成的库。该库以 JavaScript 为基础开发语言，封装了大量便利的 APIs，使用这些 APIs 不需要额外安装任何软件，只需要引入一个 jQuery 的文件，便可方便地实现交互式 Web 应用。

由于 jQuery 带来的便利，目前使用 jQuery 的开发人员比原生 JavaScript 还要多，甚至毫不夸张地说，很多人都快忘记原生 JavaScript 的用法了，究其原因是：jQuery 太好用了。

jQuery 相比于原生 JavaScript 的优势有很多，这里我们重点说 3 个方面。

（1）Web 开发领域中一个令人头疼的事实是，每种浏览器对 W3C 颁发的标准都有一套自己的实现方案，因此，开发人员不得不针对各种版本的浏览器逐一完成开发和测试，这意味着大量的代码工作。而 jQuery 通过引入一个抽象层来标准化常见的任务，从而屏蔽了浏览器之间的差异，进而减轻了开发人员的负担。

（2）充分利用 CSS 的优势，再一次减轻开发人员的负担。由于 Web 开发人员必须要掌握 CSS 选择器的用法，因此，jQuery 就顺势打造出了基于 CSS 选择器的 DOM 元素选择方式；这为交互式应用的实现提供了极大的便利。

（3）为了进一步减少重复的代码量，jQuery 还支持一种被称为链式编码的方式，开发人员可以利用元素所在的上下文环境，保证后续操作都仅仅与当前元素有关。

综上所述，jQuery 的目的就是为了减轻 Web 开发人员的负担，以最简便、最简洁和最少代码量的方式，帮助开发人员高效地建设交互式 Web 应用。

8.1.3 jQuery 可以做什么

为了达到交互式网页的动态效果，jQuery 可以做到：

- 利用 CSS 选择器获取页面中的 DOM 元素；
- 动态地改变页面的内容和外观；
- 响应用户与网站的交互行为；
- 为页面添加动态效果；
- 支持无须刷新页面，就可以从服务器获取数据；
- 简化常见的 JavaScript 的任务。

jQuery 的使用十分简单，只需要去 jQuery 官网 https://jquery.com/ 下载一个版本的 js 文件，本书中的案例采用的是 jquery-1.11.3 版本，选择它的原因是其十分稳定，并且能支持大多数交互式应用的任务。下载到本地后，记得以后都要在你的 JavaScript 代码中，先引入该文件，比如：

```
<script src="js/jquery-1.11.3.js"></script>
<script>
   //自己的代码
</script>
```

所有的 JavaScript 任务都是基于 jQuery 实现的，所以一定要记得在 JavaScript 脚本代码区的第一行就引入 jquery 文件，然后再通过<script>标签编写你自己的代码，从而保证自己的代码中可以正常使用 jQuery 提供的方法。如果发现无法找到某个方法的报错，可以去看看是不是没有先引入该文件，再去排查其他错误。另外，要核实 jquery 的文件路径是否正确，这样基本上这种报错就能避免了。

接下来，我们就将逐一介绍 jQuery 的基本用法。

8.2　DOM 元素的选择

前文提到过，浏览器会根据 HTML 代码的嵌套结构，绘制出一棵 DOM 树，这种树形的结构会反映出树上各节点之间的层次关系，有了这棵树，我们就可以很方便地通过一个节点顺藤摸瓜找到其他节点。而 jQuery 实现交互效果的第一步就是选择要操控的 DOM 元素，本节我们就来看看它是如何做到的。

8.2.1　开发者工具查看 DOM 树结构

我们已经知道页面上所有的 HTML 元素（标签）和 CSS 样式的属性，以及内容都会被渲染成一棵 DOM 树，如图 8.2 所示。

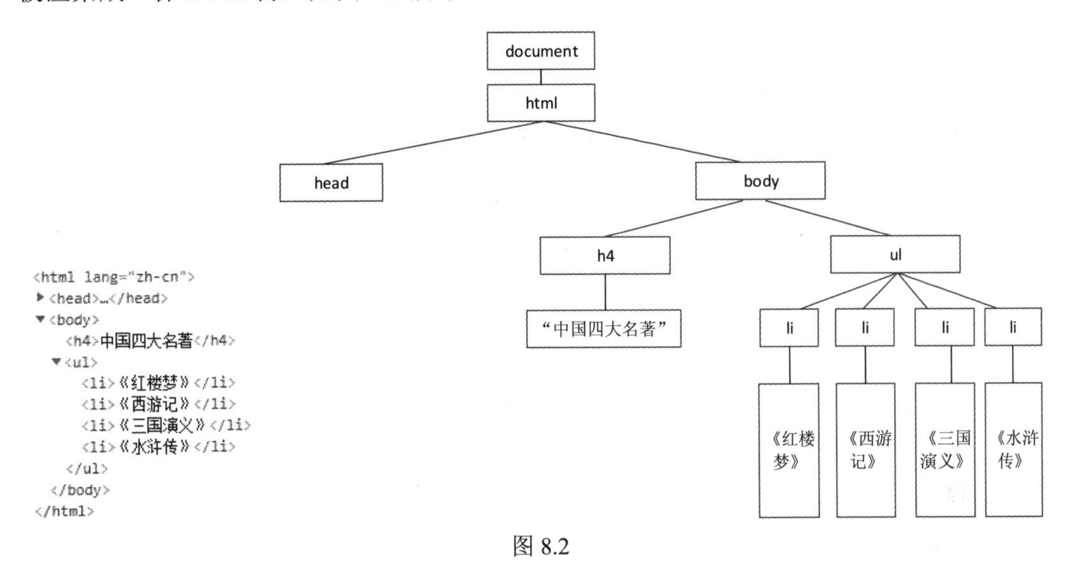

图 8.2

图 8.2 右侧所示的 DOM 树看上去像一颗家族树一样，其中最上面的根节点是最顶层的祖先，它是唯一的，它的下方是一代一代的子节点。这些子节点可以作为其他子节点的父节点、儿子节点或兄弟节点。为了弄清楚它们之间的关系，我们可以利用 Chrome 浏览器自带的开发者工具，通过选择 Element 选项卡来查看网页中所有元素的 DOM 树上节点的结构。与图 8.2（右）的树状结构不同，Chrome 工具的展示是以代码缩进的结构展示 DOM 树的，如图 8.2（左）所示，这种缩进的代码关系对应着 DOM 树的不同层次。

为了充分利用元素之间的这种关系，jQuery 为我们提供了很多 API 函数。这些 API 利用 parent()查找当前元素的父元素，利用 children()查找当前元素的儿子元素，在同一层级的兄弟元素之间，还可以分别通过 prev()和 next()查找前一个和后一个元素。要利用这些方法的前提是：首先将 DOM 元素封装成 jQuery 对象，下一节我们就来看看这是如何做到的。

8.2.2 使用$()函数创建 jQuery 对象

jQuery 对象是一个类数组的对象，它附带着一系列的 jQuery 方法。jQuery 中最常用的一个函数是$()，它是 jQuery()的简写，它表示一个工厂函数，意思是它可以向工厂一样制造加工一批 jQuery 对象，因此，它常常被用于创建 jQuery 对象。例如：

```
var student = {sno: "201901020001", sname: "Lily"};
var $student1 = ${ student};
```

上述第一条语句通过指定学生信息的两个键:值对创建了一个 student 对象，其中每一个键:值对被称为学生对象的属性，此时，student 是普通的 Object 类型的 JavaScript 对象。而第二条语句则通过$()函数，将这个原生对象转化为了 jQuery 对象，目的是为了使用 jQuery 中具有强大功能的方法，这些方法要比原生 JavaScript 对象的方法使用更简单。

基于上述两条语句，我们便可以轻松地使用 jQuery 对象的方法，比如 prop()方法，用于获取某个属性对应的值，如下：

```
var stuName = $stduent1.prop("sname");
```

上述语句通过向$student1 对象的 prop()方法传入 sname 参数，就可以获取 sname 键所对应的值 Lily。类似地，你可以自行尝试传入 sno 参数，得到该学生的学号。jQuery 对象还为我们封装了更多 API，感兴趣的话，你可以去官网手册查看。

$()函数一个最常见的用法是通过接收 CSS 选择器作为参数，遍历一个网页文档对应的 DOM 树上的所有元素，并试图找到与选择器匹配的元素，如果元素匹配成功，则返回一个或一组 jQuery 对象，表示对这些匹配元素的引用。如果$()并未找到任何元素，那么它将返回空，该空对象的 length 属性值为 0。

$()还有一个别名

如果你对 jQuery 库的源代码感兴趣，可以看到它里面有对工厂函数$()的定义，通过阅读代码就能知道该函数的功能为我们封装了一个 jQuery 对象，从而让我们方便地去调用很多属性和方法。当然，它还有一个别名 jQuery()，一般优秀的程序员都很懒，所以大多数开发人员会选择更简单的$()。以后如果你看到 jQuery()，心里就把它等价于$()就好了。

我们通过 jQuery 的 CSS 选择器获得的结果集会包装在一个 jQuery 对象中。下一节我们就来了解一下它的用法。

8.2.3 常见的 CSS 选择器

CSS 选择器是 Web 开发人员必须掌握的技能之一，jQuery 的强大之处就在于允许我们传递选择器作为$()的参数，从而实现目标元素的选择。

1. 基本选择器

下面介绍 jQuery 中三种选择元素的基本用法：

第一类是通过标签名称，选择一个或一组 DOM 元素，并返回 jQuery 对象。

```
$('p')
```

第二类是通过 ID 名称，选择某个 DOM 元素，并返回 jQuery 对象。

```
$('#para1')
```

第三类是通过类名称，选择一组 DOM 元素，并返回 jQuery 对象。

```
$('.para1')
```

其中，$()方法是有返回值的，且返回值为 jQuery 对象。这表明被选中的 DOM 元素都将被封装成 jQuery 对象，便于后续调用相应的方法。

我们通过一个示例来看一下 jQuery 是如何通过 CSS 选择器实现动态交互任务的。

在电商业务中，很常见的一个功能是允许用户通过单击加减按钮来修改商品的数量，为此我们就来尝试实现它。

示例：通过加减按钮控制数量变化

本示例的目的是允许用户通过单击加号按钮或减号按钮，实现对数量的加 1 或减 1。本示例实现的关键在于：

（1）精确地选择加号按钮、减号按钮以及数量元素；

（2）给加号按钮和减号按钮绑定单击事件；

（3）触发事件后带来的变化是：对数量的加 1 或减 1。

HTML 主体代码如下：

```
<p class="count">
    <span>数量: </span>
    <button id="minus" class="number-reduce">-</button>
    <input type="text" value="1" class="input_count"/>
    <button id="add" class="number-add">+</button>
</p>
```

CSS 样式定义如下：

```
p.count{
      margin-top:10px;
}
p.count>span{
      font-size:15px;
}
p.count>button{
      width:36px;
      height:36px;
      text-align:center;
      border:1px solid #ddd;
      vertical-align:middle;
      font-size:14px;
```

```
    }
    p.count>input{
        width:36px;
        height:36px;
        border:1px solid #ddd;
        text-align:center;
        font-size:14px;
        box-sizing:border-box;
        position:relative;
        top:2px;
    }
  </style>
```

JavaScript 主要代码如下：

```
<script src="js/jquery-1.11.3.js"></script>
<script>
    $("#add").click(()=>{
    var $nowCount = $(".input_count").val();
    if($nowCount)
    {
        $nowCount++;
        $(".input_count").val($nowCount);
    }
    });
    $("#minus").click(()=>{
    var $nowCount = $(".input_count").val();
    if($nowCount>1)
    {
        $nowCount--;
        $(".input_count").val($nowCount);
    }else{
        $(".input_count").val(0);
    }
    });
</script>
```

在上述代码中，我们通过$("#add")选择了加号按钮，通过$("#minus")选择了减号按钮，并进一步为它们分别绑定了 click 事件。为了修改数量的值，我们还利用$(".input_count")选择了数量元素。这就是 jQuery 利用 CSS 的 id 选择器和 class 选择器实现了对目标元素的选择。

运行上述代码，可以看到结果如图 8.3 所示的页面，请尝试单击“－”和“+”按钮，看看数量是否会有变化。

图 8.3

2. 复合选择器

除了基本选择器外，复合选择器常常用于从一堆 HTML 元素中更精确地找到一个目标元素或一组目标元素，常见的复合选择器及其用法见表 8.1。

表 8.1

复合选择器	含　义
$("div > p")	查找 div 所有的子元素 p，相当于是儿子辈元素
$("div　p")	查找 div 所有的后代元素 p，这里后代包括子代，孙子代等
$("#comment").next()	查找 id 为 comment 的元素的下一个元素
$("#comment").children("span")	查找 id 为 comment 的元素的所有子代 span 元素
$("#comment").parent().prev()	查找 id 为 comment 的元素的父元素的上一个元素
$("#comment").parent()	查找 id 为 comment 的元素的父元素

接下来，我们通过一个示例来看一下复合选择器的用法。

示例：点赞并计数

本示例的目的是允许用户通过单击点赞图片，实现对数量加 1。本示例实现的关键在于：

（1）精确地选择点赞图片和数量元素；

（2）给点赞图片绑定单击事件；

（3）触发事件后带来的变化是：对数量的加 1。

难点在于，如何在一个包含多元素的页面，实现通过单击点赞图片元素，找到数量元素。这个必须要借助复合选择器。

HTML 主体代码如下：

```
<div id="plArea">
        <ul id="plItem">
            <li>
             <b>游云 ing</b>
              <span>2017 年 6 月 14 日</span>
              <p>做一个电动车要用多长时间？</p>
              <div class="like">
                 <img src="img/like.png"/>
                 <span>0</span>
              </div>
            </li>
            <li>
             <b>游云 ing</b>
              <span>2018 年 7 月 14 日</span>
              <p>做一个飞机要用多长时间？</p>
              <div class="like">
                 <img src="img/like.png"/>
                 <span>0</span>
```

```
            </div>
          </li>
        </ul>
</div>
```

CSS 样式定义如下：

```
#plArea{
        height: 300px;
        background:#eee;
        margin-top:5px;
        padding:20px;
        width:1000px;
        margin: 0 auto;
}
#plItem li{
        display:table;
        width:920px;
        margin-bottom:20px;
        padding-bottom:10px;
        border-bottom:1px solid #ddd;
    }
    #plItem li>b{
        color: red;
    }
    #plItem li>span{
        margin-left:10px;
        font-size:14px;
    }
    #plItem li>p{
        margin-top:20px;
        font-size:14px;
    }
    #plItem div{
        width:40px;
        float:right;
    }
    #plItem div.like>img{
        width: 20px;
        height:20px;
    }
```

JavaScript 主要代码如下：

```
<script src="js/jquery-1.11.3.js"></script>
<script>
    $(".like img").click(function(){
      var num=$(this).next().text();
      num++;
      $(this).next().text(num);
    });
```

```
    </script>
    </html>
```

在上述代码中，我们通过$(".like img ")选择了点赞图片，它的方法是通过复合选择器".like img "实现先选择 class=like 的元素，再选择它的后代元素 img；然后，为该对象绑定了 click 事件，在事件处理函数中，又通过$(this).next()方法找到当前元素的下一个元素，即计数元素，实现对其数量的加 1。

上述代码运行后的效果如图 8.4，可以实现每次单击点赞图片，对应的计数就会加 1。

图 8.4

其实，选择目标元素还不是我们的最终目标，我们其实是希望通过首先选中目标元素，然后对其内容和样式进行修改。所以下一节我们去看看如何实现这些目标。

8.3　jQuery 对页面事件的支持

JavaScript 是一门事件驱动型的脚本语言，而 jQuery 作为一个功能强大的 JavaScript 库，也提供了大量方法支持事件的绑定。相比于原生 JavaScript，jQuery 给元素绑定事件的方法更简单。这一节我们来重点看看 jQuery 对交互事件提供支持的用法。

8.3.1　用户和网页的交互事件

原生 JavaScript 给元素绑定事件的方法有三种，我们详细了解一下。

（1）通过 HTML 元素的事件属性，为该元素绑定事件，例如下面的例子：

```
<button onclick="show()">单击按钮，说 hello</button>
<script>
    function show(){
      alert("hello!");
    }
</script>
```

上述例子中是 button 元素的 onclick 属性，以传入事件处理函数的名称为值，实现了对 button 元素的绑定单击事件，一旦单击该 button 按钮，就会在弹出框中显示“hello”。

（2）先获取 DOM 元素，再给该元素的 on 事件属性绑定事件句柄。比如下面的例子：

```
<button onclick="show()" id="btn">单击按钮，说 hello</button>
<script>
   document.getElementById("btn").onclick = show;
</script>
```

注意：这个方法传入的值与第一种方法不同，第一种方法给属性传入的值是对函数的调用，而第二种方法给 DOM 元素的 on 事件属性传入的是事件句柄的引用，相当于告诉该属性，应该去 show()的定义处执行，因此不需要加()。

（3）向选择的 DOM 元素的 addEventListener()方法绑定事件，比如下面的例子：

```
document.getElementById("js").addEventListener("click", show);
```

以上三种方法中，第三种是最常用的，因为它允许向元素绑定多个事件。第一种方法不推荐的原因是为了保持代码的简洁性而将 HTML 代码和 JavaScript 代码分离。第二种方法不推荐的原因是它允许向 DOM 元素绑定多个事件，但是只有最后一个绑定的事件起作用。

jQuery 则兼顾了第三种方法，并且使用更加简便。jQuery 中两种常见的事件绑定的方法。

（1）通过 jQuery 对象的 on('事件名称'，事件句柄)方法，例如下面的示例：

```
$("#jq").on('click', function (){
       $("#jq_output").html("jQuery 事件");
});
```

事件句柄可以是直接定义的匿名函数，也可以是在别处定义的函数，只需要传入函数的名称，完成对该处理函数的引用即可。

（2）通过 jQuery 对象的具体事件方法，将上述代码进一步简化为事件名称（事件句柄）：

```
$("#jq").click(function (event){
      $("#jq_output").html("jQuery 事件");
});
```

上述脚本运行后的效果如图 8.5 所示，通过对比代码的行数不难发现，借助 jQuery 可以让我们通过更少的代码量实现与原生 JavaScript 多行代码一样的功能。少意味着简单方便，因此，越来越多的开发人员愿意采用 jQuery 实现网页的交互效果。

原生javaScript事件

原生js事件

简化jQuery事件

jQuery事件

图 8.5

当然除了 click()事件，jQuery 还支持原生 JavaScript 的其他事件；同时它自身也支持一些特殊事件，表 8.2 列出了 jQuery 中常见的简写事件。由于这些事件的用法和 click() 事件类似，你只需要根据具体情况来做选择，这里就不再一一介绍。

表 8.2

事件名称	含　义
blur(事件句柄)	当元素失去键盘焦点时，调用绑定的事件处理函数
change(事件句柄)	当元素的值改变时，调用绑定的事件处理函数
click(事件句柄)	当元素被单击时，调用绑定的事件处理函数
focus(事件句柄)	当元素获得键盘焦点时，调用绑定的事件处理函数
load(事件句柄)	当元素加载完成时，调用绑定的事件处理函数
mouseover(事件句柄)	当鼠标移入元素时，调用绑定的事件处理函数
scroll(事件句柄)	当元素的滚动位置改变时，调用绑定的事件处理函数
resize(事件句柄)	当调整元素大小时，调用绑定的事件处理函数

8.3.2　事件对象

当用户触发页面上的 DOM 元素后，给该元素注册的事件就会被触发。事件的本质是回调函数，该函数的形参包含一个事件对象（event）。该对象在需要时，通过指定对应的实参来获取有关的详细信息，这些信息是对事件状态的描述。jQuery 提供的 event 对象相关的常见属性和方法见表 8.3。

表 8.3

属性/方法名称	含　义
type(属性)	返回当前 event 对象表示的事件名称，比如 mousedown（鼠标按下）
target(属性)	返回触发此事件的元素（事件的目标节点），如触发事件的元素或窗口
currentTarget(属性)	返回当前处理该事件的元素或窗口
preventDefault(方法)	通知浏览器取消事件的默认动作，如应用于 submit 事件，会阻止其自动提交表单的动作
stopPropagation(方法)	不再派发事件，即终止事件传播到其他派生 DOM 节点

解密回调函数

所谓回调函数，就等同于事件处理函数。它是指浏览器先对事件处理函数进行注册，让监听系统知道该函数的存在，当某个事件发生时，再调用该函数对事件进行响应处理。一般来说，用户发出的是一个与网页的交互行为，比如**单击按钮**。在 JavaScript 中，把这个行为叫作**事件**。通常事件会触发一些动态的改变，这些改变的操作放在**回调函数**内部。

简单来说，你要做的就是把事件发生后要执行的代码放在回调函数中。比如像图 8.5 的例子，把修改 HTML 内容的代码放在单击事件的回调函数的内部，这样做最大的好处是，一旦单击事件发生，就知道该执行什么操作。

其实事件对象一直都在，只要我们需要它，唯一要做的只是给事件的回调函数添加一个参数即可，参数的名字随意，比如下面的示例。

示例：到底谁被单击了

本示例的目的是：为了介绍 JavaScript 中一个很重要的机制，就是事件的冒泡。参考图 8.6，页面上显示着不同背景颜色的外层 div 元素和内层 p 元素。注意，父元素与子元素有交叉重叠的部分，就是 p 元素所在的深色区域。受到事件冒泡机制的影响，如果单击子元素 p 的区域，便触发了单击事件，那么父元素也会自动触发单击事件，就好像儿子的波纹会晕染到父亲的波纹，这就是冒泡机制。而如果只单击除子元素之外的 div 区域，则只有父元素会触发单击事件。来看具体的代码：

CSS 样式定义如下：

```
div#parent{
   width: 200px;
   height: 200px;
   background-color: pink;
}
p#output{
   width: 100px;
   height: 100px;
   background-color: green;
   font-weight: bold;
   margin-top: 50px;
   margin-left: 50px;
}
```

HTML 主体代码如下：

```
<div id="parent">
    <p id="output"></p>
</div>
```

JavaScript 代码如下

```
  <script src="js/jquery-1.11.3.js"></script>
  <script>
     //给父元素绑定单击事件
     $("div").click( function (event){
     //随着单击的元素不同，显示不同元素被单击了
          $("#output").html(event.target.nodeName +"被单击了");
     });
</script>
```

运行前，你猜一下，当你单击深色区域中的任意一点，输出区会提示哪个元素被单击了？想好后，请看图 8.6。

图 8.6

当你单击深色 p 元素区域，居然显示“p 被单击了”，你猜对了吗？如果猜对了，要恭喜你，可你知道为什么吗？在 JavaScript 代码中，明明是给 div 元素绑定的单击事件，为什么 p 元素会被当成是触发元素呢？

要回答这个问题，我们要从三方面来说。

首先，要说的是 HTML 代码的嵌套关系隐藏着一个秘密。HTML 代码中，元素的嵌套随处可见。然而这会引发一个问题，就是在 DOM 元素的渲染阶段，会出现外层元素和内层元素的重叠部分（如图 8.6 的深色区域是 p 元素和 div 元素的共有区域）。于是，当你向绿色区域中的一点发出“单击”行为时，便引起了 p 和 div 两个元素的触发，但具体是哪一个，还需要结合 DOM 的事件模型中的规定和你要访问的事件对象 event 的 target 属性。

其次，你还需要知道 DOM 事件模型中规定的事件冒泡的机制。在 DOM 三级事件模型中，规定了事件的执行顺序可以是冒泡，也可以是捕获。而 jQuery 为了统一所有浏览器中的使用规则，只采用事件冒泡，即当给一组嵌套元素绑定同一个事件时，事件处理函数的执行顺序会从内向外不断传递。比如说当后代元素（p）触发单击事件时，这个事件的处理函数会传递给父代元素（div）。想象当你点击了内部的 p 元素，那么 div 元素是不是也应该算是被单击了呢？很显然是的。

最后，你必须要理解 target 和 currentTarget 的区别。

target 返回的是 event 对象中注册事件的元素以及它的后代元素。结合事件冒泡机制，因此，当给父元素绑定事件，并且当你单击后代元素时，它会返回该后代元素，当你单击父元素时，它就会返回父元素。

currentTarget 返回的是给哪个 DOM 元素绑定了事件，它就返回该元素。因此，从代码中我们可知，我们是给 div 元素绑定了单击事件，因此它只会返回 div 元素。即使当我们单击绿色区域内中任何一点时，它仍会返回 div 元素。可以用如下代码替换原来的代码，这里重点看.currentTarget 的输出结果：

```
$("div").click( function (event){
    //输出 div 被单击了
$("#output").html(event.currentTarget.nodeName +"被单击了");
});
```

运行上述代码你会发现，无论单击 p 元素所在区域还是 div 元素独立和区域，都显示“div 被单击了”。

target 与 currentTarget 的区别

很多时候，只需要用 target 就足够了，但是在父子元素嵌套关系中，父元素绑定了事件，触发子元素时（在不阻止事件流的前提下），currentTarget 指向的是父元素，因为他是绑定事件的对象，而 target 指向子元素，因为它是触发事件的具体元素。这就是两者最大的区别。

关于事件对象的取名

现在我们知道，由用户操控 DOM 元素引发的交互行为中，当回调函数被执行时，会自动创建一个事件对象。在需要使用该对象时，只需要给回调函数显式地指定一个参数即可。这里参数的名字其实并不重要，可以是 event 或 e，或者任何你能够理解的名字。事件对象的原理是当事件被触发时，这个事件对象就被创建了，这个事件对象只有事件处理函数才能访问，事件处理函数执行完毕，事件对象就会被自动销毁。

接下来我们将示例升级，来看看 currentTarget 的另一个重要用法，它的特殊用法在事件冒泡时才能体现出来，比如我们可以分别对 div 和 p 元素绑定单击事件，那么我们来看看它们的执行顺序，脚本代码如下：

```
//2. 分别给父元素和子元素都绑定单击事件，查看事件的执行顺序
 $("p").click( function (event){
   console.log(event.currentTarget.nodeName +"被单击了");
    });
 $("div").click( function (event){
    console.log(event.currentTarget.nodeName +"被单击了");
    });
```

当你单击 p 元素时，打开你的开发工具中的控制台输出，可以看到图 8.7 所示的样子：

p被单击了
div被单击了

图 8.7

这就是事件冒泡的作用，事件执行的顺序会是先执行内部 p 元素的事件处理函数，然后才是外部 div 元素的事件处理函数。

如果你想看 HTML 文本内容的输出，可以尝试如下代码：

```
$("p").click( function (event){
      $("#output").html(event.currentTarget.nodeName +"被单击了");
 });
$("div").click( function (event){
      $("#output").html(event.currentTarget.nodeName +"被单击了");
 });
```

现在，请你猜一下，输出区会显示什么元素被单击了？

答案是无论你单击 p 还是 div 区域中的任意一点，都会显示“div 被单击了”。

其实原因很简单，浏览器显示的是最终的文本内容，也就是父元素“div 被单击了”，而 JavaScript 脚本程序会为我们保留中间过程的状态。所以如果你只是希望看到最终的效果，那么建议你用 target 比较好，比如你希望在事件的冒泡过程中实现什么特效，推荐你还是用 currentTarget 比较好。

8.3.3 事件代理

说起代理，大家一定不陌生，面对一些麻烦的事务，我们不想自己办理，就可以找中介做代理，帮我们解决。比如买房，就有中介代理，他们会帮助我们处理一些手续，让事情办理得更顺利。事件代理（又称事件委托），是指利用事件冒泡可以只须指定一个事件处理程序，就可以管理某一类型的所有事件。以收快递为例，每天都有若干同事收到快递，与其每个人都要去门口迎接快递，不如派一个座位最靠外的人作为代表，把所有人的快递都领回来，然后再给其他人发下去。

在交互式应用中的使用场景是，如果要给一组嵌套的元素（比如 div>ul>li）绑定一个单击事件，则根据冒泡机制的原理，当我们向最里面的 li 元素添加一个 click 事件时，这个事件会一层一层地向外执行，执行顺序为 li.click>ul.click>div.click。所以，事件代理就利用这个机制，给最外层的 div 绑定点击事件，于是，当单击到里面的 ul 和 li 元素时，都会冒泡到最外层的 div 上，这就是委托父元素代为执行事件。

事件代理的真正意义是减少对 DOM 元素的事件操作，以优化网页的加载速度。下面结合示例来看一下事件代理的用法。

示例：单击 ul 的子元素 li，实现更多子条目的展开和收缩。

本示例中的最初内容是 ul 中嵌套了两个 li，即理科和文科。理科下又嵌套了物理和地理，文科下嵌套了政治和历史，见图 8.8。我们的目标是通过单击理科或文科实现内部子元素的展开和收缩。实现的关键在于给父元素 ul 绑定单击事件，借助事件代理，实现了当单击子元素时，仍会触发该事件。另外，最内层子元素的收缩与展示可以通过 jQuery 提供的 toggle()方法和 hide()方法实现。

- 理科
  - 物理
  - 地理
- 文科
  - 政治
  - 历史

图 8.8

HTML 主体代码如下：

```
<ul>
  <li>理科
    <ul>
      <li>物理</li>
      <li>地理</li>
    </ul>
  </li>
  <li>文科
    <ul>
      <li>政治</li>
      <li>历史</li>
    </ul>
  </li>
</ul>
```

JavaScript 代码如下：

```
<script src="js/jquery-1.11.3.js"></script>
<script>
function handler( event ) {
  var target = $( event.target );
  if ( target.is( "li" ) ) {
    target.css("cursor","default");
    target.children().toggle();
  }
}
$( "ul" ).click( handler ).find( "ul" ).hide();
</script>
</body>
</html>
```

上述示例中，需要特别说明的是：

（1）JavaScript 代码中用到了一些 jQuery 的 API，比如 is()、toggle()、find()和 hide()等，这些是经封装好的内置函数，可以直接供我们调用，非常方便。但是必须要将 **DOM 元素封装成 jQuery 对象**，才可以调用它们。所以我们才会有 var target = $(event.target);

（2）为了提升用户的体验，让用户一看就知道理科和文科两个条目是可以单击的，所以通过.css()对鼠标的形状进行修改，原来文字的默认方式是输入光标，我们将其修改为鼠标的默认形状为箭头。

下面我们再来看一个事件代理的例子，看看如何给动态生成的元素绑定事件。

示例：给动态元素绑定事件

本示例要实现给动态添加的元素绑定事件，以图 8.9 中显示内容为例，原本页面中只显示了 1、2、3、4、5 这 5 个数字，对于这类整齐的元素，一般都是通过 li 元素实现的。而 6 是通过 JavaScript 脚本新添加的 li 元素，此时，我们希望给文本为 6 的 li 元素添加单击事件，并弹出 alert 弹窗，显示它的文本。注意，这里我们无法再使用上一个任务中的

click()方法，而应该使用 jQuery 中的 on()方法，来看看具体的实现步骤和代码。

图 8.9

首先，网页上最初仅显示 1，2，3，4，5，借助列表元素，就有如下的 HTML 主体代码：

```
<div>
    <ul>
        <li>1</li>
        <li>2</li>
        <li>3</li>
        <li>4</li>
        <li>5</li>
    </ul>
</div>
```

为了进一步实现横向布局，我们还需要定义 CSS 样式如下：

```
ul{
    list-style: none;
    display: flex;
}
ul li{
    width: 50px;
    height: 50px;
    line-height: 50px;
    text-align: center;
    background: yellow;
    font-weight: bold;
    border: 1px solid #eee;
}
ul li:hover{
    cursor: pointer;
}
```

这里给 li 元素绑定事件，如果我们仍然采用$('ul').click(function(){})的方式给所有 li 注册单击事件，就会发现它只对前 5 个静态元素有效，而对于第 6 个动态添加的元素无效。为了解决这个问题， 我们采用了 jQuery 提供的新方法 on()。

```
$('ul').on('click','li',function(){}
```

具体的 JavaScript 代码如下：

```
<script src="js/jquery-1.11.3.js"></script>
<script>
```

```
    $('ul').append('<li>6</li>');//ul 是已经存在的
    $('ul').on('click','li',function(){//这里改为用 on()方法，第 6 个 li 也有了
点击事件
        alert($(this).text());
    });
  </script>
```

jQuery 中 on 委托事件的机制

本示例中介绍的 on()方法是委托事件，具体用法如下：

$(父元素选择器).on(event, [后代元素选择器],事件句柄);

其中，必须保证父元素 ul 是已经存在的，而 li 可以是动态增加的后代元素，即第 6 个 li。

jQuery 的版本过低引发的使用差异

这一节介绍的 on()方法，是基于 1.7 以上的 jQuery 版本，如果你的 jQuery 的版本低于 1.7，则会发现 on()方法不起作用或报错，这说明它不支持这种方法，取而代之的是 delegate()方法。不过，自 jQuery1.7 以后的版本中，delegate()方法已经被 on()方法取代了，推荐你直接用 on()实现事件代理，因为版本越高功能越强大。

8.4 让内容和样式的修改变得简单

交互式应用的真正目的是希望由于用户的行为带来网页的变化，这些变化包括元素的样式、页面中的内容以及 HTML 元素的删除和修改。基于前面 DOM 元素的选择和事件处理机制，这些改变的内容一般就放在事件处理函数内部。下面，我们来具体了解一下。

8.4.1 样式的修改

在 JavaScript 中，有一部分动态功能可以通过修改 CSS 属性来实现。因此，这一节我们重点来看看几个常用的修改 CSS 属性的方法。

1. CSS()方法

css()方法能够获取$()匹配元素集合中的第一个元素的计算属性的值，并设定新的属性值。因此它有两种基本用法：

（1）css(属性名称)：获取指定属性的值；

（2）css(属性名称、新值)：为指定属性设置新的值。

下面来看两个示例：

示例 1：查看被单击的 div 元素的背景颜色

本示例的目的是：允许用户单击任意一个 div 元素，利用 jQuery 可以获取该元素的背景颜色属性的值，并以弹出框的形式显示出来。这个示例的实现难点在于如何判断用

户单击的一组 div 元素中的哪一个，这就需要借助 this 来指明用户正在单击的元素，进而$(this)则将其封装成 jQuery 对象，便可以通过 css()方法获取该元素的样式属性值。

HTML 主体代码如下：

```
<div style="background-color:blue;"></div>
<div style="background-color:yellow"></div>
<div style="background-color:red;"></div>
<div id="output"></div>
```

CSS 样式定义如下：

```
div{
  width: 60px;
  height: 60px;
  margin: 5px;
  float: left;
 }
```

JavaScript 代码如下：

```
<script src="js/jquery-1.11.3.js"></script>
<script>
   $( "div" ).click(function() {
   var color = $( this ).css( "background-color" );
   alert( "The background-color of the div is"+color);
   });
</script>
```

当你单击蓝色 div 块，就可以看到效果如图 8.10 所示的提示框。

图 8.10

示例 2：鼠标悬停改变文本颜色

本示例的目的是：当用户将鼠标悬停在一段文字上时，该段文字的颜色就将发生变化。实现该示例的关键在于：

（1）为文字段落的 p 元素绑定 mouseover 事件；

（2）通过 this 选中当前鼠标悬停的元素；

（3）通过 jQuery 的 css()方法改变元素的文字颜色。

HTML 主体代码如下：

```
<p>鼠标悬停在我身上，变色给你看 1</p>
<p>鼠标悬停在我身上，变色给你看 2</p>
```

CSS 样式定义如下：

```
 p{
   color: blue;
```

```
    width: 200px;
    font-size: 14px;
  }
```

JavaScript 代码如下：

```
<script src="js/jquery-1.11.3.js"></script>
<script>
  $( "p" ).mouseover(function(){
    $( this ).css( "color", "red" );
  });
</script>
</html>
```

2．attr()方法

它有三种基本用法：

（1）attr(属性名称)：获取指定属性的值；

（2）attr(属性名称，新值)：为指定属性设置新的值；

（3）attr(属性名称，function(index，旧值)：通过函数的返回值为指定属性设定值。

同样地，attr()方法也可以对选择的元素设置 color 属性，如下：

```
$(this).attr("style","color:red");
```

看上去好像 attr 更多此一举，还要先写“style”，然后才能写具体要修改的样式。这是因为 attr(“属性名”)的第一个参数主要接收的是 jQuery 匹配对象结果集的第一个元素的属性名对应的值。但是，需要注意的是，它是指元素的自有属性，具体可以参考 HTML 标签中每个元素的固有属性。而.css()中关于 color、background-color 等属性都是关于样式的属性，所以 attr()会把它们当作 style 属性来对待。

---

this 和$(this)是一回事吗？

this 和$(this)当然不是一回事，this 本身是 JavaScript 中表示自身的关键词，一般用于构造函数中为对象的属性赋值。而这里的 this 出现在事件处理函数内部，表示选中的 HTML 元素本身。于是，我们可以进一步访问到元素原始的一些属性，比如 this.text 属性。而$(this)则表示当前元素被封装成了 jQuery 对象，因此它能够访问的是 jQuery 对象提供的属性和方法，比如$(this).css()方法。

上述代码中，我们使用的都是 jQuery 对象的方法动态修改元素的属性，因此用的都是$(this)。

为了进一步说明 HTML 元素的固有属性，我们来看一个示例。

示例：利用 attr()方法修改 img 元素的 src 属性

本示例的目的是：利用 attr(attribute,function(index，oldvalue))方法实现三张图片元素的 src 属性值的修改。实现该示例的关键在于：图片的名称是由数字 1，2，3 顺序命名的，这样便于函数通过 index 遍历。

HTML 主体代码如下：

```
<img alt="这是一张图片" src=""/>
<img alt="这是一张图片" src=""/>
<img alt="这是一张图片" src=""/>
```

CSS 样式定义如下：

```
img{
   display: inline-block;
   width: 200px;
   height:200px;
   margin-right:10px;
}
```

JavaScript 代码如下：

```
<script src="js/jquery-1.11.3.js"></script>
<script>
  $( "img" ).attr("src", function(index){
      return "img/" + (index+1) + ".jpg";
  });
</script>
```

上述 JavaScript 代码中，attr()的第一个参数是 img 元素的 src 属性，第二个参数是通过一个函数的返回值给出 src 的值。该函数有一个 index 参数，表示选择器选择的元素集合的索引值，比如这里一共选择了 3 张图片，index 从 0 开始；因此，结合 return 表达式，可以得出第一张图片的路径就为"img/1.jpg"，以此类推为"img/2.jpg""img/3.jpg"。最终效果就是可以正常读取并显示三张图片。但是，如果换作 css 则无法设置 src 属性，因为 src 是 img 元素的固有属性。

你还应该知道的事

关于 attr(attribute,function(index，oldvalue))中利用函数的返回值设定第一个属性的值，还有一个特殊用法值得你注意，上述示例中，我们只是传递了第一个 index 参数，第二个参数我们并没有使用，因为在 HTML 代码中，src 当前的值为""，而返回值的表达式中用不到该旧值，因此，就可以省略。如果你是希望对图片原有的 width 属性值减 20，那么，就需要传入 index 和 oldvalue 两个参数，比如 attr("width",function(index,ow))，这样 return ow 减去 20 即可。

在 JavaScript 的函数中，这种情况十分常见，jQuery 库为我们提供了大量重载函数，即同名方法，但是每一种方法又有独特的功能，为了区别，就可以传入必要的参数，其中一旦需要传入第二个参数，那么无论第一个参数是否需要，都必须要传入一个值进行占位，例如这里的 index。具体应用时，该方法会根据参数的个数，自动匹配应该调用哪个函数去执行任务。

3. prop()方法

除了 css()和 attr()方法外，jQuery 还为我们提供了 prop()方法，该方法与 attr()方法的使用类似，但是它的特别之处在于获取和设定复选框的 checked 属性、单选按钮的 selected 属性和输入框的 disabled 属性。接下来，通过一个示例来了解 prop()的用法。

示例：利用 prop()方法筛选复选框是否被选中

本示例的目的是：通过 prop()方法筛选一批城市名称的复选框元素，初始状态是这些城市都被选中。但是当用户取消选中后，可以输出某城市已取消的提示语。该示例中对复选框是否被选中的状态可以通过prop()方法实现，向方法中传入复选框的checked属性即可。

HTML 主体代码如下：

```
<h2>请勾选你希望去以下哪个城市工作（可多选）: </h2>
<input id="city1" type="checkbox" checked="checked">
<label for="city1" id="city1_label">北京 </label>
<input id="city2" type="checkbox" checked="checked">
<label for="city2" id="city1_label">上海</label>
<input id="city3" type="checkbox" checked="checked">
<label for="city3" id="city1_label">海南</label>
<input id="city4" type="checkbox" checked="checked">
<label for="city4" id="city1_label">广州</label>
<div id="summary"></div>
```

CSS 样式定义如下：

```
#summary{
        color: green;
}
```

JavaScript 代码如下：

```
<script src="js/jquery-1.11.3.js"></script>
<script>
    $( "input" ).change(function() {
    var $input = $(this);
    var label_str = $input.next('label').text();
    if (!$input.prop( "checked" ))
        $( "#summary" ).html(label_str+"已取消");
    });
</script>
```

上述 JavaScript 代码中，if 语句通过判断当前复选框元素的 checked 属性是否为 True 来决定是否输出提示语。你可以尝试取消勾选“上海”，在最后一行就可以看到绿色的提示语“上海已取消”，如图 8.11 所示。

请勾选你希望去以下哪个城市工作（可多选）：

☑ 北京 ☐ 上海 ☑ 海口 ☑ 广州

上海已取消

图 8.11

8.4.2 文本的修改

还有一类常见的动态内容更新的方式是通过对 HTML 元素的文本内容进行修改，常见的做法是通过调用 text()方法、val()方法和 html()方法，将获取和设置新值结合来看，基本用法如下：

（1）$("匹配元素").text()：获取匹配元素集的每一个元素的文本值，包括它所有的子代；

（2）$("匹配元素").text("新值")：为匹配元素集设置新的值；

（3）$("匹配元素").val()：获取匹配元素集的每一个元素的文本值，重点针对 input 元素和 textarea 元素中的 value 属性的值；

（4）$("匹配元素").val("新值")：为匹配元素集设置新的值；

（5）$("匹配元素").html()：获取匹配元素集的第一个元素的 HTML 标签和文本内容，它会解析并返回 HTML 中的标签元素和文本内容；

（6）$("匹配元素").html("新值")：为匹配元素集的第一个元素设置新的 HTML 值。

接着，我们来看一个例子去体会三者的区别：

示例：三种获取文本元素的方式（text()、val()和 html()）对比

为了方便对比，在页面中显示两个段落元素 p 和一个 input 元素，来查看三种方法在获取文本内容方面的区别，效果见图 8.12。本示例实现的关键点包括：

（1）对 p 元素和 input 元素的精确选择；

（2）分别针对不同的文本类型，采用不同的方法。

jQuery 是最好用的JavaScript库
html () 方式输出结果区
text () 方式输出结果区
性别：男 点我修改性别

（单击事件发生前）

jQuery 是最好用的JavaScript库
jQuery 是最好用的JavaScript库
<b>jQuery</b> 是最好用的<span id="tag">JavaScript</span>库
性别：女 点我修改性别

（单击事件发生后）

图 8.12

HTML 主体代码如下：

```
<p>
  <b>jQuery</b> 是最好用的<span id="tag">JavaScript</span>库
</p>
<p id=" html_output">
html ( ) 方式输出结果区
</p>
<p id=" text_output">
text ( ) 方式输出结果区
</p>
<label for="gender" id="city1_label">性别: </label>
<input id="gender" type="text" value="男">
<button>点我修改性别</button>
```

CSS 样式定义如下：

```
p {
  margin: 8px;
  font-size: 20px;
  cursor: pointer;
  color: red;
  }
b {
  text-decoration: underline;
  color: red;
}
```

JavaScript 代码如下：

```
<script src="https://code.jquery.com/jquery-3.4.1.js"></script>
<script>
$( "p" ).click(function() {
  var htmlString = $( this ).html();
  $( "#html_output" ).text( htmlString );
});
$( "p" ).click(function() {
  var textString = $( this ).text();
  $( "#text_output" ).text( textString );
});
$("button").click(function(){
  $(this).prev().val("女");
});
</script>
</body>
</html>
```

从图 8.12 不难看出，它们三个都只是对 HTML 元素的文本内容的修改。其中：

- html()获得匹配元素的标签和文本内容，结果输出包含 HTML 标签的完整内容；
- text()则只获取所有匹配元素的文本内容；
- val()则只是获取匹配 input 元素的文本值。

另外，三者都未获取到匹配元素的颜色样式属性。

8.4.3 插入新内容

动态内容更新还有一种常见的方式，就是在原有内容的基础上插入新的内容。本节我们就重点来看 4 个常用的方法，具体见表 8.4。

表 8.4

方法名称	含　义
append(新内容)	在匹配元素集的最后插入新内容
prepend (新内容)	在匹配元素集的最前面插入新内容
before(新内容)	在匹配元素之前插入新内容
after(新内容)	在匹配元素之后插入新内容

我们来看一下示例，比较一下以上 4 种函数的用法。

示例：插入新内容的 4 种常用方式对比

本示例的目的是：允许用户通过不同的方式向已有的 p 元素中添加新的内容。如图 8.13 所示，最初的页面上只有两个 p 元素的段落和请问的问候语（图 8.13 中单击事件发生前），通过单击“点我帮你补全问候语”按钮后，便出现如图 8.13 所示的单击事件发生后的页面。具体插入的内容就是通过 prepend()方法、append()方法、before()方法和 after()方法分别插入相应的内容。

Greetings

你吃饭了吗

请问

有什么可以帮您

点我帮你补全问候语

（单击事件发生前）

Greetings

请问

你好，你吃饭了吗?

请问

你好，有什么可以帮您?

（单击事件发生后）

图 8.13

来通过代码看一下 4 种方法的区别。

HTML 主体代码如下：

```
<h2>Greetings</h2>
<div class="container">
  <p>你吃饭了吗</p>
  <b>请问</b>
  <p>有什么可以帮您</p>

</div>
```

CSS 样式定义如下：

```
p {
    margin: 8px;
    font-size: 20px;
    cursor: pointer;
}
b {
     text-decoration: underline;
     color: red;
  }
```

JavaScript 代码如下：

```
<script src="https://code.jquery.com/jquery-3.4.1.js"></script>
<script>
   $( "p" ).prepend( "你好，" );
   $( "p" ).append( "<strong>? </strong>" );
   $( "p" ).before($("b"));
   $( "div" ).after("<hr/>");
```

```
</script>
```

由图 8.7 可知：

- prepend(你好，)是将"你好，"插入两个 p 元素包裹的文本内容之前；
- append("<strong>？ </strong>")将加粗的"?"插入两个 p 元素包裹的文本内容的末尾；
- before($("b"))是将红色加粗的"请问"插入两个 p 元素之前；
- after("<hr/>")是将横线插入在 div 元素之后。

8.5 客户端和服务器之间传输数据的利器：Ajax

由于 JavaScript 是一门解释型语言，其代码的执行顺序是从上到下依次执行，这个特点对程序员理解和调试代码来说是件好事，但是对于 Web 应用的开发者来说，却是个灾难。因为这意味着处理网页交互行为的事件排成了一个长队，一次只能处理一个行为，排在后面的只能等待，这对网页的性能大打折扣。更糟糕的情况是 JavaScript 的同步事件机制，一旦用户对网页内容进行了修改，用户不得不等待服务器响应完成和前端页面重新渲染后，才能看到修改后的结果，这显然是无法让用户满意的。幸运的是，有一种技术能够解决 JavaScript 的这一“漏洞”，它就是 Ajax。

为了解决原生 JavaScript 同步事件加载的问题，Jesse James Garrett 在 2005 年首次提出 Ajax（Asynchronous Javascript And XML，异步 JavaScript 和 XML）的概念，其中，XML 是最早从服务器获取到数据的一种格式，但是现在使用更多的是使用 Json 格式。一般来说，动态网页中对数据的更新需要经历三个阶段：

（1）前端页面向服务器发出请求；

（2）服务器处理请求，并返回请求数据；

（3）前端接收到返回的数据，并更新页面内容。

这些任务都离不开 JavaScript 在背后的支持。但是传统的 JavaScript 只支持同步处理，而 Ajax 则不同，它支持异步处理机制，即在服务器处理请求期间，无论是否返回响应，客户端的其他事件处理照样可以工作。

综上所述，Ajax 是一种无需重新加载整个网页，便可实现对网页中部分内容更新的技术。通过在后台与服务器进行少量数据交换，使前端网页的内容实现异步更新，逐步实现整个网页内容的动态更新。

Ajax 的出现，提升了需要频繁与用户交互，并发生内容更新的 Web 应用的性能。比如实时地图、社交网站、新浪微博等应用，再比如支持购物车和发表评论并实时显示的电商网站。关于 Ajax 是如何做到请求服务器上数据的，可以参考图 8.14。

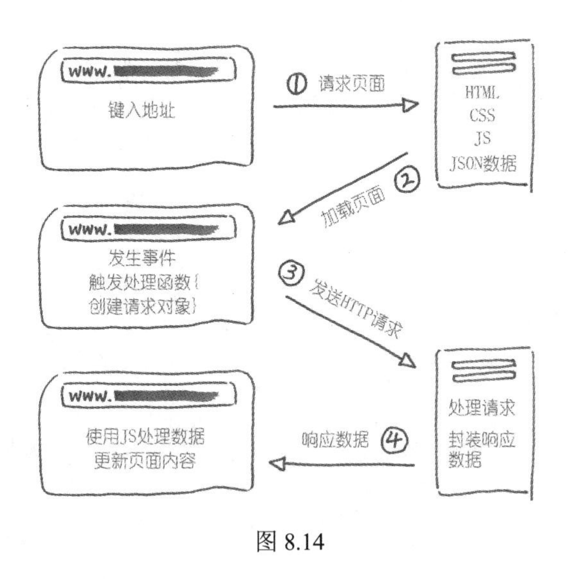

图 8.14

8.5.1　Ajax 原理

在发送请求的过程中， Ajax 通过封装一个请求向服务器请求更新网页上的部分内容，具体做法是通过新建一个 XMLHTTPRequest 实例化对象，指明向哪个 url 发出请求，从而获取服务器上的数据，最终实现网页内容的部分更新。接下来，与 Ajax 有关的几个关键词汇需要先理解一下。

1. XMLHTTPRequest 名字的由来

最初，服务器上的数据基本都是 XML 格式的，因此，从数据库获取到数据的过程被称为是发送一个 XMLHttp 请求。但是后来由于火狐、谷歌等浏览器发明了新的请求对象，为了兼容这种新的需要，从那以后，一个向后端脚本获取数据的 HTTP 请求对象，就变成了如今的 XMLHTTPRequest，此时，服务器的数据多数为 json 格式。

2. XMLHTTPRequest 对象

既然是对象，最重要的就是要使用它内置的属性、方法和事件句柄，其中常用的属性包括：请求准备的状态 readyState、HTTP 请求的状态码以及从服务器获取到的响应消息 responseText，主要是文本格式的，当然它为了向下兼容，也支持获取 XML 格式的数据，但是由于 XML 现在已经不太常用，所以很多新手就把它忽略了。

XMLHTTPRequest 对象中最常用的方法包括：open()（创建请求）和 send()（发送请求）。

事件句柄则是 onreadystatechange，它接收一个匿名函数，其中包含请求成功与否的判断，以及怎么处理从服务器获取到的数据。

今后只要你采用基于 JavaScript 的 Ajax 技术从服务器获取 json 格式的数据，都可以重用下面的代码。

3．创建 HTTP 异步请求函数代码模板

```
function createRequest(){
    //新建一个 XMLHttpRequest 对象
    var request = new XMLHttpRequest();
    //向服务器发起一个请求，及一个地址
    var url = "http://localhost/fullStack/storeRec.json";
    //创建一个请求
    request.open("GET",url);
    //onreadystatechange 是一个事件句柄,它是为了兼容第一代
    request.onreadystatechange = function(){
    //判断 readyState: 请求的状态，1: 服务器连接已建立，4: 请求完成，回应已经准备好
    //接下来，查看响应的 HTTP 状态码，status: 200 :ok
    if(request.readyState == 4 && request.status == 200){
    //数据加载完成会调用这个函数
    //服务器的响应会返回一个文本字符串，存在 responseText 中
    showStorage(request.responseText);
    }
}
    //发送请求
    request.send(null);
}
```

上述封装好的函数在具体应用时，有以下三种方式。

（1）可以将函数内的代码放进一个匿名函数，赋值给一个对象的事件属性，比如：

```
window.onload= function(){//异步请求代码模板}
```

（2）可以通过 HTML 元素的 onclick 属性<div onclick = "createRequest()">创建一个 HTTP 请求</div>，这种方法不太推荐。

（3）可以通过获取某个 DOM 元素对象，添加事件 addEventListener，比如：

```
$('#ajax').click(function(){//异步请求代码模板});
```

这种方法比较推荐。

简单来说，Ajax 是一种不需要刷新页面就可以从服务器加载数据的方法。下一节我们就来重点了解一下 Ajax 是如何从服务器获取 json 格式的数据的。

8.5.2 json 数据的读取和遍历

异步加载的意思是在我们向服务器发出请求数据后，会立即恢复脚本执行，无须等待。之后，当浏览器接收到服务器的响应时，再对响应的数据进行处理，这就很好地解决了 JavaScript 以队列方式（又称同步方式）执行代码所带来的延迟问题。

对于要延迟到数据加载完成才能继续的操作，Ajax 提供了回调函数的功能。为了获取 json 格式的数据，我们要调用一个全局方法 getJSON()，它要接收两个参数，第一个参数是

以 json 为后缀名的文件名，第二个是回调函数。下面具体通过一个示例来了解它的用法。

示例：json 数据的读取

为了完成这个任务，首先你要准备一个 json 格式的文本文件放在服务器上，数据如下：

```
[{"name":"张教授","teachCourses": "高数、数字逻辑"},
{"name":"李老师","teachCourses": "英语"},
{"name":"毛教授","teachCourses": "计算机网络、软件工程"},
{"name":"张老师","teachCourses": "语文"}]
```

json 数据容易有“坑”的地方

Ajax 对于 json 格式的数据结构很敏感，一定要保证你的 json 数据结构准确无误，最外层是[ ]，内部每一组数据通过{ }包裹，每一组数据由多个键:值对组成。如果 json 数据格式出错，会导致 Ajax 无法正常读取。

接着，我们要通过 jQuery 的$.getJSON()向服务器发送请求数据，该方法需要传递两个参数，第一个参数是一个 json 数据的 url，第二个参数是处理函数，用于对获取到的数据进行遍历。关于数据的遍历，需要用到 each()方法，它的第一个参数接收从 json 读取来的所有数据，第二个回调函数会依次遍历每一条数据，并通过索引 index 和 item 进行保存。每一条数据中的具体值则可以通过“item.键名”访问到。

JavaScript 的主要实现代码如下：

```
<script src="js/jquery-1.11.3.js"></script>
<script>
    $("#check").click(function(){
      $.getJSON("data/teacher.json", function(data){
        var html = '';
        $.each(data, function(index, item){
            html += '<div class="teacher">' + item.name + '</div>'+
                '<div class="course">主要教授' + item.teachCourses + '</div>'+
                '<br/>';
        })
        $("#container").html(html);
    });
  });
</script>
```

前端页面中的 HTML 代码包括 HTML 主体代码如下：

```
<button id="check">点我查看师资情况</button>
<div id="container">

</div>
```

对应的 CSS 样式定义如下：

```
button {
  width: 200px;
  text-align: center;
```

```
    font-size: 16px;
    line-height: 16px;
  }
  .teacher{
    font-weight: bold;
    font-size: 16px;
  }
  .course{
    color: blue;
  }
```

运行上述代码，可以得到如图 8.15 所示的结果。

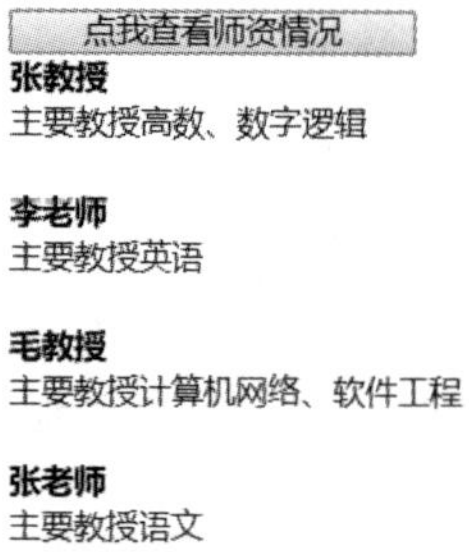

点我查看师资情况
张教授
主要教授高数、数字逻辑

李老师
主要教授英语

毛教授
主要教授计算机网络、软件工程

张老师
主要教授语文

图 8.15

关于$.each()的基本用法，根据需要遍历的数据类型的不同，可以有以下两种情况。

（1）遍历字符类型的数据，可以通过替换上述 each()部分的两行代码实现：

```
$.each([ '张琳', '李云峰', '李颖' ], function(index, value) {
      html += index+1+ ' 号教师姓名是 ' + value + '<br/>';
});
```

上述代码的输出结果如图 8.16 所示。从图中结果可以看出，数组下标是从 0 开始，但是一般我们编号习惯是从 1 开始的。所以在代码中有加 1 的操作。

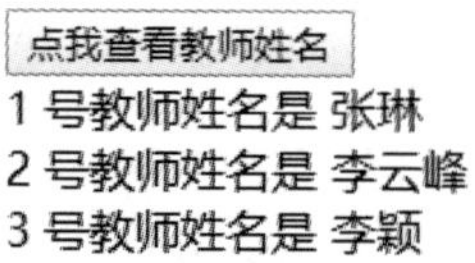

点我查看教师姓名
1 号教师姓名是 张琳
2 号教师姓名是 李云峰
3 号教师姓名是 李颖

图 8.16

（2）遍历对象数组类型的数据，修改数据部分如下：

```
$.each({1:'张琳', 2:'李云峰', 3:'李颖'} , function(k, v) {
      html += k +' 号教师姓名是 ' + v + '<br/>';
});
```

上述代码的输出结果与图 8.16 一致。

容易有漏洞的地方

如果在运行上述代码时发现有错，打开开发者工具的控制台，看到有跨域（cross

origin）错误的提示，那么一定记得检查你的 json 数据和 HTML 文档都是放在服务器上，并保证服务器处于开启状态，这样跨域的问题就迎刃而解了。

8.5.3　XMLHttpRequest 对象和响应状态码

此前所有的任务都是从服务器上获取静态的数据文件，而 Ajax 的真正价值是基于前端与网站的交互实时产生的数据需要更新，不需要更新整个页面才会得到充分体现。这时，我们可以实现对网页的部分内容、涉及的动态数据的双向传递，即从服务器获取数据和向服务器提交数据。为了保证数据的部分更新，不会影响用户的其他交互操作，需要用到支持异步请求。这个过程依赖于一个叫作 XMLHTTPRequest 的对象，我们来看一下如何创建该对象。

首先，封装一个函数 createXhr()，把它保存在 common.js 中，因为这个函数在今后会被使用多次，函数的定义如下：

```
function createXhr(){
    var xhr = null;
    //如果支持标准创建
    if (window.XMLHttpRequest){
        xhr = new  XMLHttpRequest();
    }
    else{
        //IE8 以下的创建方式
        xhr = new ActiveXOject("Microsoft.XMLHttp");
    }
    return xhr;
}
```

这个对象有一些重要的属性需要理解，我们通过一个示例了解一下。

示例：利用 XMLHttpRequest 对象发送请求

在 Web 应用中，前端页面为了与后端服务器交换数据，则必须要通过发送 HTTP 请求的方式，本示例就给出一个利用 XMLHTTPRequest 对象创建 HTTP 请求的代码模版。具体步骤如下：

（1）调用 createXhr 函数，创建一个 xhr 对象的实例，代码如下：

```
var xhr = createXhr();
```

（2）利用 xhr 对象，发起一个请求：

```
xhr.open("post"/"get",url, true);
```

之前我们就介绍过两种重要的请求方式，第一个参数需要指明请求的方式，是 get 还是 post 二选一；第二个参数 url 是指请求需要发送给目的 PHP 脚本的路径；第三个参数是 true，表明规定请求是异步处理，所以脚本会在发送请求之后执行，而不用等待服务器的响应。

（3）状态监听，设置回调函数，每次 readyState 属性改变的时候就调用该函数：

```
xhr.onreadystatechange = function(){
    //判断 readyState 以及 status
    if (xhr.readyState == 4 && xhr.status == 200)
 {
     //接收响应数据，如果未接到，则返回空字符
     var resultText = xhr.responseText;
 }
}
```

readyState 的值说明了服务器的响应体的完整性，对应值的具体含义如下：

```
< 3       responseText 返回一个空字符串
= 3       responseText 返回目前已经接收的响应部分，是不完整的
= 4       responseText 返回完整的响应体
```

status 属性表示服务器的 HTTP 状态码，常见的状态码包括：

```
200       ok
400       请求语法错误
401       未授权
404       未发现请求的 URL
500       服务器内部错误
```

responseText 是到目前为止服务器接收到的响应体（不包括头部），如果还没接收到数据，就是空字符串。

（4）发送请求，如下命令：

```
xhr.send();
```

这一步就会将 open 函数的请求内容以及可能的请求体发送。

至此，一个简单的使用 XMLHTTPRequest 对象发送请求的过程就结束了。当然，其中还可以根据需要做一些设定，比如设置请求头消息，如果是 post 请求，可以向 send() 添加请求数据。

组合上述代码，就可以得到 8.5.1 小节中的创建异步请求的代码模板。

8.5.4 $.get()方法

我们修改一下 8.2.3 小节中“点赞并计数”的例子，让它成为一个与服务器交互的动态应用。来看一个新的示例。

示例：前端向 PHP 脚本发出 get 请求，获取数据库中的评论数据。

我们可以分解为两部分来实现。

第一部分：HTML 代码的 body 部分，是一个用于显示评论内容的容器，如下：

```
<div id="plArea">
   <ul id="plItem">
   </ul>
</div>
```

第二部分：JavaScript 脚本部分，用于发送 get 请求从 PHP 脚本获取评论数据，并利用 Ajax 更新显示在浏览器中。

```
function loadData(){
  $.get("data/getComment.php", function(resData){
    var html="";
    for(var i=0;i<resData.length;i++){
        var p=resData[i];
        html+=
        `<li><b>${p.uname}</b><span>${p.fdate}</span>
        <p>${p.comm}</p>
        <div class="like"><img src="img/like.png"/>
        <span>${p.likesCount}</span>
        </div></li>`;
    }
    $("#plItem").html(html);
  })
  }
//当页面加载完成，就执行下面的函数
$(function(){
  loadData();
  });
```

其中 CSS 样式部分仍然是“点赞并计数”任务中一样，所以这里就不再重复列出。而关于 PHP 脚本在后续章节会详细展开介绍，此处你只需要知道这个脚本负责向前端页面返回评论数据即可。

上述示例中有两个重点内容：

（1）关于 jQuery 提供的 Ajax 函数中的 get 请求方法：$.get()，它的基本用法如下：

```
$(selector).get(url,data,success(response,status,xhr),dataType)
```

该方法表示通过远程发送一个 HTTP GET 请求获取信息，请求成功时可调用回调函数。

其中：

```
url：必选，表示要发送请求文件的路径
data：可选，要发送的数据
success：可选，回调函数，其中 response 表示请求得到的结果数据，status 是包含的请求状态，xhr 是包含的 XMLHttpRequest 对象
dataType：  可选，服务器响应的数据类型，比如 xml、html、text 等，jQuery 只能判断
})
```

对应的，上例的实现代码只是封装了一个 loadData()函数，并在其中发起了一个 get 请求，主要是向 PHP 脚本获取评论数据，主要功能代码如下：

```
$.get("data/getComment.php", function(resData){ });
```

（2）上述代码中最后出现的匿名函数$(function())等同于原生 JavaScript 中的 document.ready()方法，它表示当网页的 DOM 已经加载完毕，需要立即该执行函数。它的完整形式为$(document).ready(function())，这里我们用的是最简洁的方式。

之所以要这么做，是为了保证 HTML 文档渲染完成且 DOM 树上所有元素的关系都已建立，这样对某个元素进行修改时，才不会出现 undefined 的错误。jQuery 提供的

$(document).ready()就能够很好地解决这个问题，每次调用这个方法，都会向内部队列中添加一个新函数，当页面加载完成后，所有函数都会被执行。而且，这些函数会按照注册它们的顺序依次执行。

引用函数和调用函数好像不太一样

确实不一样，如下面的例子：

```
window.onload = sayHello;    // 这是对 sayHello 函数的引用，只是函数名，没有()
sayHello();                  // 这表示对 sayHello ()的立即调用，有函数名+()
```

调用函数的用法很简单，一旦出现就表示立即执行函数。而引用函数则不然，它不是立即执行，而是必须等到网页内容加载完毕后才会执行，因此可以简单理解为引用函数是将来某个时刻才会执行。

8.5.5 $.post()方法

get 请求主要用于从服务器获取数据，而 post 请求一般用于向服务器提交数据，所以我们可以实现一个添加新评论的功能，并保存至数据库中。

示例：通过浏览器向网页添加新评论，然后发送 post 请求更新数据库中的评论数据，最后 Ajax 异步加载更新后的评论内容。

本示例的目的是：用户在前端页面中发表了新评论，为了同步到服务器端的数据中，需要借助 jQuery 的$.post()方法，实现将评论内容提交给后端脚本，由后端脚本负责更新数据库，最终前端页面就可以看到实时添加的新评论内容。

具体实现过程，我们可以分解为 4 步。

第一步：封装 post 请求，代码如下：

```
function postRequest(url,cc){
    //1. 创建 xhr 对象
   var xhr = createXhr();
   //2.创建一个请求
   xhr.open("post",url, true);
   //3. 状态监听：设置回调函数
   xhr.onreadystatechange = function(){
   //判断 readyState 以及 status
  if (xhr.readyState == 4 && xhr.status == 200)
  {
              //接收响应数据
             var resultText = xhr.responseText;
     //console.log(resultText);
  }
}
//增加：更改请求消息头
xhr.setRequestHeader("Content-Type","application/x-www-form-urlencoded");
//发送请求
```

```
    var uname = cc[0].uname;
    var fdate = cc[0].fdate;
    var comm = cc[0].comm;
    var likesCount = cc[0].likesCount;
    //请求主体
    var msg="uname="+uname+"&fdate="+fdate+"&comm="+comm+"&likesCount="+likesCount;
    xhr.send(msg);
    }
```

第二步：为 likes 图片添加单击事件，并发送一个更新点赞数量的 post 请求。

```
$("#plItem").on("click",'img',function(){
  var num=$(this).next().text();
  var uname = $(this).parent().prev().prev().prev().text();
  var fdate = $(this).parent().prev().prev().text();
  var comm = $(this).parent().prev().text();
  num++;
  var newComment = [];
  var newComm = new Object();
  newComm.uname = uname;
  newComm.fdate = fdate;
  newComm.comm = comm;
  newComm.likesCount = num;
  newComment.push(newComm);
  var json_comm = JSON.stringify(newComment);
  var update = JSON.parse(json_comm);
  var url = "data/updateComment.php";
  postRequest(url,update);
  loadData();
  });
```

链式操作

在获取用户名和评论日期的元素时，用到了“.”连接的一系列链式操作，它的优点是显而易见的：节省代码，对事件的操作流程一目了然，排在靠后的越晚执行；如果你对链式操作感兴趣，建议去查看这个网址：https://www.runoob.com/jquery/jquery-chaining.html。

第三步：向服务器发送 get 请求，得到更新后的数据，代码同 8.5.2 小节下示例中的 loadData()，不再赘述。

第四步：通过$(function())加载更新后的数据到浏览器，代码同样不再赘述。

为什么 get 请求时没有封装 xhr 对象？

这真是一个好问题，细心的你发现了 get 请求没有封装 xhr 对象，而 post 请求却封装了。明明用法差不多，但是具体做法却不同。

其实，之所以在 get 请求的任务中没有封装 xhr 对象，是因为我们是在 ready 方法内部使用$.get()，因此可以明确地知道什么时候发送该请求。而在 post 请求的任务中，我们需要实时构造发送的评论数据，因此采用了原始的方法去发送 post 请求，即我们要自己准备每一个需要的参数，进而通过 xhr 对象的 send()方法完成请求数据的发送。自己封装一个 post 请求函数的好处是不言而喻的，它可以动态地获取实时产生的新的评论数据。而 get 请求则不同，它是通过获取后台数据库中已有的数据，从而更新整个页面内容。

8.6 本章小结

JavaScript 是实现交互式网站的重要技术，本章重点向你推荐利用 jQuery 实现网页中的交互式效果，主要从 4 个方面展开介绍：

（1）利用$()实现通过 CSS 选择器便能选择目标 DOM 元素；

（2）介绍 jQuery 对页面事件的支持，事件对象如何在事件处理函数中发挥作用，揭示了事件代理的工作原理；

（3）修改页面内容和样式，引发页面的动态变化；

（4）如何利用 Ajax 技术实现前端网页和后端服务器之间异步地传递数据。

这些内容是打造动态交互 Web 应用的基础，下一章将结合案例进一步讲解这些技术的具体应用。

第 9 章　交互式网页的应用案例

基于第 8 章介绍的交互式应用的核心技术，本章将通过具体的案例，讲解这些技术在具体任务中的应用。本章的案例涵盖了动态的轮播图效果、网页内容的动态变化、正则表达式对用户输入信息的验证以及如何利用 cookie 记录用户的信息等，最后介绍 JSON 和 Ajax 是如何实现前后端之间的数据传输。

9.1　图片轮播

编程最大的优势是能实现自动化地执行每一个任务，从而省去了等待和人工控制的时间。有很多网站的首页都有一个会动的广告轮播图，注意：不是 gif 那种重复播放一段动作的动图，而是一组图片动态地轮换展示。借助 jQuery，可以做到精确地控制图片的自动轮换速度和显示效果。

接下来我们以一个家居广告轮播图为实践案例，通过对其实现原理的分析和具体实现的讲解来展示图片轮播的编程思路，并对其使用技巧进行总结。

9.1.1　实践案例：大气的家居开场秀

这个实践案例的具体要求是希望做一个带有动画效果的广告图，有广告语和 4 幅家居图需要轮流展示，目标是 4 幅家居图每隔 3 秒就更换一张，从而实现循环变换每一张图片的展示。

1．家居广告轮播图的原理分析

在开始写代码前，需要我们先理一下思路。

首先，想清楚我们的目标是什么？最好能画一张草图。

一共有 4 张图片，每一轮只显示一张图片，而其他三张暂时不显示。于是为了将所有图片都显示一遍，一共需要四轮。在代码实现中，由于每一次显示图片的操作都是重复的，可以通过一个循环对图片变量的控制，达到每隔 2s 就换一张图片显示的效果。整个过程如图 9.1 所示。

基于以上分析，开始任务分解，从简单到最难：

（1）HTML 代码，准备一个 div 和四张图片，为每一张图片定义 class 属性，其中，初始设定第一张图片有显示和动画效果的 id 属性。

（2）CSS 代码，为 HTML 代码做布局设计，并完成动画效果的设定，这一步也不简单哦！

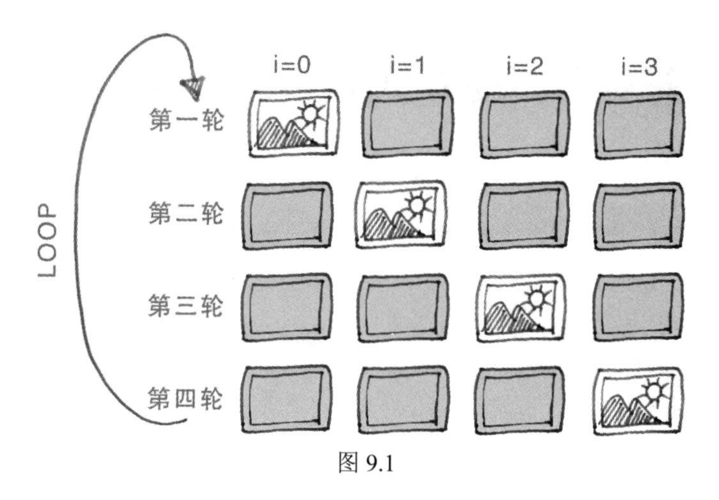

图 9.1

（3）JavaScript 代码，主要由两部分组成：

第一，表示外层 4 轮循环播放的定时器；

第二，内部每一轮只显示一张图片的动画效果。

同时，还要注意外层循环和内层循环的配合，即外层循环的 index 变量和内层循环 i 变量的配合，在内层循环结束后，才能设置下一张图片的动画效果。

最后就是代码实现，通过随时查看网页的效果以及开发者工具完成调试和效果测试。

2. 家居广告轮播图的实现

在具体实现时，首先从 HTML 页面的准备开始，我们希望达到的效果是在页面的正中间位置做一个家居背景，这个可以通过最外层的 div 元素实现整体布局。在这个 div 容器内部，我们需要将背景图片、左侧的广告语块和右侧不断变换的轮播图元素以合理的方式布局。背景图片格式为 furnitures.png，为了实现 4 张不同图片的轮播变换，还需要准备 f1.jpg、f2.jpg、f3.jpg 和 f4.jpg，如图 9.2 中所示的 4 张家居图。

根据上述分析，可以写出如下的 HTML 的主要实现代码：

```
<div id="ad">
    <img src="imgs/furnitures.png">
    <div id="slogan">
        <p>你的明智之选</p>
        <p>让大蜜家居温暖你的家</p>
    </div>
    <div id="imgs">
        <img src="imgs/furnitures/f1.jpg" class="imgItem" id="animation">
        <img src="imgs/furnitures/f2.jpg" class="imgItem">
        <img src="imgs/furnitures/f3.jpg" class="imgItem">
        <img src="imgs/furnitures/f4.jpg" class="imgItem">
    </div>
</div>
```

图 9.2

有了上面的 HTML 结构代码，接下来的关键就是通过 CSS 的样式定义来实现元素的布局和动画效果。重要的样式包括：

（1）最外层 div 容器的背景图片通过 z-index 设置实现；

（2）左侧广告语和右侧轮播图片分别采用左浮动和右浮动实现横向布局；

（3）关于轮播图片在 div 容器中的具体位置通过 position 的绝对定位实现；

（4）动画则通过 animation 属性进行设置。

CSS 样式声明代码如下：

```
#ad{
    width: 800px;
    height: 300px;
    margin: 0 auto;
    position: relative;
}
#ad>img{/*div 容器的背景图片设定*/
    position: absolute;
    top: 0px;
    left: 0px;
    display: block;
    width: 800px;
    height: 300px;
    opacity: 0.3;
    z-index: -1;
}
#slogan{/*左侧广告语的样式*/
    width: 260px;
    float: left;
    text-align: center;
    margin: 100px 20px;
    font-family: Simhei;
    background-color: #4CAF50;
}
#imgs{
    position: relative;
    width: 460px;
    height: 280px;
    margin: 10px 20px;
    float: right;
}
#imgs:after{  /*利用 clearfix 技术，清除父元素的浮动影响，让图片子元素正常显示*/
    content: "";
    display: table;
    clear: both;
}
.imgItem{/*作为子元素的图片定位*/
    display: block;
    width: 220px;
    height: 160px;
    position: absolute;
```

```
        right: 0px;
        padding: 70px 0;
        opacity: 0;
    }
      @keyframes myAnimation{
        0%{
           transform: none;
        }
        10%{
           transform: translate(-200px,0px);
        }
        100%{
           display: none;
           opacity: 0;
        }
    }
  #animation{/*添加动画和显示图片*/
        opacity: 1;
        animation-name: myAnimation;
        animation-duration: 3000ms;
        animation-fill-mode: forwards;
    }
```

最后，家居轮播图的动态效果则依靠 JavaScript 程序进行控制，实现的关键点包括：

（1）通过 class 样式的名称找到存放轮播图片的 div 容器中的 4 张图片，即 imgs；

（2）对找到的 4 张图片进行遍历，通过依次给每一张图片设定 animation 样式来实现动态效果，然后利用 Window 对象中的 setTimeout 方法实现每隔 3000ms 就自动取消当前图片的 animation 样式；

（3）为了让这 4 张图片的轮播效果不断循环起来，可以通过 Window 对象中的 setInterval 方法实现，重点是对 index 判断，一旦 index 的范围超过 4，就让其变为 1，这样就实现了从第一张重新开始一轮变换。

具体的 JavaScript 代码如下：

```
  <script>
     let imgs = document.getElementsByClassName('imgItem');
     let index = 1;
     let myTimer = setInterval(function(){
        index += 1;
         if(index > 4){
            index = 1;
         }
         imgTraverse();
     },3000);
     var myVar;
     function imgTraverse(){
         for(let i = 0; i < imgs.length; i++){
            let img = imgs[i];
```

```
            if(img.getAttribute('id') == 'animation'){
              myVar = setTimeout(function(){
              img.removeAttribute('id'); },3000);}
            }
          imgs[index-1].setAttribute('id','animation');
      }
   </script>
```

至此，图片轮播的实践案例就完成了。接下来，我们要回顾并总结一下其中的使用技巧。

9.1.2 关于轮播图的使用技巧总结

在轮播图的实例中，有以下几点需要强调一下：

（1）关于背景图片的设定，综合了 **background**、**z-index** 和 **position** 属性巧妙完成；

（2）元素的选择，如何选择子元素，用到了“>”；

（3）关于如何清除父元素的浮动，实现子元素的居中对齐，用到了 **clearfix** 的思想；

（4）关于如何使用动画，保持动画的最后状态，而不是回到最初状态，用到了动画的 **animation-fill-mode 属性；**

（5）JavaScript 部分，关于定时器 **setInterval** 和 **setTimeout** 对时间的精确设定以及内层循环要做到一次只允许一张图片显示动画效果，具体做法是：判断当前图片的 id 属性，来决定是添加或删除 animation 属性；内外层循环之间通过索引变量 index 和循环变量 *i* 的配合来实现控制。

9.2 网页内容的动态变化

我们一直说交互页面，交互页面可不只是用户单击一下超链接，就打开另一个页面。交互网页还有更重要的一层含义是，允许用户通过与网页的交互行为，改变网页上的内容。因此，这一节我们就通过一个实践案例来实现添加评论和完成点赞功能的任务，同时也会对评论功能的技巧进行汇总。

9.2.1 实践案例：发表评论和点赞

该案例的目标其实有两个，一个是添加评论内容，另一个是实现对评论的点赞和计数功能。

1. 实现思路

首先，想像一下平常见到的网页中评论区的样子。通常有一个输入框，可以允许用户输入评论内容，当单击提交评论按钮时，其评论内容就会出现在评论区。同时，其他用户还可以对已发表的评论点赞，每条评论的点赞个数应该随着点击次数的增加而变化。

接着，基于上述思路分析，我们开始做任务分解，从最简单到最难：

（1）HTML 代码，有添加评论的输入框和显示已发表评论的展示区。

（2）CSS 代码，这一步主要是一些元素在页面中的布局，包括输入框、用户名和评论内容以及点赞图片等如何通过盒子的边距设置合理地布局。

（3）JavaScript 代码，主要由两部分组成：

第一，单击评论按钮，完成添加评论功能，并实现评论内容的添加；

第二，用户点赞，实现计数功能。

最后，进行代码的实现和测试。最终效果如图 9.3 所示。

图 9.3

2. 发表评论和点赞功能的实现

在具体代码实现中，我们还是要先从页面内容开始，即通过 HTML 代码完成元素的架构。其中，可以分为添加评论区（上）和显示评论区（下）两块布局。在添加评论区中，主要有输入框元素、最大显示字数 2000 的 span 元素以及发表评论按钮。在显示评论区，可以看出每一条评论都以列表形式整齐排列；因此，可以依靠 ul 和 li 元素实现对每一条评论内容的显示。其中，每一条评论是由发表人、发表时间、评论内容、点赞图片以及点赞数量组成。一旦一条评论布局完成，第二条评论就可以复制第一条并稍作修改完成。

HTML 的主要实现代码如下：

```
<div id="pinglun">
        <div id="addPl">
            <input type="text" id="addComment" placeholder="说点儿什么..."/>
                <span>2000</span>
                <br/>
                <div align="right">
```

```
                <button id="pinglun-btn">评论</button>
            </div>
        </div>
        <div id="plArea">
        <ul id="plItem">
            <li>
                <b>游云 ing</b>
                <span>2019 年 3 月 14 日</span>
                <p>做一个飞机大神要用多长时间？</p>
                <div class="like">
                <img src="imgs/product-detail/like.png" class="likeImg"/>
                <span>0</span>
                </div>
            </li>
            <li>
                <b>游云 ing</b>
                <span>2019 年 7 月 14 日</span>
                <p>做一辆高铁需要用多长时间呢？</p>
                <div class="like">
                <img src="imgs/product-detail/like.png" class="likeImg"/>
                <span>0</span>
                </div>
            </li>
            </ul>
        </div>
    </div>
```

以上 HTML 代码的实现要点包括：

（1）先利用 div 做整体布局，即最外层用一个 div 容器包围，内部则用两个 div 容器分成上下两块，每一块再继续细分；

（2）输入框与最大字数在同一行显示，必须要借助行内元素 span，因为任何块级元素（如 p、div）都将换行显示，无法实现行内显示。类似的还有发表时间也要通过 span 元素；

（3）对于具有相同样式的元素，可以通过 class 属性，便于应用同一种样式。比如点赞区域和点赞图片。

基于上述 HTML 结构，就可以通过 CSS 的样式声明完成准确的样式控制和元素布局。这里需要重点注意的样式声明包括：

（1）为了让元素的布局更好看，要充分利用盒子布局，即通过外边距 margin 述属性和内边距 padding 属性制造元素之间的距离感，让布局看上去更美观；

（2）为了将每一条评论以一条横线隔开，可以借助表格显示，即将每一条 li 设置为以表格方式显示，表格在默认情况下有上下左右四条边框，这里我们通过规定只显示下边框便可实现该效果；

（3）为了精确地控制元素，可以采用子代选择器，即“>”符号，例如 li>p 表示选择

li 的第一代孩子，#plItem li 则采用后代选择器，即空格符号，表示选择 id 为 plItem 元素的所有后代 li 元素。

具体的 CSS 样式声明如下：

```
#pinglun{
    width: 960px;
    margin: 0 auto;
    font-family: Simhei;
 }
 #addPl{
    height:100px;
    background:#eee;
    margin-top:20px;
    padding-top:20px;
    padding-right:20px;
  }
  #addPl>input{
   margin-left:15px;
   padding-left:15px;
   width: 860px;
   height: 30px;
 }
  #pinglun-btn{
   margin-top:15px;
   padding:15px;
   text-align: center;
   line-height:15px;
   width: 100px;
   height: 40px;
  }
  #plItem li{
     display:table;
     width:880px;
     margin-bottom:20px;
     padding-bottom:10px;
     border-bottom:1px solid #ddd;
  }
  #plArea{
     /*height: 500px;*/
     background: #eee;
     margin-top:5px;
     padding:20px;
  }
  #plItem li>b{
     color: red;
  }
  #plItem li>span{
     margin-left:10px;
```

```
        font-size:14px;
      }
      #plItem li>p{
        margin-top:20px;
        font-size:14px;
      }
      #plItem div{
        width:40px;
        float:right;
       }
      #plItem div.like>img{
        width: 20px;
        height:20px;
      }
```

发表评论的关键是：页面上多出一条新的评论内容，即图 9.3 中的第三条评论。这个必须要借助 JavaScript 脚本完成，实现的关键点包括：

（1）为了简化操作，本例中借助 jQuery 库来实现与 DOM 元素操作有关的步骤。因此，第一步需要先引入该库；

（2）为了将新评论添加到显示区，比如先获取用户在输入框中的评论内容，并临时保存下来。然后，在通过变量和 HTML 常量拼接的方式，形成一条新的评论。最后，将这条新评论添加到原有的评论列表中；

（3）最后，别忘了，这个功能是在用户在单击评论按钮时触发的，因此，要向评论按钮绑定单击事件。

同样地，点赞计数功能也要依靠 JavaScript 程序完成，要点如下：

（1）点赞功能是向点赞图片绑定单击事件；

（2）事件的主要任务是通过获取当前点赞的数量，然后实现数量的自动加 1，并更新原有的点赞数量。

JavaScript 具体实现代码如下：

```
    <script src= "js/ jquery-1.11.3.js"></script>
    <script>
       //添加评论
       $('#pinglun-btn').click(()=>{
           var $message = $("#addComment").val();
           var $html = "<li><b>游云 ing</b><span>2019 年 8 月 14 日</span><p>"
                +$message+  "</p><div  class='like'><img  src='imgs/product-
detail/like.png'/>"+
               "<span>0</span>"+"</div></li>";
           $('#plItem').append($html);
          });
       //点赞并计数
       $('.likeImg').click(function(){
              var span = $(this).next();
```

```
            var likeCounter = parseInt(span.text());
            likeCounter++;
             span.text(likeCounter);
    });
    </script>
```

至此，发表评论和点赞计数的实践案例就完成了。接下来，我们来回顾并总结一下其中的使用技巧。

9.2.2　实现评论功能的技巧汇总

（1）在设计实现思路时，如果实在找不到思路，建议参考现有网站的评论功能的源代码，并模仿改编成自己的想法。

（2）这一部分的 HTML 和 CSS 相对比较简单，只是需要多些耐心，完成盒子的边距调整，保证元素在页面中的位置合理，既不能留太多空白，也不能不留空白。

（3）重点说说 JavaScript 部分，添加评论功能和点赞功能都用到了最流行的 jQuery 库中的方法。但是要注意，为了使用其中的方法，必须把 DOM 元素封装成 jQuery 对象，这样调用它的方法才会合理。做法很简单。

**$(CSS 选择器)**来封装选择的 DOM 元素即可，一旦转换为 jQuery 对象，就可以很自然地调用 input 元素的 val()方法获取其输入框的文本内容，同时，append()方法用于将一段 HTML 代码添加到某一个元素的最后。注意当一行代码过长时，记得将静态代码部分用单引号'.'或双引号".''包围起来，动态变量$message 则不需要，上下两行代码之间用连接符“+”连接，比如下面的代码：

```
        "<li><b>游云 ing</b><span>2019 年 8 月 14 日</span><p>"
        +$message+ "</p><div class='like'><img src='imgs/product-detail/like.
png'/>"+
        "<span>0</span>"+"</div></li>";
```

最终，这一段代码会组合成一段完整的 HTML 代码。

（4）关于**$(this)**的用法是最难的，它最特殊的用法是只能在事件的回调函数中有效，其他函数内部定义无效。因此，我们只在点赞的单击事件中用到了 this。另外，我们可以用$()将 this 封装成 jQuery 对象，这样就可以很方便地使用 next()方法获取兄弟元素 span，从而再对 span 元素的数量进行修改。

DOM 元素和 jQuery 对象的区别

关于 DOM 元素和 jQuery 对象的区别，确实难以理解。根据前面的学习，我们已知一个对象通常都有属性和方法，对象的使用为我们提供了极大的便利，可以允许我们直接调用属性获取其对应的值，也可以调用方法实现一个功能。而 DOM 元素只是静态的 HTML 标签和文本内容，以及标签特有的属性。除了获取这些静态内容，它无法为我们提供更多方法的便利。因此，上述添加评论任务中，我们需要将 DOM 元素封装成 jQuery

对象，进而使用 jQuery 对象的方法。

当单击点赞图片时：

- this：只是一个 DOM 元素，即<img src="imgs/product-detail/like.png" class="likeImg"/>；
- $(this) ：会将 DOM 元素转换成 jQuery 对象，从而调用其方法。

其实，计数器功能也可以单独封装成一个函数，在函数内部完成计数，而在单击事件内部完成对计数函数的调用。不过你要十分当心参数 self 的使用，请看下面的代码：

```
$('.likeImg').click(function(){
    addCounter($(this));
});
function addCounter(self){
    var $span = $(self.next());
    var likeCounter = parseInt($span.text());
    likeCounter++;
    $span.text(likeCounter);
}
```

9.3 信息验证大揭秘：正则表达式

关于交互型网页，还有一个很重要的效果就是随着用户向网页输入信息的不同，随时给出不同的提示信息，这就要说到 JavaScript 的消息验证功能。所谓消息验证，就是利用标准的模式字符串规范，对用户输入的信息进行比对，以检查是否符合规范，在 JavaScript 中，这个规范叫作正则表达式。

9.3.1 正则表达式的基本用法

正则表达式的基本用法如下：

```
/表达式模式/修正符号
```

其中，表达式模式相当于一个特征筛选公式，只要待验证的字符串符合这个特征，就被认为是符合要求的。常用的表达式模式由以下组合而成：

- [abc]：匹配括号内的字符串范围，如果这个范围很大，可以表示成[a~z]和大写[A~Z]；
- [0-9]：匹配 0~9 之间的任意数字，如果你希望数字仅在[0~5]之间，就表示只匹配 0 到 5 之间的数字；
- X|Y：表示查找任意的 X 或 Y。

还有一些特殊情况，如果你不想指定某一个字符或数字，就可以用一些模糊查询的原字符，比如“/\d/”表示查找一位数字。

修正符常用的是两个：

- **i**：对大小写不敏感；
- **g**：全局匹配，就是全局搜索，而不是找到一个就停下来。

这两个符号经常会一起使用，实现全局查找，忽略大小写和前后顺序，//ig 或//gi 都可以。

一旦你用到了一个正则表达式，那么就可以调用它的方法 test()，它的正确用法是：

```
正则表达式对象.test('需要验证的字符串')
```

它的意思是，正则表达式中定义了正确的字符串规范，参数中是待检验的字符串，如果参数字符串满足规定的正则表达式，则该 test()函数返回 true，否则返回 false。

正则表达式还有一个更常见的方法是 replace()，它的用法是：

```
字符串.replace(正则表达式, '替换字符串')
```

第一个参数是筛选条件的正则表示，第二个参数是替换字符串。看下面的例子：

```
var str = "Visit CSS!";
var res = str.replace(/css/i, "JavaScript");
```

上面的例子代码实现了将 str 中的 css 或 CSS，替换成了 JavaScript。

9.3.2　实践案例：新用户注册信息的验证

现在大多数 Web 应用都需要用户注册为会员才能享受个性化的服务，为了保证用户填入的注册信息符合规范，我们可以通过 JavaScript 中的正则表达式来验证。具体参照图 9.4 中的注册表单，当用户输入注册信息时，JavaScript 脚本可以通过程序自动检测该输入是否符合规范，比如用户名的长度是否符合要求等。

这一节我们以图 9.4 所示的注册表单为例，讲解如何通过正则表达式自动审查用户输入的信息，并在尾部给出相应的提示信息，比如“通过”或“不合法，请重新输入”。

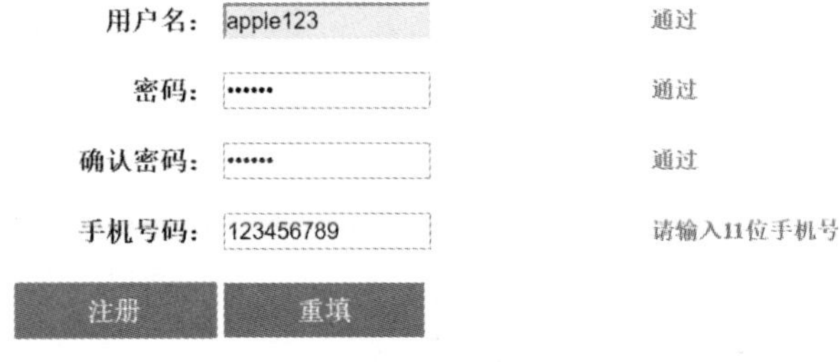

图 9.4　用户注册表验证

1. 实现思路

本案例中的注册表单信息可以借助表格元素进行排版，设计一个 6 行 3 列的 table，因为表格非常适合需要严格按照对齐方式的元素进行布局。关于样式并没有太特殊的地方，只是对文字和按钮的显示方式进行设定，由于比较简单，不再赘述。本案例的重点在于 JavaScript 脚本的设计，如何利用正则表达式对新用户输入的信息进行验证。其中，需要注意的要点如下：

（1）获取当前输入框中的内容；

（2）对获取到的信息进行正则表达式的模式检查，符合要求就输出提示语“通过”；否则就提示用户重新输入。这一步的难点在于正则表达式的设计，开发人员自身要很清楚什么是符合规范的模式，然后通过正则表达式的 test()方法检验输入的信息。

接下来，我们通过具体实现代码，学习一下如何设计正确的正则表达式。

2．注册表单验证功能的实现

首先，HTML 代码实现对注册表信息的布局，主要就是借助 table 元素来实现，要点包括：

（1）表格可以设计为 6 行 3 列，其中第一行（tr）需要横跨 3 列（td），第 2-5 行都为 3 列，最后一行的效果为一行两列，因此可以将第二个单元格横跨 2 列；

（2）由于需要用到输入标签 input，因此必须记得引入 form 表单元素，此时，我们暂不指定表单提交的方式。

HTML 的主要实现代码如下：

```
<div id="main">
    <form method="">
      <table >
     <tr>
        <th colspan="3"><h1>欢迎新用户注册</h1></th>
     </tr>
        <tr>
           <td class="infoItem">用户名: </td>
           <td><input id="user" /></td>
           <td><span id="userPrompt">请输入以字母开头的由英文字母和数字组成的
4-16 位字符</span></td>
        </tr>
        <tr>
            <td class="infoItem">密码: </td>
            <td><input id="pwd" type="password"/></td>
            <td><span id="pwdPrompt">建议您的密码由英文字母和数字组成的 4-16 位字
符组成</span></td>
        </tr>
        <tr>
            <td class="infoItem">确认密码: </td>
            <td><input id="repwd" type="password"/> </td>
            <td><span id="rpwdPrompt">请再次输入密码</span></td>
        </tr>
         <tr>
            <td class="infoItem">手机号码: </td>
            <td><input id="mobile"/></td>
            <td><span id="mPrompt">请输入 11 位手机号</div></td>
         </tr>
         <tr>
```

```
            <td class="infoItem"><button>注册</button></td>
            <td colspan="2"><button>重填</button></td>
        </tr>
    </table>
    </form>
</div>
```

基于上述页面框架的搭建，接下来我们要通过声明 CSS 样式，实现对元素显示的控制和布局。其中，实现的关键点只有一个：由于我们只是借助 table 元素做布局，并不是要真正显示表格的边框，因此一定要将表格原有的边框属性的值设置为 0，保证无边框，且表格之间的内外间距也要设置为 0。

CSS 样式声明如下：

```
#main{
    width:600px;
    margin: 0 auto;
}
table{
    width="100%";
    border="0";
    cellspacing="0";
    cellpadding="0";
}
h1{
    text-align: center;
    font-family: KaiTi;
}
table td{
    padding: 10px 0px;
}
.infoItem{
    text-align: right;
    width:120px;
    height:18px;
    padding-right:5px;
    font-family: STHeiti Light;
    font-weight: bold;
}
table td input{
    width:120px;
    margin-right: 10px;
}
table td span{
    color: grey;
    font-weight: bold;
    font-size: 14px;
}
button{
```

```
        background-color: #4CAF50;
        border:0px;
        color: white;
        text-align: center;
        font-size:16px;
        width:120px;
        line-height:30px;
    }
```

最后，新用户注册信息验证的关键在于 JavaScript 程序。其中一共要实现 4 个功能：验证用户名、验证密码、判断两次密码是否一致以及验证手机号是否合法。每一个功能都可以封装为一个函数，接下来，我们分别对这些函数进行讲解。

（1）checkName()函数，需要先获取输入框中的内容，然后定义规范的用户名正则表达式，通过 test()方法对用户输入的内容进行验证，从而决定要输出的内容。其中，用户名表达式的正则表达式的含义是指用户名必须由小写英文字母、大写英文字母、数字、下画线和减号组成，且长度在 4~16 位之间。

（2）checkPwd()函数的功能是为了获取密码框输入的内容，通过正则表达式定义规范的密码格式，再利用 test()方法对输入的密码进行验证，并最终决定该输出什么提示信息。

（3）checkRepwd()函数的功能是判断两次输入的密码是否一致，这个需要分别获取两个密码框中的内容，判断其是否相等，若相等就“通过”，否则就给出提示语“两次密码不一致”。

（4）checkMobile()函数的功能与前两个验证函数类似，不同之处只在于获取的内容不一样，正则表达式的内容也不一样，这里对手机号码的规范是以 13、15、17、18、19 开头的 11 位数字。

具体的 JavaScript 实现代码如下：

```
<script src= "js/jquery-3.2.0.js"></script>
<script>
    //验证用户名
    function checkName(){ //用户名正则，4 到 16 位（字母，数字，下画线，减号）
    let uName = $("#user").value;
    var uNamePattern = /^[a-zA-Z0-9_-]{4,16}$/;
    if(!uNamePattern.test(uName)){
        alert("您的用户名不合法，请重新输入");
    }else{
        $('#userPrompt').text('通过');
    }
  }
  //验证密码
  function checkPwd(){//密码由英文字母和数字组成的 6-16 位字符组成
      let uPwd = $("pwd").value;
      var uPwdPattern = /^[a-zA-Z0-9]{6,16}$/;
```

```
        if(!uPwdPattern.test(uPwd)){
            alert("您的密码长度不合适，请重新输入");
        }else{
            $('#pwdPrompt').text('通过');
        }
    }
    //判断两次密码是否一致
    function checkRepwd(){
        //1.获取两个密码框的值
        var upwd=$("#pwd").value;
        var cpwd=$("#repwd").value;
        if(upwd==cpwd){
            $("#rpwdPrompt").text('通过');
        }else{
            $("#rpwdPrompt").text('两次密码不一致');
        }
    }
    //验证手机号的合法性
    function checkMobile(){//由 13,15,17,18,19 开头的 11 位数字组成
        let mobileNo = $("#mobile").value;
        var moNoPattern = /^((13[0-9])|(15([0-9]))|(17[0,5-9])|(18[0-9])
|(19[0-9]))\d{8}$/;
        if(!moNoPattern.test(mobileNo)){
            alert("您的手机号不符合要求，请重新输入");
        }else{
            $('#mPrompt').text('通过');
        }
    }
```

有了上述这些函数的定义，接下来就要为特定元素绑定事件。这里我们通过给 HTML 中的输入标签 input 添加对应的事件处理函数，比如下方的代码就是通过 onblur 属性，向 input 元素绑定事件，一旦绑定就会自动执行 checkName()函数。

```
<td><input id="user" onblur="checkName()" /></td>
```

其余三个 input 元素，请你自行添加，并保证功能完整实现。

另外，正则表达式更广泛的用法是实现基于文本的搜索功能和数据的筛选过滤功能，有兴趣的话，推荐你去自行研究。

9.4 Cookie：小饼干有大作用

Cookie 在英文中原本的含义是“小饼干”，从字面意思可知它的特点之一就是小。为了解决 Web1.0 中服务器无法记录用户身份信息的问题，雅虎的一位工程师发明了 Cookie，即一种在客户端存储用户的登录信息的技术。它一般用于保存与用户登录身份有关的重要数据，这些数据一般以文本格式保存，因此所占的空间很小。虽然 Cookie 的容量小，但是功能却很强大，因为它的出现可是极大地解决了商人在电子商务时代遇

到的难题。所以，本节带你认识一下 Cookie。

9.4.1 Cookie 的工作原理

在典型的 Web 应用中，浏览器和服务器的每一次通信都要遵循 HTTP 协议，而 HTTP 是一个具有“健忘症”的协议。因此，它又被称为一种无状态的协议。所谓无状态，是指每一次客户端的浏览器向服务器发出一个请求，比如申请访问一个网页，服务器收到请求后，就发出一个回应，并将请求的网页内容发送给浏览器，这个过程被称为一次连接。当浏览器接收到网页内容后，这次连接就算结束了。下一次，当浏览器再次发出请求打开另一个网页时，则又要建立一个新的连接，这就是 HTTP 协议的特征之一——无状态。这个特点会导致出现一个问题，比如一个电商应用，用户选择商品打开一个商品页，接着又来到详情页查看信息，然后又去购物车页面查看商品，最后去结算，这 4 个网页的请求虽然来自同一个用户，但是由于 HTTP 的无状态，它根本无法知道这个事实。而 Cookie 的出现恰好解决了这个问题。

Cookie 到底是如何解决上述问题的呢？让我们来剖析一下它的原理。其实，这个过程可以分为 4 步（见图 9.5）。

（1）客户端浏览器向服务器发出一个 HTTP 请求。

（2）浏览器给服务器返回一个响应，并发送设置的 Cookie。

（3）浏览器将 Cookie 的信息保存在用户本地计算机上一个很小的文本文件中。

（4）之后的每次 HTTP 请求，浏览器都会连同保存在本地电脑上的 cookie 信息一起发送给服务器，服务器端对其进行解析，发现这一次的请求和上一次的请求都来自同一个用户。

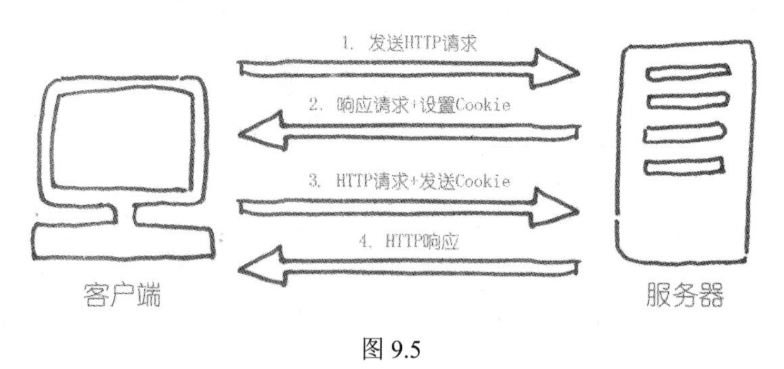

图 9.5

依靠 Cookie，服务器就像是给每一个用户分配一个通行证，无论客户端的浏览器是发出多少个请求，服务器都会知道这些请求来自同一个人。除非用户主动关闭网页或者退出登录，则 Cookie 就失效了。

请你回想一下，有一些我们经常访问的网站，每次都需要输入账号和密码是不是比较麻烦，因此部分网站考虑到这一点，引入了“请记住我”或“十四日内免登录”的勾选项，如果勾选了它，之后再登录，你的登录信息就会自动填充，你就可以轻轻松松地继续浏览信息了。而这个功能就可以通过 Cookie 实现的，更重要的是，现在几乎所有网站都会通过 Cookie 记录用户的登录信息，所以我们有必要通过一个简单的实践案例了解一下 Cookie 用法。

9.4.2　实践案例：用 Cookie 保存登录信息

Cookie 最常见的用法就是服务器为了获取用户的登录信息并保存下来，避免给用户带来多次登录的麻烦。

本案例要达到的效果是：用户只需第一次输入登录信息（即用户名和密码），就可以避免下次再次输入的麻烦。实现的方法是借助 document 对象中的 Cookie 对象，实现对用户名和密码的临时存储，下一次用户再次打开该页面时，这些保存的信息就会自动填入，完成自动读取。

登录页面如图 9.6 所示。

localhost:82/fullStack/8-js-cookie.html

用户名：

密　码：

保存cookie　加载cookie

图 9.6

HTML 主体代码如下：

```
<!-- 被覆盖的对话框-->
<div id="login">
    <p>用户名: <input id="user"/></p>
    <p>密   码: <input type="password" id="pwd"/></p>
    <button onclick="saveCookies()">保存 cookie</button>
    <button onclick="loadCookies()">加载 cookie</button>
  </p>
  <div id="out"></div>
</div>
```

主要 CSS 样式声明如下：

```
#login{
    width: 400px;
    margin:0 auto;
    font-family: Simhei;
    font-size:18px;
}
button{
   width:120px;
```

```
        height:30px;
        line-height:30px;
        font-size:18px;
        border: none;
    }
```

JavaScript 代码如下：

```
<script>
      var myCookies = {};
      function saveCookies(){
      myCookies['user'] = $('#user').value;
     myCookies['pwd'] = $('#pwd').value;
     //可重复使用的代码
     document.cookie = ""; // 清空原来的 cookie
     var expiresDate = new Date(Date.now()+60*1000).toString();
     var cookieString = "";
     myCookies['expires'] = expiresDate;
   for (var key in myCookies){
        cookieString = key +"="+ myCookies[key]+";";
       document.cookie = cookieString;
   }
     document.getElementById('out').innerHTML = document.cookie;
    }
      function loadCookies(){
     myCookies = {};
     var kv = document.cookie.split(";");
     for (var id in kv){
      var cookie = kv[id].split("=");
      myCookies[cookie[0].trim()] = cookie[1];
    }
    $('#user').value = myCookies['user'];
    $('#pwd').value = myCookies['pwd'];
}
   </script>
```

请你尝试输入上述代码，看看有没有实现登录信息的自动保存。

9.4.3 Cookie 的使用技巧

（1）Cookie 的用法：它是 document 对象的一个子对象，它的值由一组 name:value（键值）对组成，它最重要的一个属性是 expire，表示 Cookie 需要存储数据多长时间之后无效，即多久到期。

比如：

```
document.cookie="username=John Smith; expires=Thu Jul 01 2019 11:12:22 GMT+ 0800; path=/";
```

注意：要保存的所有内容要用""包围起来，同时，每一个键值对要用“;”隔开。

- user：根据你自己的需要来设定要保存的数据，可以是用户唯一身份的 ID 或用户名等。

- expires：给出一个具体时间，用来指明 Cookie 到什么时候失效，就是不再保存数据了。它的值通过两种方式给出，第一种是给出一个未来的具体日期，第二种是利用当前日期对象 date.now()方法获取用户的系统时间，再加上往后保持的日期，注意时间的单位是 ms，所以如果你想要保存 7 天，则需要加上 7*24*60*60*1000，请你想想，如果保存 14 天该加多少呢？
- path：用于指定 Cookie 在用户电脑上的存放路径，通常默认的情况下 Cookie 被保存在系统盘的当前登录用户的文件夹下。

基于 Cookie 对象，我们可以给相应的属性赋值，来保存用户的数据，赋值的方式有两种：

```
document.cookie.user='John'
```

或

```
document.cookie['user']= 'John'
```

（2）关于取出 cookie 中存储的值，可以通过属性名“.”来访问它存储的值，也有两种方式：

```
document.cookie.user
```

或

```
document.cookie['user']
```

由于 document.cookie 中往往存放的是一串由“；”分割的键值字符串，所以需要先将其分隔开，可以通过调用字符串的方法 split（';'）来实现，于是得到很多键值对组成的数组：

```
["user=John","pwd=123","expires= Thu Jul 01 2019 11:12:22 GMT+0800"]
```

当我们需要获取每一对的值时，还需要进一步分割，这一次通过 split（'='）得到：

```
[["user", "apple123"],[" pwd", "123"], [" expires, "Thu Jul 01 2019 11:12:22 
GMT+0800"]]
```

最后，对每一个内部的数组变量进行键值对的匹配。

```
myCookies[cookie[0].trim()] = cookie[1];
```

这里调用了 trim()方法来去除一些空格和 tab 键，比如上面的 pwd 和 expires 前面都有一个空格。至此，就算真正完成了 Cookie 中保存的用户名和密码信息的获取。

（3）关于利用 Cookie 获取保存的数据有一个特别的需求，就是与 document.cookie 有关的代码必须放在服务器上，因为在客户端是没有权限访问 Cookie 的，同时也为了防止用户禁用了 Cookie。因此，使用了 Cookie 的应用，一般需要将源代码放在服务器上。由于我们的主机又充当了服务器，所以 Cookie 代码就放在 xampp 的 htdocs 目录下。

（4）最后，如果你希望在浏览器中查看 Cookie 中保存的数据，也可以打开开发者工具中的 Network 选项，即可看到对应的网页中使用的 Cookie 信息，如图 9.7 所示。

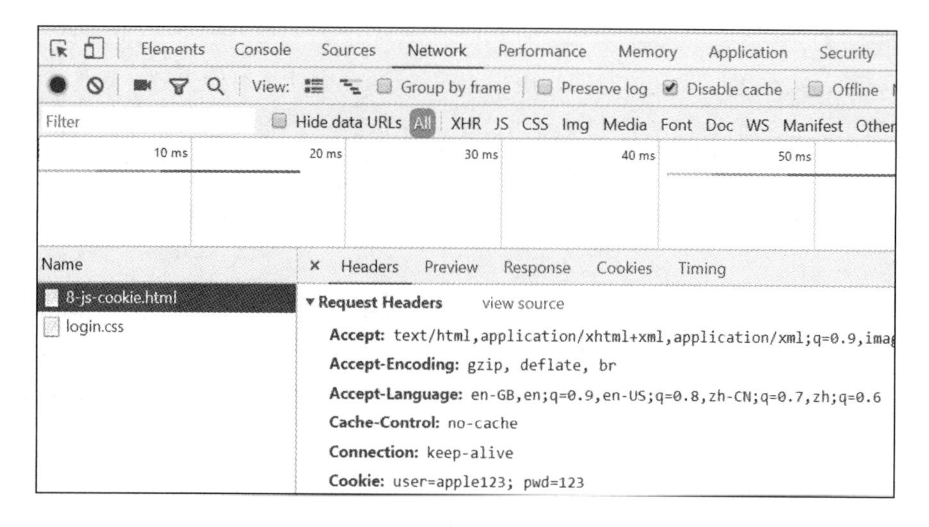

图 9.7

9.4.4 三种存储方式大比较：Cookie、LocalStorage 和 Session

其实，除了 Cookie，HTML 还为我们提供了另外两种用户访问网站记录方式：LocalStorage 和 Session，但是它们的用法有一些差别，具体见表 9.1。

表 9.1

特　性	Cookie	LocalStorage	Session
数据存放的生命周期	需要设定	除非被主动清除，否则永久保存	仅在当前会话有效，关闭页面或浏览器被清除
存放数据容量大小	4kB	5MB	
存放位置	一般工作在服务器端，每次都会设定在 HTTP 请求头中，	仅在客户端中保存，不参与服务器的通信	在服务器端进行设置
具体数据存放位置	在本地主机的一个文本文件中	在源代码中	服务器中的一个文件

LocalStorage（本地存储）是 HTML 5 才出现的，依靠它，存储用户名和密码的任务就变得非常简单，而且不用担心过期的问题。下面来看一下它的用法示例：

```
function saveValues(){ // 利用 localStorage 存储用户名和密码
     localStorage.user = document.getElementById('user').value;
     localStorage.pwd = document.getElementById('pwd').value;
}
function loadValues(){// 利用 localStorage 获取用户名和密码
     document.getElementById('user').value = localStorage.user;
     document.getElementById('pwd').value = localStorage.pwd;
 }
```

看上去不错吧！借助本地存储技术，实现保存和获取登录数据的代码从原来的二十多行直接减到 6 行代码，这多亏了 HTML 5，以前的版本并不支持该技术。

关于 LocalStorage 的使用技巧

虽然本地存储技术使用非常方便，为了帮助你灵活地掌握它，有两个技巧需要向你说明：

（1）它其实就是一个对象，因此，可以通过给它添加自定义的属性并赋值来存储登录信息，比如用户名和密码等；读取存储的值也非常简单，就是通过对象的访问方式，一个 . 就搞定。另外，不用担心有效期的问题，因为它永久有效，除非你主动将代码删除。

（2）它是工作在客户端的。所以没有必要把这段代码放在服务器的根目录下，直接在本地就可以跑通。

LocalStorage 一般用于存放一些信息量大的数据，比如购物车中选择若干个商品名称和价格。

再来说说 **Session**，它的用法和 LocalStorage 非常像，只是适用范围不太一样，它比较适合于多个页面之间的会话，比如用户为了完成在网上购物，往往需要打开多个页面，首页搜索→商品列表页→商品详情页→购物车页面→支付页面，在这一系列的动作中，每打开一个页面，HTTP 都为我们建立了一次会话，当需要购买商品时，需要携带着自己的登录状态，Session 就可以用于记录同一个用户在多个页面之间的登录状态，因此电商运营商就知道是同一个人打开了若干个页面，它的生命周期是直到你关闭网页或退出登录时结束。

9.5 从服务器获取数据给前端

你每天看到网页中的内容都在更新，其实并不是有个程序员天天更新静态的网页内容，而是 JavaScript 脚本在自动向后端服务器发出请求数据的命令，这些数据大多来自数据库或缓存数据。一旦前端页面成功请求到了这些数据，就会立即更新前端页面中与数据相关的内容，连接前端和后端程序的桥梁就是通过 JavaScript 发送请求和接收响应的。其过程是前端页面向服务器发送请求，服务器接收到请求并查询数据库成功获取结果后，会返回响应，JavaScript 脚本则负责接收这些响应的结果并更新前端页面。

本节通过一个实践案例，讲述如何利用 Ajax 技术发送请求，从而获取服务器上 json 格式的数据。

9.5.1 从服务器端获取数据并更新页面

Ajax 通过封装一个 HTTP 请求对象，用于向服务器发送一个获取数据的请求，接着这些返回的数据能够在不刷新页面的情况下，异步加载到前端页面中去。

假设在服务器上，我们已经准备好了一个 json 格式的数据，即在 XAMPP 的

htdocs/fullStack 文件下有一个 storeRec.json 文件，该文件保存着签字笔的库存数据如下：

```
[{"color": "黑色","name": "晨光签字笔","quantityLeft": 1200},
{"color": "蓝色","name":"晨光签字笔","quantityLeft": 600},
{"color":"红色","name":"晨光签字笔","quantityLeft": 400},
{"color":"黑色","name":"齐心签字笔","quantityLeft": 1000},
{"color":"蓝色","name":"齐心签字笔","quantityLeft": 400},
{"color":"红色","name":"齐心签字笔","quantityLeft": 200}]
```

我们可以通过在地址栏中输入 HTML 文档地址的方式发出请求，实现在浏览器中显示如图 9.8 的效果。

localhost/fullStack/8-js-ajax.html

签字笔库存剩余

黑色，晨光签字笔 的库存量是：1200支
蓝色，晨光签字笔 的库存量是：600支
红色，晨光签字笔 的库存量是：400支
黑色，齐心签字笔 的库存量是：1000支
蓝色，齐心签字笔 的库存量是：400支
红色，齐心签字笔 的库存量是：200支

图 9.8

为了实现目标，可以在 JavaScript 代码中通过 Ajax 封装一个 get 请求，向服务器请求 storeRec.json。

来看一下具体的实现代码。主要 HTML 代码如下（注：这里用到的 storItem 样式比较简单，所以省略了 CSS 代码）：

```
<h1>签字笔库存剩余</h1>
<div id="storage">
        <!--这里用来放置从服务器获取的数据-->
</div>
```

JavaScript 代码如下：

```
<script src= "js/jquery-1.11.3.js"></script>
<script>
    window.onload = function(){
       var request = new XMLHttpRequest();
        var url = "http://localhost/fullStack/storeRec.json";
       //创建一个请求
       request.open("GET",url);
       request.onreadystatechange = function(){
         if(request.readyState == 4 && request.status == 200){
            showStorage(request.responseText);
         }
```

```
            }
            request.send(null);
        }
        function showStorage(responseText){
             var storageDiv = document.getElementById('storage');
             //storageDiv.innerHTML = responseText;
           //将 request 对象取回的数据转换成一个 JavaScript 对象
             var storage = JSON.parse(responseText);
             for(let i = 0; i < storage.length; i++){
                var sItem = storage[i];
                var div = document.createElement('div');
                div.setAttribute('class','storItem');
                var redItem = sItem.color + "," + sItem.name+" 的库存量是:" +
sItem.quantityLeft + "支";
              div.innerHTML = redItem;
              storageDiv.appendChild(div);
             }
        }
    </script>
```

上述案例代码中有一些需要注意的地方。

（1）为了便于 JavaScript 代码的处理，从服务器获取到的 json 数据要转化为 JavaScript 对象，即通过 JSON.parse(responseText)方法，该方法返回 JavaScript 对象。这样就便于后续 for 循环对一组数据进行遍历。

（2）为了让这些数据在前端页面更好的呈现，我们将每一条数据放在了一个 div 元素中，但是这个 div 元素需要我们通过代码实时生成，因此就有了 document.createElement('div')。同时，有了 div，就要给它设置样式 div.setAttribute('class','storItem')，最后我们可以将动态获取的数据和字符串常量进行拼接，实现一条完整的库存记录。

（3）每遍历一条数据，都要将新生成的 div 元素追加到已有的 div#storage 中去。

至此，本案例就算大功告成了。

9.5.2　数据获取的秘籍：JSON 和 Ajax

现在我们已经知道了，可以利用 Ajax 技术从服务器获取 json 格式的数据，其中，还有一些值得注意的地方。

（1）关于 json。它其实就是 JavaScript 中键值对的数据表示方式。在上一节的示例中，服务器上保存的数据是我们自己提前准备好的 json 格式的数据，准备过程非常简单。你可以在 HBuilderX 中，新建一个 json 文件，并按照 json 的格式要求输入数据，保存即可。这种手动的创建数据的方式只适合初学练习使用。

然而在实际的 Web 应用中，json 格式的数据往往是后端脚本运行后自动输出的输出结果，比如 PHP 脚本代码通过连接数据库获取到前端需要的数据，为了便于前端的 JS 程序的接收，这些数据要封装成 json 格式。

（2）Ajax 的安全策略。Ajax 封装一个请求是通过一段 JavaScript 代码实现的，如果把它放在本地主机上，而你想要去访问服务器上的数据，此时就会存在跨域越境的问题，就是说你的HTTP请求代码在本地主机上，而数据在服务器上的一台主机上，它们来自两个不同的国度，Ajax 安全局的警察是不允许这种情况发生的。不然的话，随便一个黑客都可以通过 JavaScript 代码发送对后台数据的请求，甚至篡改数据，那么后果将不堪设想，所以为了保护服务器上的数据，Ajax 要求发送请求的文件和数据都要放在同一个服务器上，可以认为是来自同一个国家，那样才被认为是安全的。

所以，我们一般把与 Ajax 相关的所有代码和请求的数据都放在服务器上。而前面章节的任务中，把 JavaScript 代码放在本地，只是为了学习方便，并不是真正开发中的普遍做法。

Ajax 的使用秘籍

通过之前的学习，我们非常清楚地知道所谓请求，就是一次通过 url 地址请求网页内容和数据的过程，而在 Ajax 封装请求对象中，url 也是很重要的一个参数，它表明你要向服务器上的哪个后端脚本文件或者数据文件发出请求，但是这个 url 的使用需要非常小心。

和 form 表单中的 action 属性不同，它要求 url 可以传入相对于当前 html 页面的路径，即相对路径。而 Ajax 中的 url 参数，则必须要传入绝对路径，即一个完整的 url 地址。在本节的任务中，尽管网页文件 8-js-ajax.html 和数据文件 storeRec.json 在同一个 fullStack 文件夹下，但是如果直接将 url 设置为 storeRec.json 就无法实现数据的获取，这是错误的用法。因此，你一定要养成习惯，写出一个完整的请求 url，保证将来的应用不会吃这样的亏。

9.6 本章小结

通过本章的学习，你应该具备设计并实现一个基于 JavaScript 的交互型网页。本章介绍的交互功能包括：

- 自动化地执行某一个动作（轮播图的动画效果）；
- 动态地对网页内容添加和修改（评论）；
- 用户输入信息的验证（注册信息的验证）；
- 用户身份数据的保存（Cookie 保存登录信息）。
- 从服务器异步获取数据，实现页面内容的更新（Ajax 实现异步的 HTTP 请求）。

掌握了以上这些技术，就可以做出更高级的交互网站，也能够更好地理解 JavaScript 的精髓。当今，交互型网页是主流的网页，如果你的网站还停留在静态的文字和图片的展示，那么就显得太低端了。如果你希望开发一个高级一点的网站，一定要加一些交互效果。当然，由于篇幅有限，这里并未列出所有可能的交互效果，如果你对交互网页十分感兴趣，你需要多去感受一下国外的网站，比如 Pinterest 等。

至此，前端开发用到的基本技术就介绍完了；从下一章起，我们将正式走进后端开发。

一点点建议

（1）如果你是在任务实施前的设计阶段遇到问题，建议你多参考类似功能的网站，通过查看源代码弄清楚它们是如何解决同样问题的。对于它们给出的解决方案是否有进一步改进的空间，有没有更简单的方案？多去问自己，多去尝试，难题一定会迎刃而解。

（2）如果你是在具体代码实现中遇到困难，首先可以去谷歌或百度直接输入你的问题，注意不是直接输入“怎么实现评论功能”，而是要输入诸如功能关键词，比如“JS 评论”，这样搜索反馈的结果才会真的有帮助。

（3）如果你对搜索引擎给出的答案，还有个别地方不明白，那么推荐你去参考 W3C 的英文手册 https://www.w3schools.com，它会帮助你进一步地理解基本知识。但是要知道手册也是有一定的局限性，因为它只是基本技能的介绍，而不会告诉你具体运用时的技巧，所以你还是需要将别人的答案和手册结合起来看，这样才能加深你对这些技术的理解。

（4）最后，希望你能多找一些任务去实现，可以自己尝试做一遍，哪怕看上去自己的代码量很大、很笨，也千万别气馁，每一个开发人员都有过类似的经历。千万别指望书学完书中的五个任务，就认为自己是个高手，实话告诉你，这绝对是妄想。你需要多些耐心，一次一次地发起新的挑战，并逐渐将它们攻克，才能让自己真正变成高手。

第 10 章　终于轮到服务器端了——PHP 入门

前面章节提到的 HTML、CSS 和 JavaScript，都属于前端开发技术，这些技术的重点在于向用户呈现出美观、交互性强、加载速度快的网页界面。同时，这些技术的代码对于用户来说，大部分都是可见的。从本章起，我们将正式进入后端开发技术的学习，包括 PHP 脚本和 MySQL 数据库，这些技术则面向服务器，主要负责控制前端页面之间的逻辑以及页面中部分数据的动态更新，它们对于用户来说，则是完全不可见的。

另外，前端的网页虽然足够漂亮且能够与用户进行一些交互，但它们仍然属于静态网页的范畴，对于需要短期内频繁更新内容的网站来说，依靠修改纯手工静态代码完成内容的更新显然是不现实的。更常见的做法是，依靠动态网页技术，通过与数据库之间的连接，实现基于内容的自动更新，这才是真正的 Web 应用。所以，从这一章起，我们将围绕服务器端的开发技术逐一展开介绍。本章将先从后端脚本 PHP 说起，重点围绕动态网页技术的工作原理、PHP 的基本语法以及 PHP 对前端发出请求后的处理机制展开介绍。

10.1　动态网页的工作机制

根据网站的内容和显示效果，是否随着 HTML 代码的生成就不会发生变化，可以将网站分为静态网站和动态网站。而之前通过 HTML 和 CSS 代码写成的网页基本上都属于静态网页，因为除非手动修改代码，否则网页的外观和内容是不会自己发生变化的。相对的，利用 JavaScript 和 PHP 程序开发的网页可以实现网页内容的动态更新，因为这些内容会随着时间的改变、用户的操作以及数据库的变化而发生变化，这类网页称为动态网页。

10.1.1　静态网页 vs 动态网页

静态网页和动态网页对网页内容的影响，可以通过图 10.1 来了解一下。

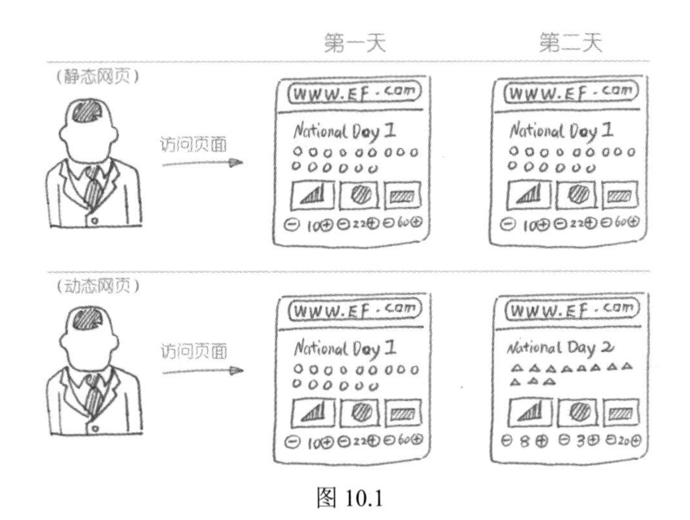

图 10.1

一般来说，静态网页的内容是随着 HTML 和 CSS 代码完成之后，就不会随着用户访问网页的行为而发生任何变化。于是当用户请求某一个页面时，服务器就会找到对应的 HTML 和 CSS 代码发送给用户的浏览器，当浏览器完成代码的解析和渲染工作后，用户就可以看到请求的网页。而有了 JavaScript 脚本，静态的 HTML 页面就好像富有了活力，可以随着用户对网页上元素的操控行为做出一些反馈和改变，比如页面中出现了新的评论，这可以称为第一种类型的动态网页，这时服务器将 HTML、CSS 和 JavaScript 代码都发给用户的浏览器去执行。但是，随着页面的刷新（即按下 F5），这些新的评论则不复存在，究其原因是，JavaScript 程序并没有将新的评论内容进行永久的保存。

为了解决上述问题，另一种广泛意义上的动态网页应运而生，它是指基于某种动态脚本语言，比如 PHP，工作在服务器端，通过执行解析程序，生成**内容更新后的 HTML 页面**。而这里更新的内容是来自 PHP 程序对数据库的访问，从而实现对客户端获取到的数据进行长久存储，同时也可以对数据库中已存储的数据进行检索。最终，服务器将更新后的 HTML、CSS 和 JavaScript 代码发送给客户端的浏览器，实现真正的动态网页。

静态网页和动态网页的区别总结

静态网页和动态网页的区别可以总结为 3 点：

（1）网页开发使用技术的不同，静态网页主要依靠 HTML 和 CSS，动态网页技术则包括 JavaScript、PHP 和数据库技术；

（2）网页内容更新方式的不同，前者是手动改动代码，后者是随着外部环境的变化带来的改变，主要包括用户本地计算机上系统的时间变化、使用设备环境的不同以及用户对网页发出的行为和对数据库内容的操作；

（3）生成网页内容的代码在不同环境中执行，前者是在客户端的浏览器上执行，后者是在 Web 服务器上执行。

10.1.2 两种动态网页技术大比拼

如前所述，动态网页类型可以分为两种，一种是基于客户端的 JavaScript 动态网页，另一种是基于服务器端的 PHP 实现的动态网页，到底两种动态网页技术有什么不一样呢？一起来看一下表 10.1。

表 10.1

特　点	基于客户端的 JavaScript	基于服务器端的 PHP
实现机制	通过用户与网页的交互来触发 DOM 事件实现内容更新，比如鼠标点击。脚本代码在客户端的浏览器解析脚本，并显示改变后的内容和效果	通过封装接口来实现对客户端提交的表单数据、url 中的参数以及时间的变化，数据库的状态。脚本代码在服务器端解析脚本，结果是更新后的页面
页面加载的时机	下载完整 HTML 页面到客户端浏览器，执行其中的 JavaScript 代码，显示更新后的内容，即实现边执行边更新内容	HTML 页面是在服务器上完成解析的，客户端浏览器只负责加载并显示页面
主要用途	实现用户与网页的交互行为	用于对每一个不同用户的请求，实现定制化的内容展示，比如登录后，实现添加到购物车，查看自己的收藏等。另外，配合数据库的使用，还可以限制用户的访问权限

从表 10.1 可以看出，今后在服务器端开发的任务总是需要 Web 服务器、PHP 解释器，以及数据库的支持。

这里关于服务器端的开发，我们选择的开发语言是 PHP 脚本，选择它的理由基于以下三点。

（1）它很容易上手，尤其是在你具备了一定的 JavaScript 的基础后，学习 PHP 将变得非常简单，毕竟语言的基本用法都是相通的，两者都包括比较常见的用法，比如变量、循环、函数等。

（2）它是开源的且拥有强大的社区支持，这意味着当你遇到问题时，可以去社区逛逛就能找到解决办法。

（3）PHP 的新应用非常广泛，包括国外的 Wikipedia，以及国内的新浪等。

综上所述，作为入门级的后端脚本，我不希望你被黑色背景的命令行操作吓到（NodeJS），而是选择 Xampp 提供的图形化界面的 PHP，让服务器脚本的编程尽可能简单，让你有一种所见即所得的感觉。

10.1.3 基于 PHP 的动态网页大揭底

由于 PHP 有强大的开源社区支持，学习成本低，受到了很多 Web 应用的青睐，于是大多数网页都或多或少地应用 PHP 建设动态网页。总的来说，基于 PHP 在动态网页中的常见应用场景可以分为三种情况。

（1）网页中某些数据的动态改变，比如图 10.2 中手机的价格、配送地址、颜色以及版本。其中，手机的价格、颜色和版本是来自商家后台系统上数据库的更新，而地址则是根据用户的 IP 地址得到的。

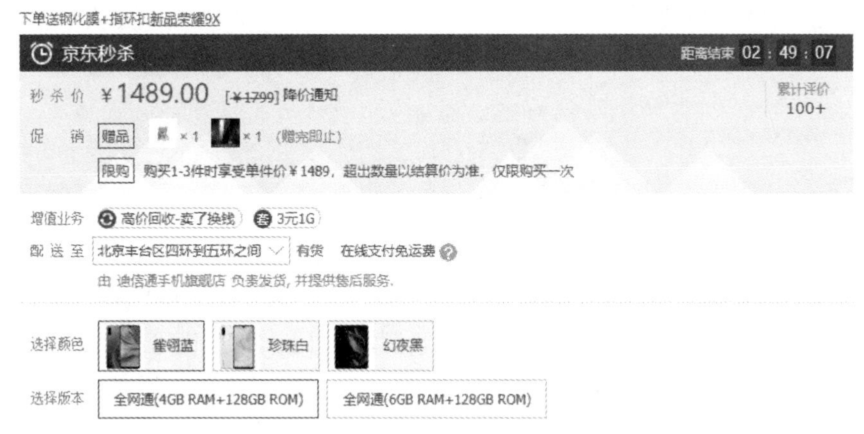

图 10.2

（2）部分动态内容，具体指网页中不变的内容采用静态网页技术，而需要动态改变的内容，采用 PHP 脚本，如图 10.3 的京东首页页面所示，其中标出的 **“地理定位”**，**“你好，请登录 免费注册”**，**“搜索区域”** 都是基于动态技术的，因为动态技术可以做到实时获取用户的定位、登录状态、购物车等信息；同时京东也可以根据商品的动态信息，调整搜索框下面的火热关键词搜索。而其余部分的内容，对于所有人来说，都不会发生变化，比如一个商家的 **“Logo”** 不会变，**导航栏**也就是固定的那几个，而 **“分类选项”** 基本也总是那几个。

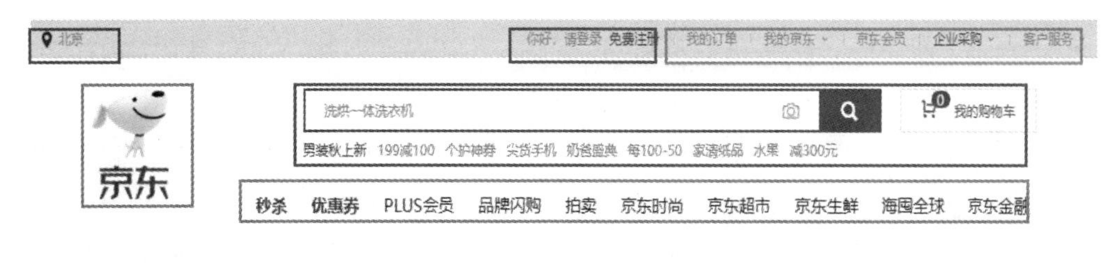

图 10.3

思考一下

请你观察图 10.4，思考一下图中所示的商品列表部分是采用静态网页技术还是动态网页技术实现为好？

（提示：考虑商品是否需要定期更新）

图 10.4

（3）完全的动态网页，比如 Wikipedia 网站，是采用完全的 PHP 脚本编写，当有用户请求一个 PHP 页面，该页面就会在服务器端解析其中的 PHP 代码，并更新 HTML 页面中的动态内容，再返回给客户端浏览器。由于需要支持用户随时随地发送状态、图片和朋友分享，同时每一个用户也可以给朋友留言、产生互动。所有这些状态和聊天的数据都要通过 PHP 连接数据库来访问和保存，所以 PHP 就成为了不二之选。

综合来看，我国国内的网站大多数是采用第一种和第二种情况，所以这也是本书的重点内容。

10.1.4 服务器端开发前的准备工作

首次开发 PHP 项目时，一定要做好如下配置，具体操作方法如下：

（1）在 Xampp 控制面板中，启动 Apache 服务器；

（2）在 Chrome 浏览器的地址栏中，输入 localhost（或 localhost:端口号），打开并测试你的 php 文件；

（3）如果你想要将 PHP 代码嵌入 html 文档中，并希望通过运行 html 代码，执行 PHP 代码，你还需要多做两步：

首先，找到 Xampp 的安装目录，比如我的 Xampp 安装在 D 盘，因此找 D:\xampp\apache\conf\httpd.conf，或者通过 Xampp 控制面板（图 10.5），找到 Config 按钮，找到弹出的第一个 httpd.conf，在记事本中打开，通过 Ctrl+F 查找 AddType application/x-gzip .gz .tgz，找到后，在这条语句下方添加如下语句，完成后保存；

```
AddType application/x-httpd-php .html
```

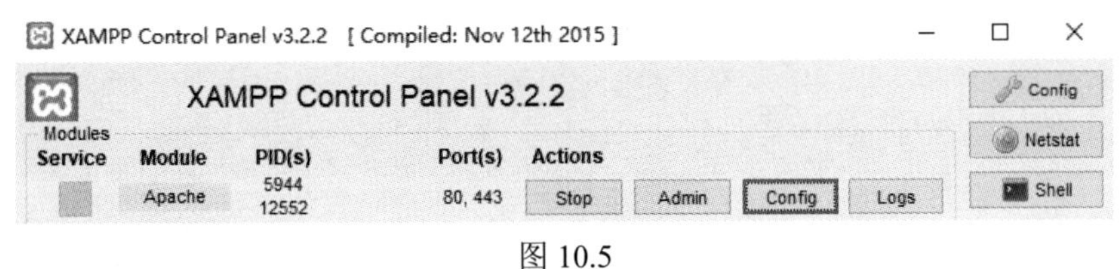

图 10.5

然后，重启 Apache 服务器即可。

设置上述两步的原因是：在默认情况下，Xampp 不支持 HTML 代码中嵌入 PHP 代码，它默认只支持 php 的文件。因此，必须手动添加 AddType application/x-httpd-php.html，这样才能够打开 html 文档，并执行其中包含的 PHP 代码。

但是，从现在起，我们还是推荐你独立编写 php 文件，从而更好地理解 PHP。

10.2　PHP 的基本用法

PHP 是一门工作在服务器端的脚本语言，它拥有常见脚本语言（比如 JavaScript）的共有特点：只需要解释就可以执行源代码，而不需要编译。在对 JavaScript 已经有所了解的基础上，PHP 的基本语法和用法会非常简单。

10.2.1　PHP 的基本语法

和 HTML、CSS 以及 JavaScript 一样，你需要通过一对标记告诉 Web 服务器这是一段 PHP 代码。比如像下面这样：

```
<?php
    echo"Hello, world!";
?>
```

上述代码的功能是实现了在页面上输出 Hello, world!，只不过解释它的是 Web 服务器，而不是浏览器。因此在运行上述代码之前，一定要保证 Apache 服务器是正常开启状态。

接下来，创建包含 PHP 代码文件。创建方式有以下两种。

（1）在 HBuilderX 的 IDE 中，创建你的第一个 php 文件，新建→自定义，取名为“test_01.php”，并输入上述三行代码，并保存在 Xampp 服务器安装目录下的 htdocs 文件夹的相应子目录中，在 Chrome 浏览器中通过 localhost 的方式找到该文件，会发现页面中显示着 Hello,world!，效果如图 10.6 所示。

← → C ⓘ localhost/fullStack/chapter10/test_01.php

Hello world!

图 10.6

（2）你还可以在 HTML 模板代码中嵌入 PHP 代码。做法是新建一个 test_02.html 文档，先输入如下的 HTML 模板代码，并将 PHP 代码输入 body 内部，注意保存路径和打开方式。

```
<html>
 <head>
     <meta charset="utf-8">
     <title></title>
 </head>
 <body>
     <?php
     echo "<h1>Hello, world!</h1>";
     ?>
 </body>
</html>
```

可见，PHP 代码既可以单独存在，也可以嵌入 HTML 代码中。不过，这里的 html 文档中的 PHP 代码要想正确运行，则必须保证 Web 服务器（即 Apache）是开启状态，并且通过 localhost 开头的网址打开，否则你如果直接从本地打开，就会出现如图 10.7 所示的效果。

← → C ⓘ 文件 | D:/xampp/htdocs/fullStack/chapter10/test_02.html

Hello, world!"; ?>

图 10.7

这是因为浏览器无法解析 PHP 代码，所以它只能把 php 后面的代码当作字符串常量显示，于是，就将后面的标点符号都显示出来了。

其实，无论 test_01.php 中是否加入 HTML 模板代码，浏览器在请求该文件时，都会自动添加相应的 HTML 的框架代码，你可以尝试在浏览器中，通过【F12】查看源代码来验证。

另外，我们还可以对 test_02.html 中的 PHP 代码做进一步升级，如下：

```
<body>
    <?php
      echo "<h1>Hello, world!</h1> ";
    ?>
</body>
```

这时你会发现，文字会以一级标题的形式显示在页面中。由此可见，PHP 代码中可以嵌入 HTML 代码；同样地，HTML 代码中也可以嵌入 PHP 代码。

查看一下对应的代码。

PHP 代码和 HTML 代码为什么可以相互嵌套

到现在我们已知 PHP 代码和 HTML 代码可以相互嵌套，一般来说，这种嵌套关系有两种：

（1）在大段的 HTML 代码中嵌入少量的 PHP 代码，其中 PHP 代码被<?php ?>包裹，这种一般来说是为了将 PHP 解释过的内容输出到网页中。**特别提醒，为了保证 PHP 代码**

能被正确解析，一定要将代码保存为 php 格式的文件。

（2）php 文件中嵌套 HTML 代码，这些代码一般是跟在 echo 后，它们的意义是通过 echo 将变量与 HTML 标记组合，最终浏览器以 HTML 格式解析并显示这些内容。

PHP 代码和 HTML 代码之所以能相互嵌套，是因为 PHP 在设计之初就是用于做动态网站的，那么只要是 Web 应用，就必须支持 HTML 标记，才能将内容正确地显示在页面中。**特别提醒，为了保证文档中 HTML 代码中的 PHP 能被正确解析，一定要通过 localhost 的网址来访问该文档。**

既然前面提到，PHP 语言具有能够向页面中输出内容的功能，则必须有输出语句，而它就是上面示例中的 echo，它能够输出的内容可以是字符串常量、数值、变量，还可以是一大段 HTML 代码组成的字符串。echo 的基本用法是：

```
echo '输出内容';
```

它支持输出字符串，但注意字符串必须用''或""括起来；如果输出的内容是变量，则不需要添加引号。需要特别注意的是，千万不能忘记给输出语句末尾添加“;”表示语句结束。因为 PHP 的语法很严格，不像 JavaScript，你可以偷懒省略语句末尾的“;”。总之，编程的初学阶段，养成良好的编码习惯非常重要，能为今后的项目开发节省找漏洞的时间，同时也会受到团队成员的欢迎。

好了，现在你可以尝试去输出以下内容，用来测试 echo 的效果。

```
<?php
    echo "<h1>Hello, world!</h1>";
      echo "你好! ";
      echo 1;
      echo 'ok';
?>
```

为什么我的 PHP 文件运行后看到的只是一堆代码

我们已经反复强调，PHP 代码的文件需要依靠 Web 服务器上 PHP 解释器才可以正常运行，因此，执行 PHP 代码时，必须满足两个必要条件：

（1）Apache 服务器处于开启状态；

（2）在浏览器的地址栏中通过 localhost 开头的路径找到要打开的 php 文件。

如果你缺少了上述两个外部环境的设置，而是试图在 php 文件的目录中直接通过双击该文件打开，那么你只能看到未经解释的 PHP 源代码。

PHP 语言除了向网页中输出内容，还有更复杂的功能必须借助程序来实现，而程序中最基础的用法要从常量和变量说起。接下来，让我们去了解一下 PHP 是如何定义常量和变量的，同时我们也要看一下常见的数据类型有哪些。

10.2.2 define()定义常量

与 JavaScript 不同的是，PHP 中常量的定义需要通过一个函数，即 define()，基本用法如下：

```
bool define (string $name, mixed $value, bool $case_insensitive = false)
```

该函数有三个参数：

（1）name：变量名称，是必选参数；

（2）value：常量的值，是必选参数；

（3）case_insensitive：是一个 bool 类型的值，说明是否对区分变量名中的字符的大小写不敏感。它是一个可选参数，因为函数在定义时，设定了默认值 false，表示区分大小写。若指定为 true，则表示不区分。

看一个例子，具体代码见 10-1.php：

```
<?php
   define("rate",3);
   echo rate*8; //输出结果为 24;且 rate 的值不能改变
?>
```

等一等，为什么常量的标识符不加$

你观察得很细致，常量中的标识符前面不能添加**$**，因为一旦添加，会导致解释器将常量转换成新的未定义的变量使用，就会报错提示有未定义的变量（undefined variable）。因此，无论是在用 define()声明一个常量也好，还是用 echo 输出一个常量，都不能在常量标识符的开头添加**$**。

在 PHP 中，变量是以$开头，而常量不是。

另一个比较常见的常量是数学中的圆周率π，在 PHP 中，它也是通过一个 pi()函数得到的，比如：

```
<?php
   echo  pi();
?>
```

上述代码的输出结果为 3.1415926535898；一般来说，程序中不会需要这么长的小数位，因此，可以采用 round()函数来设定小数的精度。该函数的基本用法是：

```
round(x, prec)
```

它包含两个参数：

- x：表示要设定的数或变量名称；
- prec：表示要设定的精度，即四舍五入后要保留的位数，默认情况下是 0，表示精确到整数位。

如果要将π的常量值保留两位小数，则用法如下：

```
<?php
```

```
    echo round(pi(),2);
?>
```

经过 round()函数，上述代码输出结果为 3.14。

除了上面三种函数外，PHP 为我们提供了很多内置函数，我们可以根据需要去查询，若存在符合需要的内置函数，请不要犹豫，直接拿来用即可。这样会节省大量的时间。可以毫不夸张地说，PHP 是一门由变量和函数组成的语言。

10.2.3　好多美元——PHP 中的变量

根据前面关于 JavaScript 的学习，我们已经知道在程序中变量随处可见，而且十分重要，它往往被看作是存储不同类型数据的容器。比如字符串和数字，在 PHP 中变量有一个统一的开头：$（美元符号），来看一个具体的例子：

```
<?php
    $x=25;
    $y=5;
    $z=$x-$y;
    echo $z; //屏幕上输出 20
 ?>
```

上述代码定义了三个变量，分别是$x、$y 和$z。由于 PHP 是动态语言，因此也不需要在声明时指定变量的类型，解释器会根据赋值的类型，自动判断变量的类型。比如这里 25 和 5 都是整数，因此，这三个变量也都被判定为整型变量。其中，$z 的值是通过计算得来，并通过 echo 语句将最终的结果输出到屏幕上。

关于 PHP 的变量标识符的命名应当符合以下规则。

（1）以$符号开始，后面接变量的名称。

（2）变量名必须以字母或下画线开始。

（3）变量名只能包含字母、数字和下画线。

（4）变量名区分大小写。

（5）变量名不能包含空格。

1. 字符串类型的变量

在 PHP 中，字符串类型的变量是通过一对单引号' '或一对双引号""括起来的一串字符。

```
<?php
    echo 'ok';
    echo "ok";
?>
```

关于字符串，一个更常见的用法是需要将两个字符串拼接，或者变量与字符串的拼接，接下来我们就来重点了解一下。

在 JavaScript 中，我们使用“+”连接两个字符串，而在 PHP 中，我们使用“.”。来看看 PHP 字符串连接符的三种常见用法。

（1）字符串变量与常量的拼接

```
<?php
    $str1 = "I am";
    echo $str1." Miss Li";
?>
```

以上语句通过“.”实现了字符串变量与字符串常量的连接，输出结果为 I am Miss Li，注意字符之间的空格需要在第二个字符串开始处，通过空格空出来，否则它自身是不会将 am 和 Miss 之间分开的。

（2）字符串变量之间的拼接

请看下面的例子：

```
<?php
    $str1 = "Welcome";
    $str2 = "to Beijing";
    echo $str1 ." ".$str2;
?>
```

从上述代码可以看出，我们并不是直接依靠“.”连接两个变量，即$str1.$str2，而是特意加入了一个空格作为字符串常量，去连接两个变量。这么做的原因也是为了避免两个字符串的首尾字符相连引起的错误，其中，Welcometo 原本应该是两个词，而不是一个词。

（3）两个字符串常量夹着字符串变量

有一种非常常见的情况，就是两边都是字符串常量，中间是字符串变量，如下例：

```
<?php
    $str1 = "Welcome";
    echo "<h1>".$str1."</h1>";
?>
```

在上述代码中，第一个字符串常量"<h1>"与$str1 之间不需要空格隔开，因此可以直接通过“.”连接，最后一个字符串常量也是类似。最终上述代码的输出结果为一级标题的 Welcome。

2. 数值类型

在 PHP 中，数值只有两种类型，整数型（int）和浮点数型（float）（即小数向左右浮动产生的数字）。比如下面的例子：

```
$x = 3; //$x 是一个整型变量
$y = 3.00; //$y 是一个浮点数类型变量
```

在 PHP 中，如果对数值做运算也是非常简单的，同类型的加减乘除等运算后的结果仍为原始类型。如果是不同类型的数值做运算，则需要进行一个自动类型转换，一般的转换规则是：一个操作数是 int 型，另一个操作数是 float 型，那么所有的操作数都会被当成 float 型计算，最终的结果也是 float 型。但是需要注意的是，原始的数据类型没有被改变，自动类型转换的只是计算过程中的数值和结果数值。

另外，关于两种类型的判断符号也有所不同，比如下面的代码要判断$x 和$y 是否相等：

```
if($x==$y)        //结果是 true，因为==只判断是否等值，不判断类型是否相等
if($x===$y)       //结果为 false，因为===是严格判断，既判断值又判断类型是否都相等
```

思考一下

试问，若存在两个变量：$x=10.0 和$y=10，用 if 条件表达式判断两者是否相等，分别用=、==和===进行判断，最终结果是什么？

（提示："="是迷惑项，它不能作为条件表达式中的比较运算符）

关于数值的基本运算符和比较表达式的用法，PHP 和 JavaScript 相比，基本的用法都相似，并没有什么特别之处，因此这里就不再赘述。

10.3　数组的用法

在 JavaScript 那一章，我们已经见识过数组的强大功能了，它能够用一个变量存储一组值，并且可以灵活取出其中任意一个值；同时，一些与数组相关的常见用法也被封装成了函数，供我们直接调用。这些在 PHP 中也有类似的用法，一起来看看吧！

10.3.1　普通数组的创建

在 PHP 中，直接采用 **array()**函数创建数组，其中的参数就是数组的值。比如：

```
$teacher = array("Miss Zhang","female","professor");
```

数组中单个值的访问可以采用下标法，比如：

```
$teacher[0]  //就是代表字符串 Miss Zhang
```

关于数组更常见的用法是依次读取数组中的每一个值，因此就要用到数组的遍历了。

一谈到数组的遍历，就一定会想到要用 for 循环，这一点在 PHP 中也不例外。一起来看下面的例子：

```
<?php
  $teachers=array("Miss Zhang","Mr Li","Dr Wang");
  $arrlength=count($teachers); //用 count()函数来计算数组的长度
  for($i=0;$i<$arrlength;$i++)
  {
    echo $teachers[$i];
    echo "<br>";
  }
?>
```

为了利用 for 循环完成对数组的遍历，就一定要知道数组的长度，在 PHP 中，数组的长度要利用 count()函数，如同上述代码中的 count($teachers)，将数组名传入函数即可得到 teachers 这个数组中有多少个值。借助 for 循环，一次输出一个值，同时换行，输出下一个。上述代码最终的输出结果为：

```
Miss Zhang
Mr Li
```

```
Dr Wang
```

PHP 与 JavaScript 关于遍历数组的不同之处。

（1）关于数组长度的计算

PHP 为了实现极简编程，为我们提供了大量的函数。因此，可以说函数就是 PHP 的核心；而对 JavaScript 而言，APIs 是核心，APIs 由于采用了对象的用法，因此主要通过“.”来访问对象的属性和方法，比如获取数组的长度可以通过 length 属性，再比如删除数组中的第一个值（如果数组不为空的情况下）可以用 hift()方法。总结来看，PHP 中获取数组中元素的个数，依靠的是 **count(数组名)**。这个函数的出镜率很高，需要牢记。

（2）关于计数器变量的用法

由于 JavaScript 和 PHP 对变量名的规则是不同的，尤其要适应 PHP 代码中变量需要以$开头的变量定义方式。

10.3.2 关联数组的大用处

有时我们不仅需要存储一组值，还需要将这些值和一些属性关联起来，比如：

```
gender: female;
```

PHP 为我们提供了关联数组的表示方法来解决这一问题。也就是数组中存储键值对，比如：

```
$teachers=array("Miss   Zhang"=>"Lecturer","Mr   Li"=>"Professor","Mrs
Wang"=>"Dr");
```

通过“=>”可以让我们清晰地知道，Lecturer 是和 Miss Zhang 有关的，所以这样的数组称为关联数组。在“=>”之前的是键名，之后的是值。基于这种表示法，我们就可以通过键名来访问它对应的值，比如下面的例子：

```
<?php
  $teachers=array("Miss   Zhang"=>"Lecturer","Mr   Li"=>"Professor","Mrs
Wang"=>"Dr");
  echo "Miss Zhang 的职称是". $teachers['Miss Zhang'];
?>
```

1. 关联数组的遍历

由于关联数组比普通数组的每一个值都多了一个键名，因此遍历的方式也稍有不同，请看下面的例子：

```
<?php
  $teachers=array("Miss   Zhang"=>"Lecturer","Mr   Li"=>"Professor","Mrs
Wang"=>"Dr");
  foreach($teachers as $t=>$t value)
  {
     echo "Key = ".$t.", Value = ".$t value;
     echo "<br>";
  }
```

注意，这里用到了 foreach 循环，而不是 for 循环，因为我们并未用到计数器变量，而它会自动遍历，一次取一组键值对。同时通过$teachers as $t=>$t_value 规定了$teacher 中的每一组键值对之间的关系。

输出结果为：

```
Key = Miss Zhang, Value = Lecturer
Key = Mr Li, Value = Professor
Key = Mrs Wang, Value = Dr
```

2. foreach 循环

在遍历关联数组$teachers 变量中的键值对时，我们用到了 foreach 循环，其实它的用法很广泛，可以适用于两种类型的数组。

（1）对于普通数组

```
foreach($array as $value)
{
echo $value . "<br>";/*这里第一个$array表示数组变量，第二个$value变量表示数组中的元素值，其中第二个变量的名称可以随意取*/
}
```

（2）对于关联数组

```
foreach($array as $k=>$k_value)
{
echo "Key = ".$k.", Value = ".$k_value;. "<br>";
/*同样的，第一个$array表示数组变量，第二个$k=>$k_value变量表示关联数组中的每一对键值对的关系，as后的变量名可以随意取*/
}
```

其实，PHP 中也支持对象类型的数据，不过在入门阶段，基本的内置函数就够用了，所以本书并未对对象类型进行讨论。

10.4　两个超级变量——$_GET 和$_POST

在 PHP 中，有若干个超级全局变量，之所以是超级，表示它可以被任何变量和函数访问到，它的定义域超出了任何函数声明的限制。这一节我们以请求方式的两个变量为例，即$_GET 和$_POST，来看看超级变量的用法。

10.4.1　接收前端发出的 get 请求数据：超级变量$_GET

通过前面的介绍，我们已经知道用户在前端页面通过填写表单向服务器提交数据，这些数据一般都是交给后端脚本处理。表单常见的提交方式有 GET 和 POST 两种。比如，一个<form>中定义了 method="get"，于是浏览器便以 get 方式向后台处理程序发送获取数据的请求，这些数据被当作参数出现在 url 中；而如果是 method="post"，那么表单中提交数据的藏身之处就比较隐蔽了，它们在浏览器控制台的请求头（request header）中。关于这两种请求方式的内容不记得的话，可以返回到第 3 章。

当用户正确地填入数据，点击提交按钮后，数据就会被发送给后台脚本程序，那么后台程序是怎么接收这些数据的呢？答案就是通过超级变量$_GET 和$_POST，它们可谓是最有用的使者。

接下来我们通过一个示例详细了解一下。

示例：前端页面通过表单向后端 PHP 脚本发送 get 请求

本示例中，前端页面上有一个用于登录的表单，希望指定该表单的请求方式，实现向后端脚本发送一个 get 请求，用于发送登录的数据，一旦请求发送成功，后端脚本便可以获取这些数据，同时将其反馈给前端浏览器。

为了实现这个任务，我们需要分两步完成：

第一步，实现前端页面中登录表单的 HTML 文档；

第二步，用于接收前端发出的请求数据的 PHP 脚本文件。

在具体实现中，我们首先准备一个 HTML 文档，命名为 form-get.html，准备一个表单，主要代码如下：

```
<form method="get" action="handle.php">
    姓名：<input type="text" name="uname">
    密码：<input type="password" name="pwd">
    <input type="submit" value="提交">
</form>
```

在表单的第一行代码中，我们制定了表单的提交方式是 get，输入登录信息，比如姓名：apple，密码：123，则当你单击提交按钮时，这些数据就会出现在图 10.8 所示的地址栏中。

ⓘ localhost/fullStack/php/handle.php?uname=apple&pwd=123

图 10.8

接着，我们准备一个后端脚本，命名为 handle.php，主要代码如下：

```
<?php
   echo "您的用户名是： " . $_GET['uname'] . "，您的密码是： " . $_GET['pwd'];
?>
```

上述代码中，我们通过$_GET['uname']获取前端页面提交的用户名，$_GET['pwd']可以获取密码。

最后，通过在服务器端访问 handle.php，你就会在浏览器中看如图 10.9 所示的输出。

您的用户名是： apple, 您的密码是：123456

图 10.9

上述示例实现的关键点有两个。

（1）前端页面中必须通过 form 的 method 属性指定为 get，这样后端脚本才可以利用超级变量$_GET 获取相应的数据。当然，除了$_GET，还有一个常用的接收前端请求的数据，那就是$_REQUEST，你可以自行替换一下$_GET 试试。区别是$_REQUEST 表示接收前端两种方式的请求，既可以是 get，也可以是 post。

（2）前端 form 表单和后端 PHP 脚本之间的关联，是通过一个 name 属性产生。到这里，我们也终于知道<input>元素中 name 属性的特殊用处了，没错，它就是为了标识不同的 input 输入框，为了后端脚本获取特定的数据用的。这里$_GET 的用法和关联数组类似，通过指定 name 属性的值，以获取对应输入框中的值。

其实，在多数情况下，一些隐私数据，比如上述示例中的登录信息，是不希望以明文的方式出现在地址栏中的，因此，更合适的方式是 post 请求，接下来，我们来看看 PHP 如何接收 post 请求的数据。

10.4.2　接收前端发出的 post 请求数据：超级变量$_POST

$_POST 是用于表单提交数据时，只需要将表单的提交方式改为 post，代码如下：

```
<form method="post" action="handle.php">
```

由于是 post 请求，这次登录的数据不会出现在地址栏中（见图 10.10），而是隐藏在 request headers 中（见图 10.11）。

ⓘ localhost/fullStack/php/handle.php

图 10.10

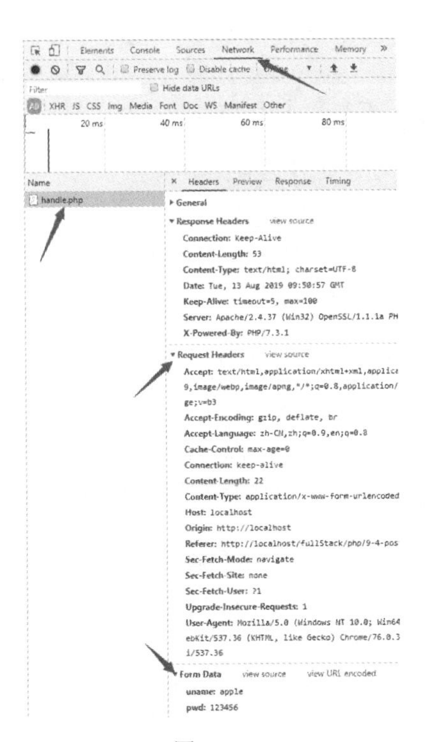

图 10.11

然后，在 handle.php 中，也要使用对应的$_POST 变量来接收，如下：

```
<?php
   echo "您的用户名是： " . $_POST['uname'] . "，您的密码是： " . $_POST['pwd'];
?>
```

由于用法和$_GET 变量类似，这里就不再赘述。只是提醒一下，到底后端脚本采用$_GET 还是$_POST 变量，是取决于前端页面表单的提交方式的。还有一种方式，是采用通用的$_REQUEST["参数名"]，它可以获取 get 和 post 两种请求数据，只是这种兼顾两者的方式在接收数据的速度上逊色了一些。因此，多数情况下，还是比较推荐$_GET 和$_POST 各司其职，负责各自对应的请求数据。

10.5 外部文件的引入——include 和 require

请你想象一个情景，一个叫小白的程序员，开发了一款小型动态网站项目，他写的所有 PHP 代码都在同一个 php 文件中，那么他的代码得有多少行？上千行甚至上万行，那如果后期小白需要修改，就要去翻看这一万行代码，是不是很不方便。

请你再想象一个场景，有一个团队项目，需要 3 位小组成员共同努力完成一个动态网站的开发，他们分工明确，分别负责写了若干个 php 文件完成各个子功能。最后当他们需要合并代码时，是需要将代码复制到一个 php 文件中吗？这样的效率未免也太低了吧！

为了解决上述两种困境，PHP 为我们引入了 include 和 require，它们可以允许我们将重复代码独立放在一个文件中，再通过将这些文件引入到目标文件，完成整个项目的融合。当然，它们最重要的用法是引入一些第三方的库文件，那样你就可以方便地去调用。总结一下，include 和 require 可以让我们复用具有独立功能的代码，但是两者又有一定的区别。接下里我们就来了解一下它们的用法。

10.5.1 include 和 require 的用法

一个网站中常常有若干个页面，这些页面拥有同样的头部导航内容，因此常见的做法是将这部分内容独立出来，写在一个文件中，比如 header_template.php，这样所有的页面就可以复用该页面了。比如，现在首页的 index.php 需要引入该头部文件，则只需要在 index.php 的开头添加如下的语句：

```
<?php
   include 'header_template.php'
?>
```

其中的 include 还可以替换成如下语句：

```
require 'header_template.php'
```

上述两条语句的意思都是将 header_template.php 引入到 index.php 中。一般来说，header_template.php 中可能是同样的 Logo 图标，也可能是导航栏，甚至可以是一些页面中共有变量的声明。

10.5.2　两者的区别

有了 include 和 require 最大的好处是，当一个网站的每一个网页都有相同的内容，比如最上方的导航栏（包括 Logo 和登录）、一些分类导航条以及页脚中商家的版权信息等，这些需要重复出现的内容，都可以提前做成模板文件，之后再通过 include 或 require 引入到其他各个页面。

虽然这两种方式都可以实现将指定的文件引入到当前文件，但是两者还是存在一定的区别，这里重点强调一个不同之处：二者在遇到引入的文件中存在错误时的处理方法不一样， include 会生成一个警告 ，由于只是警告而不是错误，所以 include 后面的代码仍然能正常执行。require 则不同，它会生成一个错误 ，并且会立即停止执行之后的代码。

10.5.3　实践案例：制作一款在线点餐系统

这一节，我们通过一个具体的实践案例学习页头和页脚的模板制作，并进一步了解一下 include 和 require 的用法。

这个实例简单来说就是做一个简易版的点餐系统。该系统允许用户提交点餐信息，一旦点餐成功，会发布到屏幕上的排队队列中。注意：这里我们只在服务器端完成开发，本章只完成一部分的布局工作，下一章会结合数据库完成整个任务。

1. 准备工作

再次强调，由于我们当前处在后端开发阶段，前端开发并不是重点，所以这里为了节省前端开发的时间，我们将会用到一个前端框架 bootstrap 完成所需样式的设定。因此，在开始 PHP 代码的编写前，你需要做一些准备工作。

（1）Bootstrap 的下载

首先，去 bootstrap 官网，https://getbootstrap.com/ ，图 10.12 为其首页。

图 10.12

然后，点击 Download，进入下载页面（图 10.13），这里选择编译过的 CSS 和 JavaScript，直接下载，这个不需要我们自己编译，而是像引入我们自己写的 CSS 样式文件一样，使用非常简单。

Download

Download Bootstrap to get the compiled CSS and JavaScript, source code, or include it with your favorite package managers like npm, RubyGems, and more.

Limited time offer: Get 10 free Adobe Stock images.
ads via Carbon
MAKE IT WITH ADOBE STOCK.

Compiled CSS and JS

Download ready-to-use compiled code for **Bootstrap v4.3.1** to easily drop into your project, which includes:

- Compiled and minified CSS bundles (see CSS files comparison)
- Compiled and minified JavaScript plugins

This doesn't include documentation, source files, or any optional JavaScript dependencies (jQuery and Popper.js).

Download

图 10.13

（2）Bootstrap 的导入

下载完成后，将压缩文件解压缩至当前脚本所在的文件夹，于是就会有一个 bootstrap-4.3.1-dist，内部有两个文件夹，分别是css 和js，这里我们先用到 css。所以把 bootstrap-4.3.1-dist 整个文件夹复制到根目录下的 php/chapter10 中。在使用时，我们只需要在一个 php 文件的<head>内部需要引入外部样式的地方添加如下语句，即可完成 bootstrap 框架样式的导入。

```
<link rel="stylesheet" href="bootstrap-4.3.1-dist/css/bootstrap.min.css">
```

2. 实例具体实现

首先，我们在 php/templates 文件夹下新建一个 10-5-header.php，用于为每个页面设计头部的导航栏，其中我们要引入 bootstrap 提供的两个 CSS 样式，一个是精简的 bootstrap.min.css，一个是用于做格子布局的 bootstrap.grid.min.css。主要代码如下：

```
<head>
    <meta charset="utf-8">
    <title></title>
    <link rel="stylesheet" href="bootstrap-4.3.1-dist/css/bootstrap.min.css">
   <link  rel="stylesheet"  href="../bootstrap-4.3.1-dist/css/bootstrap-grid.
min.css">
    <style>
        body{
        width: 1000px;
        margin: 0 auto;
```

```
        }
        .brand{
            background-color: #cbb09c !important;
        }
        .brand-text{
            color: #cbb09c !important;
        }
        form{
            max-width: 400px;
            margin: 20px auto;
            padding: 20px;
        }
        </style>
    </head>
    <body class="bg-light">
            <nav class="bg-white navbar">
                <div class="text-center">
                    <a href="#" class="h1 navbar-brand brand-text">家常菜</a>
                </div>
                <div class="nav">
                    <ul class="nav float-right">
                        <li><a href="#" class="btn brand nav-link">点餐</a></li>
                    </ul>
                </div>
            </nav>
```

其次，在 php/templates 文件夹下，再新建一个 10-5-footer.php，用于为每个页面设计页面的底部栏，主要代码如下：

```
    <footer class="container">
        <div class="grey-text text-center">版权所属：欣欣餐饮公司</div>
    </footer>
    </body>
```

最后，需要准备页面中部的点餐表单，在 php 文件夹下新建一个 10-5-makeAnO rder.php，其主要代码如下：

```
    <?php
      if(isset($_GET['submit']))
      {
       echo $_GET['name'];
       echo $_GET['pCount'];
       echo $_GET['type'];
      }
    ?>
    <!DOCTYPE html>
    <html>
    <!--引入头部导航栏模板文件 -->
     <?php include('templates/10-5-header.php'); ?>
     <section class="container">
        <div class="h3 text-center">欢迎来到欣欣家常菜</div>
```

当确定有人按下提交按钮时，执行数据的输出

```
        <form class="bg-white" action="10-5-makeAnOrder.php" method="GET">
            <label>您要点的菜肴是：</label>
                <input type="text" name="name"/>
            <label>您共有几人就餐：</label>
                <input type="password" name="pCount"/>
            <label>您是选择堂食还是打包带走：</label>
                <input type="radio" name="type" checked="checked" value="堂
食"/>堂食
                <input type="radio" name="type" value="打包"/>打包
            <div class="text-center">
                <input  type="submit"  value=" 下 单 "  class="btn  brand
z-depth-0"/>
            </div>
        </form>
    </section>
    <!--引入底部版权栏模板文件 -->
    <?php include('templates/10-5-footer.php'); ?>
    </html>
```

最终效果如下图 10.14 所示。

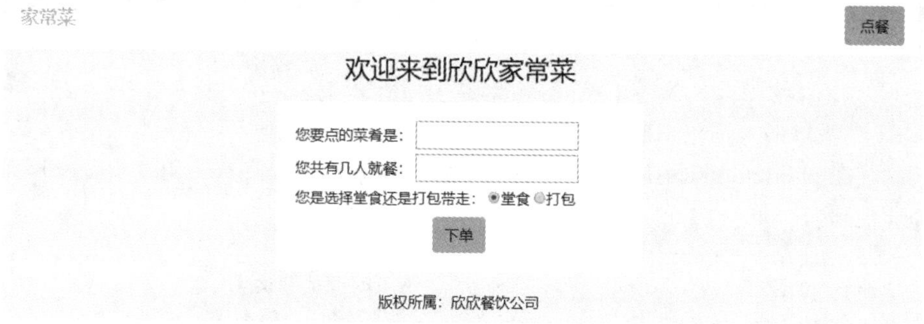

图 10.14

看看你是否也实现出了如图 10.14 所示的在线点餐系统呢？如果是，那就要恭喜你，因为你已经完成了第一个 PHP 程序，实现了从前端读取用户的数据，并最终显示在页面的第一行（图 10.15）。

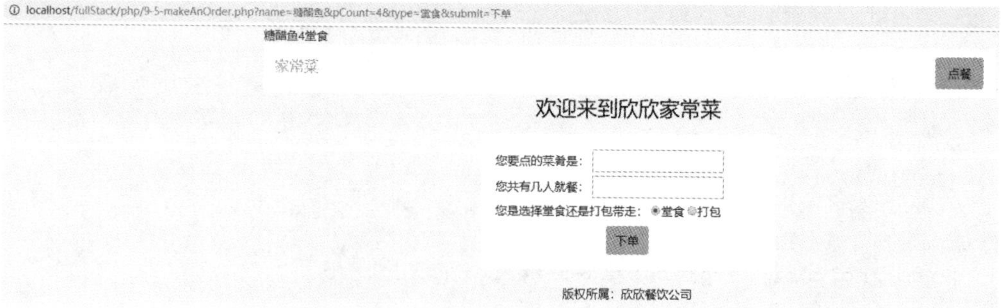

图 10.15

但是，希望你不是看到效果就觉得完事了，实际上，这个任务是你进入后端开发世界的第一步，里面还蕴藏着很多道理呢？所以，我们还是要继续深挖一下，搞清楚它里面的原理，这样将来你写任何程序都会十分自如。

让我们从最简单到最难的实现技巧顺序展开。

（1）header（页头）和 footer（页脚）模板的制作比较简单，主要就是拼接在一块，可以想象一个完整的页面被分成了三块：第一块是最上面的头部，第二块是主要的点餐区，第三块是页面底部的版权信息。我们的策略是将头部和底部的代码各自成为一个独立的文件，而点餐页面则通过 include 方式将这两个文件在相应的位置引入即可。注意，这里可不是在 10-5-makeAnOrder.php 文件的第一行引入，而是根据它们在点餐页面中的需要，在相应位置引入。

（2）关于 CSS 的布局和样式定义，由于不是重点，所以我们选择了 bootstrap 框架，其中的类样式都是框架提供的，可以直接拿来用，需要自己定义的样式比较少，这极大地减少了我们的工作量。但是唯一需要适应的是它的类名定义方式，初期学习，建议可以根据需要，直接在一个 CSS 样式文件中按 CTRL+F 搜索，找到自己想要的样式，然后再根据需要引入该文件中对应的类名，如果实在没有，再自己定义样式。另外，尽量将 bootstrap 提供的 CSS 文件引入的位置放在最开始，这样你后面自定义的样式才会覆盖 bootstrap 的样式。

（3）关于 form 表单的使用，它最大的用处就是收集用户的数据，然后交由服务端的脚本程序进行处理。其中的方式就是通过 action="指明要处理数据的 php 程序"。

（4）在判断用户是否点击了提交按钮时，用到了一个 PHP 中常用的函数 isset()，它用于检测变量是否有声明，且其值不是 NULL。它的返回值是 bool 类型的数据，是的话，就会返回 true；否则返回 false。

（5）最后，我们设置 form 表单中以 get 请求方式发送用户输入的点餐数据。一旦用户单击“下单”按钮时，用户的输入数据便提交给了 10-5-makeAnOrder.php。该 php 脚本中的程序从上到下依次执行，其中前几行 php 程序会通过$_GET 变量接收这些数据，并将其显示在屏幕中，正如你在图 10.15 的第一行看到的信息。其余部分的代码是显示点餐页面。另外，建议你尝试一下换成 post 请求，并注意修改为$_POST 变量接收数据。

思考一下

我们目前的实例实现有个小瑕疵，你发现了吗？

也许只要给你多点时间，你一定会发现，处理数据的 php 程序指向了当前程序，于是，获取到的数据输出在了当前页面的第一行。是的，这里的确不太完美，但原因很简单，由于是刚接触 PHP，还没有了解 MySQL，所以我们偷了懒，只是将数据迅速地显示在当前页面，而没有保存到数据库中，下一章我们将引入数据库，我们就可以把用户点餐的信息显示在另一个排队列表页上。）

10.6 PHP 与 JavaScript 的异同

为了让你更进一步熟悉和适应 PHP，我们来看一下 JavaScript 和 PHP 的异同点。你也许发现了，和 JavaScript 那一章的内容相比，本章关于 PHP 的介绍则相对较少，这是因为关于两者用法相同的部分就直接跳过了；二者具体的差异一起来看表 10.2。

表 10.2

用　法	JavaScript	PHP
变量的定义	用关键词 let 或 var 表示定义变量 e.g. let s = "Li"; let　y;　(√)	用符号$表示定义变量 e.g. $s ="Li"; $y;　(×)
常量的定义	用 const 关键字定义	用 define()函数定义
数组的定义	let a = {'Lily', 'Mary', 'Tom'}; 可以包含复杂对象	普通数组$a = {'Lily','Mary','Tom'}; 关联数组 $a = {"name"=>Zhangli", "age"=>"25", "job"=>"web developer"}
计算数组长度	a.length;	count($a);
计算式中运算符	基本的加减乘除和取余都相同	
字符串的连接	"我家在"+"天津"	"我家在"."天津"
if…else	判断条件语句用法相同	
函数	函数的定义和调用相同 function add(){} //定义 add();　//调用	
类型比较	相同 If（36=="36"），只比较值，结果为真 If（36==="36"）既比较值，又比较类型，结果为假	
注释符	相同，//单行注释 /*多行内容*/	

PHP 那么简单，为什么不直接用它做网页？

这个问题的答案是可以。但是由于 JavaScript 有着交互式网页的优势，而这是 PHP 无法做到的，比如计时器可以实现倒计时的功能，随着时间每一秒的流逝，而不断更新倒计时时间。而 PHP 则相对来说更适合浏览型的网页，实现某一段时间内的相同内容的呈现，与用户的交互很少。所以前面学习 JavaScript 也不能说是白费，后面的综合项目实战，还会更多介绍 JavaScript 和 PHP 的结合应用，你可以期待它们的分工表现，**让 JavaScript 专注于浏览器端的网页与用户之间更多的交互行为，而 PHP 专注于用户通过发送请求的方式与服务器建立联系，并与数据库进行数据的交互。**

后面关于后端开发的几章内容，请你保持专注在 PHP 上，这样有利于加深对 PHP 的理解。

10.7 本章小结

本章的开篇通过介绍动态网站的工作原理，引出 PHP 在网站开发中的地位，即工作在服务器端的脚本，负责页面中动态数据的更新。接着，本章的重点是对 PHP 基本用法的介绍，主要包括对变量的定义、数组和函数的用法以及用户处理前端页面发出请求的两个超级变量的用法。希望你通过 PHP 基本语法的学习，尽快掌握它是如何实现对请求的处理的，这既包含对请求的接收和处理，也包括对返回数据的封装。另外，PHP 中为了实现代码的复用，也提供了两个技术：include 和 require，你需要理解两者的区别，根据具体情况，进行灵活应用。

通过本章的学习，不难发现，PHP 的核心就是变量和函数。因此，只要你懂得变量和函数的使用，就会对 PHP 的上手感到非常简单。下一章，我们将更深入地探讨 PHP 在后端开发中的核心任务，即如何处理前端的请求以及如何与数据库建立联系。

一点点建议

（1）关于 PHP 最基本的用法可以先参考菜鸟 https://www.runoob.com/php/php-tutorial.html，如果你还想知道更多用法，推荐去 PHP 官网查询手册 https://www.php.net/manual。

（2）如果你对阅读英文手册有困难，可以去中文网 https://www.php.cn/逛一逛。

最后，向你发起一个小任务，请结合本章所学，开发一个基于 PHP 的外卖网站，没有明确的要求，你可以根据自己点外卖的经验，去自行设计，并尝试用 PHP 代码实现其中的逻辑与主要功能。

第 11 章　PHP 与 MySQL 的初次合作

通过上一章的学习，我们发现单纯依靠 PHP 无法实现数据的长久保存，因此，必须要借助数据库，才能解决这个问题。本章将首先解决上一章的遗留问题，接着重点介绍 PHP 脚本与 MySQL 数据库之间的配合，实现从数据库中读取数据，以及添加新的记录到数据库中。另外，后端脚本一个很重要的任务是向前端页面提供数据接口，接口是后端开发中的核心知识。最后，介绍一下服务器端用于保存少量数据的超级变量：cookie 和 session，这一对兄弟在网站开发中的应用十分广泛。

11.1　关于表单数据的验证

一般来说，前端网页可以通过表单向后端服务器提交数据，但这些数据可不是轻易地就保存到数据库中，而是要经过严格审查，这里审查工作是由 PHP 脚本完成，它主要负责检查用户的输入是否合理，比如输入不能为空，年龄的输入有严格范围等。

11.1.1　检查用户输入数据是否为空

当顾客想要提交订单时，为了保证输入框中的数据不为空，我们就需要设置提醒。PHP 为我们想到了这一点，提供了一个判断内容是否为空的函数：

```
empty($_POST['name']
```

PHP 脚本程序中的逻辑是这样的，如果用户什么都没填，就显示一条提示语句，比如“请输入套餐编号”；若输入的编号正确将允许用户进行后续的操作。这一段逻辑的主要代码框架如下：

```
if(empty($_POST['name']))
{
    echo '请输入套餐编号</br>';
    }else{
    //再做后续操作，比如点餐
}
```

11.1.2　检查用户输入信息的合法性

之前在提到 JavaScript 时，我们通过正则表达式验证用户输入的邮箱和电话号码是否合规，PHP 也为我们提供了一个函数 preg_match()实现类似的功能，用法如下：

```
preg_match('正则表达式',$待检测变量)
```

其中，正则表达式包括“/模式规则/”和可选的限定符，其中两个“/”之间是字符串和如下符号的组合：

（1）“^”用于匹配字符串的开始，比如“^a”，表示匹配以 a 开头的字符串；

（2）“$”用于匹配字符串的结束，比如“a$”，表示匹配以 a 结尾的字符串；

（3）“[]”用于规定一个单一字符的范围，比如[1]，表示匹配单个的 1；而[1-9]，表示一个数字字符的匹配范围为 1~9；再比如[a-z]，表示一个字符的匹配范围为 a~z。

（4）“{}”用于指定限制字符出现的次数，比如 a{2}，表示允许 a 必须出现 2 次，一次都不能少；再比如[1-3]{1,2}，表示允许 1~3 内的任意一个数字可以出现 1 次，也可以出现 2 次；

（5）“*”“？”分别用于匹配一个字符出现的次数或顺序。其中，a?表示匹配字符串中有 0 个或者 1 个 a，a*表示有任意个 a，a{3}表示必须有 3 个 a。“？”可以理解成占位符，这样就可以规定匹配字符串中的某一个特定位置；

（6）“|”用于匹配或的字符，比如（a|b），用于匹配 a 或者 b；

（7）正则表达式中的限定符最常用的是 i，表示对大小写不敏感。

preg_match()函数用于搜索待检测变量中有多少个符合正则表达式的字符串，如果有匹配的，返回 1；反之，则返回 0。所以，它经常被用于检测用户的输入是否有能够匹配的字符串。

我们在这里还是以第 10 章中的点餐系统为例来讲述输入信息合法性，如图 11.1 所示。

图 11.1

我们可以用一个关联数组检查用户输入的套餐编号和用餐人数的合法性，于是，我们可以定义一个错误提示数组，并且给出初始值，如下：

```
$errors = array('name'=>'','pCount'=>'');   //其中键值 name 保存的是套餐值，pCount 保存的是用餐人数。
$name = "";
$pCount = 0;
```

接着，我们就可以针对用户输入的信息进行验证，如下：

```
if((isset($_POST['submit'])
```

```
{
    if(empty($_POST['name'])) //如果输入的套餐名为空
    {
        $errors['name'] ='请输入套餐编号</br>';
    } else{
            $name = $_POST['name'];
            if(!preg_match('/[0-3][0-9]/',$name)){
               $errors['name'] = '对不起，您输入的套餐编号不存在，请重新输入';
            }
      }
    if(empty($_POST['pCount'])) ////如果输入的用餐人数为空
    {
        $errors['pCount'] = '请输入就餐人数</br>';
    } else{
            $pCount = $_POST['pCount'];
            if(!preg_match ('/^\d{1,2}$/',$pCount)){
            $errors['pCount'] = '对不起，您输入的人数不正确，请重新输入';
            }
    }
```

最后，我们希望这些错误提示在用户下单时就出现。所以，我们需要在点餐信息的两个输入框下方再分别添加一个 div 容器，用于输出相应的错误提示语，如下：

```
<input type="text" name="name" />
//添加下面这一行，用到了 bootstrap 的样式 alert-primary
<div class="alert-primary"><?php echo $errors['name'];?></div>
<input type="password" name="pCount" placeholder="1"/>
<div class="alert-primary"><?php echo $errors['pCount']?></div>
```

最终实现的效果如图 11.2 所示，当用户什么也不输入并直接点击下单按钮时，就会出现下方蓝色（显示为深色）背景的错误提示语。

图 11.2

现在我们来总结一下，上述代码实现过程中的重点在于 if 语句判断的逻辑和 preg_match()函数中的正则表达式的设计。这里，if 语句判断的逻辑是当用户输入信息为空时，就向用户发出请输入相关信息的提示，否则，就利用 preg_match()函数检查已输入的信息，其中，由于菜肴的套餐编号只能是两位数字，且范围是[00-39]，于是就用下面的代码来检测其输入的套餐信息是否正确：

```
preg_match('/[0-3][0-9]/',$name)
```

类似地，用餐人数的范围是 1~99，因此通过下面的代码检测用餐人数是否合法：

```
preg_match ('/^\d{1,2}$/',$pCount)
```

如果输入 0 或 100，就属于非法输入，需要提示用户重新输入。

请你尝试补齐 11.1.2 节中的所有代码，实现如图 11.2 的效果。如果仍然有错，请参考书中 11-1-makeAnOrder.php 的完整源代码。注意，刚开始，正则表达式的设计会比较难，在具体应用时，可以利用互联网搜索常见信息验证的正则表达式，再逐渐地总结其中的经验，慢慢地就可以设计出新问题的解决方案了。

11.1.3　跳转到指定页面

当顾客点完餐后，点餐信息应该显示在另一个列表页面上，这样顾客就可以很容易看到他现在排在第几位。那么我们该如何做页面的跳转呢？一起来看一下。

关于页面的跳转，PHP 给我们提供了一个 header()函数，我们可以传入参数，比如 header('Location: 11-1-list.php')，就可以实现浏览器的自动跳转到 11-1-list.php 页面，我们可以在验证用户输入之后，添加如下代码，保证该页面没有错误，便可以正常跳转到下一个用户点餐的页面：

```
//上接输入信息验证的代码
if(!array_filter($errors)){
        header('Location: 11-1-list.php');
}
```

上述 PHP 代码中，需要特别指出的重点是 array_filter()函数，它的基本用法如下：

```
array_filter($数组名[$callback, [$flag])
```

该函数的含义是利用回调函数过滤数组中的元素，它包含三个参数。第一个参数“$数组名”是传入的数组变量，第二个参数“$callback”是回调函数，第三个参数“$flag”只作为$callback 接收的参数形式，默认情况下$flag=0。其中第一个参数是必须要指定的，它是要过滤的数组，第二和第三个参数中的“[]”表明它们是可选的，也就是可以指明，也可以不指明。

这里我们只是希望遍历$error 数组中的每一个值，并过滤掉值为空的情况；因此，只需要指定要过滤的数组即可，array_filter($errors)会自动遍历$errors 数组中的每一个值，如果发现有不为空的情况，则返回该结果。而经过取反操作后，该结果则为 false。只有当$errors 数组中所有的值都为空，它的取反操作才为 true，才会执行跳转到 11-1-list.php 的页面，如图 11.3。

可以看到，图 11.3 中多出了订单列表的字样，但是却未显示用户刚才提交的点餐信息，这是因为我们并未将这些数据传给 11-1-list.php。在实际的应用中，有两种方式可以实现页面间动态数据的传递。

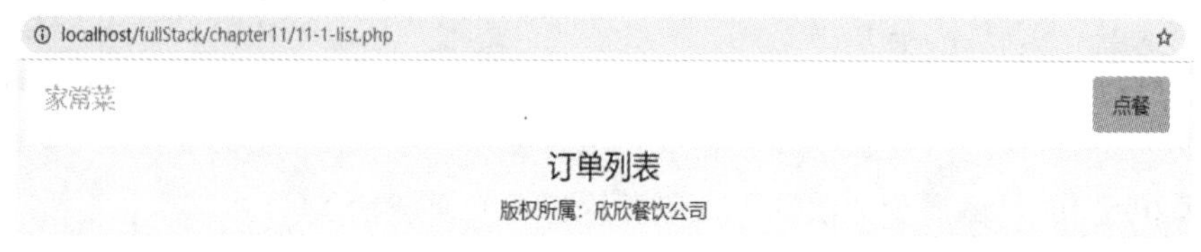

图 11.3

（1）一种是当用户提交数据的同时，便将该数据插入到数据库中保存，然后订单列表页面再通过读取数据库中的内容，便可以显示所有已下的订单。

（2）一种是利用 session 变量实现传值，关于它的用法我们将在 11.4 节中展开介绍。

下面，我们将引入数据库的部分，看看 PHP 脚本是如何与数据库合作的。

11.2　保存数据到数据库中——MySQL

终于到数据库了，一直以来它都很神秘，从字面意思来看，它是存储数据的仓库。但是想要存储数据到这个仓库，可没那么容易，到底数据库藏着什么秘密呢？这一节就一一为你揭晓。这里我们以 MySQL 数据库为重点来学习数据库的相关知识。

MySQL 是一种关系型数据库管理系统，它首先有一个特定的库，这个库里存储着大量的数据表（横竖的表格，见图 11.4），每一个数据表都保存着大量数据。数据表的样子和 Excel 表格类似，也有列名，每一行叫一条记录，不同的是它会借助 SQL （Structure query language：结构化查询语言），实现对数据库的查询、插入、删除和更新等操作，而 Excel 是手动插入每一行数据。

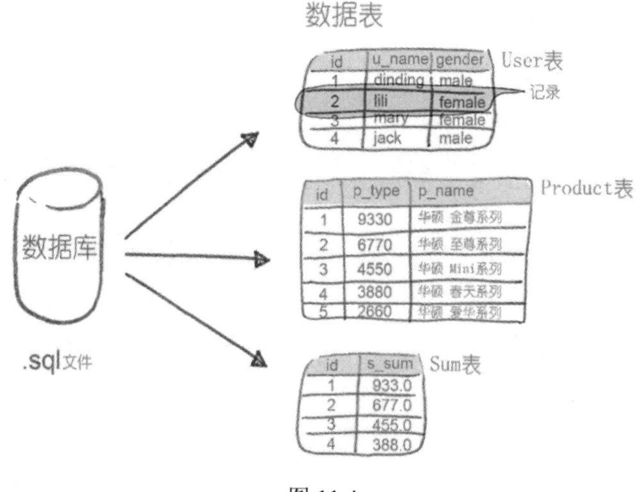

图 11.4

前面我们知道，当 PHP 程序获取到用户提交的数据，如果希望保存这些数据，并用于将来的检索查询，那么就需要用到数据库，这里我们从 MySQL 开始，一路上将看到 PHP 如何连接数据库、如何完成对数据的访问，并将读取到的数据输出在页面中。

为了保存数据，首先，必须要创建一个数据库，接下来，我们看看如何在 Xampp 提供的 phpMyAdmin 界面创建数据库。

11.2.1 在 phpMyAdmin 中创建数据库

具体操作步骤如下：

（1）打开 MySQL 服务，单击 Start 按钮即可，如图 11.5 所示。

注意：绿色代码表示正在执行，红色背景表示有错误，无法正常开启，窗口下方的消息状态栏会提示出错原因。

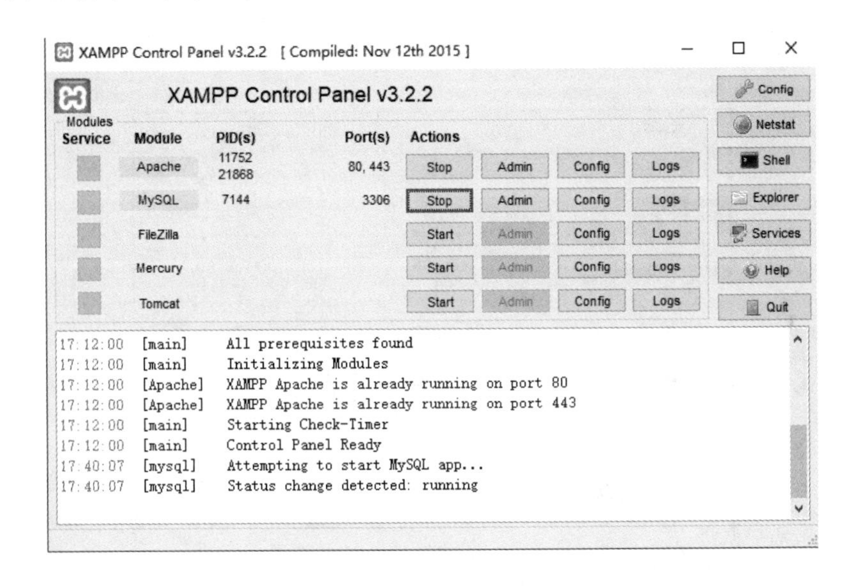

图 11.5

（2）在图 11.5 中单击 start 按钮之后的 Admin 按钮，就会打开如图 11.6 所示的数据库界面。在该界面中，我们可以为某一个项目创建数据库和数据表，输入数据库操作命令，对数据表的数据进行增删改查等基本操作。如果你单击右侧的“数据库”，就可以进一步看到每一个数据库的详细信息，通过单击第一个数据库的名字，可以看到它包含很多张数据表。如果你想返回，那么就单击 phpMyAdmin 图标。

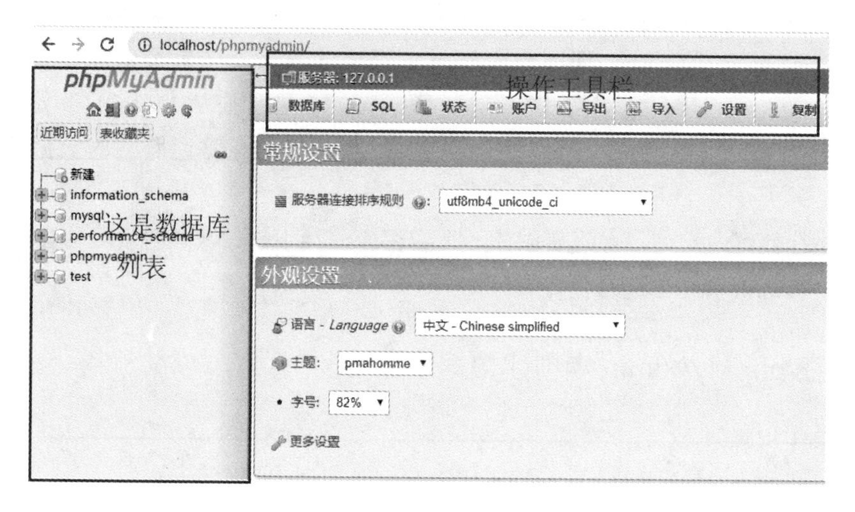

图 11.6

（3）新建一个数据库，单击图 11.6 中“操作工具栏”上的数据库，新建名为 order_list 的数据库，并选择编码方式为 utf8_bin（图 11.7）。

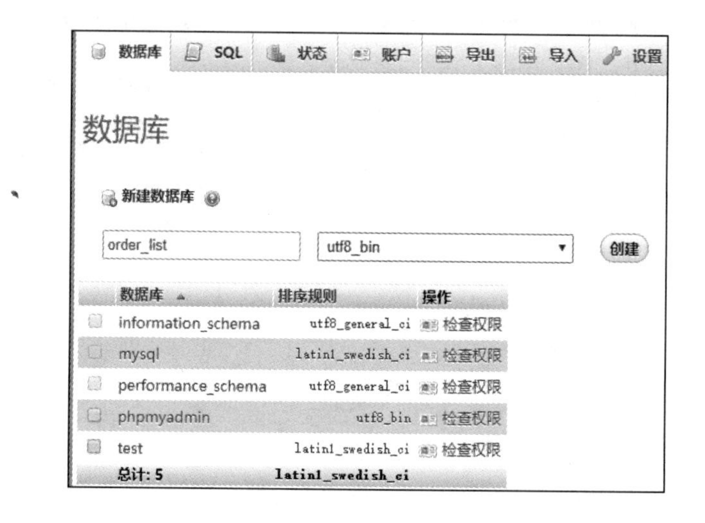

图 11.7

接下来，需要向该数据库中添加数据表。可以通过单击左侧的数据库列表，找到刚才新建的 order_list，单击前面的“+”图标，找到“新建”，打开如图 11.8 的页面。此时，可以输入数据表的名称：orders，总列数为 4 列，每一列的信息参考图 11.8，这 4 列的名称为 id、dish_names、pCount 和 eatType。同时，还要根据每一列中值的类型选择相应的类型、长度、排序规则、属性等。其中，每一列的属性说明如下：

（1）id：它是订单的编号，值的类型为 INT 整型，最大长度为 8，并且它是这张表的主键（PRIMARY），表明它可以唯一地标识每一条记录。同时，规定它的值随着每一条记录自动加 1，即勾选 A.I。一个数据表只能有一个主键，它可以被用来执行查询操作；

（2）dish_name：这一列下的值的类型为 VARCHAR（可变字符串类型），最大长度为 255 个字符，其他属性为默认；

（3）pCount：这一列下的值的类型为 INT（整型），最大长度为 32 个字符，其他属性为默认；

（4）eat_Type：这一列的属性设置同 pCount。

最后，单击数据表名最右侧的“执行”和“保存”按钮，就完成了数据表的建立，如图 11.8。

图 11.8

（5）你可以单击“结构”，查看新建的数据表结构，如图 11.9 所示。

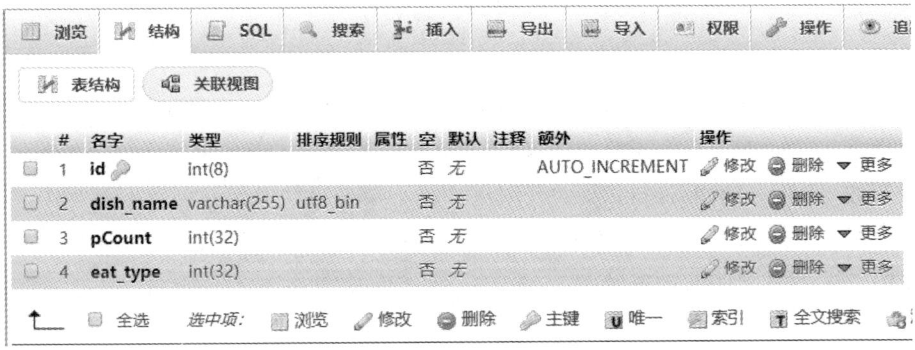

图 11.9

至此，数据库创建完毕，但它里面的数据表还是空的，没有任何记录。

接下来我们要手动往表中添加新的记录，可以选择“插入”，在值的最后一列依次输入对应的值（见图 11.10）。

图 11.10

于是，打开工具栏上的“浏览”，就可以看到插入的三条记录，如图 11.11 所示。

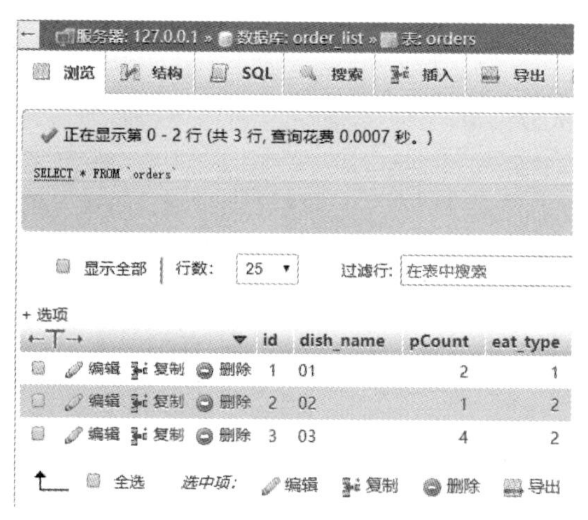

图 11.11

有了以上的数据库，接下来，我们就可以通过 PHP 程序连接数据库，实现对数据的更新和查询。具体的，我们需要两步操作：

（1）通过 makeAnOrder.php 页面获取用户的下单信息，并保存到数据库中；

（2）通过 list 列表页面读取数据库中的所有记录并显示。

我们逐一来看具体的实现过程。

11.2.2　PHP 连接数据库

首先，你要知道数据库可不是所有人都能随便访问的，连接需要拥有权限，我们暂时只使用默认的账号，在工具栏中打开“权限”，可以看到图 11.12 中显示的三个用户拥有访问目前数据库中数据表的权限，他们都是根用户，所以权限是很大的。现在你只需要知道，我们可以允许从 localhost 或 127.0.0.1 服务器发出的 php 程序访问上一节已创建的数据库。

图 11.12

为了更好地理解和加以区别，我们复制 11-1-makeAnOrder.php 中的所有代码，并粘贴至 11-2-makeAnOrder.php。这里，我们唯一需要添加的代码是：当确认用户的输入没有任何错误时就可以尝试连接数据库。要添加的代码如下：

```
    if(!array_filter($errors)){
        //下面是新添加的代码
        //连接数据库
        $conn = mysqli_connect('localhost','root','','order_list');
        //检查连接是否成功
        if(!$conn){
            echo '连接错误: '.mysqli_connect_error();
        }
        else{//成功的话，就向数据库中的添加记录
            $sql  =  "INSERT  INTO  orders(dish_name,  pCount,eat_type)
VALUES('$name','$pCount','$type')";
            $result = mysqli_query($conn,$sql);
            //执行插入的查询语句
            if($result){
                echo "新记录插入成功";
                header('Location: 11-1-list.php');
            } else{
                echo "插入错误";
            }
        }
    }
```

上述代码中，我们通过 mysqli_connect('localhost','root','','order_list')语句实现了连接数据库的操作，该函数返回一个连接值。如果该连接失败，则给出提示信息，如果连接成功，则将用户新提交的订单，插入到数据库的 orders 表中。然后通过 mysqli_query($conn,$sql)执行这个插入数据的查询操作。如果插入成功，则有返回值，此时，可以直接跳转到 11-1-list.php 页面。如果插入失败，则没有返回值，需要提示用户。

同时，你还需要注意，form 表单中处理该请求的 php 脚本文件也需要做出如下修改：

```
<form class="bg-white" action="11-2-makeAnOrder.php" method="post">
```

这里最关键的一条命令是向数据库中插入记录的插入语句：

```
$sql = "INSERT INTO orders(dish_name,pCount,eat_type) VALUES('$name',
'$pCount','$type')";
基本用法是 INSERT INTO 数据表名(列名 1，列名 2，列名 3...) VALUES('值 1'，'值 2'，
'值 3'…);
```

容易出错的地方

在上述 11-2- makeAnOrder.php 代码中，容易出错的地方在于：

（1）数据表名一定要对；

（2）列名不需要加''；

（3）插入的值一定要和列名对应，并且要用''括起来；

（4）注意''和""的匹配。

恭喜你完成了对数据库的连接，接下来，我们需要在 11-1-list.php 页面中实现数据库的查询操作，即读取出数据库中所有订单记录。

11.2.3 从数据库获取数据

本节我们要在 list 页面实现两个任务：

（1）读取数据库中的所有订单记录，包括刚才新添加的数据记录；

（2）在页面的订单列表处，显示出当前的订单信息。

为了区别，我们复制 11-1-list.php 中的所有代码，并粘贴至 11-2-list.php，并在最上方添加如下代码，以实现对数据库的查询操作：

```
<?php
  //连接到数据库
  $conn = mysqli_connect('localhost','root','','order_list');
  //检查连接是否成功
  if(!$conn){
   echo '连接错误：'.mysqli_connect_error();
  }
  //接下来需要查询数据库中的数据
  //向数据表 orders 发起一个检索，获取所有下单信息
  $sql = 'SELECT * FROM orders';
  //执行插入的查询语句
  $result = mysqli_query($conn,$sql);
  //获取记录,并保存为数组
  $orders = mysqli_fetch_all($result,MYSQLI_ASSOC);
?>
```

为了成功的获取数据库中的数据，可以向上述代码添加一条语句如下：

```
echo json_encode($orders);
```

如果上述代码一切正常，你将看到如图 11.13 最上方所示的三条结果数据。

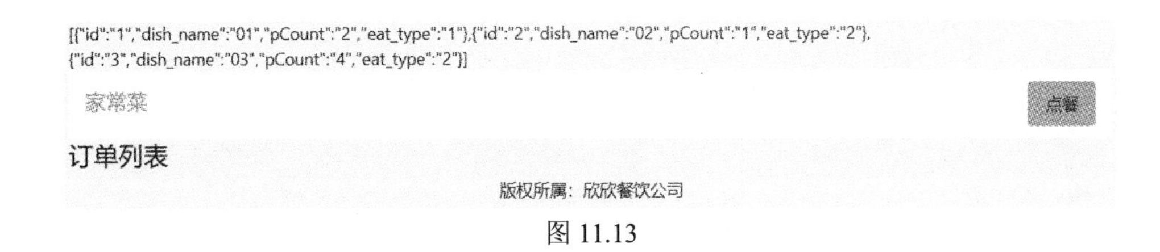

图 11.13

目前，这些查询到的数据是以 json 格式展示的，对于用户来说很不友好，所以接下来需要借助 HTML 代码来将其包装成可视化的友好内容。

11.2.4　数据输出到模板化的 HTML 页面

这一节，我们需要制作 HTML 模板，将从数据库中查询到的$order 数组中的每一条记录，显示到 HTML 页面中，见图 11.14。

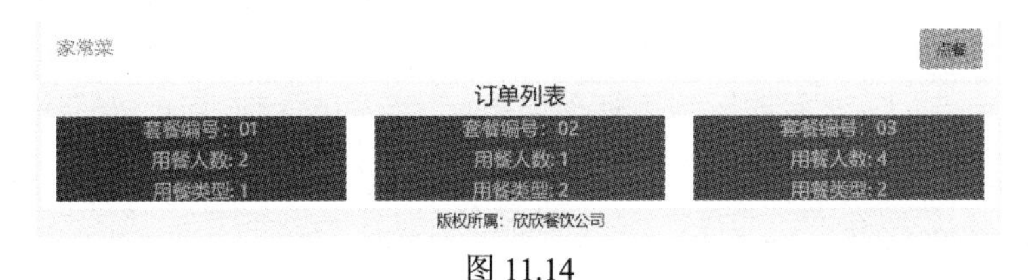

图 11.14

为了实现这个目标，我们需要写一段 HTML 和 PHP 混合的代码，请一定记住，静态不变的部分就用 HTML 代码，而需要动态获取的数据变量中的内容，必须要通过 PHP 代码来实现，而 PHP 与 HTML 相结合就在于以下两个方面：

（1）PHP 能够实现对从数据库查询到的所有订单数据的循环遍历，可以借助 foreach() 函数；

（2）PHP 要从数据库获取的每一条记录的值输出到 HTML 指定的位置，因此，这里 PHP 主要用于输出。

防止出现漏洞的习惯养成

注意养成一个好习惯，只要是需要执行 PHP 代码的，就一定要用<?php?>包裹起来，不然浏览器是无法解析内部循环，也无法解读 PHP 代码中定义的变量。

以下是 11-2-list.php 的主要实现代码：

```
<!-- 这是原有的头部代码-->
<?php include('templates/10-5-header.php'); ?>
    <!-- 这是新添加的展示读取数据库记录的代码-->
    <h4 class="h4 text-center">订单列表</h4>
    <div class="container m-l ">
        <div class="row bg-white">
            <?php foreach($orders as $order){ ?>
            <!--弹性盒子输出-->
            <div class="col s6 m3">
```

```
                    <div class="text-center bg-primary">
                        <p class="h5 text-warning"><?php echo "套餐编号: ".$order
['dish_name']?></p>
                        <p class="h5 text-warning"><?php echo "用餐人数: ".$order
['pCount']?></p>
                        <p class="h5 text-warning"><?php echo "用餐类型: ".$order
['eat_type']?></p>
                    </div>
                </div>
                <?php }?>

            </div>
        </div>
    <!-- 这是已有的底部代码-->
    <?php include('templates/10-5-footer.php'); ?>
```

上述代码中，由<?php ?>包裹起来的代码就是 PHP 脚本，其中，第一句 foreach($orders as $order)就是遍历$orders，下方的若干行 HTML 代码是对每一条记录的布局，效果是让每一条记录都能在一个蓝色背景块中显示，并且文字的颜色为姜黄色，这些记录块还将以弹性盒子的方式平均分布在一行内显示。其中具体的套餐编号、用餐人数和用餐类型的数据都来自每一条的$order 记录，所以可以通过$order ['dish_name']访问到，并且这些需要输出到页面，所以要通过 php 的 echo 语句输出。最后别忘了，foreach 语句还有一个结束的“}”，所以还要有最后一行 php 脚本。

至此，两个 php 脚本文件已经完成。一旦有用户下单，那么这些订单数据会首先在下单页面（11-2-makeAnOrder.php）中被保存到数据库中，并立即跳转到订单列表页面（11-2-list.php），列表页面则通过查询实时数据库，得到最新的订单信息，如图 11.15 所示，有三个新的订单出现。

至此，在线点餐系统就圆满完成。

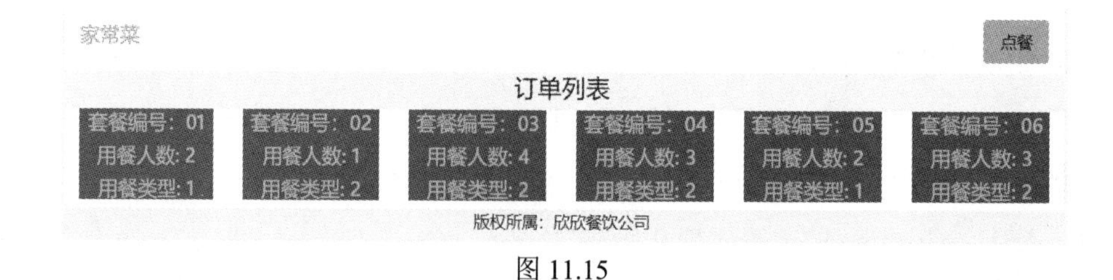

图 11.15

通过完成在线点餐系统的实践案例，我们再来总结一下 PHP 与 MySQL 之间的合作要领；关键点包括 4 个方面：

（1）要有已创建好的数据库和数据表；

（2）php 脚本负责接收前端发来的数据；同时，为了实现页面间传递数据和动态更新页面中的数据，这些前端发来的数据需要保存至数据库；

（3）MySQL 负责管理数据，包括将 php 脚本取得的数据添加到已有的数据表中，以及实现数据的查询功能；

（4）php 脚本还要将与前端的 HTML 代码合作，将查询到的数据显示到屏幕上。

其实，在动态网页中，php 脚本并不经常为前端页面直接显示数据，因为 php 脚本需要运行在服务器端，因此这些负责显示内容的代码必须依靠用户发出请求的方式才能实现，而一旦用户发出的请求数量过多，会造成服务器的巨大压力。所以，PHP 的重点工作只是为前端页面提供数据的接口，而关于这些数据如何在页面显示的问题，还是交给那些前端技术吧！

接下来，让我们去了解关于 PHP 是如何向前端提供数据接口的。

11.3　PHP 为前端页面提供数据接口

前端页面一般只负责展示页面内容，它若想与数据库进行交流，必须要经过后端脚本（比如 PHP）提供的数据接口服务作为桥梁。

11.3.1　再次明确何为接口

现在请你想象有一天，你成为一名后端开发工程师，你把数据库管理得很好，并且 PHP 程序逻辑功能强大且完善，但是项目经理下达任务，说你的下一步工作是需要跟前端工程师对接，前端希望允许用户产生自己的内容，并保留这些内容和收藏记录。于是，前端工程师跑来找你要数据。难道你要直接给他 sql 文件和 php 的文件吗？当然不是，因为他可能根本看不懂你的 PHP 代码和数据库的关系。

你真正需要的是给他提供一个接口，通俗地说就是一个前端和后端的连接桥梁。作为前端的一方，希望通过 url 发出一个带参数的请求，从而向后端获取想要的数据，如果数据获取成功，就可以将它展示在前端的 HTML 页面；而在后端这一边，则需要封装一个 PHP 程序，该程序不仅要提供给一个 url 获取数据的接口，还要将数据库获取到的数据封装成前端可以接收的格式，比如 json。

写接口是后端开发中一个很重要且必备的技能，它并不难。接下来，让我们通过示例来进一步了解 PHP 中接口的实现。

11.3.2　实现接口的两种方式

一般来说，接口的主要目标是实现对数据库的访问和读取数据，并最终输出 json 格式的数据。这里提供两种常见的用法。

方式一：MySQLi 实现数据接口

第一种接口的实现方式在前面我们已经实现了，看一下 11-4-read-json.php 主要代码。

```
<?php
   //1.连接到数据库
   $conn = mysqli_connect('localhost','root','','order_list');
   //2.检查连接是否成功
   if(!$conn){
      echo '连接错误: '.mysqli_connect_error();
   }
   //3.查询数据
   $sql = 'SELECT * FROM orders';
   //4.执行查询语句
   $result = mysqli_query($conn,$sql);
   //获取记录,并保存为关联数组
   $orders = mysqli_fetch_all($result,MYSQLI_ASSOC);
   //封装成json格式的数据，并输出
echo json_encode($orders);
?>
```

基于以上脚本程序，前端就可以通过 http://localhost/fullStack/php/11-4-read-json.php，得到数据库的数据并以 json 格式输出到浏览器中，如图 11.16 所示，当然在实际的应用中，前端会通过 HTML、CSS 和 Java Script 将这些数据以更好的方式展示。

[{"id":"1","dish_name":"01","pCount":"2","eat_type":"1"},
{"id":"2","dish_name":"02","pCount":"1","eat_type":"2"},
{"id":"3","dish_name":"03","pCount":"4","eat_type":"2"},
{"id":"4","dish_name":"04","pCount":"3","eat_type":"2"},
{"id":"5","dish_name":"05","pCount":"2","eat_type":"1"},
{"id":"6","dish_name":"06","pCount":"3","eat_type":"2"}]

图 11.16

方式二：PDO 实现数据接口

PDO 是 PHP 中的数据对象（PHP Data Object），该对象提供了一个简单的接口，用于实例化一个对象，从而实现 PHP 对数据库的查询和获取数据，PDO 的一般用法是通过传递访问数据库需要的参数。

```
$dbo  = new PDO(dns, db_name, username, password);
其中，dns: 是域名，取值的格式一般为数据库类型:主机名
db_name: 是数据库名称
username: 是数据库访问者的用户名
password: 是数据库访问者的密码
```

如果采用 PDO 实现数据库的访问，并输出返回的结果，其主要代码如下：

```
<?php
   //为新建 PDO 对象所需要的参数给出初始值
   $dbms='mysql';              //数据库类型
   $host='localhost';          //数据库主机名
   $db_name='order_list';      //使用的数据库
   $user='root';               //数据库连接用户名
   $pwd='';                    //对应的密码
   $dsn="$dbms:host=$host;dbname=$db_name"; //依靠上述参数封装一个url
```

```
try {
      //1.创建数据库连接
      $dbo = new PDO($dsn, $user, $pwd); //初始化一个 PDO 对象
      //2.创建查询语句
      $sql = 'SELECT * FROM orders';
      //3.执行查询语句
      $sql_pre = $dbo->prepare($sql);
      $affected_rows = $sql_pre->execute();
      //4. 判断查询语句是否生效，通过判断所影响的记录的行数
      if($affected_rows >0){
          //通过 fetch 方式获取数据库中的数据
          $sql_pre->setFetchMode(PDO::FETCH_ASSOC);
          $result = $sql_pre->fetchAll();
          //将取得的结果以 json 格式输出
          echo json_encode($result);
       }else{
        echo "数据库查询失败！";
       }
   } catch (PDOException $e) {
      die ("错误!: " . $e->getMessage() . "<br/>");
   }
?>
```

上述代码的输出结果与图 11.16 一致，你可以试试。

这里提供了两种实现接口的方式，你可以根据自己的习惯选择任意一种。

11.4　服务器端存储少量数据的两种方式：Cookie 和 Session

第 9 章我们就介绍过 Cookie 和 Session 的用法，它们的存在解决了 Web1.0 时代无法记录用户身份的问题；而它们的作用是临时保存少量与用户访问网站相关的数据，比如登录信息、浏览过的商品、个性化定制的内容、用户的喜好（比如经常浏览一些品牌的商品）等。

在前端开发的任务中，JavaScript 脚本通过 document.cookie 保存用户的数据，比如登录信息。其实，Cookie 和 Session 更多的用法是在于后端开发的应用中，因为这些临时保存的数据有时需要与长久保存在数据库中的数据保持联系，比如登录信息需要与数据库中的登录数据做验证，才能告诉前端页面登录信息是否正确。

首先我们来看一下这两种方式的使用特点：

第一，存储少量数据，由于 Cookie 和 Session 本身的限制，我们只能将与用户相关的重要数据临时保存起来，比如 Cookie 只能存储小于 4kB 的数据，而 Session 则能存储不超过 5MB 的数据；

第二，临时存储，即它们保存的数据不是永久的，而是临时性的。这个也很好理解，因为这些数据需要定期更新，另外，Session 的重点在于存储一个用户在短时间内对一个网站的

访问过程中发生的多次会话。因此，这些特点都决定了临时存储的特点。比如，Cookie 需要设置过期时间，而 Session 保存的数据在用户选择退出登录或关闭浏览器时就不存在了。

接下来，让我们进一步了解 Cookie 和 Session 的用法。

11.4.1 Cookie：数据临时保存在客户端

Cookie 是服务器暂时存储在客户端计算机硬盘中的一个文本文件，文件中保存的是用户身份和访问网站的特征数据，比如用户名、密码、上一次的访问时间以及个性化设定等重要信息。有了这些信息，当用户再次访问网站时，该网站会通过读取 Cookie 文件中关于该用户的特定信息，从而迅速做出响应，比如已经记录了上次登录时输入的用户名和密码，这一次就不用再次输入了。因此，我们在服务器端设置 Cookie，是为了跟踪和识别用户的身份，设置时则必须依靠 PHP 脚本。

首先，我们来看看 PHP 是如何设置 Cookie 和获取 Cookie 文件中存储的数据。

1. 创建 Cookie 和获取 Cookie

PHP 为我们提供了 setcookie()函数创建 Cookie。它的基本用法如下：

```
setcookie(name, $value, $expire, $path, $domain, $secure, bool $httponly);
```

上述函数中的每一个参数的含义如下表 11.1 所示。

表 11.1

参数名称	含义说明
name	Cookie 的变量名称，一般是字符串常量
value	对应名称中存储的值
expire	用于设定 Cookie 失效时间。可以通过 time()函数+总秒数，比如 time()+60*60*24*10，其中 time()是获取系统的当前时间，而后面的数值单位是秒，所以 1 小时是 60*60 秒，一天 24 小时，10 天就乘以 10，最后就表示设置 Cookie 中保存的数据 10 天后过期。如果是让它失效，则需要给出一个过去的时间即可。如果不设置这个时间，则 Cookie 的声明周期随着为浏览器的会话周期，即关闭浏览器，Cookie 便自动消失，这种 Cookie 不会保存在硬盘上
path	设置 Cookie 在服务器端的有效路径。默认情况下是当前目录有效。如果设置该参数为"/"，则它在网站的整个域名都有效。如果设置为"/a"，则它在域名下的/a 目录及其子目录有效
domain	设置 Cookie 有效的域名。如果想要设置在 wazx.com 域名下的所有网页都有效，则应该将它设置为 wazx.com
httponly	设定 Cookie 是否仅通过安全的 HTTPS，其值是 1 时，Cookie 只在 HTPPS 的连接上有效；其值为 0 时，则 Cookie 在 HTTP 和 HTTPS 的连接上均有效

看一个 php 脚本创建 Cookie 的例子，代码如下：

```
<?php
  $expire=time()+60*60*24*10; //以 10 天后过期
  setcookie("user", "123456@qq.com", $expire);
  if (isset($_COOKIE["user"]))
```

```
        echo "欢迎 " . $_COOKIE["user"] . "!<br>";
    else
        echo "普通访客!<br>";
?>
```

上述代码中，一旦设定了 Cookie，用户名 123456@qq.com 就暂时保存在了客户端的 Cookie 文件中，该文件一般保存在用户的系统盘中，服务器会自动生成一个 txt 文件。文件中的数据都会经过加密处理，表面看起来只是一些数字和字母的组合，但是服务器上特定的处理程序会知道它们真正的含义。有了这个文件，在接下来的 10 天内，总能看到欢迎 123456@qq.com 的提示语。

Cookie 的关键用法小提示

关于 setcookie()的用法中，一定要注意前两个参数 name 和 value 的取值只能是字符串类型的变量或常量。

另外，由于 Cookie 是 HTTP 头部请求中的一部分内容，而在客户端与浏览器传递信息的过程中，首先必须传递 HTTP 头部数据，再传递页面的输出内容。因此，setcookie()函数之前不能有任何 echo 语句，甚至一个空行都不行，否则就会报错。

2. 删除 Cookie

有时你也可能希望删除 Cookie，那么就给 expire 属性设置一个过去的时间，最简单的做法就是用当前时间 time()减去 *n*（*n* 可以是任意整数）。比如：

```
// 设置 cookie 过期时间为过去 1 小时
setcookie("user", "123456@qq.com", time()-3600);
```

于是，你会发现再次刷新 Cookie 页面，输出内容就变成了普通访客！

3. 设置 Cookie 的目的

服务器端设置 Cookie 的目的主要体现在如下三个方面：

（1）记录用户的信息；

（2）在不同的页面之间传递值，由于 HTTP 通信是无状态的，当第一次打开一个页面，其中客户端与服务器可能已经传递了用户的 ID 值，这个 ID 值不会自动带入到下一个页面，因此，就需要将它存储在 Cookie 中，实现 ID 值在不同页面间的传递；

（3）提高用户下次访问同一网站的速度，这个是浏览器通过将用户访问过的页面信息存储在 Cookie 的临时文件夹中实现的。

11.4.2 Session：会话数据临时保存在服务器端

Session 用于存储浏览器和服务器之间的一次会话（session）过程中产生的与用户相关信息，一次会话是指用户从请求页面到退出页面的过程。每当启动一个 Session 会话，系统会自动生成一个随机且唯一的 Session_id，也就是 session 的文件名，该文件存储在服务器的内存中。当用户关闭该页面时，此 session_id 会自动注销。重新打开该页面时，会再次生成一个随机且唯一的 Session_id。

Session 一般用于存储与用户相关的信息，这个信息主要用于在多个页面之间传递数据，从而让服务器知道这些会话的请求始终来自同一个用户。如果没有 session 对用户信息的存储，那么用户不得不打开一个页面就登录一次，以实现服务器对用户身份的确认。

PHP 中，创建会话需要经过启动会话、注册会话、创建会话和删除会话等四个步骤。其中，注册会话 php.ini 文件已经为我们设置完毕，所以本节不再赘述。接下来，我们逐一拆解其他三个步骤。

1．开启会话

PHP 允许我们通过 session_start()函数开启一个会话，比如下面的 php 脚本：

```
<?php session_start(); ?>
```

上面的代码告诉服务器，该 php 页面将开启一个 session 会话。同时，系统会为此次会话分配一个 UID，这个 UID 的有效期是直到会话结束，比如用户关闭页面或退出登录。

Session 的关键用法小提示

关于开启一个会话的语句最好放在首次记录用户信息的 php 文件的第一行，这一点很重要，以避免出现不必要的麻烦。

2．创建并使用 session

PHP 提供了超级变量$_SESSION，于是，session 的创建和使用就变得十分简单，就是一个赋值和一个访问。看下面的例子代码：

```
<?php
  $email = "123456@qq.com";
  $_SESSION['email'] = $email; //赋值
  if(isset($_SESSION['email'])){
    echo $_SESSION['email']; //访问
  }else{
    echo "session 未设定！";
  }
?>
```

其中，需要通过 isset()函数判定是否已经设置了保存 email 的 Session 变量。如果已设定，则可以访问其中的值，如果未设定，则无法访问。

3．销毁 Session

Session 变量用完后，还要销毁。通常有两种做法。

（1）采用 session_destroy()函数，具体的 php 脚本代码如下：

```
<?php
  session_destroy();
?>
```

（2）采用 unset()函数，具体的 php 脚本代码如下：

```
<?php
  unset($_SESSION['email']);
?>
```

其中，unset()函数的好处是可以指定要删除的 Session 变量。而 Session_destroy 表示要彻底销毁 Session 变量。

一般在用户退出登录的时候，就要销毁 Session。

11.4.3　Cookie 和 Session 的区别

在 PHP 中，虽然 Cookie 和 Session 都可以用于临时保存少量数据，但是两者在用法上还是存在一些区别的，主要不同之处见表 11.2。

表 11.2

编号	Cookie	Session
1	Cookie 保存的数据存储在客户端的本地主机上或浏览器中	Session 是将数据保存在服务器上
2	Cookie 数据的安全性不高，因为它需要携带在每一次的 HTTP 请求中	Session 数据的安全性相对较高，因为它不会在 HTTP 请求中携带
3	Cookie 数据只能是字符串类型数据，且大小不能超过 4kB	可以存储对象数据，但数据的大小要小于 5MB
4	Cookie 数据经常被用于未来的引用	Session 数据仅在一次会话中有效，不会再持续到新的会话。
5	Cookie 数据支持跨页面	Session 数据支持跨页面访问

就表 11.2，我们需要重点了解三个方面。

（1）安全性问题。Cookie 由于保存在客户端的计算机上，有人担心它会被坏人利用，比如盗取。这一点请你放心，浏览器为我们想到了这一点，它只允许创建 Cookie 的网站访问本地的 Cookie 数据，因此，不用担心用户的个人信息泄露。而 Session 中的数据保存在服务器端，普通用户是没有权限访问和修改的，相对比较安全。但是这种安全带来了另一个问题，就是客户端需要不断向服务器发出请求，以使用 Session 中的数据，如果有大量用户同时访问一个网站，这会给该网站的 Web 服务器带来很大的压力。

（2）关于生命周期。Cookie 的生命周期是由 expire 指定的，如果我们不指定 Cookie 的失效时间，它的生命周期就是浏览器与服务器之间会话的时间。这种 Cookie 一般不会保存在用户计算机的硬盘上。另外，虽然 Cookie 可以长期保存在客户端的浏览器中，但是它的数据也不是一成不变的，比如用户修改了用户名和密码。另外，浏览器最多能够存储的 Cookie 文件的数量是有限的，一般来说，一个网站的域名最多支持 20 个 Cookie，如果超过该限制，则将自动随机删除。Session 变量中没有关于声明周期的设置，但其实我们可以通过 session_set_cookie_params()函数来设置 Session 的失效时间，这个留给你自己去钻研。

（3）关于使用场景。Cookie 主要用于存储用户的登录信息，免去未来多次重复输入账号和密码等信息的麻烦，而 Session 比较常见的应用是多个页面间传递数据，比如在一个电商网站，需要首先在首页选择目标商品类别，然后在商品页选择心仪的物品，接着将所选的商品加入购物车页面，最后去支付页面完成支付，并生成一个订单页面。这么一次简单的网上购物的经历，就需要打开至少 5 个页面才能完成。由于 HTTP 的无状态特征，服务器必须依靠 Session 来持续跟踪用户的身份信息，从而告诉相应的程序这些页面其实都来自同一个用户与服务器之间的不同会话。

11.4.4　实践案例：Cookie 和 Session 在登录中的应用

本节我们通过两个实践案例，进一步体会 Cookie 和 Session 在实现用户登录应用中的不同表现。

示例 1：Cookie 实现七天内免登录

Cookie 最重要的作用是可以将用户的登录身份保存一段时间，比如 7 天内记住用户的身份。这个示例比较简单，我们只需要两个脚本程序。

（1）11-4-login-form-cookie.php，其中包含一个登录表单，用于接收用户的输入，其中有一个“七天内记住我”的预先选定的复选框，一旦用户勾选，就可以实现自动填入登录信息，页面的效果如图 11.17 所示。

图 11.17

（2）11-4-cookie-login-check.php，它的任务有两个，第一是验证用户提交的登录信息与数据库中的数据是否一致；第二是判断用户在第一次登录时，是否勾选了“七天内记住我”，如果是则创建 Cookie，并保存输入的信息，用于下次登录时的自动填入。

其中，11-4-login-form-cookie.php 的主要代码如下：

```
<!DOCTYPE html>
<html>
  <head>
      <meta charset="utf-8">
      <title></title>
```

```
    <link rel="stylesheet" href="bootstrap-4.3.1-dist/css/bootstrap.min.
css">
        <style>
        input.text{
            width: 400px;
            margin: 20px;
            padding-left: 20px;
        }
        </style>
    </head>
        <body>
        <div class="container text-center">
        <h3 class="text-center">欢迎登录星星网</h3>
        <form action="11-4-cookie-login-check.php" method="post">
        <input type="text" name="uname" placeholder="用户名" class="text"
value="<?php if(isset($_COOKIE['uname'])) {echo $_COOKIE['uname'];}?>"/>
<br/>
        <input type="password" name="pwd" placeholder="密码" class="text"
value="<?php if(isset($_COOKIE['pwd'])) {echo $_COOKIE['pwd'];}?>"/><br/>
        <input type="submit" name="login" value="登录" class="text-center
text"/><br/>
        <input type="checkbox" name="remember" value="1" class="left"/>七天
内记住我
        </form>
        </div>
        </body>
    </html>
```

上述代码中，关于表单元素的布局比较简单，这里不再赘述。其中，尤其要提到的是，加粗的代码中嵌入了 php 脚本，主要用于判断用户是否设置了 Cookie，如果用户是第一次登录，并未设置 Cookie，那么此时的输入框中的内容为空；如果设置了，则会从本地 Cookie 文件中，通过$_COOKIE 变量获取相应的数据。

11-4-cookie-login-check.php 的主要代码如下：

```
    <?php
      //假设这是数据库中存储的用户登录数据
      $myEmail = "123456@qq.com";
      $myPwd = "123456";
      if(isset($_POST['login']))
      {
        $uname = $_POST['uname'];
        $pwd = $_POST['pwd'];
    if($uname == $myEmail and $pwd == $myPwd){
    if(isset($_POST['remember'])){
          setcookie('uname', $uname, time()+3600*24*7);
          setcookie('pwd', $pwd, time()+3600*24*7);
        }
```

```
        echo "登录成功!";
        echo "<a href='11-4-login-form-cookie.php'>返回登录页面</a>";
      }else{
        echo "对不起，您输入的信息有误，请重新输入";
        echo "</br>";
        echo "<a href='11-4-login-form-cookie.php'>返回登录页面</a>";
      }
    }
  ?>
```

上述代码中，我们并没有真正通过数据库的查询语句验证用户输入的信息是否正确，而是采用偷懒的方式，在第 2、3 行代码中直接给出了用户的登录数据。在真实的应用中，一定是要查询数据库才可以实现的，这里由于我们还未介绍 MySQL 的更多知识，所以就采用了偷懒的方式。

这里，我们首先通过判断用户是否单击了登录按钮，如果是，则获取用户的输入信息。然后，再验证用户的输入与数据库中的信息是否一致，如果一致，则继续判断用户是否选中了“七天内记住我”，如果是，才可以设置 Cookie。同时，为了更人性化的操作，应该允许用户返回到登录页面。

最后，你可以自行尝试，当勾选“七天内记住我”的单选框后，就可以实现下次登录时，页面会自动填入用户名和密码信息。另外，推荐你修改一下 Cookie 的有效日期，试试让它自动失效，或者三分钟内失效，看看会有什么效果。

这里我们可以看到，Cookie 不仅实现了对登录信息的保存，同时，还实现了将这些数据传递给前端页面。接下来，我们要看看 Session 在登录中的应用。

示例 2：Session 在登录中的应用

与 Cookie 在同一个页面记住用户身份的应用不同，为了体现 Session 的独特之处，我们需要准备 4 个不同页面；接下来，我们依次来看每个页面的代码实现。

（1）11-4-login-form-session.php 的作用是给用户展示登录表单，并允许输入登录信息，如图 11.18 所示。

由于 Session 的登录表单与 Cookie 十分相似，所以就不再列出所有代码，这里重点指出两处不一样的地方：

图 11.18

- 表单提交的处理程序是 action=11-4-session-login.php；
- 表单的最后一行，去掉了“七日内记住我”的单选框部分。

（2）11-4-session-login.php 负责验证前端页面中用户输入的登录信息是否与数据库中的信息一致，如果一致，就将其值保存到 Session 变量中，并跳转到欢迎页面；如果不一致，就给出相应的提示信息，要求用户返回登录页面重新输入。其主要实现代码如下：

```
<?php
   session_start();
   $myEmail = "123456@qq.com";
   $myPwd = "123456";
   if(isset($_POST['login']))
   {
       $uname = $_POST['email'];
       $pwd = $_POST['pwd'];
       if($uname == $myEmail and $pwd == $myPwd){
            $_SESSION['uname'] = $uname;
            header("Location: 11-4-welcome.php");
       }else{
            echo "您输入的邮箱或密码有误！"."请点击这<a href='11-4-login-form
-session.php'>重新输入</a>";
       }
   }else
   {
       header("Location: 11-4-login-form-session.php");
   }
?>
```

（3）14-4-welcome.php 的功能是读取$_SESSION 变量以获取用户已登录的状态，并展示欢迎语，见图 11.19。

localhost/fullStack/chapter11/11-4-welcome.php

欢迎你,123456@qq.com
退出登录

图 11.19

其主要实现代码如下：

```
<?php
   session_start();
   if(isset($_SESSION['uname'])){
echo "欢迎你,".$_SESSION['uname'];
echo "</br>";
echo "<a href='11-4-logout.php'>退出登录</a>";
   }else{
echo "您好，请先登录！";
   }
?>
```

一旦用户单击“退出登录”，就会跳转到如图 11.20 所示的页面。

（4）11-4-logout.php 的作用是销毁 Session 变量，如图 11.20 所示，主要实现代码如下：

```
<?php
   session_start();
   session_destroy();
   echo "您已成功退出登录，点击这可以<a href='11-4-login-form-session.php'>
重新登录</a>";
?>
```

localhost/fullStack/chapter11/11-4-logout.php

您已成功退出登录，点击这可以重新登录

图 11.20

通过以上两个登录任务的例子，我们从实践层面总结一下 Cookie 和 Session 的用法。

（1）Cookie 可以做到保存这些数据一段时间，比如 7 天。而 Session 的有效期只在开启 Session 的页面之间有效。

（2）Cookie 一般在一个 php 脚本中创建，另一个脚本中获取 Cookie 中存储的数据。比如在 Cookie 登录的任务中登录表单可以获取，验证脚本用于创建 Cookie。而 Session 则可以用于多个页面间传输数据，只要这些页面都开启了 Session，即 Session_start()。在 Session 登录的任务中，除了第一个登录表单页，其余页面都要开启 Session。

综上所述，Cookie 更适合实现“记住我”的功能，而 Session 则更有利于实现页面间的传值。其实，这两个技术主要是为了实现定制化的页面服务的。有了它们，我们才能做到根据用户的不同身份，为其展示不同的内容。

11.5 本章小结

这一章讲述了 PHP 在实现动态网站中的重要作用，其中包括 PHP 和 MySQL 结合实现了简易版的在线点餐系统，其中在前端页面，通过 form 表单收集用户的信息，然后表单指定将收集到的数据交给 php 脚本去处理。另外，关于 PHP 与 MySQL 之间的合作，主要介绍了 PHP 如何连接数据库、读取数据记录，以及如何更新前端页面的整个流程。此外，PHP 的另一个重要作用是给前端开发人员提供接口，即提供给前端想要的数据。最后，为了能够实现个性化的 Web 应用，我们还讲解了 Cookie 和 Session 的用法。通过对二者的特点总结和应用对比，希望对你理解 Cookie 和 Session 有一定的帮助。

下一章起，我们将正式介绍 MySQL 数据库，去看看它是如何帮助我们管理网站中的大量数据。

一点点建议

（1）通过本章的学习，相信你已经具备了后端技术的一些功底，如果你是手机一族，推荐你关注微信公众号“后端技术精选”，希望你多去看看上面的文章，一来开阔自己的眼界；二来，通过阅读别人的总结寻找自己的灵感。

（2）有时，你想设计一个很酷炫的动态网站，但是看了官网和中文使用手册，还是不明白该怎么办？这时一定要多去 CSDN 一类的论坛，那里真的有很多“宝贝”，不仅有人跟你遇到过同样的问题，甚至会有人跟你有一样的想法，并早已给出解决方案。

（3）多去逛逛学习网站的视频，比如去 ydia 网站找找别人是怎么制作登录页面的？总之，在初学阶段，可以先从模仿开始，但是重点是要学习程序的设计逻辑，并积累一些常用技巧。慢慢地，你就能够写出自己的模板，并形成独有的风格。

第 12 章　MySQL 数据库的神奇之处

上一章提到了数据库在动态网站中的作用是可以长久地保存数据，并为 PHP 脚本提供对数据的查询和增加操作，但是这些还不够。本章将从最基本的 MySQL 语法开始，去探索更多数据库背后的秘密。本章的主要内容包括揭示数据库在 Web 应用中的作用，并重点介绍如何通过 SQL 语言实现对数据库的创建等基本操作。在数据管理方面，将阐述如何对数据进行排序和搜索；最后是关于数据结果的统计函数的介绍。

12.1　为什么需要数据库

为了理解 Web 应用中数据库的重要作用，请你首先思考以下场景。

- 如果你希望前端用户提交的数据被长久地保存下来。
- 如果你希望定期更新前端页面的数据，而不用修改前端代码。
- 如果你希望制作一个动态网站。
- 如果你希望数据按照一种结构化的形式保存，而不是仅以文件形式保存。
- 如果你希望方便地管理用户的所有数据，包括修改、插入、删除和查询。
- 如果你希望你的数据被安全可靠地存储在一个仓库里。

如果你的 Web 应用有上述场景的需要，请一定要学习一下数据库技术，因为离开数据库，你的 Web 应用就没有太多价值。

数据库技术和其他程序一样，需要借助一门语言，即 SQL（structure query language，结构化查询语言）实现对数据的管理和操作。对照图 12.1，可以看到数据库在 Web 应用中的地位。从位置来看，可知数据库处于后端，通过数据库服务器与后端脚本直接联系，再由后端脚本与前端页面打交道。

图 12.1 中服务器主机上安装的数据库服务器与 Web 服务器程序，协同工作完成对 Web 应用中动态数据的处理。其中：

- Web 服务器负责处理客户端浏览器发来的页面请求，运行后端脚本程序，最终返回 HTML 页面。
- 数据库服务器则负责存储和查询数据，这些数据主要和后端脚本程序结合，动态地完成客户端的数据搜索、数据添加、修改以及删除操作。

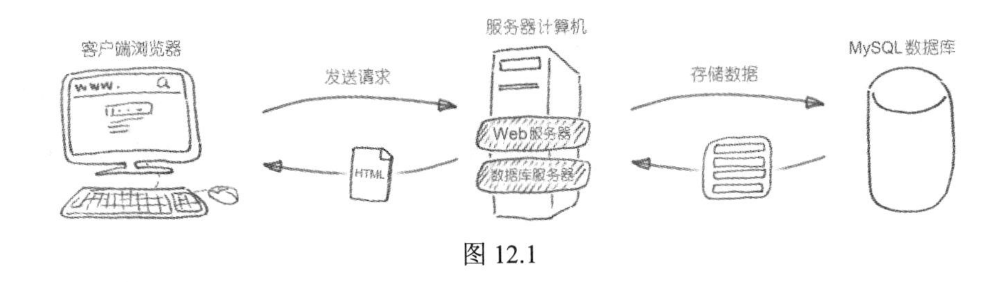

图 12.1

12.1.1　为什么是 MySQL

本书重点向你介绍的是 MySQL，之所以选择这款数据库，有以下原因。

（1）它是免费且开源的，这是对于初学者来说十分友好。

（2）使用简单，和其他大型数据库相比，比如 Oracle，更简单易用。

（3）能够在多系统中运行，无论是 Windows，还是 Linux 和 Unix 都支持 MySQL。

（4）适合于中小型企业甚至个别大型 Web 应用。

想要学习 MySQL，除了必须要掌握 SQL（结构化查询语言），还需要适应它的编程环境，一般 MySQL 最常见的一种环境是像 DOS 系统一样黑屏的 MySQL 终端。考虑到你可能会不太喜欢看到满是代码的终端，所以我们将使用 PHP 编写的数据库图形化工具 phpMyAdmin 来学习 MySQL 数据库。

本章我们以 SQL 语言的介绍为主，重点讲解如何通过 SQL 查询语句实现对数据库中数据的操作和管理。

12.1.2　开启数据库服务器

由于数据库服务器承担着数据库和前端页面的桥梁作用，一方面它需要进行系统配置和数据管理，另一方面它又承担着查询和操作数据的功能，从而与前端页面互动。因此，在开发动态网页时，必须要保证数据库服务器的开启。

在开始正式学习 SQL 前，请一定保证你的数据库服务器处于开启状态，如图 12.2 所示。

图 12.2

如果数据库服务器开启失败怎么办？

注意养成一个好习惯，当你完成了一天的开发任务后，一定记得手动停止 MySQL 服务器，再退出 Xampp。如果你真的忘了，那么下一次开启数据库服务时会报错，提示你上一次未正常关闭。这时你需要打开任务管理器（针对 Windows 系统）找到对应的进程 mysqld.exe，右击“结束任务”，将其手动关闭，然后再尝试重启服务器，问题便可成功解决。

12.2 SQL 基础

要真正理解 MySQL 数据库，就一定要学习 SQL。其实 SQL 是一门通用的数据库语言，它和 JavaScript、PHP 相比，更加简单，主要目的是便于管理和操作数据。一旦你学习了它，便可以很轻松地掌握其他类型的数据库，比如 Oracle。本节主要通过介绍 SQL 语句建立一个数据库，以及对数据进行四种基本操作：增加、删除、修改和查询（简称增删改查），从而明确我们到底能对数据库中的数据做什么。

12.2.1 数据库和数据表的创建

SQL 一般通过 CREATE DATABASE 命令来创建一个数据库，比如下面的 SQL 语句：

```
CREATE DATABASE sql_test;
```

其中，创建数据库命令的后面跟一个数据库的名称，上述 SQL 语句的含义是创建一个名称为 sql_test 的数据库。

由于创建数据库的命令只能执行一次，所以为了避免重复执行上述命令，一般更常见的做法如下：

```
/** 定义字符集编码方式，UTF8 可以允许表的记录出现中文，是一种很常见的字符编码方式**/
SET NAMES UTF8;
/** 判断是否已存在要创建的数据库，如果是就删除原有的数据库 **/
DROP DATABASE IF EXISTS sql_test;
/** 创建 sql_test 数据库**/
CREATE DATABASE sql_test CHARSET=UTF8;
```

上述三条命令通过指定数据的字符编码集自动判定要创建的数据库是否已经存在，如果不存在，则执行最后一条创建 sql_test 数据库。

在 MySQL 中，创建数据表则要稍微麻烦一点，需要分成以下两步。

（1）指定在哪个数据库下建数据表。

```
USE sql_test;
```

（2）使用建表命令 CREATE TABLE 建立一个新的数据表并定义其中包含的若干列名称、类型以及属性。

```
CREATE TABLE res_dishes (
```

```
    did INT PRIMARY KEY AUTO_INCREMENT,
    name VARCHAR(64),
    address VARCHAR(128),
    pic VARCHAR(128),
    price DECIMAL(10,2)
);
```

上述 SQL 语句说明，我们在 sql_test 数据库下创建了一个名为 res_dishes 的数据表，并且规定了该表中有 5 列，列名分别为：did、name、address、pic 和 price。其中，did 用于唯一地标识菜肴的编号，did 列的所有数据类型为 INT，并且它作为该数据表的主键，它的值将采用自增的方式自动编号。name 是菜肴的名称，name 列的所有数据的类型为 64 位可变长度的字符串。address 是饭店的地址，address 列的所有数据类型为 128 位的可变长度的字符串。pic 是菜肴的图片路径，类型设定同 address。price 是菜肴的价格，该列的所有数据类型是长度为 10，小数位的精度为 2。

整合上述创建数据库和数据表的所有代码，得出完整的代码清单如下：

```
/****1.创建数据库****/
/** 定义字符集编码方式，UTF8 可以允许表的记录出现中文 **/
SET NAMES UTF8;
/** 判断是否存在该要创建的数据库，如果是就删除 **/
DROP DATABASE IF EXISTS sql_test;
/** 创建 sql_test 数据库**/
CREATE DATABASE sql_test CHARSET=UTF8;
/****2.创建数据表****/
USE sql_test;
/****餐厅菜品信息****/
CREATE TABLE res_dishes (
  did INT PRIMARY KEY AUTO_INCREMENT,
  res_name VARCHAR(64),
  address VARCHAR(128),
  pic VARCHAR(128),
  price DECIMAL(10,2)
);
```

接下来，我们将在 Xampp 提供的图形化数据库操作界面中运行上述 SQL 语句，完成相关数据库和数据表的创建。

首先，我们在浏览器中键入地址 localhost/phpmyadmin/，打开图形化的数据库界面（如图 12.3 所示）。

接着，通过选择右侧上方操作工具栏中的“SQL”，将完整的创建数据库和数据表的代码清单输入到中间的空白栏中（参考图 12.4），最后单击右下角的“执行”按钮。

图 12.3

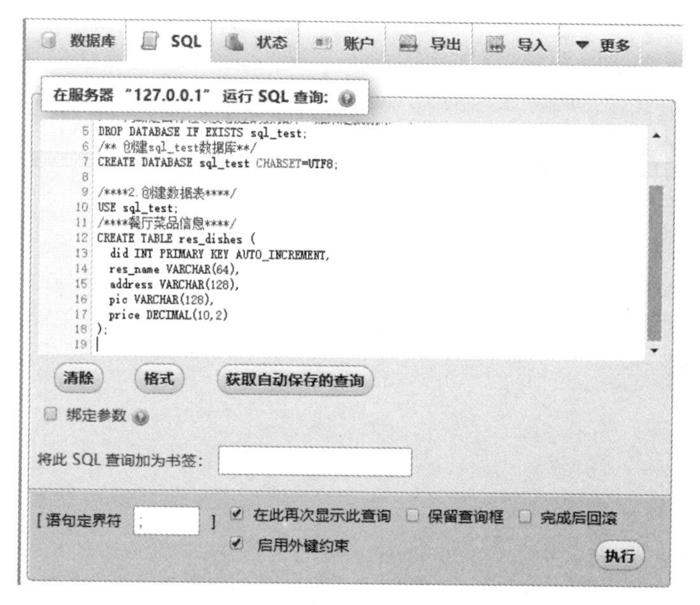

图 12.4

执行 SQL 语句的小提示

由上述创建数据库和数据表的步骤可知，今后的章节中，所有的 SQL 命令都可以在这里执行。如果你的语句中有错误，这个窗口还将以波浪线的方式圈出可能出错的语句所在的行，同时在下方还会给出错误提示，帮助你通过对提示的语句进行修改，以写出正确的 SQL 命令。

如果代码成功运行，你只需要刷新页面，就会看到 phpMyAdmin 界面的左侧列表中出现了新添加的 sql_test 数据库，该数据库中还包含一张 res_dishes 表（见图 12.5）。

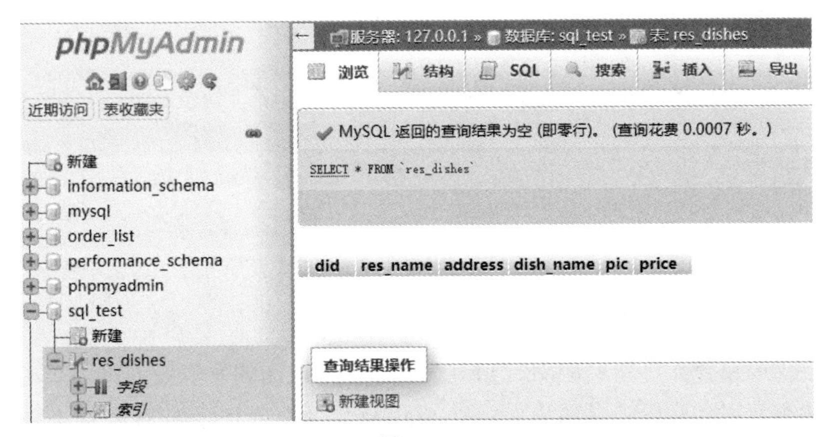

图 12.5

数据库和数据表建好之后，就可以对其中的数据进行操作了，比如往表中添加、删除、修改和查询记录，最常用的就是查询记录。接下来，我们就基于图 12.4 中的 res_dishes 表来学习数据库的四种基本操作。

12.2.2　关于记录的四大基本操作：增删改查

前面说过，关于数据表中每一行都称为记录，一般来说，修改一行中的某个具体数据，影响的就是这一条记录，因此与其说是对数据进行操作，不如说是对每一条记录进行操作，下面就来一一介绍四种基本操作。

1．增加记录

想一想，当有人注册了一个账号，相应的，后台程序就会接收这些注册信息，并将其保存在数据库的一张用户表中，而这就是记录的添加操作，对应的 SQL 命令是：

```
INSERT INTO 表名(列 1，列 2，列 3…) VALUES(值 1，值 2，值 3…)
```

其中，必须做到**列名和值形成一一对应的关系**。当然，SQL 也允许适当的偷懒，比如我们可以省略列名，但是这种请求要求数据操作员必须严格按照表中定义的所有列顺序地向每一列添加值，一旦有遗漏，则会发生错误。为了避免这种错误的发生，比较推荐的做法是清楚地标识出列名。这样做还有一个好处是允许根据需要给出列名。接下来让我们来看一个示例。

示例：向 res_dishes 表中添加新记录

原来的 res_dishes 表是一个空表，现在我们要向该表中插入三条记录，对应的 SQL 语句如下：

```
INSERT INTO res_dishes(res_name,address,dish_name,pic,price) VALUES
('香融府','北京丰台区南四环花乡奥莱村店','烤乳鸽','img/dishes/roastedpegeon.jpg',
109),
('京味轩', '北京昌平东闸村', '京酱肉丝','img/dishes/jjpork.jpg', 69),
```

```
('大鸭梨', '北京海淀区大慧寺店', '芥末鸭掌','img/dishes/jmduck.jpg', 48);
```

插入成功后的结果，如图 12.6 所示。

	did	res_name	address	dish_name	pic	price
编辑 复制 删除	1	香融府	北京丰台区南四环花乡奥莱村店	烤乳鸽	img/dishes/roastedpegeon.jpg	109.00
编辑 复制 删除	2	京味轩	北京昌平东闸村	京酱肉丝	img/dishes/jjpork.jpg	69.00
编辑 复制 删除	3	大鸭梨	北京海淀区大慧寺店	芥末鸭掌	img/dishes/jmduck.jpg	48.00

图 12.6

2. 删除记录

有时，我们也要允许用户删除一些不想要的数据，比如发表过的评论或写过的文章，那么这里就需要用到删除记录的操作，MySQL 提供的删除记录的 SQL 命令是：

```
DELETE FROM 表名 WHERE 列n= 值n
```

注意：这里我们要告诉数据库想要删除哪条记录，具体就是通过 where 来指定要删除记录的特征，比如指定某一列的值等于某个特定值，这时要用的是“=”。这里 where 子句的作用是指定筛选公式，筛选出符合条件的记录，这个功能类似于 Excel 表格中的筛选功能。它之后需要给出明确的筛选条件表达式，关于表达式的形式，将在后面的 12.4 节中详细阐述。

另外，要注意这条命令的执行顺序是从后往前，所以，整条命令的意思是先筛选出符合条件的记录，然后再执行删除该条记录的操作。来看一个示例。

示例：从 res_dishes 表中删除一条记录

假设京味轩的老板觉得最近受猪瘟的影响，“京酱肉丝”这道菜卖得不好，于是决定让它下架，所以要删除第二条记录，那么，我们的做法是通过限定where子句的条件是 dish_name='京酱肉丝'，使用的 DELETE 命令如下：

```
DELETE FROM res_dishes WHERE dish_name='京酱肉丝';
```

执行上述命令后，可以得到如图 12.7 所示的数据表。对比图 12.6 可知，数据表中原来的第 2 条记录被删除了。

	did	res_name	address	dish_name	pic	price
编辑 复制 删除	1	香融府	北京丰台区南四环花乡奥莱村店	烤乳鸽	img/dishes/roastedpegeon.jpg	109.00
编辑 复制 删除	3	大鸭梨	北京海淀区大慧寺店	芥末鸭掌	img/dishes/jmduck.jpg	48.00

图 12.7

3. 修改记录

如果有一天，用户想更改自己的用户名，因此就要允许他（她）修改数据库中的数据，这就是 MySQL 中的更新操作，更新记录的 SQL 命令如下：

```
UPDATE 表名 SET 列 1=值 1, 列 2=值 2, ... WHERE  某列=某值
```

上述命令的意思是通过 where 子句先选出符合条件的记录，然后再通过 SET 对其中的某几列数据做修改。修改的方式就是设定新值。注意，如果省略了where 子句，那么表

中的所有记录都将更新。因此，一定要指定具体的筛选条件，从而只选出要修改的记录。

示例：在 res_dishes 表中更改记录

大鸭梨饭店正在搞优惠活动，“芥末鸭掌”这道菜的价格就从原来的 48.00 元降为了 45.00 元，通过下面的 SQL 语句就可以完成这个价格的变化：

```
UPDATE res_dishes SET price=45.00 WHERE res_name='大鸭梨' and dish_name='芥末鸭掌';
```

这里 where 子句做了一个 and 操作，因为实际的情况是大鸭梨饭店有很多菜，所以我们需要先找到“大鸭梨”这家饭店，再找到“芥末鸭掌”这道菜，最后才会对它进行价格的调整。

上述命令执行完后，可以得到图 12.8 所示的结果,你可以看到“芥末鸭掌”这一道菜的价格降为了 45.00 元。

←T→	did	res_name	address	dish_name	pic	price
编辑 复制 删除	1	香融府	北京丰台区南四环花乡奥莱村店	烤乳鸽	img/dishes/roastedpegeon.jpg	109.00
编辑 复制 删除	3	大鸭梨	北京海淀区大慧寺店	芥末鸭掌	img/dishes/jmduck.jpg	45.00

图 12.8

4．查询记录

如果你希望查询一个数据表中的所有记录，并将其展示在前端的 HTML 页面中，那么在就可以通过下列 SQL 语句来完成查询：

```
SELECT * FROM 表名
```

其中的“*”表示查询指定数据表中的所有记录。如果你希望查询特定的列，则可以通过指定列名的方式，这样就会只返回记录中特定的列的信息，比如下面的命令：

```
SELECT 列名，列名 FROM 表名
```

当然，有时为了满足更复杂的查询要求，还可以通过 where 子句过滤一些数据，来看一个示例。

示例：从 res_dishes 表查询满足条件的所有记录

这一次，我们只希望查询饭店名称和地址，来看看哪家餐厅离家近，就去哪就餐，可以使用以下 SQL 语句：

```
SELECT res_name,address FROM res_dishes;
```

最后，上述命令执行成功后，主窗口就会返回如图 12.9 所示的结果。

res_name	address
香融府	北京丰台区南四环花乡奥莱村店
大鸭梨	北京海淀区大慧寺店

图 12.9

为什么所有的 SQL 语句都被称为查询语句?

如果你观察仔细的话，会发现在执行 SQL 语句的主窗口左上角，总会提示“在服务

器 127.0.0.1 运行 SQL 查询”，你可能会好奇，这一节提到了 4 种操作记录的命令，其中只有一种是查询操作，为什么它会提示我们都是 SQL 查询呢？

这是由它的名字决定的，SQL 名字中 Q 就是 Query 的缩写，意思就是查询，所以所有 SQL 命令，不管是 create、drop，还是 insert、select、update 和 delete，这些都是在试图操作数据库中的数据，完成查询功能。注意，这里的查询是对所有操作的总称，而不是具体的 select（查询）命令。

12.3 对数据表中的记录排序

当数据表的记录数量很少时，我们可以做到一条一条地查询，但是对于一些大型网站，它们的数据量是非常大的，如果还试图查看每一条记录，从而找到感兴趣的数据，显然是不现实的。为了解决这个问题，需要借助数据库的排序功能，比如京东允许你按照价格排序来查看商品，再比如大众点评，会发现它会以月销量排名向用户展示数据，而这些排序功能有助于用户从海量数据中筛选出特定数据，然后从缩小范围的数据中帮助用户做出最佳的选择。

为了配合排序的功能，MySQL 已经为我们准备了几个命令，本节我们就以图 12.10 所示的数据表为例，了解一下 MySQL 是如何实现对表中的记录进行升序和降序排列的。

did	res_name	address	dish_name	pic	price
1	香融府	北京丰台区南四环花乡奥莱村店	烤乳鸽	img/dishes/roastedpegeon.jpg	109.00
3	大鸭梨	北京海淀区大慧寺店	芥末鸭掌	img/dishes/jmduck.jpg	45.00
4	香融府	北京丰台区南四环花乡奥莱村店	老醋蛰头	img/dishes/roastedpegeon.jpg	58.00
5	京味轩	北京昌平东闸村	精品烤鸭	img/dishes/jpduck.jpg	138.00
6	京味轩	北京昌平东闸村	宫保鸡丁	img/dishes/gbchicken.jpg	48.00
7	大鸭梨	北京海淀区大慧寺店	大拌菜	img/dishes/vegetables.jpg	28.00

图 12.10

12.3.1 升序排列

MySQL 采用对数据表中的记录按照某一列的值进行升序排序，对应的 SQL 命令是：

```
SELECT 列名,列名 FROM 表名 ORDER BY 列名 ASC;
```

这里通过关键字的组合 ORDER BY 列名 ASC 来实现对记录进行升序排列，其中 ASC 是英文单词 ascend 的前三个字母的缩写。我们从以下 4 个方面理解它的含义。

（1）ORDER BY 需要指定一个列名，用于指定按照哪一列的值去排序，当这一列的值是数值时，可以直接按照值的大小排列，比如将 res_dishes 表的所有记录按照价格升序排序，SQL 语句如下：

```
SELECT * FROM res_dishes ORDER BY price ASC;
```

上述命令输出的结果如图 12.11 所示，可以很清楚地看到所有记录按照价格由低到高排列了。

did	res_name	address	dish_name	pic	price ▲ 1
7	大鸭梨	北京海淀区大慧寺店	大拌菜	img/dishes/vegetables.jpg	28.00
3	大鸭梨	北京海淀区大慧寺店	芥末鸭掌	img/dishes/jmduck.jpg	45.00
6	京味轩	北京昌平东闸村	宫保鸡丁	img/dishes/gbchicken.jpg	48.00
4	香融府	北京丰台区南四环花乡奥莱村店	老醋蜇头	img/dishes/roastedpegeon.jpg	58.00
1	香融府	北京丰台区南四环花乡奥莱村店	烤乳鸽	img/dishes/roastedpegeon.jpg	109.00
5	京味轩	北京昌平东闸村	精品烤鸭	img/dishes/jpduck.jpg	138.00

图 12.11

（2）如果 ORDER BY 指定列名下的值是字符型的数据，则需要按照 26 个英文字母的顺序表，根据该数据的第一个字符的首字母在表中的顺序进行排列，如果我们希望 res_dishes 表中所有记录按照菜名升序排序，从而让它能够按照中文的字符排序，最终排序后的结果如图 12.12 所示。

```
SELECT * FROM res_dishes ORDER BY convert(dish_name using gbk) ASC;
```

上述 SQL 语句运行后的查询结果如图 12.12 所示，可以看出所有记录都按照 dish_name 一列的字符进行了升序排列。

did	res_name	address	dish_name	pic	price
7	大鸭梨	北京海淀区大慧寺店	大拌菜	img/dishes/vegetables.jpg	28.00
6	京味轩	北京昌平东闸村	宫保鸡丁	img/dishes/gbchicken.jpg	48.00
3	大鸭梨	北京海淀区大慧寺店	芥末鸭掌	img/dishes/jmduck.jpg	45.00
5	京味轩	北京昌平东闸村	精品烤鸭	img/dishes/jpduck.jpg	138.00
1	香融府	北京丰台区南四环花乡奥莱村店	烤乳鸽	img/dishes/roastedpegeon.jpg	109.00
4	香融府	北京丰台区南四环花乡奥莱村店	老醋蜇头	img/dishes/roastedpegeon.jpg	58.00

图 12.12

为什么要用 convert 函数？

当按照菜名排列时，由于记录中的值是字符串，默认情况下，将按照英文字母 A-Z 的顺序排列，检查每一个值中第一个字的开头字母，然后依次由低到高排列。由于 phpMyadmin 中的 SQL 默认的字符编码格式是 utf8，它支持比较英文字符，却无法支持中文字符的比较，所以我们必须依靠指定中文的编码方式 gbk，才能做到正确的排序。这就是 convert()函数的用处。

（3）ASC 可以省略，因为在 SQL 查询语句中，升序排列是默认的排序方式。

（4）SELECT 和 ORDER BY 子句的执行顺序是先 SELECT 所有记录，再对这些记录进行排序。这个从逻辑上来说，符合人们的排序习惯。

12.3.2 降序排列

降序和升序的功能正好相反，下面来看看降序排列的查询命令，如下：

```
SELECT 列名,列名 FROM 表名 ORDER BY 列名 DESC;
```

其实可以看到，和升序排列的用法类似，只是通过关键字 DESC 指定排列方式是降序，DESC 是英文单词 descend 的前四个字母的缩写，来看下面两段示例代码。

（1）将 res_dishes 表中所有记录按照价格降序排序，SQL 语句如下：

```
SELECT * FROM res_dishes ORDER BY price DESC;
```

语句执行结果如图 12.13 所示，可以看到所有记录按照最后一列的 price 进行了降序排列。

did	res_name	address	dish_name	pic	price ▾ 1
5	京味轩	北京昌平东闸村	精品烤鸭	img/dishes/jpduck.jpg	138.00
1	香融府	北京丰台区南四环花乡奥莱村店	烤乳鸽	img/dishes/roastedpegeon.jpg	109.00
4	香融府	北京丰台区南四环花乡奥莱村店	老醋蛰头	img/dishes/roastedpegeon.jpg	58.00
6	京味轩	北京昌平东闸村	宫保鸡丁	img/dishes/gbchicken.jpg	48.00
3	大鸭梨	北京海淀区大慧寺店	芥末鸭掌	img/dishes/jmduck.jpg	45.00
7	大鸭梨	北京海淀区大慧寺店	大拌菜	img/dishes/vegetables.jpg	28.00

图 12.13

（2）将表 res_dishes 中所有记录按照菜名降序排序

```
SELECT * FROM res_dishes ORDER BY convert(dish_name using gbk) DESC;
```

语句执行结果如图 12.14 所示。

did	res_name	address	dish_name	pic	price
4	香融府	北京丰台区南四环花乡奥莱村店	老醋蛰头	img/dishes/roastedpegeon.jpg	58.00
1	香融府	北京丰台区南四环花乡奥莱村店	烤乳鸽	img/dishes/roastedpegeon.jpg	109.00
5	京味轩	北京昌平东闸村	精品烤鸭	img/dishes/jpduck.jpg	138.00
3	大鸭梨	北京海淀区大慧寺店	芥末鸭掌	img/dishes/jmduck.jpg	45.00
6	京味轩	北京昌平东闸村	宫保鸡丁	img/dishes/gbchicken.jpg	48.00
7	大鸭梨	北京海淀区大慧寺店	大拌菜	img/dishes/vegetables.jpg	28.00

图 12.14

12.3.3 多列排序

如果遇到同一列中有重复的值，那么依靠前面介绍的单列值排序就不可靠了。此时就需要指定多列排序。它允许优先按照某一列进行组间排序（比如，不同的饭店），然后在同一组内（比如，同一个饭店内部）按照其他列进行排序。根据多列中升序和降序的方式是否一致，多列排序的情况主要有三种。

以 res_dishes 表为例，我们一一介绍。

（1）多列排序的方式一致，都采用升序。

比如我们希望对 res_dishes 表中的所有记录按照 res_name 和 price 两列进行升序排列，对应的 SQL 语句如下：

```
SELECT * FROM res_dishes ORDER BY convert(res_name using gbk),price;
```

上述 SQL 命令的含义是首先选出 res_dishes 表中的所有记录，然后按照 dish_name 升序排列；如果遇到同一个饭店名称，则再按照 price 升序排列。由于都是升序，所以末尾的 asc 被省略了。最终运行上述 SQL 语句的结果如图 12.15 所示。图中 price 的列名右侧出现了 2，提示它的优先级是 2。

did	res_name	address	dish_name	pic	price ▲ 2
7	大鸭梨	北京海淀区大慧寺店	大拌菜	img/dishes/vegetables.jpg	28.00
3	大鸭梨	北京海淀区大慧寺店	芥末鸭掌	img/dishes/jmduck.jpg	45.00
6	京味轩	北京昌平东闸村	宫保鸡丁	img/dishes/gbchicken.jpg	48.00
5	京味轩	北京昌平东闸村	精品烤鸭	img/dishes/jpduck.jpg	138.00
4	香融府	北京丰台区南四环花乡奥莱村店	老醋蛰头	img/dishes/roastedpegeon.jpg	58.00
1	香融府	北京丰台区南四环花乡奥莱村店	烤乳鸽	img/dishes/roastedpegeon.jpg	109.00

图 12.15

（2）多列排序的方式不一致，有的采用升序，有的则采用降序。

比如我们希望对 res_dishes 表中的所有记录先按照 res_name 升序排列，再按照 price 降序排列。对应的 SQL 命令如下

```
SELECT * FROM res_dishes ORDER BY convert(res_name using gbk),price desc;
```

上述 SQL 命令中对查询到的所有记录先以 res_name 为基础升序排列，由于升序是默认的排序方式，因此 asc 被省略了。再以 price 为基础降序排列，此时必须通过 desc 明确指定。最终的查询结果如图 12.16 所示。

did	res_name	address	dish_name	pic	price ▼ 2
3	大鸭梨	北京海淀区大慧寺店	芥末鸭掌	img/dishes/jmduck.jpg	45.00
7	大鸭梨	北京海淀区大慧寺店	大拌菜	img/dishes/vegetables.jpg	28.00
5	京味轩	北京昌平东闸村	精品烤鸭	img/dishes/jpduck.jpg	138.00
6	京味轩	北京昌平东闸村	宫保鸡丁	img/dishes/gbchicken.jpg	48.00
1	香融府	北京丰台区南四环花乡奥莱村店	烤乳鸽	img/dishes/roastedpegeon.jpg	109.00
4	香融府	北京丰台区南四环花乡奥莱村店	老醋蛰头	img/dishes/roastedpegeon.jpg	58.00

图 12.16

（3）多列排序的方式一致，都采用降序。

比如我们希望对 res_dishes 表中的所有记录按照 res_name 和 price 两列降序排列，对应的 SQL 语句如下：

```
SELECT * FROM res_dishes ORDER BY convert(res_name using gbk) desc, price desc;
```

上述 SQL 命令中对表中的所有记录先按照 res_name 降序排列，然后在内部再按照 price 降序排列。由于降序排列必须明确指出，因此每一列都要出现 desc 关键字。最终的查询结果如图 12.17 所示。

did	res_name	address	dish_name	pic	price ▼ 2
1	香融府	北京丰台区南四环花乡奥莱村店	烤乳鸽	img/dishes/roastedpegeon.jpg	109.00
4	香融府	北京丰台区南四环花乡奥莱村店	老醋蛰头	img/dishes/roastedpegeon.jpg	58.00
5	京味轩	北京昌平东闸村	精品烤鸭	img/dishes/jpduck.jpg	138.00
6	京味轩	北京昌平东闸村	宫保鸡丁	img/dishes/gbchicken.jpg	48.00
3	大鸭梨	北京海淀区大慧寺店	芥末鸭掌	img/dishes/jmduck.jpg	45.00
7	大鸭梨	北京海淀区大慧寺店	大拌菜	img/dishes/vegetables.jpg	28.00

图 12.17

当存在多列排序时，DESC 的使用秘诀

我们已知，查询命令是根据关键字 DESC，决定对表中的所有记录进行降序排列，若特别指定 DESC，则说明只对它之前定义的一个列有效，而其他列不受影响。若不指定，则每一列都仍然按照默认的升序排列。其实这一点很好理解，本节例子中介绍的两列数据的排序语句可以理解为两个步骤：

第一，先按照第一列升序或降序排序；

第二，再按照第二列升序或降序排序。

特别注意，如果不指定 DESC 的情况下，将采用默认的 ASC。

12.4 关键词搜索

管理数据时，一个很重要的功能就是搜索，而搜索中最基本的应用就是基于关键词的搜索。它可以极大地方便用户，按照自己的需要，主动从海量数据中筛选出感兴趣的数据。SQL 通过提供更多关键词帮助我们筛选出感兴趣的数据，以对查询的条件进行匹配。本节来重点了解 WHERE 子句和 like 关键字。

12.4.1 WHERE 子句实现精确匹配

WHERE 关键词可以允许我们对记录进行一些逻辑匹配，最常见的逻辑关系就是“等于”，“并且”和“或”，我们来分别看一下通过 SQL 语句如何来实现。

（1）通过“=”实现精确匹配

当用户很明确的知道数据中包含的具体关键词时，可以通过 WHERE...=来实现精确匹配。比如，以原始的 res_dishes 表（图 12.10）为例，希望查询饭店名称是“大鸭梨”的所有记录，可以有如下查询命令，查询结果如图 12.18 所示。

```
SELECT * FROM res_dishes WHERE res_name = '大鸭梨';
```

did	res_name	address	dish_name	pic	price
3	大鸭梨	北京海淀区大慧寺店	芥末鸭掌	img/dishes/jmduck.jpg	45.00
7	大鸭梨	北京海淀区大慧寺店	大拌菜	img/dishes/vegetables.jpg	28.00

图 12.18

（2）通过 AND 实现两个并列的条件

有时，用户希望满足两个并列的条件，则可以通过 WHERE...AND 来实现，比如我们希望查询大鸭梨饭店的芥末鸭掌，因此，可以通过以下 SQL 命令看看是否有这道菜的记录：

```
SELECT * FROM res_dishes WHERE res_name='大鸭梨' AND dish_name='芥末鸭掌';
```

最终的查询结果如图 12.19 所示。

did	res_name	address	dish_name	pic	price
3	大鸭梨	北京海淀区大慧寺店	芥末鸭掌	img/dishes/jmduck.jpg	45.00

图 12.19

再比如我们希望去一家经济实惠的饭店吃饭，想要查询价格在 20~80 元的有哪些菜肴，可以通过以下 SQL 命令查看：

```
SELECT res_name,dish_name,price FROM res_dishes WHERE price>20 AND price<80;
```

最终的查询结果如图 12.20 所示。

res_name	dish_name	price
大鸭梨	芥末鸭掌	45.00
香融府	老醋蜇头	58.00
京味轩	宫保鸡丁	48.00
大鸭梨	大拌菜	28.00

图 12.20

（3）通过 OR 实现两个条件满足其一

有时，我们希望满足两个条件中的其中一个即可，则可以通过 WHERE...OR 来实现，比如我们希望在大鸭梨和京味轩两个饭店之间选择，则可以通过下面的 SQL 命令实现：

```
SELECT * FROM res_dishes WHERE res_name='大鸭梨' OR res_name='京味轩';
```

最终的查询结果如图 12.21 所示。

did	res_name	address	dish_name	pic	price
3	大鸭梨	北京海淀区大慧寺店	芥末鸭掌	img/dishes/jmduck.jpg	45.00
5	京味轩	北京昌平东闸村	精品烤鸭	img/dishes/jpduck.jpg	138.00
6	京味轩	北京昌平东闸村	宫保鸡丁	img/dishes/gbchicken.jpg	48.00
7	大鸭梨	北京海淀区大慧寺店	大拌菜	img/dishes/vegetables.jpg	28.00

图 12.21

这一节的查询，我们只是将 SELECT 和 WEHRE 子句组合，而实际上，WHERE 也经常用于 DELETE 和 UPDATE 的组合，从而实现精确地选择特定记录，并采取相应地删除和更新的操作。

12.4.2　关键字 like 实现模糊匹配

其实，很多时候用户对目标数据没有很明确的概念，而是只知道目标信息中包含的一部分关键字，比如找出所有姓张的同学。为了实现类似的查询，SQL 允许我们通过 like

关键字实现模糊的匹配。like 的基本用法如下：

```
WHERE 列名 LIKE '子句'
```

利用上述 WHERE 子句就可以做到选出某一列中出现像'子句'形式的记录。**其中的子句还可以与%搭配使用，表示与任意类型或长度的字符串匹配。**根据关键字在匹配记录中位置的不同，我们可以借助“%”实现三种常见的模糊查询：

（1）以特定字符结尾的查询

比如我们希望查询以“烤鸭”结尾的记录，就可以利用'%结尾字符'，就可以筛选出精品烤鸭、普通烤鸭两条记录，查询命令如下：

```
SELECT res_name,dish_name,price FROM res_dishes WHERE dish_name LIKE '%烤鸭';
```

命令执行结果如图 12.22 所示。

res_name	dish_name	price
京味轩	精品烤鸭	138.00
大鸭梨	普通烤鸭	118.00

图 12.22

（2）以特定字符开头的查询

有时我们可能只知道要查询的开头字符，那么可以采用 LIKE '开头字符%'，比如下面的例子，查询 address 以“北京丰台区”开头的记录。

```
SELECT res_name,address,dish_name,price FROM res_dishes WHERE address LIKE
'北京丰台区%';
```

命令执行结果如图 12.23 所示。

res_name	address	dish_name	price
香融府	北京丰台区南四环花乡奥莱村店	烤乳鸽	109.00
香融府	北京丰台区南四环花乡奥莱村店	老醋蜇头	58.00

图 12.23

（3）包含某特定关键字的查询

有时，我们只是知道关键字，想要查询出所有包含该关键字的记录，那么就用 LIKE'%关键字符%'，比如下面的查询语句可以实现查询 dish_name 中含有“鸭”的所有记录。

```
SELECT res_name,address,dish_name,price FROM res_dishes WHERE dish_name
LIKE '%鸭%';
```

命令执行结果如图 12.24 所示。

res_name	address	dish_name	price
大鸭梨	北京海淀区大慧寺店	芥末鸭掌	45.00
京味轩	北京昌平东闸村	精品烤鸭	138.00
大鸭梨	北京海淀区大慧寺店	普通烤鸭	118.00

图 12.24

与“%”匹配任意位字符不同，“_”字符可以匹配任意一位字符，请看如下两种示例形式：

（1）实现查询 res_name 中三个字符，且第二个字符是“鸭”，第一和第三个字符可以是任意单个字符的记录。

```
WHERE res_name LIKE '_鸭_'
```

（2）实现查询 dish_name 中三个字符，且第二、三个字符是“乳鸽”，第一个字符可以随意的记录。

```
WHERE dish_name LIKE '_乳鸽'
```

12.4.3　更多单个字符的查询标识符

其实，关于单个字符的查询还有两种常见的符号：[] 和[^]。

（1）[ ]: 表示指定字符串的范围，要求匹配其中一个字符。比如：

```
u_name LIKE '[张王李赵]英'
```

上述查询子句可以查找出 u_name 中的值为张英、王英、李英和赵英的所有记录。

（2）[^]：表示不在所列范围内的单个字符。比如：

```
u_name LIKE '[^李王]丽'
```

上述查询子句可以查找出 u_name 中的值不姓“李”和“王”的赵丽、董丽等。

总之，当你的数据越来越多，尤其是相似的数据越来越多时，就需要用到以上更多的查询标识符，以不断缩小查询范围，更快地锁定目标数据。

12.5　SQL 中的统计函数

回忆一下，我们在使用 Excel 表格时，是否经常做一些简单的统计，比如一个公司关于员工销售业绩的表单中，可以统计一个月内的销售记录、每周的平均销售记录，甚至有时还会需要记录某个客户累计的消费次数，并迅速了解所有员工当月最高销售业绩和最低销售业绩。同样的，在数据库应用中，也会有很多任务并不是要查询所有记录，而是希望对这些记录中的数据进行汇总分析，从而生成一份漂亮的数据报表。

SQL 为我们提供了聚合函数来实现对数据的统计分析，这些函数是针对某列数据的汇总分析，所以被称为以列为基础的聚合函数，为了便于理解，你也可以认为它们是统计函数。 本节我们要重点讲解 5 个聚合函数，见表 12-1。

表 12-1

函数名称	说　明
COUNT()	返回某列的行数
SUM()	返回某列值的和
AVG()	返回某列的平均值
MAX()	返回某列的最大值
MIN()	返回某列的最小值

为了进一步理解这些函数的用途，我们需要准备一张名为 sales_sum 销售汇总表，表中的所有记录如图 12.25 所示。

sid	e_name	sale_date	sale_product	sale_price
1	张丽	2019-04-01	创维高清电视46寸	3500.00
2	王大力	2019-04-02	索尼数字电视49寸	6000.00
3	陈婷婷	2019-04-04	三星数字电视42寸	3000.00
4	张丽	2019-04-05	创维数字电视41寸	3100.00
5	于海娟	2019-04-05	索尼高清曲面电视49寸	6200.00
6	王大力	2019-04-06	三星液晶电视42寸	3118.00
7	陈婷婷	2019-04-08	创维数字电视42寸	3050.00
8	于海娟	2019-04-08	三星曲面超频电视47寸	3998.00
9	张丽	2019-04-10	索尼数字电视49寸	5500.00
10	王大力	2019-04-11	三星数字电视42寸	3000.00
11	陈婷婷	2019-04-15	索尼高清曲面电视49寸	6200.00
12	于海娟	2019-04-16	创维高清电视46寸	3500.00

图 12.25

基于 sales_sum 表，我们可以利用聚合函数做一些有意义的统计工作，来看几个示例。

示例 1：统计 sales_sum 表中销售业绩大于 3500 的记录数量

本示例的目标可以通过 COUNT()函数确定符合条件的记录数量，具体的 SQL 查询语句如下：

```
SELECT COUNT(*) FROM sales_sum WHERE sale_price>=3500
```

查询结果如图 12.26 所示，显示 sales_sum 表中共有 7 条记录中的销售业绩大于 3500。

COUNT(*)
7

图 12.26

示例 2：求 sales_sum 表中销售业绩总和

我们可以通过 SUM()函数求出销售业绩的总合，具体的 SQL 查询语句如下：

```
SELECT SUM(sale_price) FROM sales_sum
```

查询结果如图 12.27 所示，显示 sales_sum 表中的销售业绩总和为 50166 元。

SUM(sale_price)
50166.00

图 12.27

示例 3：求 sales_sum 表中销售业绩的平均值

本示例中可以通过 AVG()函数求出销售业绩的平均值，具体的 SQL 查询语句如下：

```
SELECT AVG(sale_price) FROM sales_sum
```

查询结果如图 12.28 所示，显示 sales_sum 表中的销售业绩平均值为 4180.5 元。

AVG(sale_price)
4180.500000

图 12.28

示例 4：求 sales_sum 表中销售业绩的最大值和最小值

我们可以通过 MAX()和 MIN()函数求出销售业绩的综合，具体的 SQL 查询语句如下：

```
SELECT MAX(sale_price) AS MaxSales, MIN(sale_price) AS MinSales
FROM sales_sum
```

上述语句我们不仅通过 MAX()函数计算出了 sale_price 一列中的最大值，同时还通过 AS 为结果取了别名 MaxSales，这样更便于理解。MIN()函数也做了类似的处理，最终的查询结果如图 12.29 所示，显示最大的销售额为 6200，最小的销售额为 3000。

MaxSale	MinSale
6200.00	3000.00

图 12.29

从上面的示例可以看出，五个统计函数只给出了汇总后的单个值。这样我们无法得出更有意义的结果，比如看看某一位销售人员在 2019 年 4 月的销售业绩总和，同时要查询出最佳销售员的名字和业绩总和。

为了做到更有意义的查询，一般来说，聚合函数需要和 GROUP BY 分组子句配合，实现对数据的分组和组内统计。对应的 SQL 命令如下：

```
SELECT 列名，统计函数(列名) FROM 表名
WHERE 子句
GROUP BY 列名
```

上述命令的执行顺序是 FROM→WHERE→GROUP BY→SELECT。因此，上述命令将先符合 WHERE 筛选条件的所有记录进行分组，再对组内的数据进行统计分析。注意，该 SQL 语句使用的重点是：SELECT 后面的列名中一定要包含 GROUP BY 的列名。

接下来，我们以 sales_sum 表为基础，进一步理解 SQL 中的统计函数和 GROUP BY 的组合用法。

12.5.1　COUNT()函数：统计匹配条件的行数

首先，我们希望知道在 sales_sum 表中，每一个销售员的销售记录条数，可以通过 COUNT()函数和分组实现，具体的 SQL 命令如下：

```
SELECT e_name,COUNT(*) FROM sales_sum GROUP BY e_name;
```

上述 SQL 语句中，我们首先对销售人员进行分组，然后再统计每位销售人员的业绩

记录的数目；最终的查询结果如图 12.30 所示。

e_name	COUNT(*)
于海娟	3
张丽	3
王大力	3
陈婷婷	3

图 12.30

为什么要用 COUNT(*)

COUNT(*)是统计分组中包含的总行数。其实采用 COUNT(sale_price)也能得到同样的结果。但是这两者的区别在于：某一列的值为 NULL 时，就会呈现出不一样的结果。

有这样一个例子，销售员王大力在 4 月 30 日卖了一台电视，但是由于顾客采用的付款方式问题，导致其货款到账时间出现了一天延迟。按照规定，安排送货的电视已经出库准备配送，但是由于钱未到账，不能算作是王大力的销售业绩，这条卖出的电视记录中，在成交价格那一列的值将为 NULL，等到第二天钱到账，才会出现具体成交价。这种情况下，COUNT(*)和 COUNT(sale_price)的结果就是不一致的。前者为 4 条，而后者只考虑成交价格非 NULL 的行数，结果为 3 条。所以，要根据实际情况，看看你的应用要不要统计非空的记录，再选择用哪一种方式。在图 12.30 的例子中，显然用 COUNT(*)是合适的。

12.5.2 求和函数：SUM()

如果想要知道每一位销售人员的销售总业绩，我们可以使用 SUM()函数和分组子句，具体的 SQL 命令如下：

```
SELECT e_name,SUM(sale_price) FROM sales_sum GROUP BY e_name;
```

查询结果如图 12.31 所示。

e_name	SUM(sale_price)
于海娟	13698.00
张丽	12100.00
王大力	12118.00
陈婷婷	12250.00

图 12.31

这里我们会看到第二列的列名是 SUM(sale_price)，比较长，我们可以给它取个别名，叫 SumofSales。

可以将上述 SQL 语句稍作修改，代码如下：

```
SELECT e_name,SUM(sale_price) AS SumofSales FROM sales_sum GROUP BY e_name;
```

最终的查询结果如图 12.32。看图可知，我们利用 AS 给 SUM(sale_price)取了一个别名。这个功能十分有用，尤其是对于由聚合函数计算后得出的一些新列，可以改用一个简短且有意义的名称。

e_name	SumofSales
于海娟	13698.00
张丽	12100.00
王大力	12118.00
陈婷婷	12250.00

图 12.32

12.5.3 求平均函数：AVG()

如果希望知道每一位销售人员 4 月份的平均销售业绩，就可以用 AVG()函数和分组子句，比如：

```
SELECT e_name,AVG(sale_price) AS AveragePrice FROM sales_sum GROUP BY e_name;
```

最终的查询结果如图 12.33 所示。

e_name	AveragePrice
于海娟	4566.000000
张丽	4033.333333
王大力	4039.333333
陈婷婷	4083.333333

图 12.33

12.5.4 计算最大/小值函数：MAX()和 MIN()

如果希望知道每一位销售人员销售记录中的最大和最小销售业绩，就可以用到 MAX()和 MIN()函数，比如：

```
SELECT e_name,MAX(sale_price) AS MaxSale, MIN(sale_price) AS MinSale FROM
sales_sum GROUP BY e_name;
```

最终查询结果如图 12.34 所示。

e_name	MaxSale	MinSale
于海娟	6200.00	3500.00
张丽	5500.00	3100.00
王大力	6000.00	3000.00
陈婷婷	6200.00	3000.00

图 12.34

至此，我们了解了 MySQL 中 5 个常用聚合函数的用法，基于这些函数，我们其实还可以做更多复杂的事情，比如加入一些 WHERE 子句的限定，以及对这些数据进行排序。

一旦你的 SQL 语句有多个限定条件的子句时，我们要注意 MySQL 的处理顺序，简单一句话就是以表名为分水岭，无论是之前的查询语句还是之后的筛选条件语句都是按照从后往前的顺序处理的。比如：

```
SELECT e_name,COUNT(*) FROM sales_sum  /*分水岭之前的查询语句*/
WHERE sale_price > 4000 GROUP BY e_name; /*限定条件语句*/
```

上述语句会先执行 FROM，再执行 WHERE 子句过滤成交价在 4000 以上的业绩，接着是 GROUP BY 按照 e_name 的分组，最后呈现出 e_name 和 COUNT(*)的两列内容，查询结果如图 12.35 所示。

e_name	COUNT(*)
于海娟	1
张丽	1
王大力	1
陈婷婷	1

图 12.35

结合以上例子我们不难发现，查询命令的书写顺序和语句的执行顺序有时是相反的。所以，今后当你在设计查询语句时，一定要注意组合中条件子句的位置。

12.6 本章小结

本章以 MySQL 数据库为基础，主要围绕 SQL 的基本语法和用法进行了详细阐述。其实，数据库的核心是 DBMS（数据库管理系统），而 MySQL 只是众多数据库中的一个代表。为了实现对数据的永久存储和管理，还必须借助 SQL 命令，这样 DBMS 才能依靠对这些语句的识别和执行，最终实现对数据的操作和管理。

掌握一门数据库技术是实现动态网站开发的必要条件之一。PHP 脚本和 MySQL 数据结合才能真正实现在服务器端对数据的管理，并满足前端对数据的请求。SQL 作为一门通用的数据库语言，语法相对简单，本章只是列出了最基本的 SQL 命令。这些命令包括对数据的增删改查、过滤（WHERE 子句）和排序（ORDER BY 子句）。为了实现基于文字的搜索，需要借助 WHERE 子句和 like 关键词，找到所有可能的匹配结果。最后，为了对数据进行统计分析，SQL 还提供了聚合函数对数据进行汇总分析。不过，为了做更有意义的查询，这些聚合函数最好和 GROUP BY 子句结合使用。

SQL 中的命令虽然数量不多，但是想要真正掌握，还必须要多实践。实践的目的则是为了服务于具体的动态 Web 应用。所以，下一章将继续介绍 PHP 和 MySQL 之间的深度合作，完成更高级的任务。

一点点建议

（1）关于 SQL 最基本的用法可以先参考菜鸟 https://www.runoob.com/mysql/mysqltutorial.html 中相关的教程，它提供了全面的 SQL 语句基本用法，适合初学者自学。但是当你想要完成个人指定的某个挑战，还是要多去逛论坛，看看别人都是怎么做的，然后自行尝试。

（2）如果在自行设计 SQL 语句时遇到问题，还是推荐多去查看 CSDN 论坛和博客园。在它们上面总能找到你想要的答案。即使没有直接给出解决方案，也会有一些经验分享和原理分析，帮助你自己解决问题。

（3）学习到这里，建议你去尝试做几个完整的 Web 应用，比如点餐系统、签到系统等。因为学习语法不是为了记忆，而是为了解决实际问题。因此，必须要通过实践，才能更好地检验自己是否已经掌握。做一个具体的网站或系统，真正难的地方在于如何理清楚这些技术之间的逻辑关系，让技术为你所用。所以 Web 开发人员真正的难处是设计如何实现一个 Web 应用，这需要实践经验的不断积累。

第 13 章　PHP 与 MySQL 的再度合作

本章是对 PHP 脚本与 MySQL 技术合作的进一步升级，主要包括四个方面：

（1）关于多媒体数据的存储。用户需要存储的数据不限于文字和数字，在当今数字多媒体的时代，网页上存在大量图片、声音、视频等格式的数据也需要存储在服务器上，本章将以存储图片为例，讲述如何存储这些多媒体数据；

（2）关于分页技术，在一个具有搜索功能的实际应用中，往往需要从数据库中查询大量数据，将这些数据在一页上显示，会给用户带来一种不确定的感觉。因此“分页”显示技术就变得很必要；

（3）关于个性化应用的打造。Web 中的个性化服务，从技术实现方面来说，要通过数据库技术完成个人用户的唯一身份认证，从而为其提供定制的个性化内容；

（4）多表查询。这是数据库的一个重点，也是难点。在实际的 Web 应用中，为了对数据进行更好地分类，每一张表的存储信息是有限的，但是用户最终需要的数据往往是来自多张表的结合，因此多表查询就显得尤为重要。这一章就带你升级这些技能，让你变得更强，快来开始吧！

13.1　用户上传的图片去哪里了

网页中内容的类型是多种多样的，不仅包括常见的文字和数字，还包括图片，音频和视频。而且用户自己制造的内容也包括这些类型，比如某些网站会要求用户上传一张照片作为头像，那么你是否会好奇，图片是如何保存到数据表中的？应该以什么类型保存比较合适。如果你熟悉计算机对所有数据的表示，应该听说过，图片是采用二进制形式保存的。然而，数据库中字段的类型却没有二进制。这该怎么办？这一节我们就以数据库存储图片数据为例，向你揭示数据库存储多媒体文件的原理。

在许多 Web 应用中，都允许用户上传头像图片，甚至一些自拍照和风景照，上传的目的是希望彰显自己的身份，或者能够与他人分享美景。那么如何才能做到将这些图片格式的文件也存入数据库中呢？其实，具体的实现过程主要分为三步：

（1）在前端页面中获取这些图片数据；

（2）将获取到的图片文件存储到数据库中；

（3）允许用户通过查询数据库的方式找到这些数据，并以 HTML 格式展示在页面中，最终呈现给用户。

接下来我们一起来看看具体的实现过程。

13.1.1 用户上传图片

首先，我们来完成第一步，允许用户在前端页面中上传图片，这样 PHP 脚本才能获取这些图片。根据前面的学习，你应该已经知道用户可以通过表单向服务器端脚本提交文本类型的数据、日期类型的数据，那么是否有一个输入标签支持上传图片呢？答案是有的，表单的注册如图 13.1 所示。

图 13.1

其中，对应的 13-1-addUser.php 代码如下（注：为了节省空间，这里只列出了表单相关的代码）。

```
<form enctype="multipart/form-data" method="post" action="13-1-addUser.php">
    <input type="hidden" name="MAX_FILE_SIZE" value="100000" />
    <label for="name">用 户 名: </label>
    <input type="text" id="name" name="name" value="<?php if(!empty
($name)) echo $name; ?>"/>
    <br />
    <label for="pwd">设置密码: </label>
    <input type="password" id="pwd" name="pwd" value="<?php if(!empty
($myPwd)) echo $myPwd; ?>"/>
    <br />
    <label for="name">上传头像: </label>
    <input type="file" id="avaPhoto" name="avaPhoto" />
    <br/>
    <br/>
    <input type="submit" value="注册" name="submit" />
    <input type="reset" value="重置" name="reset" />
</form>
```

上述代码实现了允许用户在表单中输入注册时需要的用户信息，同时还包括上传头像照片，这些数据最终都将发送给当前脚本程序 13-1-addUser.php。关于这段代码，有三个需要特别注意的地方。

（1）无论是图片还是音频，都算是文件，而文件中一般都含有大量信息，这些信息在浏览器与服务器的传输过程中，都要分解成很小的数据包的形式。所以为了能正常提交文件类型的数据，form 标签需要指明属性 enctype="multipart/ form-data"，这样浏览器就会知道上传的数据中，如果数据量过大，那么这些数据将以多个小型数据包的方式传送，这一步对于文件类型的数据来说是必须指定的。

（2）<input/>元素的类型需要设定为文件，即 type="file"，这样才会自动显示图 13.1 中所示的“选择文件”的按钮。

（3）我们还要规定用户上传文件的大小，一旦超过规定大小，就不允许用户上传。这里我们用一个隐藏的输入标签，<input type="hidden" name="MAX_FILE_SIZE" value="1000000" />，这里的 1000000 表示上传文件的最大容量为 1000000 个字节，大概就相当于 1MB。

至此，13-1-addUser.php 完成了在前端页面中显示表单，并允许用户上传图片的任务，这部分都属于 HTML 代码。接下来，我们还要通过 php 脚本程序检查用户上传的用户名和密码信息是否为空，以及图片大小是否超过规定的 1MB，并在当前脚本程序中做一个输出测试。更重要的是接收用户上传的这些所有数据，并保存到数据库中。下一节我们就在 13-1-addUser.php 中继续实现该任务。

13.1.2 接收并保存用户上传的图片

13-1-addUser.php 中脚本程序一共有三个任务。

（1）获取用户名，密码以及头像图片。

我们都知道，当表单通过 post 方式提交时，php 脚本可以通过$_POST 变量获取表单的信息，比如用户名和密码可以通过如下方式获得：

```
$name = $_POST['name'];
$pwd = $_POST['pwd'];
```

如果要获取用户提交给服务器的图片文件，则要用到超级变量$_FILES；该变量是一个预定义的数组，用于获取通过 post 方式上传文件的相关信息。当上传单个文件时，$_FILES 为二维数组$_FILES['name 属性值']['']，其中，第一维度表示对应元素的 name 属性的值，比如下面的 input 标签：

```
<input type="file" name="avaPhoto" />
```

通过$_FILES['avaPhoto']获取到该文件。通过第二维度，能够获取该文件的更多详细信息，比如文件的名称、大小、类型等，具体见表 13-1。

表 13-1

编号	参　数	含　义
1	$_FILES['avaPhoto']['name']	表示获取上传文件的名称
2	$_FILES['avaPhoto']['size']	表示获取上传文件的大小，单位是字节
3	$_FILES['avaPhoto']['type']	表示获取上传文件的类型，比如 jpg，gif，png 等
4	$_FILES['avaPhoto']['error']	表示获取与文件上传相关的错误代码
5	$_FILES['avaPhoto']['tmp_name']	表示获取文件上传后在服务器端的临时存储位置

当文件上传过程中发生错误时，我们可以通过打印$_FILES['userfile']['error'] 提供的错误代码分析可能存在的错误。其中常见的错误代码和含义说明如表 13-2。

表 13-2

错误代码	含　义
0	没有错误发生，文件上传成功
1	上传的文件超过了 php.ini 中 upload_max_filesize 选项限制的值
2	上传文件的大小超过了 HTML 表单中 MAX_FILE_SIZE 选项指定的值
3	文件只有部分被上传
4	没有文件被上传
5	上传文件大小为 0

当上传多个文件时，则$_FILES 为三维数组$_FILES[][][]，其中第三维度是对文件的索引，即指示第几个文件。

在 MySQL 数据库中，**图片的存储是通过保存图片文件所在的位置（即文件路径）**，作为其所在字段的值；因此，我们首先可以通过$_FILES 变量获取头像图片的名称，具体代码如下：

```
$avaPhoto = $_FILES['avaPhoto']['name'];
```

接着，我们还需要知道图片的存储位置，以便得出图片文件的完整存储路径。

（2）图片文件存储位置的设定。

当用户单击“上传”按钮后，上传的所有文件会临时存储在 XAMPP 根目录下的 tmp 文件夹中，看到名字就知道它是文件临时存储的地方，隔一段时间后，该文件夹中的文件会被清除，所以无法做到永久存储，一个常见的办法是利用文件转移，通过自行指定一个文件夹，然后将上传的文件从 tmp 临时文件夹移动到指定文件夹，具体操作如下：

首先，物理操作，需要你手动在当前 php 文件所在的目录下，新建一个 images 文件夹，用于专门存放上传的头像图片。

其次，在 php 文件中，可以使用如下代码指定文件转移后的路径：

```
//定义 images 文件夹常量
define('NEW_PATH','images/');
//images 文件夹目录与图片名称拼接，获得图片转移后的目录
$target = NEW_PATH . $avaPhoto;
//进行转移，从原来的 tmp 临时文件夹，转移到指定目标文件夹
move_uploaded_file($_FILES['avaPhoto']['tmp_name'],$target)
```

为了更好地说明 images 文件夹的正确建立路径，请参考图 13.2。

通过上面的操作，我们获取到了用户输入的用户名、密码和图片存储路径。接下来，就要将这些信息保存到数据库中。

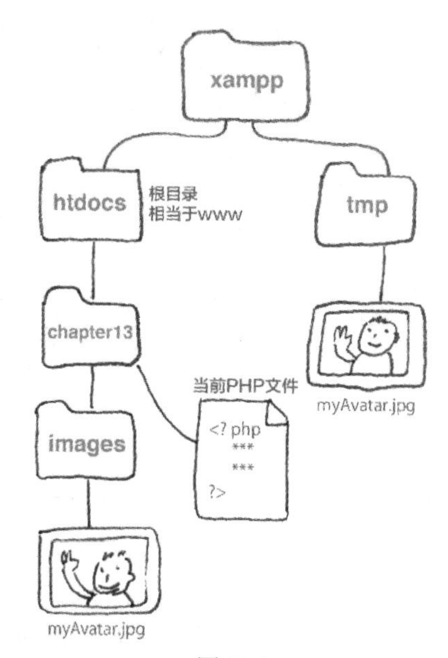

图 13.2

（3）连接数据库，执行插入数据的操作，最后输出用户名和头像图片，输出的最后结果如图 13.3 所示。该图输出了用户上传的头像图片，并显示在表单下方。

感谢您注册星星网！欢迎你，**123456@qq.com**

图 13.3

这一步需要做的物理操作是手动建表，打开 phpmyadmin，在 sql_test 下新建一张 users 表，设置 4 个列：uid、uname、pwd 和 avaPhoto。

接下来就是在 php 脚本中实现数据库的连接和插入操作，由于这部分不是本节的重点，我们就不在这里展开了。

最后，我们将上述三个子任务的逻辑关系整理一下，得出如下的实现代码：

接着 13.1.1 小节，在 13-1-addUser.php 中 HTML 代码的下方，添加如下的 PHP 代码：

```
<?php
   //在当前 php 文件所在目录下，新建一个 images 文件夹，用于专门存放上传的图片
   define('NEW_PATH','images/');
   if(isset($_POST['submit'])){
    $name = $_POST['name'];
```

```
        $pwd = $_POST['pwd'];
        //获取到上传头像文件的文件名
        $avaPhoto = $_FILES['avaPhoto']['name'];
        if(!empty($name) && !empty($avaPhoto)){
            $target = NEW_PATH . $avaPhoto;
            if(move_uploaded_file($_FILES['avaPhoto']['tmp_name'],$target)){
                //连接到数据库
                $conn = mysqli_connect('localhost','root','','sql_test');
                $query = "INSERT INTO users VALUES(0,'$name','$pwd','$avaPhoto')";
                mysqli_query($conn,$query);
                echo '感谢您注册星星网！';
                echo "欢迎你，<strong>". $name ."</strong>";
                echo "<br/>";
                echo '<img src="'.$target.'" alt="个人头像" width="150" height=
"200"/>';
            }
            else{
                if($_FILES['avaPhoto']['error'] == 2){
                    echo "您提交的头像文件太大,请重新提交（提示，请确保头像照片不超
过 1MB）";
                }
            }
        }
    }
    ?>
```

我们来总结一下 13-1-adduser.php 的完整实现代码，主要包括两部分：

（1）获取用户注册信息的 HTML 代码，这部分主要是对 form 标签的一些属性设定，让它能够接收上传的图片文件；

（2）通过 php 脚本获取用户请求中的数据，包括用户名、密码和头像图片；其中，为了将头像图片保存到数据库的 users 表中，我们真正需要获取的是该图片在服务器中保存的路径，获取到该路径后，就可以在前端页面中输出测试结果，看看存储路径是否获取成功。

接下来，我们要将 users 表中所有的用户信息读取出来，并显示在前端页面。

13.1.3　查询数据库中的数据

通过前面的操作，我们已经将所有用户上传的数据存储到 users 表中。现在已知 users 表中存储了两条用户信息，为了读取出这些信息，我们需要新建一个 13-1-show_users.php，该脚本的主要任务是实现对 users 表的查询操作，并将其以 HTML 中表格的形式展示出来，如图 13.4 所示。

图 13.4

这里唯一需要说明的是，为了获取并显示用户的头像图片，我们需要向 img 标签传递正确的图片路径，13-1-show_users.php 的实现代码如下：

```
<?php
    define('NEW_PATH','images/');
    //连接到数据库
    $conn = mysqli_connect('localhost','root','','sql_test');
    //查询语句
    $query = "SELECT * FROM users";
    $result = mysqli_query($conn,$query);
    $users = mysqli_fetch_all($result,MYSQLI_ASSOC);
    echo '<table>';
    //遍历查询到的结果,并将其显示到 HTML 代码中
    foreach($users as $u){
        echo '<tr><td class="userInfo">';
        echo "欢迎你，<strong>".$u['uname']."</strong><br/></td>";
        $realPhotoStored = NEW_PATH . $u['avaPhoto'];
        if(is_file($realPhotoStored) && filesize($realPhotoStored)>0){
            echo  '<td><img src="'.$realPhotoStored.'" alt="个人头像" 
width="150" height="200"/></td></tr>';
        }else{
            echo '<td><img src="images/default.jpg" alt="默认头像" width="150" 
height="200"/></td></tr>';
            }
        }
        echo "</table>";
        mysqli_close($conn);
?>
```

至此，我们才算是真正完成了图片文件的上传、保存至数据库以及获取所有用户信息并在前端页面显示的完整三部曲。希望你自己再梳理一遍代码设计的逻辑，看看有没有不清楚的，如果还有疑问，建议去找源代码对比一下，仔细琢磨就能理解。

13.2　多条查询结果的分页显示

我们可以想象一下，一个大型网站上的内容在数量上是惊人的，如果将这些内容都显示在一页上，那么用户不得不依靠不断下拉的操作，以看到更多内容，这样的操作会给用户带来一些不确定性，不知道何时才算是个头。为了减少用户的这种不确定性，一种更好的做法是，将数据库查询到的数据记录进行统计，采用多个页面的方式显示，并规定网页的每一页能显示多少内容。当用户看到页面上最后一页的页码就能在内心得到一种确定感。这也体现了 Web 应用的人性化。

本节我们就来尝试实现对查询到的多条记录采用分页显示。

13.2.1　限制每页显示记录数量

为了做到将所有记录分页显示，SQL 为我们提供了 LIMIT 子句。它的目的是通过与 SELECT 命令配合，限制查询结果的输出行数，从而规定在每一页上最终显示的记录条数。先来看看 LIMIT 的基本用法。

LIMIT 子句一般包括 1-2 个参数，如下：

```
LIMIT （offset 可选） rows（必选）
```

其中，offset 的意思是指从第 offset+1 行开始，往后数 rows 行显示，这样就可以知道一页显示 rows 条记录，如下：

```
LIMIT 0, 4; /*从第 0+1 行开始，往后数 4 行显示，即一页显示 4 条记录。*/
LIMIT 4, 4; /*从第 4+1 行开始，往后数 4 行显示。*/
```

如果你省略了第一个参数 offset，就得到：

```
LIMIT 3;          /*数前 3 行显示，相当于取 offset 等于 0。*/
```

接下来，以图 13.5 中的 res_dishes 表为例，看看 LIMIT 子句在具体查询任务中的作用。

did	res_name	address	dish_name	pic	price
1	香融府	北京丰台区南四环花乡奥莱村店	烤乳鸽	img/dishes/roastedpegeon.jpg	109.00
3	大鸭梨	北京海淀区大慧寺店	芥末鸭掌	img/dishes/jmduck.jpg	45.00
4	香融府	北京丰台区南四环花乡奥莱村店	老醋蜇头	img/dishes/roastedpegeon.jpg	58.00
5	京味轩	北京昌平东闸村	精品烤鸭	img/dishes/jpduck.jpg	138.00
6	京味轩	北京昌平东闸村	宫保鸡丁	img/dishes/gbchicken.jpg	48.00
7	大鸭梨	北京海淀区大慧寺店	大拌菜	img/dishes/vegetables.jpg	28.00

图 13.5

res_dishes 表中有 7 条记录，可以通过 SELECT 语句做下面的查询。

（1）我们首先对表中的所有记录按照菜品价格从低到高排列，并选取排名中的前 3 条，只需要给出一个条数限制 3，对应的 SQL 语句如下：

```
SELECT * FROM res_dishes
ORDER BY price DESC
LIMIT 3;
```

上述 SQL 语句中，通过 SELECT 命令要返回 7 条记录，但是 LIMIT 子句限制了最终只能从这 7 条记录中返回前 3 条，结果如图 13.6 所示。

did	res_name	address	dish_name	pic	price
5	京味轩	北京昌平东闸村	精品烤鸭	img/dishes/jpduck.jpg	138.00
8	大鸭梨	北京海淀区大慧寺店	普通烤鸭	img/dishes/jpduck.jpg	118.00
1	香融府	北京丰台区南四环花乡奥莱村店	烤乳鸽	img/dishes/roastedpegeon.jpg	109.00

图 13.6

（2）我们希望输出所有 7 条记录，但是以 4 条为一组进行分页展示，并且只显示 4 条查询结果。这时需要指定两个参数来指明起始的位移下标 0（第一个参数 0），共显示 4 条记录（第二个参数 4），对应的 SQL 语句如下：

```
SELECT * FROM res_dishes
LIMIT 0, 4;
```

上述 SQL 语句中，通过 SELECT 命令要返回 7 条记录，这一次 LIMIT 子句对这 7 条记录的输出做了规定，即需要分两页显示，并且第一页要求有 4 条记录，于是，第二页有 3 条记录，最终只显示第一页的 4 条记录。结果如图 13.7 所示。

did	res_name	address	dish_name	pic	price
1	香融府	北京丰台区南四环花乡奥莱村店	烤乳鸽	img/dishes/roastedpegeon.jpg	109.00
3	大鸭梨	北京海淀区大慧寺店	芥末鸭掌	img/dishes/jmduck.jpg	45.00
4	香融府	北京丰台区南四环花乡奥莱村店	老醋蛰头	img/dishes/roastedpegeon.jpg	58.00
5	京味轩	北京昌平东闸村	精品烤鸭	img/dishes/jpduck.jpg	138.00

图 13.7

类似地，第二页显示第 5-7 条记录（如图 13.8 所示），这时第一个偏移的参数就要指定为第一页的所有记录，也就是从第 4+1 条记录开始，第二个参数为 3，表示向后数 3 条记录，并输出这 3 条记录。对应的 SQL 语句如下：

```
SELECT * FROM res_dishes
LIMIT 4, 3;
```

did	res_name	address	dish_name	pic	price
6	京味轩	北京昌平东闸村	宫保鸡丁	img/dishes/gbchicken.jpg	48.00
7	大鸭梨	北京海淀区大慧寺店	大拌菜	img/dishes/vegetables.jpg	28.00
8	大鸭梨	北京海淀区大慧寺店	普通烤鸭	img/dishes/jpduck.jpg	118.00

图 13.8

总结上述查询操作，不难发现，LIMIT 子句一般位于 SQL 查询语句的最后一行，用于对查询到的所有记录在数量上的进行筛选过滤。

13.2.2　设置分页变量，实现自动分页

上一节我们借助 LIMIT 子句实现了获取指定数量的一页记录，但是实际应用中，我们要获取所有符合条件的记录，并采用分页的形式显示在不同的页面上；这就需要我们通过 PHP 程序来实现自动分页的效果。

所谓自动分页，是指用户可以随意设置一页上可以显示的记录数，并且程序会自动计算总共需要多少页显示完所有数据。这就类似于你在百度上搜索页的下方看到的“上一页”和“下一页”的效果。

为了做到自动分页，我们需要自行设计几个变量。接下来，我们来分析并找找规律，看看都需要哪些变量。

根据上一小节我们对 LIMIT 子句的了解，我们大概可以知道以下知识。

第一页展示的查询结果的 SQL 语句如下：

```
LIMIT 0, 4;
```

第二页展示的查询结果的 SQL 语句如下：

```
LIMIT 4, 4;
```

如果有更多数据，第三页的查询结果该是什么呢？

```
LIMIT 8, 4;
```

停留 1 分钟，再看一眼，找找规律，第一个参数是不是和当前页以及每页显示记录的数量都有一定关系，想想是不是如下的关系。

```
(当前页数 - 1) * 每页显示记录数        /*第 1 页为 0，第 2 页为 4，第 3 页为 8*/
```

这么说，每一页我们都需要做一个简单的计算，并且手动输入每一个数字，这样就失去了程序存在的意义。为了解决这个问题，我们希望将分页所需要的计算问题转化成几个变量的定义，我们只需要设置好变量，就可以轻松控制一页显示多少记录了。下面来分析一下到底需要设置哪些变量。

（1）首先，我们必须先弄清楚数据表中记录的总数，这个很容易，只需要通过以下代码完成：

```
SELECT COUNT(*) FROM res_dishes
得到总数变量：$total_records
```

（2）关于页面当前所处的索引位置，即当前页定义一个变量，如下：

```
$current_page
```

（3）接着，我们需要知道每一页显示的记录数，这个可以由我们自行设定，如下：

```
$records_per_page
```

基于上述三个变量，我们还可以进一步得出两个衍生变量。

（a）总页数

```
$total_pages = $total_records / $records_per_page
```

（b）LIMIT 子句中，为了实现分页，第一个参数也很重要，因为它标志着当前页的显示从哪行记录开始，因此这里我们定义：

```
$start =($current page-1)*$records per page
```

有了这些变量，我们要自己写个函数，并把上述变量都当作参数传递给脚本程序。接下来就让我们一起动手制作吧。

13.2.3 实践案例：一个简单的分页应用

掌握了 LIMIT 子句的用法，搭配分页变量的定义，就可以来做一个具有分页显示功能的网页了。为了能够更好地展示分页技术，需要向 res_dishes 表再添加一些新记录，将总的记录增加至 20 条，如图 13.9 所示。

←T→	did	res_name	address	dish_name	pic	price
编辑 复制 删除	1	香融府	北京丰台区南四环花乡奥莱村店	烤乳鸽	img/dishes/roastedpegeon.jpg	109.00
编辑 复制 删除	3	大鸭梨	北京海淀区大慧寺店	芥末鸭掌	img/dishes/jmduck.jpg	45.00
编辑 复制 删除	4	香融府	北京丰台区南四环花乡奥莱村店	涮毛肚	img/dishes/3.jpg	58.00
编辑 复制 删除	5	京味轩	北京昌平东闸村	精品烤鸭	img/dishes/4.jpg	138.00
编辑 复制 删除	6	京味轩	北京昌平东闸村	炸酱面	img/dishes/6.jpg	28.00
编辑 复制 删除	7	大鸭梨	北京海淀区大慧寺店	大拌菜	img/dishes/vegetables.jpg	28.00
编辑 复制 删除	8	大鸭梨	北京海淀区大慧寺店	干炸丸子	img/dishes/8.jpg	68.00
编辑 复制 删除	9	香融府	北京丰台区南四环花乡奥莱村店	麻辣小龙虾	img/dishes/9.jpg	109.00
编辑 复制 删除	10	香融府	北京丰台区南四环花乡奥莱村店	油炸里脊	img/dishes/10.jpg	58.00
编辑 复制 删除	11	京味轩	北京昌平东闸村	高升排骨	img/dishes/11.jpg	138.00
编辑 复制 删除	12	京味轩	北京昌平东闸村	红烧带鱼	img/dishes/12.jpg	48.00
编辑 复制 删除	13	大鸭梨	北京海淀区大慧寺店	驴打滚	img/dishes/13.jpg	28.00
编辑 复制 删除	14	大鸭梨	北京海淀区大慧寺店	涮羊肉	img/dishes/14.jpg	48.00
编辑 复制 删除	15	香融府	北京丰台区南四环花乡奥莱村店	风味茄子	img/dishes/15.jpg	109.00
编辑 复制 删除	16	香融府	北京丰台区南四环花乡奥莱村店	干炸虾	img/dishes/16.jpg	58.00
编辑 复制 删除	17	京味轩	北京昌平东闸村	水煎包	img/dishes/17.jpg	138.00
编辑 复制 删除	18	京味轩	北京昌平东闸村	蟹黄豆腐	img/dishes/18.jpg	48.00
编辑 复制 删除	19	大鸭梨	北京海淀区大慧寺店	炸灌肠	img/dishes/19.jpg	28.00
编辑 复制 删除	20	大鸭梨	北京海淀区大慧寺店	香芋蒸排骨	img/dishes/20.jpg	48.00
编辑 复制 删除	21	香融府	北京丰台区南四环花乡奥莱村店	春饼	img/dishes/21.jpg	22.00

图 13.9

在开始之前，为了能够实现让用户通过单击来选择跳转到哪一页，还需要利用 JavaScript 来完成这一功能。于是整个过程可以分为以下四个主要步骤来完成。

第一步：准备好包含页码的 HTML 代码，其中，每页只显示 6 个菜品信息。这里为了节省空间，只列出 body 内部的主要代码，其余 HTML 标准代码请自行补齐。

```
    <div id="container">
        <h1 class="center">欢迎来到北京菜馆</h1>
        <div id="dishList">
                <h3 class="dishName">菜单</h3>
                <ul id="show-list">
                    <!-- 此处的 6 个 li 只是为了确保布局的正确，后期引入 php 脚本时，需要注释掉-->
            <li class="center">
```

```
                    <img src="img/dishes/roastedpegeon.jpg" alt="">
          <h4>烤乳鸽</h4>
                    <p class="price">
                         <span>109</span>元
                    </p>
               </li>
              <!-- 此处省略 5 个 li 条目-->
    <div class="clear"></div>
         </ul>
         <!--页码-->
         <div id="pages">
           <a href="#" class="previous disabled">上一页</a>
           <a href="#" class="current">1</a>
           <a href="#">2</a>
           <a href="#">3</a>
           <a href="#">4</a>
           <a href="#" class="next">下一页</a>
         </div>
       </div>
  </div>
   <script src="js/jquery-3.2.0.js"></script>
   <script src="js/dishes.js"></script>
   </body>
```

第二步：利用 CSS 进行样式的美化，由于样式和布局简单，所以不再展示，你如果需要，请去源代码的 chapter13/13-3/css/mycss.css 查看，最终页面效果如图 13.10 所示。

图 13.10

第三步：通过 PHP 脚本从数据库中读取 res_dishes 表中的所有记录，并封装成 json 格式，为 JavaScript 脚本做准备。

```
<?php
  $conn = mysqli_connect("127.0.0.1","root","","sql_test",3306);
  $sql = "SET NAMES UTF8";
  mysqli_query($conn,$sql);
  header("Content-Type:application/json");
  //首先，查询 res_dishes 表
  $sql="select * from res_dishes";
  $result=mysqli_query($conn,$sql);
  $data=mysqli_fetch_all($result,1);
  $count=count($data);
      //其次，分页查询有关的变量获取代码
  @$pageNo=$_REQUEST["pageNo"];
  if($pageNo==null) $pageNo=1;
  @$pageSize=$_REQUEST["pageSize"];
  if($pageSize==null) $pageSize=6;
  $sql.=" limit ".($pageNo-1)*$pageSize.",$pageSize ";
  $result=mysqli_query($conn,$sql);
  $data=mysqli_fetch_all($result,1);
  $pageCount=ceil(($count/$pageSize));
//封装一个输出变量，用于向 JavaScirpt 传递
  $output=[
    "pageNo"=>$pageNo,
    "pageSize"=>$pageSize,
    "count"=>$count,
    "pageCount"=>$pageCount,
    "data"=>$data
  ];
  echo json_encode($output);
?>
```

第四步：通过 JavaScript 脚本实现对上述 PHP 脚本程序封装数据的获取和显示，同时允许用户通过单击页码，显示不同的内容。

```
function loadPage(pageNo=1){
    var pageSize=6;
    //拼查询字符串
    var query={pageNo,pageSize};
    console.log(query);
    //连同请求一些额外数据，包括当前页码、每页的大小
    $.get("php/13-3/getDishesByPageNo.php",query).then(result=>{
        var {pageNo, pageCount, data}=result;
        var html="";
        for(var p of data){
            html+=`<li class="center">
                                        <img src="${p.pic}" alt="">
                          <h4>${p.dish_name}</h4>
                                       <p class="price">
```

```
                        <span>${p.price}</span>元
                    </p>
                </li>`;
        }
        document.getElementById("show-list").innerHTML = html;
        html =`<a href="javascript:;" class='${pageNo==1?"previous disabled":
"previous"}'>上一页</a>`;
        for(var i=1;i<=pageCount;i++){
            html+=`<a href="javascript:;"class=${pageNo==i?"current":""}>
${i}</a>`
        }
        html+=`<a  href="javascript:;"  class='${pageNo==pageCount?"next
disabled":"next"}'>下一页</a> `;
        document.getElementById("pages").innerHTML=html;
    })
  }
  //当页面静态内容加载完成就开始加载动态内容
  $(()=>{
    loadPage();
  });
  //允许用户单击按钮，实现分页功能
  $(()=>{
    var divPages=document.getElementById("pages");
    divPages.onclick = function(e){
        var tar=e.target;
        if(tar.nodeName=="A"
            &&!/disabled|current/.test(tar.className)){
            var i=1;
            if(/previous/.test(tar.className)){
                //获得 divPages 下 class 为 current 的 a 的内容转为整数保存在 i 中
                var a=divPages.querySelector(".current");
                i=parseInt(a.innerHTML)-1;//i-1
            }else if(/next/.test(tar.className)){
                //获得 divPages 下 class 为 current 的 a 的内容转为整数保存在 i 中
                var a=divPages.querySelector(".current");
                i=parseInt(a.innerHTML)+1;//i+1
            }else{//获得 tar 的内容转为整数保存在 i 中
                i=parseInt(tar.innerHTML);
            }//用 i 为 pageNo 重新加载当前页面
            loadPage(i);
        }
    };
  });
```

上述 JavaScript 脚本程序中，我们来总结一下需要重点注意的地方。

（1）通过 jQuery 提供的 get()方法将从 php 脚本获取到的数据在 for 循环中遍历，并将每一条数据与 HTML 模板代码进行了拼接，从而以合理的方式在前端页面中显示。注意，这个 PHP 变量和 HTML 代码拼接时，所有字符串是采用反引号包围，表示这是动态生成的内容。

（2）HTML 代码中 PHP 变量的用法是通过${p}的方式实现；为了获取具体的值，还需要指定数据表中的字段名，比如"${p.pic}"是获取图片哪一列的值。这种用法在 HTML 标签的属性中使用也是一样，比如页码 class 属性值的设定。

（3）关于上一页和下一页的链接按钮，它的 href 属性是这样设定的：

```
href="javascript:;"
```

它表示当用户单击该按钮时，它只会执行一段 JavaScript 代码，而不会执行跳转行为。

（4）最后一个匿名函数的功能是当用户单击任何一页时，不仅要通过"/正则表达式/"的方式修改 a 标签的 class 样式，还要调用 loadPage(i)函数，自动更新当前页面的内容。

至此，一个分页应用就完成了。这个应用的代码量可不算少，其中的信息量也不少。你需要自行消化 php 脚本在做分页时为什么需要那些变量，是怎么通过这些变量算出每一页显示的记录数量，以及每一页之间的关系。最后还要不断测试，直到结果确实是自己想要的。

另外，JavaScript 脚本中加载数据和用户单击页码的逻辑关系也需要多花时间去理解。其中，HTML、CSS 和 MySQL 数据库的部分都不算难，最难的就在于 PHP 和 JavaScript 程序，因为它们要处理复杂的逻辑，这些逻辑对于初学者来说都是一种考验。只有通过了这个考验，不断积累经验，你就可以拥有自己设计程序的能力了。

介绍完了案例的具体实现，我们来了解一下分页的应用场景。

近几年随着用户体验的不断发展，一些用户体验设计师指出分页显示没有单页显示的效果好，主要原因在于：分页需要用户手动单击页码或下一页按钮，相当于增加了用户的操作，带来一定的麻烦。因此，你可以看到现在的很多网站，比如京东和淘宝的首页都采用单页显示大量商品列表，而没有出现分页。所以目前的分页技术，常见于搜索引擎、电子书网站以及电商网站的子页面，因为你总不希望用户被海量的数据吓到，所以，分页显示依然是有一定的应用需求的。

JavaScript 在后端中的应用

JavaScript 好久不见，这一次的任务我们请它出来，很重要的原因之一是 JavaScript 是交互式 Web 应用的典范。在分页应用中，我们允许用户通过单击页码来控制菜品的显示。同时，通过 jQuery 和 Ajax 的配合，完成了接收来自 PHP 脚本传递的数据，这比起单纯的 PHP 脚本写的代码要更人性化一些，因为交互让用户更有参与感。同时，独立的 JavaScript 脚本使代码的逻辑看上去更清晰。

13.3 PHP 和 MySQL 联手打造个性化 Web 应用

你一定有过这样的经历，浏览着一个网页上的博文，想要发表评论时，提示你必须登录。一旦你登录之后，就可以管理自己的评论内容了，比如你觉得评论得不好，还可以删除。另外，你还可以收藏一篇文章，以便下次访问时，从收藏夹中直接打开。这些所有需要登录的经历，都是网站运营商想要给每一位用户提供个性化的服务而开发的。

13.3.1　什么是个性化应用

常见的 Web 应用提供的内容可以分为两类：面向公众的免费内容和面向个人的定制化服务内容。前者主要是用于向用户提供免费浏览和少量下载的权限，比如提供新闻的门户网站和公共机构的门户网站。而当用户希望享受个性化服务时，比如发布一条状态，加入购物车等，则必须通过注册一个账号，登录成功后才可以享受这些服务。这么做的原因是，只有当用户在 Web 应用上有了唯一的身份，才能享受到系统为你定制的专有内容和权限。

现在几乎所有的 Web 应用都会提供个性化的服务，比如论坛网站，登录成功后可以发布帖子，还可以对别人的帖子留言；视频网站可以保存视频观看记录和开通 VIP 观影服务；电子图书网站可以享受终身拥有购买的电子书；购物商城可以享受轻松地实现网上下单，快递到家的服务。以上这些定制化服务，都需要通过登录来确定和记录用户的身份。

需要记录用户身份的 Web 应用一般有两类，一类是强制要求必须先有账号，才能正常访问网站的，比如 github（一款方便团队协作完成项目的代码管理工具）；另一类是先给你一些免费的内容，当你需要更多服务时，再吸引你需要登录才能继续享受后续的服务，常见的例子比如京东和慕课网，当你想要下单或是加入某一门课程，都需要登录。关于第一种，只要用户能够登录成功，就会打开网站运营商为我们定制的页面，这里有很多关于个人的历史记录和已购买的服务，而这个我们在第 10 章的 cookie 和 session 一节已经有所涉及，在此就不再赘述。

13.3.2　在线点餐系统的业务逻辑

我们接着 13.2.3 中菜单分页的应用来解决用户网上订餐的需求，该任务可以分解出两个子任务。

（1）为了确认是哪位用户光顾北京菜馆，需要提示用户先登录。

（2）为了获取用户点了哪些菜，需要记录用户点菜的信息。

接下来我们重点来分析这个网上点餐任务的业务逻辑，可以选择用流程图来理清思路，如图 13.11 所示。

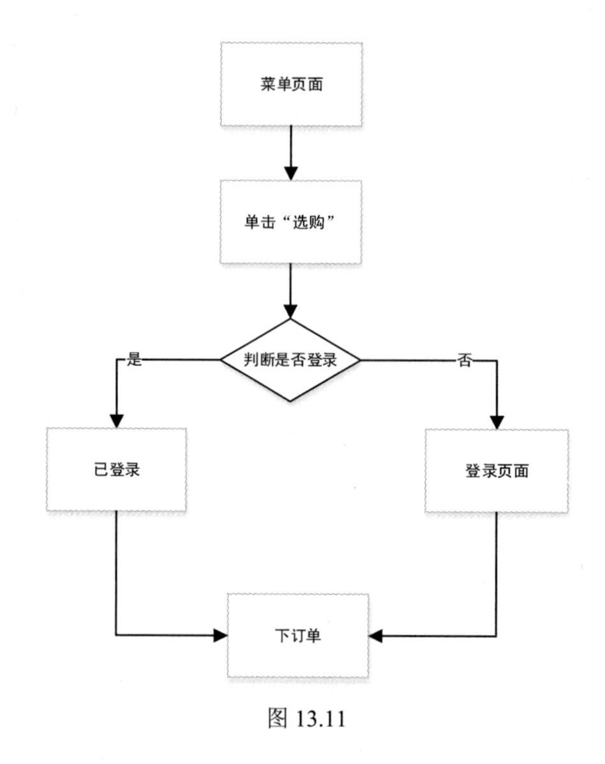

图 13.11

观察图 13.11 的业务流程，可以得出如下的设计思路：

（1）前端：udishes.html（表示更新后的具有下订单功能的菜单页面）和 login.html（登录页面）；

（2）交互部分：udishes.js（表示更新后的具有加载下订单数据的 JavaScript 脚本）；

（3）后端：islogin.php（判断用户当前是否登录的 php 脚本），login.php（结合数据库中的用户表数据判断用户是否登录成功）。

13.3.3　在线点餐系统的实现

根据上一节的分析，我们来依次完成代码的实现和数据表的建立。这里是以具备独立功能的文件为单位展示，这样做只是为了便于书面表达。但是实际的代码实现过程往往是需要在这些文件中一点点实现，不断调整，才能完成整个任务。

1．前端界面

菜单页面和登录页面的布局和实现非常简单，所以此处省略了代码的展示，如果你还是希望参考，可以去源代码包中查看 13-3/udishes.html 和 login.html。其中，菜单页效果如图 13.12 所示。细心的你会发现，相比于图 13.10，这里只是在单一道菜肴的下方添加了“选购”按钮，同时右侧添加了“我的订单”，这一步比较简单，就不再展示详细代码。

欢迎来到北京菜馆

菜单

我的订单

共计：0.00元 去结算

烤乳鸽 109.00元 选购

芥末鸭掌 45.00元 选购

涮毛肚 58.00元 选购

精品烤鸭 138.00元 选购

炸酱面 28.00元 选购

大拌菜 28.00元 选购

上一页 1 2 3 4 下一页

图 13.12

登录页面的效果如图 13.13 所示。

图 13.13

2．JS 脚本

udishes.js 有两个任务，任务一是为动态获取到的所有菜品信息中的“选购”按钮并添加单击事件，进而通过给 islogin.php 发送 get 请求来获取用户是否登录的信息，如果用户未登录，则跳转到 login.html 页面；如果用户已登录，则更新订单内容。任务二是更新“我的订单”的部分内容。综合来看，可以通过“选购”按钮的单击事件实现上述两个任务，主要代码如下：

```
$("#show-list").on("click",".order",function(e){
    var $tar=$(e.target);
    $.get("php/13-3/islogin.php")
        .then(data=>{
          if(data.ok==0){
            alert("请先登录");
            location="login.html?back="+location.href;
          }
          else{
             var $dish_name = $tar.prev().prev().text();
             var $price = $tar.prev().children('span').text();
             var order_item = "<div class='item'>"+
            '<div class="name">'+$dish_name+'</div>'+
             '<div id="quantity">'+
               '<span class="reduce">-</span>'+
               '<input type="text" value="1">'+
               '<span class="add">+</span>'+
 '<span>￥'+$price+'元</span>'+
               '<a href="#">删除</a>'
             "</div>"
          "</div>";
        $("#orders").append(order_item);
         }
    })
});
```

3．PHP 脚本

由于 php 脚本是网上点餐系统的关键，这里涉及两个脚本文件，我们依次来看。

（1）在 login. php 页面中允许用户在表单中输入正确的用户名和密码，并将数据通过 POST 变量传递给 login.php。该脚本主要负责接收来自表单提交的数据，并通过查询数据库检查用户的信息是否正确，如果正确，则利用 SESSION 变量存储用户的唯一身份 uid，并跳转到 udish.html 页面；反之，则将 SESSION 赋值为 NULL，并输出登录失败的提示消息。login.php 的实现代码如下：

```
<?php
  session_start();
  header('Access-Control-Allow-Origin:*');
  header('content-type:text/html;charset=utf-8');
  require_once("init.php");
  if(!isset($_POST['submit'])){
  exit('非法访问');
  }
  @$uname=$_POST["uname"];
  @$upwd=$_POST["upwd"];
```

```
    //检测用户名和密码是否为空
    if($uname&&$upwd){
      $sql = "select uid from users where uname='$uname' and pwd ='$upwd'";
      $result = mysqli_query($conn, $sql);
      //容易出错的地方，把这几个函数要牢牢记住，如何判断sql语句执行后获取的记录条数
      if(mysqli_num_rows($result) > 0){
          $row = mysqli_fetch_assoc($result);
          $_SESSION['uid'] = $row["uid"];
          echo $_SESSION['uid'];
          //登录成功
          $url="../../udishes.html";
          echo "<script LANGUAGE='Javascript'>";
          echo "location.href='$url'";
          echo "</script>";
          }else{
          $_SESSION['uid'] = null;
          //登录失败
          echo "请先注册";
      }
      }else{
      echo "用户名和密码不能为空";
  }
```

（2）islogin.php 负责在 udishes.html 页面中检查用户是否登录，通过判断 SESSION 变量中存储的 uid 是否为 NULL，决定输出何种结果。主要代码如下：

```
  <?php
    require_once("init.php");
    header("Content-Type:application/json");
    session_start();
    @$uid=$_SESSION["uid"];
    if($uid==null)
    echo json_encode(["ok"=>0]);
    else{
    $sql="select uname from users where uid=$uid";
    $result=mysqli_query($conn,$sql);
    $row=mysqli_fetch_row($result);
    echo json_encode(["ok"=>1,"uname"=>$row[0]]);
  }
  ?>
```

登录成功后，用户应该就可以正常下单了，也就是允许用户选择菜肴，并加入“我的订单”中，页面效果如图 13.14 所示。

图 13.14

祝贺你

祝贺你完成了第一个个性化的 Web 应用——简易版的在线点餐系统。回顾一下，这个系统的功能虽然简单，但是却涉及了很多知识点。比如，用于向不同脚本之间传递数据的 SESSION 变量，POST 变量接收前端用户通过表单传来的数据，REQUEST 变量用于接收通过 URL 传来的数据。总之，通过 HTML、JavaScript 脚本、PHP 脚本以及 MySQL 数据库之间的相互配合，才最终完成一个在线点餐系统。

上述个性化应用已经涉及本书的重要技能，所谓个性化应用的基础，就是要记录不同用户的身份，在保证用户唯一身份的情况下，才能提供更优质，定制化的服务。对应的，不同的用户可以选择不同的菜品，因此会产生差异化的订单，从技术实现上，可以借助 SESSION 变量轻松实现用户身份的存储。

存储用户身份少量的信息是不是该用 Cookie？

这个问题很好，很多初学者会分不清楚 Cookie 和 Session 的用法，最常见的理解就是两者都可以用于保存用户的身份数据，比如用户名和密码。而上述的个性化应用中保存的是 id 信息，这个数据量很小，似乎用 Cookie 更合适。但是，希望你还记得 Cookie 和 Session 还有一个很重要的区别在于，Cookie 中保存的数据一般有一段时间的声明周期，而 Session 则仅在一个用户发起的几段会话期间有效。在点餐系统的示例中，用户的下单信息显然只与这一次会话有关，下一次会话时用户很有可能会想要点别的菜，因此，没有必要对这些数据进行一段时间的存储。因此，这里用 Session 变量是更合适的。

其实，上面的在线点餐的应用还存在一个美中不足之处，那就是用户的订单会随着页面的刷新而消失不见，你能想到原因吗？是的，因为我们是通过 JavaScript 脚本完成了对右侧订单列表的更新，而没有将这些数据永久地保存在数据库中。这个未完成的部分留给你自行尝试。你可以在数据库中创建一张订单表，从而在 PHP 负责登录的脚本中通过设计插入新记录完成对这些订单信息的存储，并且还可以通过查询命令，在前端页面完成对新记录的查询。

13.4 多表查询

在设计数据表时，为了提升数据库的操作效率，数据表的每一列要尽可能地做到**原子化**，即表中所有字段都是不可分的原子，不仅行记录不可以重复，列名也不可以再分。更具体地说，原子化原则要求一个字段（列名）不要包括多个值，比如一张数据表用于描述一个人的相关信息；其中，如果选择将“兴趣”作为一个字段，就显得不合适。原因是有的人兴趣很多，有的人只有一个，那么如果需要搜索有哪些人具有某个特定兴趣时，就会无法查询了。

另外，原子化原则还要求一个数据表不要包括同类型值的字段；比如，有一个学生表，那么如果出现学生 1、学生 2、学生 3 这三个字段显然也是不合理的。要做到数据表的原子化，一般情况下设计人员会根据具体的任务需求，尽可能地提炼出有意义的字段，且每个字段不可再分，每个字段下的值是唯一的。

为了解决前面描述个人兴趣的问题，一般的做法是设计三张表，一张是以兴趣 ID 为主键的兴趣表，一张是以用户 ID 为主键的用户表，第三张是以 ID 为主键的前两张表的关系表；这样在关系表中，为了查询一个人的所有兴趣，就必须同时查询这三张表，其中关系表中一个用户 ID 对应一个兴趣 ID，另外，一个用户可以有多条记录，表示其有多个兴趣。这样，就做到了数据库的原子化。

由此可见，有些任务不仅是对单张表的查询，而且还可能是对多张表的查询。尤其是其中的关系表才真正体现出了 MySQL 数据库的本质。

本节我们将介绍利用 SQL 语句实现关系数据表的设计，以及如何实现多张数据表的查询任务。

13.4.1 设计一张订单表

订单表描述的是有多少订单，每个订单选择了哪些菜肴。为了做到数据表中字段的原子化，在设计订单表时，我们需要设计三张表，一张表用于描述用户信息，一张表用于描述菜肴信息，第三张表才是订单表，不过它是由用户表和菜肴表得出的关系表。

基于上述分析，我们可以得出订单表中需要至少 4 个字段，第一个字段是订单 ID，第二个是用户 ID，第三个是菜肴 ID，第四个是订单数量。于是，我们可以设计如图 13.15 所示的订单表（orders）。

oid	uid	did	quantity
1	1	15	1
2	2	7	1
3	2	13	1
4	2	19	2
5	3	1	1
6	3	9	1
7	4	17	2
8	4	18	1

图 13.15

创建一张 orders 表，并插入如图 13.15 所示的记录，对应的 SQL 语句如下：

```
/****订单表****/
CREATE TABLE orders(
  oid INT PRIMARY KEY AUTO_INCREMENT,
  uid INT(64),
  did INT(64),
  quantity INT(32)
);
/****向 orders 表中插入记录****/
INSERT INTO orders(uid,did,quantity) VALUES
(1, 15,1),
(2, 7,1),
(2, 13,1),
(2, 19 ,2),
(3, 1,1),
(3, 9,1),
(4, 17 ,2),
(4, 18 ,1);
```

关系型数据库的优势

MySQL 作为典型的关系型数据库，其最大的特点就是数据是以二维表格的形式存储，并且为了方便分类和管理所有数据，常常需要将这些数据保存在不同的数据表中，这样就可以借助 SQL 命令完成各种操作和查询。关系型数据库的优点是能最大化地保证每一条数据记录在仓库中的唯一性，同时数据之间的相关性可以通过关系表得以体现，这样既便于数据库的管理和操作，也符合数据库的设计原则。

13.4.2 多张数据表的查询

接下来我们希望结合 users 表、res_dishes 表和 orders 表来实现三个查询任务。

（1）查询订单表中所有用户的订单信息，包括用户名、菜名和数量。

查询语句如下：

```
SELECT uname,dish_name,o.quantity
FROM users  u,  res_dishes  r, orders  o
WHERE  u.uid = o.uid
AND r.did = o.did;
```

查询结果如图 13.16 所示。

uname	dish_name	quantity
dingding	风味茄子	1
dangdang	大拌菜	1
dangdang	驴打滚	1
dangdang	炸灌肠	2
xuyong	烤乳鸽	1
xuyong	麻辣小龙虾	1
yaya	水煎包	2
yaya	蟹黄豆腐	1

图 13.16

（2）查询用户名为 dangdang 所下的订单信息，包括用户名、菜名和数量。

查询语句如下：

```
SELECT uname,dish_name,o.quantity
FROM users  u,  res_dishes  r, orders  o
WHERE  u.uid = o.uid
AND r.did = o.did
AND u.uname = 'dangdang';
```

查询结果如图 13.17 所示。

uname	dish_name	quantity
dangdang	大拌菜	1
dangdang	驴打滚	1
dangdang	炸灌肠	2

图 13.17

（3）对所有用户的订单信息进行分组，并算出每个用户订单金额的总和。

查询语句如下。

```
SELECT uname,SUM(r.price * o.quantity)  AS  '总价'
FROM users  u,  res_dishes  r, orders  o
WHERE  u.uid = o.uid
AND r.did = o.did
GROUP BY u.uname;
```

为了计算每个用户订单的总金额，我们需要根据 uname 对订单数据进行分组，然后基于这个分组的数据，再进行订单金额的统计求和。

查询结果如图 13.18 所示。

uname	总价
dangdang	112.00
dingding	109.00
xuyong	218.00
yaya	324.00

图 13.18

上述查询语句中，提到为表名和列名取别名的方式。

（1）遇到原来的表名比较长，可以通过重新赋予一个简短的新名字，做法如下：

```
原始表名   新表名
```

例如：

```
users  u
```

（2）一个函数的统计结果作为列名，识别度不够高，可以通过 AS 给它取一个别名，做法如下：

```
聚合函数()  AS  新字段名
```

例如：

```
SUM(r.price * o.quantity)  AS  '总价'
```

13.4.3 主键约束

在数据库中，我们可以对数据的字段属性设置约束，从而实现自动检测新插入数据的正确性和完整性。其中正确性是指，原本约定某一列的输入为非空约束，那么就不允许用户输入空值，否则就会插入失败。有时为了避免用户会由于粗心输入重复性的数据，或者偷懒少输入一些数据，导致数据表中数据的缺失，最常见的做法是通过设置主键约束，这样就可以做到自动检测用户的输入是否为空且保证唯一。

比如前面我们在建立数据库表时，常常把一个表的 id 字段作为主键（PRIMARY KEY），为什么？我们要从主键的四个特性说起。

（1）用于唯一标识一条记录。

（2）不能有重复。

（3）不允许为空。

（4）一个数据表中，主键只能有一个，它可以是某一列或某几列形成的组。

满足以上四个特性的数据可以是学生的学号、职工编号、手机号或者身份证号。或者更简单一点就是可以自增的 id 号。另外，一个数据表通常由若干列组成，如果某一列的值自身就可以做到唯一性，那么它可以单独被设置为主键，如果某几列的组合值能够表示记录的唯一，则这个属性组也可以作为一个主键。

比如，我们看下面的例子：

（1）学生表（学号、姓名、性别、班级）

其中每个学生的学号是唯一的，学号就是一个主键。

（2）课程表（课程编号、课程名、学分）

其中课程编号是唯一的，课程编号就是一个主键。

（3）成绩表（学号、课程号、成绩）

成绩表中任何单一属性都无法唯一标识一条记录，而学号和课程号的组合才可以唯一标识一条记录，所以学号和课程号的属性组是一个主键。

综上所述，在设计数据表时，可以考虑给某一列或某几列的组合添加主键约束，这样做最大的好处就是可以实现自动检测数据的唯一性和非空性。另外，除了主键约束外，数据表中的字段属性还可以有很多其他约束，比如 NOT NULL（非空），UNIQUE（唯一），FOREIGN KEY（外键）等。

13.5　本章小结

本章是对数据库技术在动态网页中更多作用的探索。其中，提到了如何通过 form 表单对文件类型的数据进行接收，以及 PHP 脚本如何通过$_FILES 变量接收用户提交的图片文件。类似的，你还可以尝试接收音频、视频、文本、pdf 文件等。

关于如何将查询到的大量数据在前端页面中更好地呈现给用户，本章介绍了分页技术，通过 SQL 命令中的 LIMIT 子句，实现对查询结果的分组过滤。同时，配合 JavaScript 脚本实现了一个交互式的分页显示页面。目前来说，有很多网站都在采用分页技术，比如百度搜索，因为这样可以给用户一种确定感和掌控感。另外也有一些电商网站，比如京东则不主张分页，原因是他们研究过用户的心理，知道用户总希望得到更多，因此觉得将所有商品显示在一页上，这样就能做到让用户“见不到底”。无论你自己的 Web 应用是否会用到分页技术，至少其中设计的逻辑对你来说还是值得借鉴的。因为照搬代码不是目的，学习如何设计程序中的逻辑才是关键。

动态网页技术让个性化定制网页成为可能。在这一章，我们通过 PHP 脚本与 MySQL 对用户身份的识别，给用户提供属于个人的隐私空间，从而实现了用户的个性化内容定制。

关于多表查询在真实应用中十分常见。因此需要你理解如何设计符合原子化规范的数据表，以保证表中记录的无重复和冗余性。

一点点建议

（1）关于 MySQL 数据库和 PHP 配合工作的一些原理，建议参考 Head First 系列的《PHP & MySQL》，里面有一些很精美的插图解释，还是比较容易看懂的，只是由于作者是两位美国科学家，所以有一些思路的逻辑还是不太符合东方人的习惯，但是这并不影响你去看他们用通俗易懂的语言解释的原理，书中的例子有些不太接地气，可以选择性阅读即可。另外，这本书也有对应的中文版，英文不太好的读者可以考虑入手。

（2）再向你推荐一本书《MySQL 必知必会》，作者：福塔（英）。这本书写的特别通俗易懂，是一本难得的数据库入门书籍。

（3）关于前端页面和服务器之间传递数据的方式，可不仅仅是本书中介绍的 form 表单。只要你理解客户端与服务器端通信的原理，即请求－响应，并且熟悉 get 请求允许将待传递的数据放在 url 中；因此，它们之间传递数据还可以有另外的方式。如果你感兴趣，也可以去参考《PHP & MySQL》。

（4）如果你还希望了解更多 SQL 内容或者希望将基础知识掌握得更牢固，推荐你去 php 中文网和哔哩哔哩网站学习一下 MySQL 的基础知识，以及更多约束和数据库的权限管理。

至此，关于全栈应用开发的基础知识就介绍得差不多了。本书也接近尾声了，下一章我们将以一个完整的网站应用，向你阐述其中的设计原理和实现过程。

第 14 章　综合项目实战：小说阅读网大挑战

光学不练是假把式，前面的章节介绍了那么多知识和技巧，将它们用于实战才能真正为自己所用。本章我们通过一个小说网的综合实战项目，向你展示项目的设计与实现过程。选择小说网作为综合实战项目是因为它里面包含的功能基础且全面，非常适合于初学者的第一个试手项目。具体地，本章从项目的需求分析开始，沿着静态页面的布局，JavaScript 脚本交互功能的实现，后端 php 脚本和数据库的设计，阐述搭建一个完整的小说阅读网的详细过程。

14.1　动手前，先分析

正式开发之前，需要做一个简单的分析，其实就是做一个整体规划，这样才能保证不会迷失方向，同时有助于评估开发的进度。这里的分析工作是指弄清楚网站要做什么，以及包括哪些主要功能。因此在动手前，让我们从逻辑和功能两个方面来讲解小说阅读网的主要功能。

14.1.1　业务逻辑

一般来说，人们做事总会遵循一定的逻辑（即条理性的流程），比如，泡茶通常有一套流程，包括烧水、取茶叶、烫茶壶、泡茶、饮茶等步骤。泡茶这件事就存在一定的逻辑，从最广泛的意义上来说，逻辑是我们做事的流程。当面临一个新的应用，首先要做的是熟悉该应用的业务逻辑，即对该应用的使用场景很了解，弄清楚用户到底会如何使用你要开发的网站，可能会有哪些需求。回到小说网站这个项目，我们也要分析一下其中的逻辑。由于这是一个非常成熟的应用，所以这里我们可以抄近道。

参考市面上已有的众多小说网，比如起点中文网，小说阅读网等，去查看一下它们的使用过程，提供的功能以及页面布局，找出相似点和不同点。然后分别去这些网站尝试一下，看看每一个功能做得好不好，找出它们之间的共性，并记录下自己作为用户的使用感受。如果能够找出它们当中的漏洞那就更好了，因为我们可以在此基础上加以完善，从而做出更好的小说网。

经过发现与总结得出，大多数小说阅读网的业务主要包括以下内容。

（1）网站导航：一般包括分类、排行榜、免费、完本。

（2）游客书友：小说作品的展示，搜索功能（搜索框），阅读免费小说，过滤功能

（按照小说类型、字数、状态、是否免费等）。

（3）会员书友：书友登录、加入书架、打赏、阅读完整版小说。

按照用户身份的不同，我们可以将一个书友访问小说网的过程绘制成游客书友和会员书友的示例图，如图 14.1 所示。

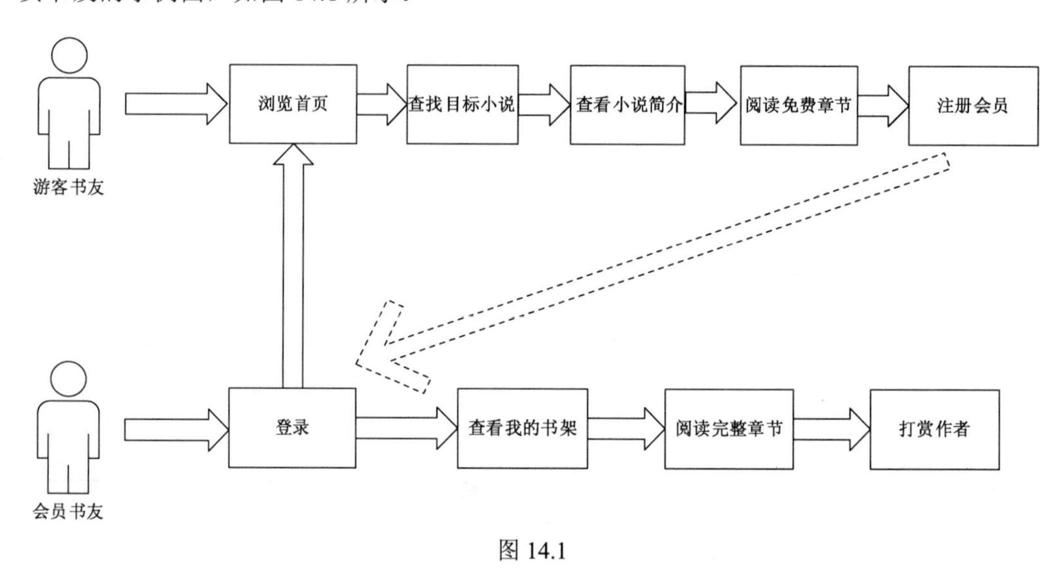

图 14.1

图 14.1 展示了两种不同身份的用户使用小说网的业务逻辑，这个工作既可以通过用户搜集得到，也可以通过把自身假设为潜在用户完成一次对网站的使用过程，并通过记录使用过程中的主要环节和感受完成。图 14.1 只是列出了一个用户使用小说网阅读小说的一般路径，如果遇到特殊情况或者没有考虑周全，还应该继续完善，这个任务留给你去发挥。

14.1.2 功能分解

业务逻辑整理清楚了，接下来就要看看怎么以页面为单位，分别实现上述业务。一般来说，一个页面主要以功能为载体，即每个页面可以被分解为独立的功能，从而满足书友阅读小说的需求以及商家盈利的需求，这样开发人员便可以通过代码块或文件实现每一个页面。对图 14.1 的主要业务流程进行提炼，可以得出四个不同层级的页面和对应的功能。

（1）一级页面：一般指首页，主要包括上部的 Logo 区和页面导航区，中部的作品分区展示以及底部的版权信息。

（2）二级页面：包括全部作品、完本、免费、登录入口、我的书架等页面，它们负责以图文形式展示小说作品。

（3）三级页面：包括登录页中完成会员书友的登录和新书友的注册。小说简介页向书友展示小说内容的简介和作者信息以及粉丝互动信息。

（4）四级页面：包括小说的章节内容以及打赏页面及其子页面。

这里我们只是分成四个等级的页面，然而一个真实的小说网站比这个要复杂得多，但是对初学者来说，建议先从一个最小可行性项目出发，重点是体会过程，而不是被一个庞大的任务和细节吓倒。

至此分析工作就基本完成了。通过分析，我们已经清楚地知道了小说网的业务流程，并分解出了主要的页面和功能。接下来就到代码实现的阶段了。

14.2　静态布局

一般来说，在中小型的互联网开发企业里，Web 开发人员既要担任美工，又要完成开发的工作。如果你一开始对美工不太熟悉，明智的做法是先参考和借鉴市面上同类型网站前端页面的布局设计，一来可以积累自己的经验，二来可以打消初做时的困惑。随着你的开发技能日渐熟练，慢慢就可以形成自己的风格和审美，并通过代码将其实现。网站要怎么设计和实现可是程序员特有的权力，因为其中有相当一部分是程序员说了算的。

首先，我们先建立小说网的站点。在 xampp 的 htdocs 文件下，新建一个 novel 文件夹，用于存放与小说网有关的所有代码和图片等资源。在该文件夹的下一级准备一个目录，如图 14.2 所示。

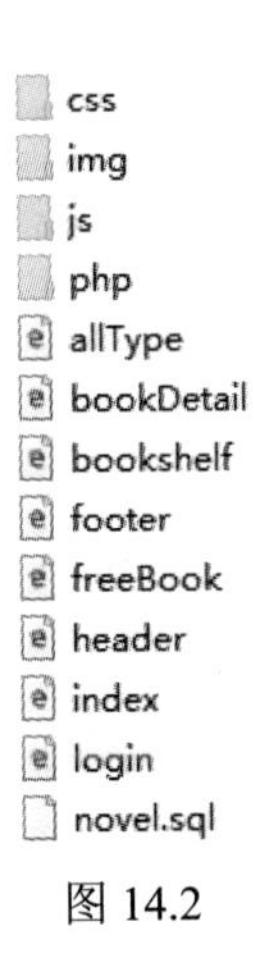

图 14.2

上述目录的原则是：将所有 HTML 页面放在站点的根目录下，所有的 CSS 样式文件在 css 文件夹下，img 文件夹是用于存放网站相关的图片，js 文件夹中存放 JavaScript 脚本文件，php 文件夹是用于存放 php 脚本文件，还有 novel.sql 是关于站点中用到的 novel 数据库。每一个文件夹还可以有二级目录，用于针对每个页面设计不同的文件。

关于 HTML 文档放在站点根目录下的说明

本章的小说网由于页面数量不多，所以我们将所有 HTML 文档放在了站点根目录下，一般对于大型的网站来说，常见的做法是：只将 index.html 放在根目录下，其他 HTML 文件则存储在单独的 html 文件夹中，其下还可以建立不同子文件夹，用于表示不同层级页面之间的关系。所以，我们这里的目录不是唯一的建站方式，你可以自行尝试不同的方式。

接下来，我们将重点介绍如何设计和实现小说网中前端页面中的静态内容。

14.2.1 首页

网站的首页十分关键，因为它不但决定了新书友是否会驻足并发展成为会员，还关系到老书友是否会继续长期地留在该网站。因此，首页既要美观大方，又要方便书友的操作。

首先，我们从首页的布局开始，选择采用上中下的布局，对应起来就是三个区域：头部导航区、主体内容区以及脚部版权信息区，如图 14.3 所示。做布局时，遵守从大到小，从粗到细的原则，逐步完善每一个分区以及内部更小的分区，再通过不断调整个别样式和布局，以达到满意的状态。

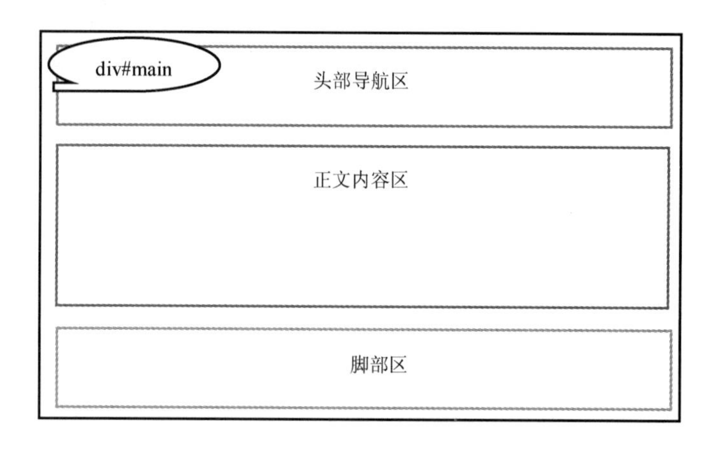

图 14.3

1. 整体布局

首先，在 novel 站点的根目录下，新建一个 index.html，我们来实现如图 14.3 所示的首页布局效果，在 body 内部添加如下主体代码：

```
<!--整体-->
<div class="main">
    <!--头部导航区-->
    <div id="header"></div>
```

```
    <!--正文内容区-->
    <div id="content"></div>
    </div>
    <!—脚部区-->
    <div id="footer"></div>
</div>
```

关于样式部分，在站点的 css 文件夹下，我们可以建立一个基础样式文件 base.css，它主要用于定义每个页面通用的样式，以及基础样式的定义，CSS 代码如下：

```
body{
    background:#FCECF3;
}
body, ul , li , p{
    margin:0;
    padding:0;
}
ul{
    list-style:none;
}
a{
    text-decoration:none;
    color:#000000;
}
span{
    display:inline-block;
}
.main{
    width:1200px;
    margin:0 auto;
    margin-top:30px;
}
.area{
    margin-top:15px;
    padding:20px;
    background:#ffffff;
}
.left{
    float:left;
}
.right{
    float:right;
}
.elasticLayout{  /*弹性布局*/
    display:flex;
    flex-wrap:wrap;
    justify-content:space-between;
}
.biaoTi{
    font-size:25px;
```

```
    font-weight:bold;
    padding:10px 0;
    border-bottom:1px solid #F49BC1;
}
.org{
    color:#FFB800;
    border:1px solid #FFB800;
}
.red{
    color:#FF0004;
    border:1px solid #FF0004;
}
.blue{
    color:#0077CD;
    border:1px solid #0077CD;
}
.name{
    overflow:hidden;
    text-overflow:ellipsis;
    display:-webkit-box;
    -webkit-line-clamp:1;
    -webkit-box-orient:vertical;
}
.book_img img{
    transition:all .4s linear;
}
.fangDa img:hover{
    transform:scale(1.1);
}
.suoXiao img:hover{
    transform:scale(0.9);
}
.touMing img:hover{
    opacity:0.5;
}
```

上述样式属于公共的样式声明，也就是它不只是为了一个特定的 html 页面所写的，而是多个 html 页面可以共用的样式。在应用于每个页面时，只需要在<head>标签内部的样式引入位置插入即可。

2. 各部分具体展开

为了保持网站的一致性，首页和多个子页面都采用同样的头部和脚部。所以我们将头部和脚部分别独立完成，即头部通过 header.html 实现，脚部用 footer.html 实现，这样在其他页面中，我们分别在需要的位置引入这两个文件即可。

（1）头部实现（header.html）

从整体布局角度来看，我们将 header 部分的布局分为两个区域，一个是上方的 Logo

区，另一个是下方的页面导航区（见图 14.4）。于是，通过 div 实现整体布局的代码如下：

```
<div class="header">
<!-logo 区-->
<div class="top_head">   </div>
<!--导航区 -->
<div class="">   </div>
</div>
```

图 14.4

① Logo 区

logo 区可以看作是对 Logo 图片、搜索框、用户头像以及登录框的横向布局。在 div.top_head 内部逐步添加这些内容的 HTML 元素，并通过 CSS 中的浮动实现对它们的横向布局。接下来，对这 4 个子块进行逐一说明：

- Logo 图片区：该区只包含一个网站的 Logo 图，同时该图片要能够实现链接到网站的首页；因此，需要用超链接标签和 img 标签来实现；
- 搜索框：这部分则主要包含两个输入标签元素，一个负责允许用户输入，一个负责允许用户单击的按钮；
- 头像图标：这里通过一个头像图片提示用户可以通过单击它实现登录；
- 登录框：为了美观，现在很多网站都提前隐藏了登录的文字，而是通过一个头像图标提醒用户单击以实现登录。所以，我们也采用这样的方式。具体做法是给头像图标所在的 div 绑定一个单击事件，以实现对登录框的显示。

具体实现代码如下：

```
<div class="top_head">
    <!--logo 图片-->
    <a   class="logo   left"   href="index.html"><img   width="300"
src="img/header/logo.jpg" alt="" /></a>
    <!--搜索区域-->
    <div class="search left">
        <input class="search_text" type="text" placeholder="我和黑粉结婚了" />
        <input class="search_btn right" type="button" />
    </div>
    <!--登录头像-->
    <div class="user right" onclick="show()">
        <img src="img/header/user.jpg"></a>
    </div>
    <!--隐藏的登录框-->
<div id="shade" class="s hide"></div>
<div id="loginContainer" class="l hide">
    <div id="login">
```

```
        <p class="right close" onclick="hide()"><a>×</a></p>
        <form method="post" action="php/header/login.php" >
        <table>
            <!--第一行-->
            <tr class="border">
                <td class="current"><a href="#">账号登录</a></td>
                <td><a href="#">QQ 登录</a></td>
                <td><a href="#">微信登录</a></td>
            </tr>
            <!--第二行: 用户名输入-->
            <tr>
                <td colspan="3">
                <input style="width:100%;height:100%" type="text" id="uname"
name="uname" placeholder="手机/邮箱/用户名" onblur="check_uname()">
                </td>
            </tr>
            <!--第三行: 用户名验证提示内容-->
                <tr class="check">
                <td colspan="3" id="uname-check"></td>
            </tr>
           <!--第四行: 密码框-->
           <tr>
                <td colspan="3">
                <input style="width:100%;height:100%" type="password" id="upwd"
name="upwd" placeholder="密码">
                </td>
            </tr>
            <!--第五行: 自动登录&忘记密码-->
            <tr class="myfont">
                <td colspan="2" class="desc" align="left">
                <input type="checkbox" checked><a href="#">自动登录</a>
                </td>
                <td class="desc" align="right"><a href="#">忘记密码? </a></td>
            </tr>
            <!--第六行: 登录按钮-->
                <tr class="red">
                <td colspan="3"><input type="submit" value="登录" id="loginBtn"
name="submit"></td>
            </tr>
            <!--第七行: 手机登录和注册-->
            <tr class="desc">
                <td colspan="3"><a href="#">手机验证码登录   </a>|<a
href="#">  免费注册</a></td>
            </tr>
            <!--第八行: 用户服务协议-->
            <tr class="desc">
                <td colspan="3">登录即代表同意<a href="#" class="default">《用户服
务协议》</a>和<a href="#" class="default">《隐私政策》</a></td>
```

```
            </tr>
            </table>
            </form>
        </div>
        </div>
    </div>
```

在 Logo 区的布局中，主要用到两大技巧。

技巧一：元素的浮动。因为我们希望 Logo 图、搜索框以及登录图标在同一行显示，因此，可以让 Logo 图标靠左浮动（.left），搜索框也靠左浮动，而登录图标则靠右浮动（.right），这样就完美地呈现出了 header 区域中的 Logo 区，如图 14.4 所示。关于 left 和 right 的类样式定义，可以参考 base.css。

技巧二：登录框的隐藏与显示。这里我们做到了让登录框在首页上显示，而不是跳转到另一个页面，效果如图 14.5 所示。这里利用了元素的隐藏和显示样式，通过设置 z-index 的值，让登录框层、黑色背景层和原始的首页，呈现出前、中、后的三层效果。

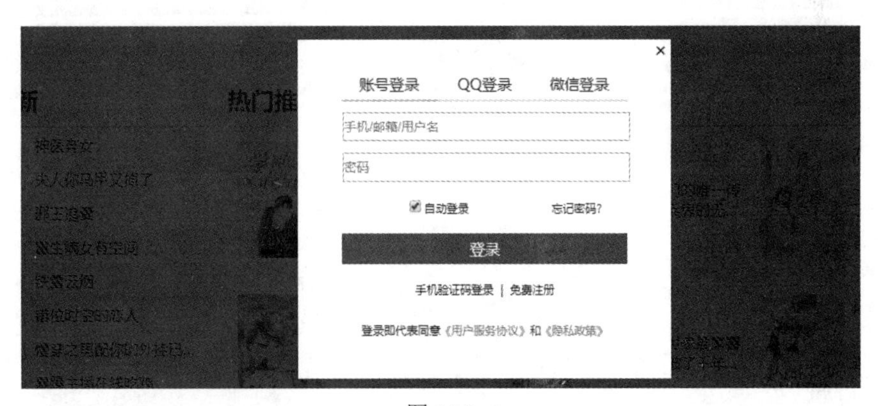

图 14.5

为了让上述 header.html 页面中的元素以合理的方式显示，我们在 css 文件下定义了 header.css。由于样式声明的代码量较多，所以分为 5 部分展示。

第一部分：整体布局的样式，代码如下：

```
@charset "utf-8";
/* CSS Document */
.header{
    padding:20px;
    background:#FFFFFF;
}
.top_head{
    height:80px;
    padding-bottom:15px;
    border-bottom:1px solid #F49BC1;
}
```

第二部分：Logo 图标区的样式，代码如下：

```
.logo{
    display:block;
}
```

第三部分：搜索框的样式，代码如下：

```
.search{
    width:300px;
    height:40px;
    line-height:40px;
    margin:20px 180px 0;
    padding:0 20px;
    border:3px solid #F49BC1;
    border-radius:25px;
}
.search .search_text{
    width:260px;
     border:0;
}
.search .search_btn{
    width:30px;
    height:30px;
    border:0;
    margin-top:6px;
    background:url("../img/header/search.jpg") no-repeat;
    background-size:30px;
    cursor:pointer;
}
```

第四部分：头像图标的样式，代码如下：

```
.user{
      margin-top: 20px;
}
.user a{
      padding-left:45px;
}
```

第五部分：登录框的样式，代码如下：

```
.close{
    width: 100%;
    font-size: 20px;
    margin-right: 3px;
    height: 20px;
    line-height: 20px;
    text-align: right;
}
.hide{
    display: none;
}
.s{
```

```
    position: fixed;
    top:0;
    right:0;
    bottom:0;
    left:0;
    background-color: #000;
    opacity: 0.8;
    z-index: 3;
}
.l{
    background-color: white;
    position: fixed;
    width: 400px;
    height: 350px;
    top: 50%;
    left: 50%;
    z-index: 5;
    margin-top: -120px;
    margin-left: -200px;
}
#login table{
    margin-top:30px;
    margin-left: 20px;
    margin: 0 auto;
    border-collapse: separate;
    border-spacing:0px 10px;
}
#login table tr td{
    text-align: center;
    width: 100px;
    height: 30px;
}
#login tr{
    height: 30px;
}
#login table .desc{
    font-size: 12px;
}
#login .border td{
    color: #ddd;
    border-bottom: 2px solid #ddd;
}
#login td.current{
    border-bottom: 2px solid #F49BC1;
}
#login tr.red{
    width: 100%;
    background-color: red;
```

```
}
#login tr.red a{
    color: white;
}
#login tr.red a:hover{
    background-color: #ED4259;
}
#login table tr{
    height: 30px;
    line-height:30px;
}
#login table a.default{
    color: #379BE9;
}
#login table a.default:hover{
    color: blue;
}
```

当然，只有 CSS 是不够的，还需要 JavaScript 去实现动态地修改登录框的隐藏与显示，因此要在站点 js 文件夹下新建 header.js，其中有如下代码：

```
function show(){
    document.getElementById('shade').classList.remove('hide');
    document.getElementById('loginContainer').classList.remove('hide');
}
function hide(){
    document.getElementById('shade').classList.add('hide');
    document.getElementById('loginContainer').classList.add('hide');
}
```

② 导航区

导航区的目的是允许用户在首页通过单击导航栏中的超链接元素，进入不同的子页面，如图 14.6 所示。

全部分类 免费 完本 书架 消息

图 14.6

导航区可以分为两部分：一部分是左侧面向普通用户的页面间导航图标和文字；一部分是右侧面向会员用户的专属页面。由于这两部分中的子元素都排列整齐，因此可以想到用两个 ul 标签实现，同时利用浮动实现横向布局。其中，为了让页面看上去更简洁，最左侧的列表图标允许用户通过鼠标滑过，展开更多子页面的导航。具体的 HTML 实现代码如下：

```
<div class="top_nav">
    <ul class="left_nav left">
    <li  class="classification"  onmouseover="change('type','block')"
onmouseout="change('type','none')">
```

```
        <a href="allType.html">全部分类</a>
            <div id="type">
                <a href="#">现代言情</a>
                <a href="#">古代言情</a>
                <a href="#">浪漫青春</a>
                <a href="#">玄幻言情</a>
                <a href="#">仙侠奇缘</a>
                <a href="#">科幻空间</a>
                <a href="#">悬疑灵异</a>
                <a href="#">游戏竞技</a>
            </div>
            </li>
            <li id="vip"><a href="freeBook.html">免费</a></li>
            <li id="action"><a href="allType.html">完本</a></li>
    </ul>
    <ul class="right_nav right">
        <li class="bookshelf"><a href="bookshelf.html">书架</a></li>
        <li class="message"><a href="#">消息</a></li>
    </ul>
</div>
```

导航区需要特别说明的是，最左侧展开列表图标的动态效果是依靠 JavaScript 中的 mouseover 事件实现的，即当用户通过鼠标划过“全部分类”时，可以展开二级小说的分类菜单（见图 14.7）。

图 14.7

因此，在 header.js 中还需要加入相应事件句柄的定义。具体做法是通过给“全部分类”对应的 li 标签绑定鼠标移入事件和鼠标离开事件，实现显示二级菜单。这里需要声明指定事件句柄为 change()函数，该处理函数的功能就是对二模态状态的判断，实现鼠标移入事件就显示二级分类菜单，鼠标移出事件控制其隐藏效果。另外，还要允许用户通过单击“全部分类”，跳转到相应的页面。主要 JavaScript 实现代码如下：

```
function change(myid, mode){
    document.getElementById(myid).style.display=mode;
    if(mode == 'block'){//显示下拉菜单
        //设置鼠标滑过的 a 的边框及背景颜色
```

```
            document.getElementById(myid).parentNode.style.borderBottom="2px
solid #F49BC1";
        }else{
            //当不显示下拉列表时，鼠标滑过的 a 的边框及背景颜色
            document.getElementById(myid).parentNode.style.borderBottom="";
        }
    }
    //点击类型跳转至对应的相关网址
    $("#type").on("click",'a',function(){
        $type=$(this).text();
        window.location.href="allType.html";
    });
```

至此，header.html 的前端布局已经完成，要记得引入相应的 header.css 和 header.js 文件，还要注意引入位置，**一般 js 文件的引入位置在 body 内所有代码的下面**。

（2）脚部实现（footer.html）

footer.html 的页面效果如图 14.8 所示。这部分页面内容较少，可以分为以下三个部分：

- 页面间导航可以通过超链接标签完成；
- 中间部分关于网站的声明文字，注意要居中对齐；
- 最后一部分是两张图片的居中显示，以提升页面的活泼感。

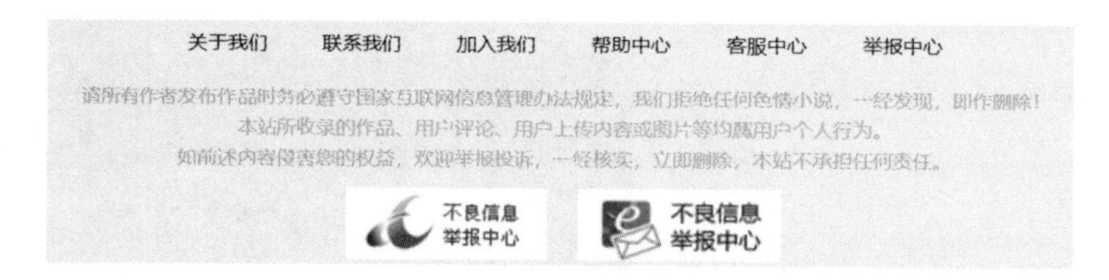

图 14.8

由于这部分页面的实现比较简单，建议你自行实现 footer.html 和 footer.css，有不明白的，可以查看本章的源代码。

（3）正文内容区实现

正文内容区的完成其实就是在考验灵活运用 CSS 布局的能力，这个综合项目可以说是对 CSS 最好的练习。接下来就重点实现 index.html 的主内容区，该区可以被分为四块，分别为图片轮播区、热门推荐区、免费区和小说分类区。

① 图片轮播区（见图 14.9）：从布局来看是属于左右两栏，左多右少，那么可以借助两个 div 和弹性布局，指定每个 div 容器一定的宽度，让它们占满整行，其中左侧的图片轮播主要是依靠 JavaScript 的第三方库文件 SuperSlide.2.1.js 来实现。

图 14.9

主要 HTML 代码如下：

```
<!--图片轮播和热销榜-->
<div class="area elasticLayout">
    <!--图片轮播-->
    <div class="banner">
        <ul class="imgs">
        <li><img src="img/index/banner1.jpg" alt="" /><p>情之所钟，虽丑不嫌
</p></li>
        <li><img src="img/index/banner2.jpg" alt="" /><p>从一个孩子慢慢成长
为一个大人</p></li>
        <li><img src="img/index/banner3.jpg" alt="" /><p>满地都是六便士，他
却抬头看见了月亮</p></li>
        <li><img src="img/index/banner4.jpg" alt="" /><p>什么是人生？人生就
是永不休止的奋斗</p></li>
        <li><img src="img/index/banner5.jpg" alt="" /><p>孤独的灵魂在空荡的
天空中游弋</p></li>
        </ul>
    </div>
    <!--热销榜-->
    <div class="hotList">
        <p>热销榜</p>
        <ul>
        <li><span class="first">1</span><a class="name" href="#">白色巨塔
</a></li>
        <li><span class="second">2</span><a class="name" href="#">遥远的救
世主</a></li>
        <li><span class="third">3</span><a class="name" href="#">百年孤独
</a></li>
        <li><span>4</span><a class="name" href="#">人生何处不离人</a></li>
        <li><span>5</span><a class="name" href="#">云边有个小卖部</a></li>
    <li><span>6</span><a class="name" href="#">追忆似水年华</a></li>
        </ul>
    </div>
</div>
```

其中，为了做到两栏布局，用到了弹性布局（具体见 base.css 中.elasticLayout 类样式的定义），只需要定义两栏的宽度，就可以做到自动两端对齐的两栏布局，相关样式代码

如下。

```
/*盒子样式定义上边距和内容边距*/
.area{  /*在 base.css 定义*/
    margin-top:15px;
    padding:20px;
    background:#ffffff;
}
.elasticLayout{/*在 base.css 定义*/
    display: flex;
    flex-wrap: wrap;
    justify-content: space-between;
}
.banner{/*在 index.css 定义*/
    width:880px;
    height:290px;
}
.hotList{/*在 index.css 定义*/
    width:260px;
}
```

图片轮播功能实现起来十分简单，首先引入 SuperSlide.2.1.js 库，然后在相应的位置调用该库提供的 slide()方法，并传入相关参数，参考如下代码：

```
<script src="js/jquery.SuperSlide.2.1.js"></script>
<script>
    //调用图片轮播插件
    jQuery(".banner").slide({
        mainCell:".imgs",
        effect:"leftLoop",
        autoPlay:true,
        interTime:2000,
        vis:1
    });
</script>
```

由于代码量较少，可以将上述 JavaScript 代码放在 index.html 中最下方的 JavaScript 脚本区。这些代码实现的效果是每隔 2 秒换一张图片（interTime），并且图片的过渡效果是向左滑动（autoPlay）。

关于调用 SuperSlide 库的 slide()方法可能的错误说明

SuperSlide 是一个基于 jQuery 的第三方库，所以它提供的 slide()方法必须要通过 jQuery 封装的 DOM 对象。其中，第一个传入的参数 banner 是包裹图片轮播图的最外层 div 容器（**也就是 ul 的父元素**），而 mainCell 的含义是包裹图片列表的父元素，即 ul；所以我们传入的是其类样式 imgs，这里是非常容易出错的地方，必须要保证两处参数传递正确，否则将无法实现图片列表的自动播放。一定要理清楚这些元素的关系，如果你对 SuperSlide 感兴趣，可以参考 SuperSlide 的使用说明文档，查看这些参数的含义和使用说明。

其余需要说明的是，一般对于整齐排列的一行一行的条目或一列一列的条目，一般都推荐用 ul 和 li 来实现，代码实现也比较简单，这里不再赘述。

② 热门推荐区（见图 14.10）：按照内容的类型来分，这一部分的整体布局仍然是两栏布局，左侧为“本周最新”，右侧是“热门推荐”。具体的，一看到整齐的内容，就想到“本周最新”下方的内容应该采用 li 元素完成；而“热门推荐”下方的图书列表可以采用三栏的弹性布局。关于弹性布局，前面已经介绍多次，并且这里的布局也比较简单，因此便不再给出完整的实现代码。

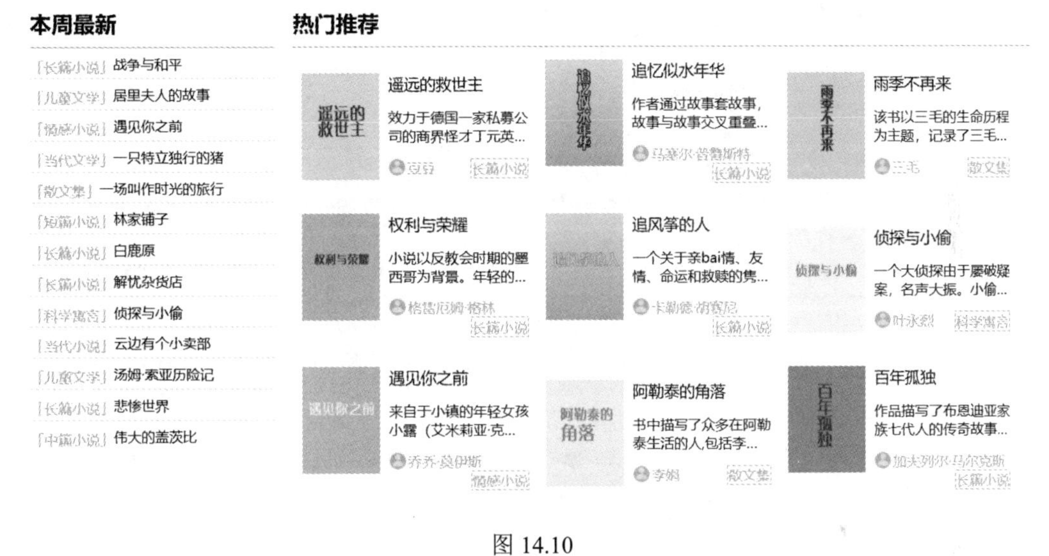

图 14.10

思考时间

弹性布局在网页中是使用最多的，因此是必备技能之一，在开始实现本周最新和热门推荐的布局之前，请你思考以下三个问题。

（1）弹性布局中内部元素应该采用哪种对齐方式（两端对齐、靠左对齐、靠右对齐、居中对齐）？

（2）弹性布局样式的声明应该是包裹子内容的父元素，还是内部的子元素？

（3）在保证弹性布局样式声明正确的前提下，子元素哪个属性的声明对弹性布局会起到关键作用？（提示：该属性可以作为是否换行的依据）

首页中会有很多地方用到弹性布局，其重要性可见一斑。关于右侧“热门推荐”区下方的图书子元素，这里只展示一本图书的布局细节（见图 14.11）。从粗到细来说，这个图书小块仍然可以分为左右两栏布局，左侧是封面图片，右侧是文字介绍。更具体的，右侧前两行都是文字，因此可以采用两个 p 标签但字体大小不同，而作者和小说类型这一行，要将若干元素放在同一行显示，很自然的做法是通过浮动实现。

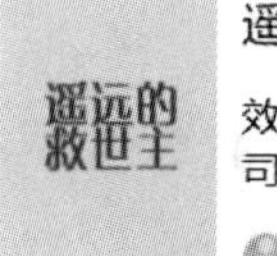

图 14.11

图 14.11 所示的图书子块的 HTML 代码如下：

```
<li>
<!--左侧图书封面-->
    <div class="book_img fangDa left"><img src="img/novel/1.jpg" alt=""
/></div>
<!—右侧文字介绍-->
    <div class="book_info right">
        <p class="name"><a href="#">遥远的救世主</a></p>
        <p class="jianJie">效力于德国一家私募公司的商界怪才丁元英，用他超出常人的手段，将从德国募集的资金投进中国股市，用“文化密码”疯狂掠夺钱财，后来又良心发现，退出了公司，但退出是要受到惩罚的，为此，他付出了惨痛的代价，他的所有分红被冻结，甚至穷到天天吃方便面。

    回到古城“隐居”时，认识了从小在法兰克福长大、如今在古城刑警队任职的女刑警队员芮小丹。两人从相识到相知，从一对音响发烧友演变成了一对爱情发烧友，上演了一出精彩、浪漫、传奇的天国之恋。</p>
        <p class="author left">豆豆</p>
        <p class="type right">长篇小说</p>
    </div>
</li>
```

对应的样式定义代码如下：

```
.BookList li{
    width:260px;
    display:inline-block;
    margin:15px 10px;
}
.BookList .book_img img{
    width:90px;
    height:120px;
}
.BookList .book_info{
    width:160px;
    margin-left:10px;
}
.BookList .book_info .name{
    font-size:18px;
}
.BookList .book_info .name a:hover{
    color:#FF0004;
```

```
}
.BookList .book_info .jianJie{
    margin:15px 0;
    overflow:hidden;
    text-overflow:ellipsis;
    display:-webkit-box;
    -webkit-line-clamp:2;
    -webkit-box-orient:vertical;
}
.BookList .book_info .author{
    color:#BBBBBB;
    background:url("../img/index/user.png") no-repeat;
    background-size:20px;
    padding-left:22px;
}
.BookList .book_info .type{
    border:1px solid #CCCCCC;
    color:#BBBBBB;
}
```

③ 免费区（见图 14.12）：这里和之前的布局稍微有一些不一样，但是主要原理也差不多。很明显“限时免费”的倒计时为一块，而右侧四个免费小说则可以聚集为一块。因此又是两栏的弹性布局，其中右侧内部是四栏的弹性布局。布局设计部分省略，留给你自行去尝试。

图 14.12

重点来说一说最左侧倒计时的实现方法，它其实是依靠 JavaScript 中 Window 对象的全局函数 setInterval()来做到的。通过自定义 countDownTime()函数来实现倒计时，其中的原理如下：

- 利用 Date 获取倒计时结束时间和系统当前时间；
- 利用公式计算，将获取 ms 单位的时间，转化为小时、分、秒的表示；
- 通过将计算结果与 html 标签进行拼接，动态显示倒计时；
- 调用 setInterval()并传入参数，实现每过 1 秒，动态显示一次倒计时时间。

对应的实现代码如下：

```
//倒计时时间
```

```
function countDownTime(){
    var p = document.getElementById("clock");
    var end = new Date('2020/02/01 00:00:00');
    var now = new Date();//当前时间
    var s = parseInt((end-now)/1000);
    if(s>0){
        var d = parseInt(s/3600/24);
        if(d<10)
            d = "0" + d;//s/3600/24，再向下取整
        var h = parseInt(s%(3600*24)/3600);
        if(h<10)
            h = "0" + h;//s/(3600*24)的余数，再除以 3600，再向下取整
        var m = parseInt(s%3600/60);
        if(m<10)
            m = "0" + m;//s/3600 的余数，再除以 60，再向下取整
        s%=60;//s/60 的余数
        if(s<10)
            s = "0" + s;
        p.style.color = '#F49BC1';
        p.innerHTML = d + "天" + h + "时" + m + "分" + s + "秒";
    }
    else{
        p.style.color = '#666';
        p.innerHTML = "本轮已结束<br />请等待下一轮";
    }
}
var timer = setInterval(countDownTime,1000);
window.onload = countDownTime;//当页面加载完成，执行函数
```

由于倒计时对应的 HTML 代码和样式定义非常简单，就留给读者自己去发挥了。这里简单说一下免费小说部分中一个列表条目的内容和样式定义（效果如图 14.13 所示），其中为了体现免费，需要利用文字的装饰效果实现横线穿过。另外，免费阅读的边框可以通过 border-radius 属性设置圆形边框。其余条目复制即可，非常简单，不再赘述。

汤姆·索亚历险记

~~5阅币/千字~~

免费阅读

图 14.13

其中，免费小说的 li 标签内容如下：

```
<li class="limitFree_book">
    <div  class="book_img  fangDa  touMing"><img  src="img/novel/27.jpg"
```

```
alt="" /></div>
        <div>
            <a class="name" href="#">汤姆·索亚历险记</a>
            <p class="money">5 阅币/千字</p>
            <a class="freeRead" href="#">免费阅读</a>
        </div>
    </li>
```

对应的样式定义如下：

```
    .limitFree_book{
        padding:15px 0;
    }
    /*添加阴影效果*/
    .limitFree_book:hover{
        box-shadow:0 0 10px #CCCCCC;
    }
    .limitFree_book .book_img img{
        width:100px;
        height:135px;
    }
    .limitFree_book .name{
        display:block;
        word-break:keep-all;
        font-size:18px;
        margin:10px 0;
    }
    /*添加鼠标悬停效果*/
    .limitFree_book .name:hover{
        color:#FF0004;
    }
    .limitFree_book .money{
        color:#BBBBBB;
        text-decoration:line-through;
    }
    .limitFree_book .freeRead{
        display:inline-block;
        margin-top:15px;
        padding:5px 25px;
        color:#F49BC1;
        border:2px solid #FAE3ED;
        border-radius:30px;
    }
    .limitFree_book .freeRead:hover{
        border:2px solid #F49BC1;
        background:#FAE3ED;
    }
```

首页秘籍

在首页的实现过程中，关于 CSS 的使用技巧，需要注意以下三点。

（1）弹性布局可以很容易实现，若干子元素在一个父元素内的横向均匀排列。

（2）为了增加一些动态效果，可以通过添加阴影以及链接的悬停伪类等样式。

（3）JavaScript 主要实现一些通过程序来自动控制的样式，并通过捕捉用户在网页上的行为，触发一些内容和样式的动态变化。

④ 小说分类区（见图 14.14）：该模块主要是将小说以分类的形式展示在一个图文块中。这一部分的布局也比较简单，主要完成第一块图文的布局，其余的复制并修改即可。由于这部分在布局方面没有特别值得注意的技巧，就不再展示具体实现代码，还是留给读者自己去实现。这一部分的关键在于如何查询数据库以实现在每个类型中只显示其中的 5 本书，在后续的动态页面部分会详细阐述。

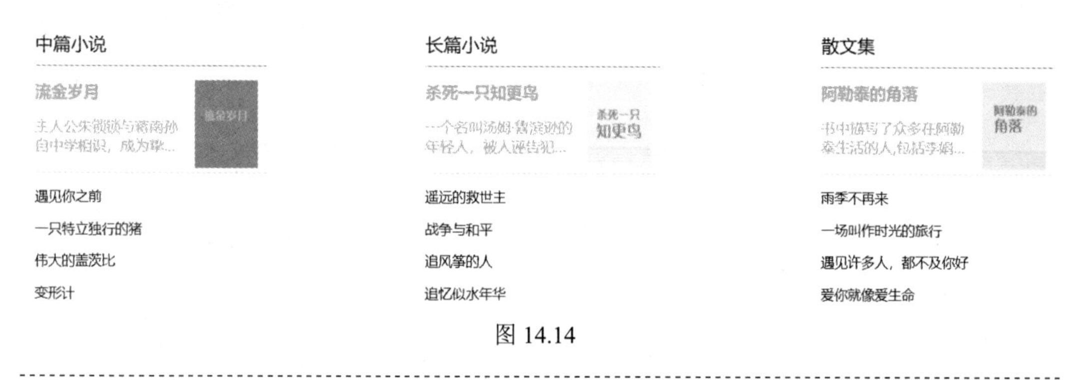

图 14.14

首页就一个，为什么要写三个 html 文件

一般来说，一个页面对应着一个 html 文件，但是在实际的项目中，为了最大化的实现代码的复用，还是将共用的一些代码单独写为一个文件。这样做的好处是，省去重复写代码的麻烦，同时提高共用代码的重复使用率。

比如，一个网站中所有页面都拥有的头部（header）和脚部（footer）。因此，非常适合将它们单独做成一个文件。这样在其他页面使用时，可以通过简单的引入就可以完成相同部分的内容。具体的技术见下文。

我们已经做好了三个页面，header.html、footer.html 和 index.html，如何将这三个页面组合到一个页面之中呢？

在以前，遇到多个页面拥有相同的内容时，大家常常采用 iframe 标签，但是 iframe 的用法缺点实在太多（包括大小调整麻烦、超链接实现困难等），所以现在已经不推荐使用了。替代办法是利用 JavaScript 的加载功能，只要在 JavaScript 文件夹下新建共用的 base.js 文件，并输入以下两行代码就可以搞定：

```
$("#header").load("header.html");
$("#footer").load("footer.html");
```

这样，无论哪个页面需要该 header 和 footer 内容时，只需要引入 base.js 即可。

至此，关于首页的静态布局我们就大功告成。下一节，我们还需要将静态的部分转化为动态变化的，也就是引入数据库技术。

14.2.2　作品简介页

当书友用户通过浏览首页，找到感兴趣的小说后，就想要单击进入看看小说简介，因此，这一节我们就来实现作品简介页，如图 14.15 所示。该页面的头部和脚部还是和首页一样的，所以做法相同，直接通过 js 加载进来即可，因此本小节还是将重点放在中部主体区的实现。

图 14.15

首先，图 14.15 所示的主体内容区可以分成五块内容来介绍：面包屑导航、小说简介、作品评论和目录导航、评论区以及目录区。依次来完成每一块的布局和交互功能。

（1）面包屑导航（见图 14.16）：其本质可以理解为进入当前简介页的路径或位置，比如首页→小说类型→小说名称，由于每一步小说的类型或书名都不相同，所以该导航的内容也要随之动态改变。要做到这一点，就必须要读取小说相关的类型和书名数据。

首页 > 长篇小说 > 遥远的救世主

图 14.16

首先，在 index.js 中，存储通过 Window 对象提供的 location.href 属性来获取首页上被单击的小说作品类型和名称，代码如下：

```
//首页中点击书名跳转至对应相关网址
$(".BookList").on("click",'.name',function(){
    $type = $(this).next().next().next().text();
    $name=$(this).text();
    window.location.href="bookDetail.html?type="+$type+"&name="+$name;
});
```

在 bookDetail.html 中，面包屑导航的代码如下：

```
<!--面包屑导航-->
<p class="crumbs_nav">
    <a href="#">首页</a>
    <span>&gt;</span>
    <a href="#">长篇小说</a>
    <span>&gt;</span>
    <a href="#">遥远的救世主</a>
</p>
```

接着，在 bookDetail.js 中，实现从 url 中对查询字符串“？”后的请求数据的分割和提取，主要代码如下：

```
//面包屑导航获取地址栏中搜索的小说类型和名称
function getRequest(){
    var urlSearch = decodeURI(location.search);
    var obj = {};
    if(urlSearch.indexOf("?")!= -1){ //url 中存在问号，就说明有查询参数
        var str = urlSearch.substr(1); //得到查询字符串？后面的字符串
        var strs = str.split("&"); //将参数分割成数组[type="浪漫青春",name="
学神请告白"]
        for(var i = 0; i < strs.length; i++)
        {
            obj[strs[i].split("=")[0]] = strs[i].split("=")[1];
        }
    }
    return obj;
}
//当页面所有内容加载完成，开始加载动态内容
$(()=>{
    var search = getRequest();
    var html=
        '<a href="index.html">首页</a><span>&gt;</span>'+
        '<a      href="allType.html?type='+search.type+'">'+search.type+'
</a><span>&gt;</span>'+
        '<a href="bookDetail.html?name='+search.name+'">'+search.name+'</a>';
    $(".crumbs_nav").html(html);
});
```

（2）小说简介（见图 14.17）：这一部分主要就是通过 CSS 实现内容的布局，比较简单，不再列出 html 代码和 CSS 样式声明。唯一需要说明的是展开功能。就是当小说简介

有多行内容时，默认情况下，只展示三行，只有当书友单击“展开”链接时，才会显示完整的介绍内容，如图 14.17 所示。

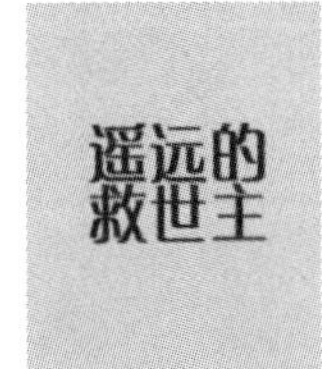

图 14.17

“展开”链接的 html 标签内容如下：

```
<p><a class="unfold">展开</a></p>
```

简介内容的展开与收起是通过 CSS 效果实现的，其样式声明如下：

```
.book_info .threeR{
    overflow:hidden;
    text-overflow:ellipsis;
    display:-webkit-box;
    -webkit-line-clamp:3;
    -webkit-box-orient:vertical;
}
```

利用 JavaScript 向展开绑定单击事件，通过对简介内容添加和取消类样式 threeR，从而实现简介内容的展开与收起，代码如下：

```
//简介的展开与收起
$(".book_information").on("click",'.unfold',function(){
    if($(this).parent().prev().hasClass("threeR")){
        $(this).text("收起");
        $(this).parent().prev().removeClass("threeR");
    }else{
        $(this).text("展开");
        $(this).parent().prev().addClass("threeR");
    }
});
```

（3）作品评论和目录导航（见图 14.18）：这里主要是利用 js 来实现背景颜色样式的变换，达到单击不同的目录，实现相应的动态样式变换，如图 14.18 所示。

图 14.18

首先来看作品目录的 HTML 代码，具体代码如下：

```
<div class="content-nav">
    <ul>
```

```
        <li class="info act"><a>作品评论</a></li>
        <li class="catalog"><a>作品目录</a></li>
    </ul>
</div>
```

接着，对应的 CSS 样式声明代码如下：

```
.content-nav{
    margin:20px;
    margin-bottom:0;
    border-bottom:1px solid #F49BC1;
}
.content-nav li{
    display:inline-block;
    padding:5px 20px 10px;
    font-size:18px;
}
.content-nav .act{
    background:#EE67A1;
}
.content-nav .act a{
    color:#FFFFFF;
}
```

最后，通过 js 代码实现对当前元素是否含有 act 样式的判断来决定是否删除该样式，而给另一个导航添加 act 样式。主要代码如下：

```
//点击评论目录导航
$(".content-nav").on("click",'a',function(){
    if($(this).parent().hasClass("act")==false){
        if($(this).text()=="作品评论"){
            $(this).parent().addClass("act");
            $(".catalog").removeClass("act");
            $("#pingLun").css("display","block");
            $("#catalog").css("display","none");
        }else if($(this).text()=="作品目录"){
            $(this).parent().addClass("act");
            $(".info").removeClass("act");
            $("#pingLun").css("display","none");
            $("#catalog").css("display","block");
        }
    }
});
```

（4）评论区（见图 14.19）：这一部分允许用户与网页互动，互动的方式是添加新评论、清空评论以及为以发表的评论点赞，我们来重点看一下代码实现。

图 14.19

首先，利用 HTML 完成基本框架搭建，代码如下：

```
    <!--作品评论-->
    <div class="content area" id="pingLun">
        <!--输入评论-->
        <div class="pingLun_input">
        <textarea class="username" placeholder="输入标题（选填最多 25 个字）"
rows="1"></textarea>
        <textarea class="pingLun" placeholder="输入评论内容" rows="3"></textarea>
        <div>
        <a class="cancel">清空</a>
        <a class="submit">提交</a>
        </div>
    </div>
    <!--显示评论-->
    <div class="pingLun_show">
        <div>
        <p><span  class="pname"> 乐 乐 </span><span  class="pdate">2019-11-03
16:21:55</span></p>
    <p class="comm">哇，真好好看哇! </p>
        <span class="likesCount">3</span>
        </div>
        <div>
        <p><span class="pname">panpan66</span><span class="pdate">2019-11-03
16:25:10</span></p>
        <p class="comm">看不下去了，说真的! </p>
        <span class="likesCount">1</span>
        </div>
        </div>
    </div>
```

对应的 CSS 样式如下：

```
    .pingLun_input{
        margin-top:20px;
        padding-left:90px;
        height:160px;
        background:url("../img/bookDetail/user.jpg") no-repeat 10px 0;
        background-size:60px;
```

```
    position:relative;
}
.pingLun_input .username,.pingLun{
    display:block;
    margin:10px 0;
    font-size:16px;
    width:1050px;
}
.pingLun_input > div{
    position:absolute;
    bottom:10px;
    right:10px;
}
.pingLun_input > div a{
    display:inline-block;
    margin:0 10px;
    padding:5px 25px;
}
.pingLun_input > div .submit{
    border-radius:20px;
    background:#EE67A1;
    color:#FFFFFF;
}
.pingLun_show > p{
    margin:10px 0;
    color:#BBBBBB;
}
.pingLun_show > div{
    margin-bottom:10px;
    padding-bottom:10px;
    position:relative;
}
.pingLun_show .pname{
    color:#EE67A1;
    font-size:20px;
}
.pingLun_show .pdate{
    color:#BBBBBB;
    margin-left:30px;
}
.pingLun_show .comm{
    width:1030px;
    margin:10px 0 10px 30px;
    line-height:25px;
}
.pingLun_show .likesCount{
    position:absolute;
```

```
    right:0;
    top:40px;
    cursor:pointer;
    width:30px;
    height:30px;
    padding-left:35px;
    background:url("../img/bookDetail/likes.jpg") no-repeat;
    background-size:30px;
}
```

最后，关于发表评论和点赞功能，需要 js 来实现这种交互。其中，我们还需要获取评论的系统时间，因此有 dateFormat()，以及提交评论功能和清除评论功能。重点是提交的评论应该要给出 php 脚本，才能上传到后台服务器中的数据库进行保存。

```
//日期时间
function dateFormat(fmt,date){
    let ret;
    let opt = {
        "Y+":date.getFullYear().toString(),
        "m+":(date.getMonth() + 1).toString(),
        "d+":date.getDate().toString(),
        "H+":date.getHours().toString(),
        "M+":date.getMinutes().toString(),
        "S+":date.getSeconds().toString()
        //有其他格式化字符需求可以继续添加，必须转化成字符串
    };
    for(let k in opt){
        ret = new RegExp("(" + k + ")").exec(fmt);
        if(ret){
            fmt = fmt.replace(ret[1], (ret[1].length == 1) ? (opt[k]) :
(opt[k].padStart(ret[1].length, "0")))
        };
    };
    return fmt;
};
//提交填写评论
$(".pingLun_input").on("click",'.submit',function(){
    var pname = $(".username").val();
    var comm = $(".pingLun").val();
    if(pname && comm){
        var $now = new Date();
        var newPl = [];
        var pinglun = new Object();
        pinglun.pname = pname;
        pinglun.pdate = dateFormat("YYYY-mm-dd HH:MM:SS", $now);
        pinglun.comm = comm;
        pinglun.likesCount = 0;
        pinglun.name = $(".name").text();
```

```
        pinglun.author = $(".author").text();
        newPl.push(pinglun);
        var json_Pl = JSON.stringify(newPl);
        var cc = JSON.parse(json_Pl);
        var url = "php/bookDetail/setPingLun.php";
                    postRequest(url,cc);//执行ajax请求函数，发送post请求
location.reload();
    }else{
        alert("评论人或评论内容不能为空！")
    }
});
//清空填写评论
$(".pingLun_input").on("click",'.cancel',function(){
    var pname = $(".username").val();
    var comm = $(".pingLun").val();
    if(pname || comm){
        $(".username").val('');
        $(".pingLun").val('');
        alert("清空成功！");
    }
});
//点赞
$(".pingLun_show").on("click",'.likesCount',function(){
    var pname = $(this).prev().prev().children(".pname").text();
    var pdate = $(this).prev().prev().children(".pdate").text();
    var comm = $(this).prev().text();
    var likesCount = $(this).text();
    likesCount++;
    var html+='<div><p><span class="pname">'+ pname+
                '</span><span class="pdate">'+pdate+
'</span></p><p class="comm">'+ comm+
                '</p><span class="likesCount">'+ likesCount+'</span></div>';
              $(".pingLun_show").html(html);
});
```

关于点赞的部分也没有什么难的，只需要通过单击元素获取需要添加或删除的 DOM 元素内容。这里有一个小悬念，目前的点赞数量会随着页面的刷新就不复存在了。这个问题必须要用到后面的动态技术，这个我们后面会慢慢道来。

（5）目录部分（见图 14.20）：其实还是页面元素布局的问题，主要是通过弹性布局实现三栏布局即可，其实做法很简单，只是需要定义好一栏的宽度，那么三栏就会自动两边对齐，非常简单吧！

第一卷·共3章 免费

第一章 成长的历程	苦难的童年	母亲去世
乡村时光	家庭女教师	第二章 漫漫求学路
初次恋爱	我的大学	来到巴黎
学习的阻碍	学会独立生活	认识皮埃尔
第三章 发现镭元素	初任科学殿堂	发现未知元素
艰难的拼搏	诱惑和选择	获得博士学位

第二卷·共3章 VIP

第四章 获得诺贝尔物理学奖	荣获诺贝尔奖	继续探索
第五章 不幸与挑战	飞来横祸	漫长的思念
独自前行	世界大战降临	第六章 开启新时代
新的生活	美国之行	放眼整个科学界

图 14.20

目录的 HTML 代码如下：

```
    <!--目录-->
    <div class="content area" id="catalog">
        <div class="catalog_show">
            <p><span class="Volume">第一卷·共 3 章</span><span class="blue">免
费</span></p>
            <ul>
                <li><a href="#">第一章 成长的历程</a></li>
                            <li><a href="#">苦难的童年</a></li>
                            <li><a href="#">母亲去世</a></li>
                            <li><a href="#">乡村时光</a></li>
                            <li><a href="#">家庭女教师</a></li>
                            <li><a href="#">第二章 漫漫求学路</a></li>
                            <li><a href="#">初次恋爱</a></li>
                            <li><a href="#">我的大学</a></li>
                            <li><a href="#">来到巴黎</a></li>
                            <li><a href="#">学习的阻碍</a></li>
                            <li><a href="#">学会独立生活</a></li>
                            <li><a href="#">认识皮埃尔</a></li>
                            <li><a href="#">第三章 发现镭元素</a></li>
                            <li><a href="#">初任科学殿堂</a></li>
                            <li><a href="#">发现未知元素</a></li>
                            <li><a href="#">艰难的拼搏</a></li>
                            <li><a href="#">诱惑和选择</a></li>
                            <li><a href="#">获得博士学位</a></li>
                        </ul>
                    </div>
                    <div class="catalog_show">
                        <p><span  class="Volume"> 第 二 卷 · 共  3  章 </span><span
class="org">VIP</span></p>
```

```
                <ul>
                    <li><a href="#">第四章 获得诺贝尔物理学奖</a></li>
                    <li><a href="#">荣获诺贝尔奖</a></li>
                    <li><a href="#">继续探索</a></li>
                    <li><a href="#">第五章 不幸与挑战</a></li>
                    <li><a href="#">飞来横祸</a></li>
                    <li><a href="#">漫长的思念</a></li>
                    <li><a href="#">独自前行</a></li>
                    <li><a href="#">世界大战降临</a></li>
                    <li><a href="#">第六章 开启新时代</a></li>
                    <li><a href="#">新的生活</a></li>
                    <li><a href="#">美国之行</a></li>
                    <li><a href="#">放眼整个科学界</a></li>
                </ul>
    </div>
</div>
```

对应的 CSS 样式声明如下：

```
#catalog{
    display:none;
}
.catalog_show{
    margin-bottom:40px;
}
.catalog_show > p{
    border-bottom:1px solid #F49BC1;
}
.catalog_show .Volume{
    font-size:20px;
    font-weight:bold;
    margin-bottom:10px;
}
.catalog_show .blue,.org{
    margin-left:15px;
    font-size:15px;
}
.catalog_show li{
    display:inline-block;
    width:350px;
    margin:0 10px;
    padding:10px 0;
    border-bottom:1px solid #F49BC1;
}
.catalog_show li a:hover{
    color:#FF0004;
}
```

至此，作品简介页的功能已经基本完成。是不是感觉很有成就感呢！别急，这只是前端，重头戏的后端还没开始呢。

14.2.3 全部页面

当用户单击首页导航栏中的“全部页面”（allType.html）时，会打开如图 14.21 所示的页面。该页面允许用户通过单击左侧的按钮，进行小说的个性化筛选；随着用户筛选条件的变化，右侧的小说列表也将发生变化。为了实现这个功能，我们需要静态布局和动态网页技术相互配合，本节我们只是先准备好前端页面中的静态内容。

图 14.21

由于图 14.21 中的页面布局比较简单，这里重点说一下其中分页技术的实现，主要是利用 JavaScript 来完成的。

（1）通过自行设计一个 loadPage()设置每页显示的小说数量和当前页码，并将这些参数传递给后端 php 脚本。

（2）通过获取用户单击的页码，向 loadPage()传参，指定要获取哪一页数据。

（3）同时要改变一些页码的 CSS 样式，让前一页和下一页链接根据情况出现或消失。

主要代码如下：

```
<div id="pagination">
    <a href="javascript:;" class="previous hide">&lt;</a>
```

```
        <a href="javascript:;" class="current">1</a>
        <a href="javascript:;">2</a>
        <a href="javascript:;">…</a>
        <a href="javascript:;">5</a>
        <a href="javascript:;" class="next">&gt;</a>
        <div class="paginationJump">
            <input type="text" value="1" />
            <a href="#">GO</a>
        </div>
    </div>
    function loadPage(pageNo=1){
        var pageSize=8;
        //拼查询字符串
        var query={pageNo,pageSize};
        //连同请求一些额外数据，包括当前页码、每页的大小
        $.get("php/allType/getBooksByPageNo.php",query).then(result=>{
            var {pageNo, pageCount, data} = result;
            var html="";
            for(var p of data){
                html+=`
                <li>
                    <div class="book_img suoXiao left"><img src="${p.img}" alt="" /></div>
                    <div class="book_info right">
                        <p class="name"><a href="#">${p.name}</a></p>
                        <p class="author">${p.author}</p>
                        <p class="tag">
                            <span class="org">${p.type}</span>
                            <span class="red">${p.action}</span>
                            <span class="blue">${p.size}万</span>
                        </p>
                        <p class="jianJie" title="${p.content}">${p.content}</p>
                    </div>
                </li>`;
            }
            document.getElementById("books").innerHTML = html;
            html =`<a href="javascript:;" class='${pageNo==1?"previous hide":
"previous"}'>&lt;</a>`;
            for(var i=1;i<=pageCount;i++){
                html+=`<a href="javascript:;" class=${pageNo==i?"current":""}>${i}</a>`
            }
            html+=`<a  href="javascript:;"  class='${pageNo==pageCount?"next
hide":"next"}'>&gt;</a> `;
            document.getElementById("pagination").innerHTML = html;
        })
    }
    //加载点击页码的相应小说
```

```
$(()=>{
    loadPage();
    var divPages=document.getElementById("pagination");
    divPages.onclick = function(e){
        var tar = e.target;
        //正则表达式判断目标元素的类名中是否有 disabled 或 current
        if(tar.nodeName == "A" &&!/hide|current/.test(tar.className)){
            var i = 1;
            if(/previous/.test(tar.className)){
                //获得 divPages 下 class 为 current 的 a 的内容转为整数保存在 i 中
                var a = divPages.querySelector(".current");
                i = parseInt(a.innerHTML)-1;//i-1
            }else if(/next/.test(tar.className)){
                //获得 divPages 下 class 为 current 的 a 的内容转为整数保存在 i 中
                var a = divPages.querySelector(".current");
                i = parseInt(a.innerHTML)+1;//i+1
            }else{//获得 tar 的内容转为整数保存在 i 中
                i = parseInt(tar.innerHTML);
            }//用 i 为 pageNo 重新加载当前页面
            loadPage(i);
        }
    };
});
```

在 allType.html 中的页码内容，为了防止链接的默认跳转行为，通过将 href 的属性默认为 javascript，以保证不发生跳转，并停留在当前页面。

一个需要注意的地方

上述代码中有一个需要特别注意的地方就是关于DOM原生的document.getElementById()方法和 jQuery 封装的$("#")方法的区别，前者返回的是 DOM 元素，因此它可以是一个文本内容，也可以是一个 HTML 标签，或是一段 HTML 代码，因此它只是 DOM 树上的一部分内容；而后者得到的是一个 jQuery 对象，对象就意味着可以访问一些封装好的方法和属性。所以比较来看，后者不仅能实现前者同样的功能，同时还能方便地调用 jQuery 提供的一些方法和属性，因此后者更为常用一些。

14.2.4　小说章节

小说简介完成之后，就该到小说章节部分的页面设计和实现，但是考虑到版权问题，这里无法向大家展示未授权的小说内容，所以在这里只说一下涉及的技术。

从布局来说，小说章节内容页主要包括上方的目录导航和设置以及书名、作者等简介，中部则是小说正文，下方是章节之间的切换导航。所以从静态布局来说，难度不大，留给你自己去实现吧！

14.3 动态页面

小说阅读网是需要定期更新内容的，比如上新一些书、新添加一些章节、用户发表的评论以及用户的信息等。这就要用到服务器端的开发技术：后端脚本和数据库技术。这一节，我们重点来看看如何动态更新首页中的部分内容、登录的相关操作以及我的书架的更新。为了实现数据的动态更新和保存，必须要建立数据库 novel，同时还要向数据库中插入三张表：book 表、pinglun 表和 user 表。

（1）book 表

book 表用于保存和管理小说相关的信息（见图 14.22）。

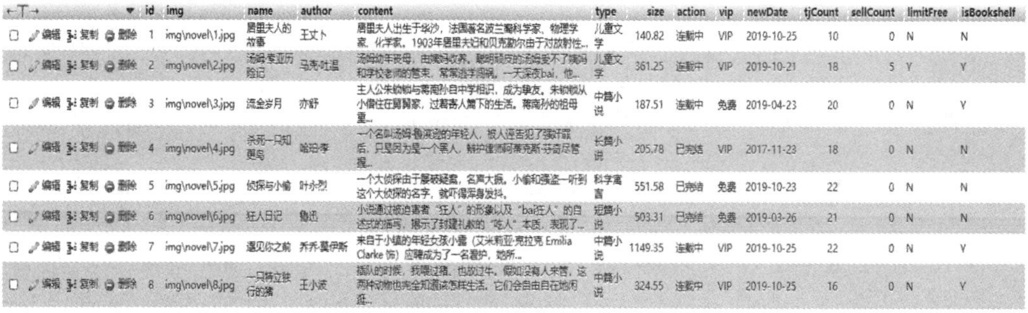

←T→	id	img	name	author	content	type	size	action	vip	newDate	tjCount	sellCount	limitFree	isBookshelf
编辑 复制 删除	1	img\novel\1.jpg	居里夫人的故事	王文卜	居里夫人出生于华沙，法国著名波兰裔科学家、物理学家、化学家。1903年居里夫妇和贝克勒尔由于对放射性...	儿童文学	140.82	连载中	VIP	2019-10-25	10	0	N	N
编辑 复制 删除	2	img\novel\2.jpg	汤姆·索亚历险记	马克·吐温	汤姆幼年丧母，由姨妈收养。聪明顽皮的汤姆受不了姨妈和学校老师的管束，常常逃学闯祸。一天深夜bai，他...	儿童文学	361.25	连载中	VIP	2019-10-21	18	5	Y	Y
编辑 复制 删除	3	img\novel\3.jpg	流金岁月	亦舒	主人公朱锁锁与蒋南孙自中学相识，成为挚友。朱锁锁从小借住在舅舅家，过着寄人篱下的生活。蒋南孙的祖母重...	中篇小说	187.51	连载中	免费	2019-04-23	20	0	N	Y
编辑 复制 删除	4	img\novel\4.jpg	杀死一只知更鸟	哈珀·李	一个名叫汤姆·鲁滨逊的年轻人，被人诬告犯了强奸罪后，只是因为是一个黑人，辩护律师阿蒂克斯·芬奇尽管提...	长篇小说	205.78	已完结	VIP	2017-11-23	18	0	N	N
编辑 复制 删除	5	img\novel\5.jpg	侦探与小偷	叶永烈	一个大侦探由于屡破疑案，名声大振。小偷和强盗一听到这个大侦探的名字，就吓得浑身发抖。	科学寓言	551.58	已完结	免费	2019-10-23	22	0	N	N
编辑 复制 删除	6	img\novel\6.jpg	狂人日记	鲁迅	小说通过被迫害者“狂人”的形象以及“bai狂人”的自述式的描写，揭示了封建礼教的“吃人”本质，表现了...	短篇小说	503.31	已完结	免费	2019-03-26	21	0	N	N
编辑 复制 删除	7	img\novel\7.jpg	遇见你之前	乔乔·莫伊斯	来自于小镇的年轻女孩小露（艾米莉亚·克拉克 Emilia Clarke 饰）应聘成为了一名看护，她所...	中篇小说	1149.35	连载中	VIP	2019-10-25	22	0	N	Y
编辑 复制 删除	8	img\novel\8.jpg	一只特立独行的猪	王小波	插队的时候，我喂过猪、也放过牛。假如没有人来管，这两种动物也完全知道该怎样生活。它们会自由自在地闲逛...	中篇小说	324.55	连载中	VIP	2019-10-25	16	0	N	Y

图 14.22

图 14.22 中主要包括的字段和含义如表 14.1 所示。

表 14.1

字段名称	含　义
id	记录的编号，主键
img	小说的封面图片
name	小说的名称
author	小说的作者
content	小说的内容简介
type	小说的类型
size	小说的字数
action	小说的状态，包括“连载中”“已完结”等
vip	标明用户是 vip，还是面向普通用户的“免费”
newDate	小说的创建日期
tjCount	推荐总数
sellCount	已购买数量
limitFree	是否免费，值为 Y/N
isBookshelf	是否收藏在书架中

（2）pinglun 表

pinglun 表用于保存和管理用户发表的评论信息（见图 14.23）。

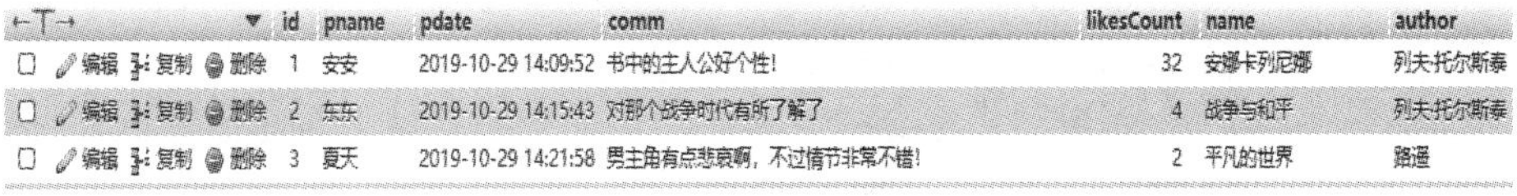

←T→				id	pname	pdate	comm	likesCount	name	author
☐	编辑	复制	删除	1	安安	2019-10-29 14:09:52	书中的主人公好个性!	32	安娜卡列尼娜	列夫托尔斯泰
☐	编辑	复制	删除	2	东东	2019-10-29 14:15:43	对那个战争时代有所了解了	4	战争与和平	列夫托尔斯泰
☐	编辑	复制	删除	3	夏天	2019-10-29 14:21:58	男主角有点悲哀啊，不过情节非常不错!	2	平凡的世界	路遥

图 14.23

图 14.23 中包括的字段和含义如表 14.2 所示。

表 14.2

字段名称	含　　义
pname	评论者的昵称
pdate	发表评论的时间
comm	评论内容
likesCount	点赞的数量

注：和表 14.1 重复的字段不再出现。

（3）user 表

user 表用于保存和管理登录用户的信息（见图 14.24）。

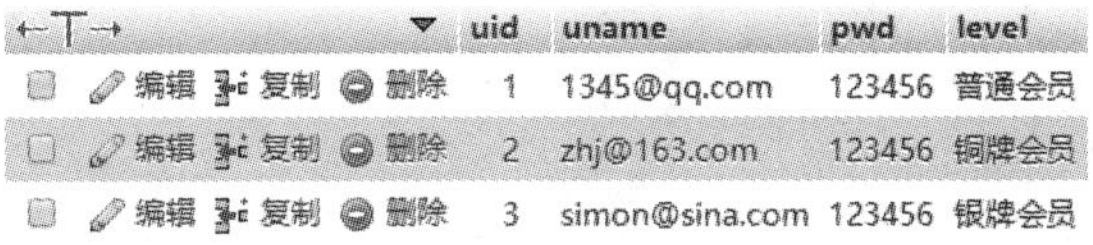

←T→				uid	uname	pwd	level
☐	编辑	复制	删除	1	1345@qq.com	123456	普通会员
☐	编辑	复制	删除	2	zhj@163.com	123456	铜牌会员
☐	编辑	复制	删除	3	simon@sina.com	123456	银牌会员

图 14.24

图 14.24 中包括的字段和含义如表 14.3 所示。

表 14.3

字段名称	含　　义
uname	用户名
pwd	密码
level	书友级别

建数据表的方式可以采用 phpMyAdmin 中的图形化界面手动插入，也可以选择插入 SQL 语句建表的方式。由于该过程比较简单，这里就不再赘述。

14.3.1　首页内容的动态更新

在首页中，所有与小说书籍相关的信息都应该是动态变化的，由于首页上的动态内容只涉及向服务器发出请求，并指定 php 脚本读取数据库中的内容；所以这里以热门推荐部分（见图 14.25）为例来介绍具体实现过程。其余部分，读者可以参照该部分内容自行完成。

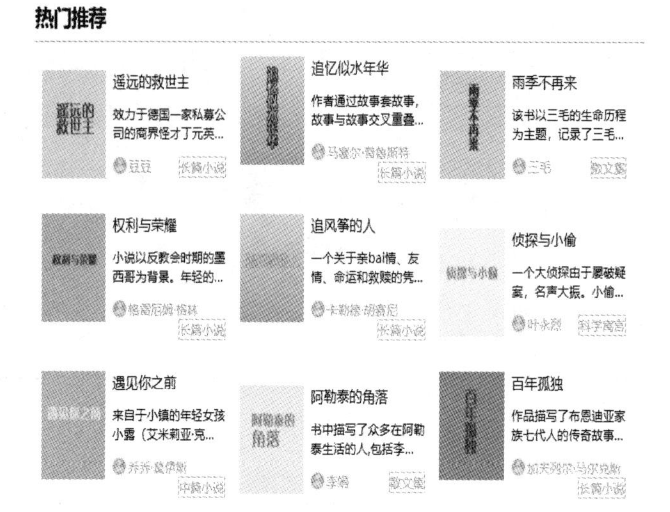

图 14.25

首先，动态网页的一般做法是注释前面已经完成的静态布局，并复制一个小说 li 标签内容，将其与 JavaScript 的变量相结合，得到一段动态 HTML 模板代码，如下：

```
//加载数据库中数据
$(()=>{
    //显示热门推荐
    $.get("php/index/getHotTj.php").then(resData=>{
        var html="";
        for(var i=0;i<resData.length;i++){
            var p=resData[i];
            html+=
                `<li>
                <div class="book_img fangDa left"><img src="${p.img}" alt="" /></div>
                <div class="book_info right">
                <p class="name"><a href="#" title="${p.name}">${p.name}</a></p>
                <p class="jianJie" title="${p.content}">${p.content}</p>
                <p class="author left">${p.author}</p>
                <p class="type right">${p.type}</p>
                </div>
            </li>`;
        }
        $(".BookList ul").html(html);
    });
```

上述代码中当页面内容加载完成时，就可以向后端 getHotTj.php 发出 get 请求，如果请求成功，就需要将返回结果每一条记录中的动态数据与 HTML 代码拼接，最终将其添加到原来静态代码的位置显示。

对应的 getHotTj.php 脚本的功能是从数据库中获取热门书籍，并将其封装为 json 格式，返回给前端页面。主要实现代码如下：

```
<?php
    //php/index/getHotTj.php
    header("Content-Type:application/json");
    require_once("../init.php");
    $sql="select * from book order by tjCount desc limit 9";
    $result=mysqli_query($conn,$sql);
    echo json_encode(mysqli_fetch_all($result,1));
?>
```

这里只用到 select 语句就可以实现只显示热门书籍。类似的，首页中“本周最新”，“免费阅读”以及“分类小说”中关于小说部分的内容都可以采用上述方式动态获得。

14.3.2　登录

登录功能几乎是现在所有网站都会具备的，因为只有通过登录，网站才能记录用户的行为，从而更好地为你提供类似于加入书架和发表评论的服务。为了做到这一点，必须要借助 session 才能保证登录状态能够在若干页面间保持，这一节就来看看是如何在首页中实现登录功能的。

这里，我们只以首页中当书友单击“我的书架”为例，提示他先去登录，只有书友成功登录，才允许进入“我的书架”页面，并进行相应的操作。

（1）首先，当书友单击“我的书架”，先判断他是否登录，也就是在 header.js 中添加如下代码：

```
$("#bookshelf").click(function(){
    $.get("php/header/islogin.php")
        .then(data=>{
            if(data.ok==0){
                alert("请先登录");
            }
            else{
                location.href = "bookshelf.html";
                }
            })
});
```

（2）对应的登录表单中的数据要提交给 login.php，具体代码如下：

```
<?php
  session_start();
  header('Access-Control-Allow-Origin:*');
  header('content-type:text/html; charset=utf-8');
  require_once("../init.php");
  if(!isset($_POST['submit'])){
     exit('非法访问');
  }
  @$uname = $_POST["uname"];
  @$upwd = $_POST["upwd"];
  echo json_encode(["uname"=>$uname,"upwd"=>$upwd]);
```

```
    //检测用户名和密码是否正确
    if($uname&&$upwd){
      $sql = "select uid from user where uname='$uname' and pwd ='$upwd'";
      $result = mysqli_query($conn, $sql);
      if(mysqli_num_rows($result) > 0 ){
          $row = mysqli_fetch_assoc($result);
          $_SESSION['uid'] = $row["uid"];
          echo $_SESSION['uid'];
          $url="../../index.html";
          echo "<script LANGUAGE='Javascript'>";
          echo "location.href='$url'";
          echo "</script>";

          }else{
          $_SESSION['uid'] = null;
          //登录失败
          echo "请先注册";
          }
      }else{
      echo "用户名和密码不能为空";
    }
  ?>
```

（3）判断是否登录的 islogin.php 脚本代码如下：

```
<?php
 require_once("../init.php");
 header("Content-Type:application/json");
 session_start();
 @$uid=$_SESSION["uid"];
 if($uid==null)
 echo json_encode(["ok"=>0]);
else{
   $sql="select uname from user where uid=$uid";
   $result=mysqli_query($conn,$sql);
   $row=mysqli_fetch_row($result);
   echo json_encode(["ok"=>1,"uname"=>$row[0]]);
}
?>
```

可以看到，为了在三个页面中保持用户的登录状态，我们在服务器端用到了session 变量，从而实现对用户 id 的保存，进而实现对用户登录状态的记录。一旦用户登录成功，便可以发表评论，这个功能就交给你去完成吧！

14.3.3 我的书架

你知道“加入书架”的功能在数据库中是四大操作中的哪一种吗？是插入还是更新。其实，两种操作都可以实现加入书架的功能。其中插入意味着一定有一个专门的书架数据表，里面存放的只是加入书架的书；而更新则意味着我们可以通过修改已有的数据表中的一列（isBookShelf）的值，就可以完成对书架上书的标记。这里我们采用第二种方式。如果你对第一种方式感兴趣，也鼓励你去尝试一下。

（1）显示书架上已有的书

首先，在 bookshelf.html 中，复制一段静态布局的代码，并将其复制到 bookshelf.js 中，将其打包成 get 请求，发送给后端 getBookshelf.php 脚本。这里从后端脚本发送来的数据与 html 代码结合，实现对标记为书架小说的数据读取和动态显示。

```
//加载数据库中书架上的小说
$(()=>{
    //显示书架
    $.get("php/bookshelf/getBookshelf.php").then(resData=>{
        var html="";
        for(var i=0;i<resData.length;i++){
            var p=resData[i];
            html+=`<li>
                <div class="book_img touMing"><img src="${p.img}" alt="" /></div>
                <div class="book_info">
                    <p class="name">${p.name}</p>
                    <p class="author">${p.author}</p>
                </div>
                <div class="btn">
                    <p class="delete"><a href="#">删除</a></p>
                    <p class="read"><a href="#">立即阅读</a></p>
                </div>
                </li>`;
        }
        $(".bookList ul").html(html);
    });
});
```

对应的 getBookshelf.php 则需要选择满足书架布尔列的值为 Y 的所有小说，并返回结果，代码如下：

```
<?php
    //php/bookshelf/getBookshelf.php
    header("Content-Type:application/json");
    require_once("../init.php");
    $sql="select * from book where isBookshelf='Y'";
    $result=mysqli_query($conn,$sql);
    echo json_encode(mysqli_fetch_all($result,1));
?>
```

（2）加入书架

这是关于书架的另一个功能，通过在作品简介中单击“加入书架”按钮见图 14.26，能够将当前书籍加入登录账号所属的书架中，如果用户还未登录，则需要提醒用户先登录，才能进行该操作。

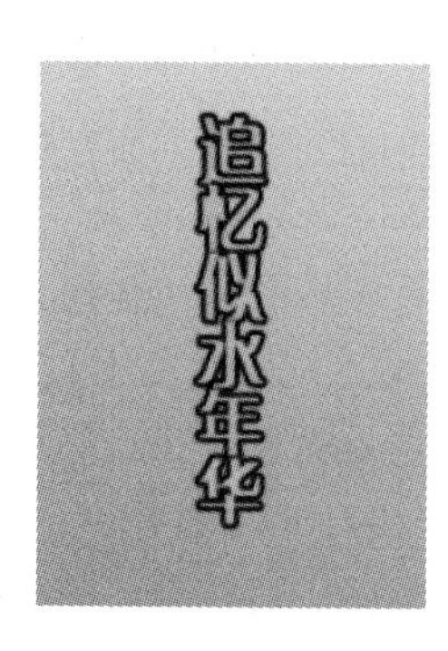

图 14.26

首先，来看 JavaSoript 代码中的单击事件，主要实现代码如下：

```
//加入书架
$(".book_information").on("click",'.addBook',function(){
    if($(this).hasClass("Y")){
        alert("加入失败，原因：该书籍已在书架。")
    }else if($(this).hasClass("N")){
        var newSJ = [];
        var shuJia = new Object();
        shuJia.name = $(".name").text();
        shuJia.author = $(".author").text();
        newSJ.push(shuJia);
        var json_SJ = JSON.stringify(newSJ);
        var cc = JSON.parse(json_SJ);
        var url = "php/bookDetail/addBookshelf.php";
        postRequest(url,cc);//执行ajax请求函数，发送post请求
        location.reload();
        $(this).removeClass("N");
        $(this).addClass("Y");
        alert("加入成功！");
    }
});
```

其中，由于加入书架需要修改数据库中的 book 表，所以需要向后端发送请求，这里就需要通过封装一个 postRequest()来完成。

```
//post请求
function postRequest(url,cc){
    //1.创建xhr对象
    var xhr = createXhr();
    //2.创建一个请求
    xhr.open("post",url,true);
    //3.状态监听：设置回调函数
    xhr.onreadystatechange = function(){
        //判断readyState以及status
```

```
            if(xhr.readyState == 4 && xhr.status == 200){
                //接收响应数据
                var resultText = xhr.responseText;
                console.log(resultText);
            }
        }
        //增加：更改请求消息头
        xhr.setRequestHeader("Content-Type","application/x-www-form-urlencoded");
        //发送请求
        var name = cc[0].name;
        var author = cc[0].author;
        //请求主体
        var sj="name="+name+"&author="+author;
        xhr.send(sj);
    };
```

对应的 updateBookshelf.php，实现了对 isBookshelf 中是否加入书架值的更新，具体代码如下：

```
    <?php
        //php/bookshelf/updateBookshelf.php
        header("Content-Type:application/json");
        require_once("../init.php");
        //接收传递过来的数据
        $name=$_REQUEST['name'];
        $author=$_REQUEST['author'];
        $sql="update book set isBookshelf='N' where name='$name' and 
author='$author'";
        $result=mysqli_query($conn,$sql);
        echo json_encode(mysqli_fetch_all($result,1));
    ?>
```

（3）删除

“我的书架”还应该允许书友将看完的书或不感兴趣的书删除，如图 14.27 所示。

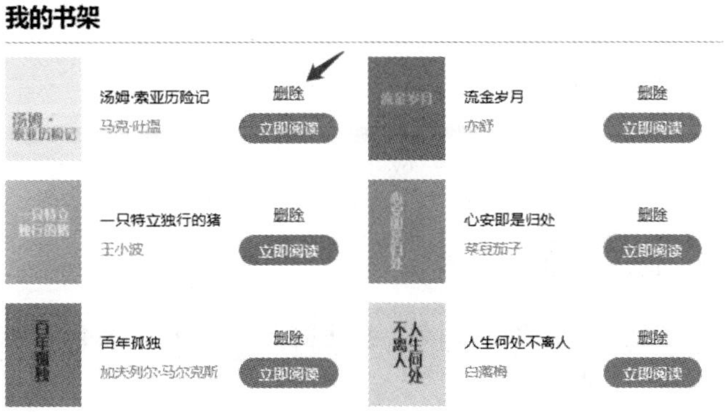

图 14.27

下面来介绍具体实现过程。

首先，通过给“删除”元素绑定单击事件来确定书友的删除行为，并获取删除对象的相关信息，最后将这些信息传递给后端 php 脚本。

```
//点击删除
$(".bookList").on("click",'.delete',function(){
    if(confirm("您确定要从书架中移出该书籍吗？")){
        var name=$(this).parent().prev().children(".name").text();
        var author=$(this).parent().prev().children(".author").text();
        var newSJ = [];
        var shuJia = new Object();
        shuJia.name = name;
        shuJia.author = author;
        newSJ.push(shuJia);
        var json_SJ = JSON.stringify(newSJ);
        var cc = JSON.parse(json_SJ);
        var url = "php/bookshelf/updateBookshelf.php";
        postRequest(url,cc);//执行 ajax 请求函数，发送 post 请求
        alert("移出成功！");
        location.reload();
    }
});
```

其中的 updateBookshelf.php 脚本负责修改要删除对象的 isBookshelf 值，完成书架内容的更新，当其值为“N”时，相当于从书架中删除。

```
<?php
    //php/bookshelf/updateBookshelf.php
    header("Content-Type:application/json");
    require_once("../init.php");
    //接收传递过来的数据
    $name=$_REQUEST['name'];
    $author=$_REQUEST['author'];
    $sql="update   book   set   isBookshelf='N'   where   name='$name'   and
author='$author'";
    $result=mysqli_query($conn,$sql);
    echo json_encode(mysqli_fetch_all($result,1));
?>
```

至此，“我的书架”功能已经基本完成了。

14.4 还可以做更多

到此为止，一个完整的小说阅读网站就建完了，难道就这么简单吗？当然不是，本节带你领略更多扩展功能。

14.4.1 第三方登录

我们都知道，现在微信的应用非常广泛，小说阅读网应该允许用户通过第三方微信账号登录。因此，就需要通过调用微信的登录账号接口，获取读取用户数据的授权。具体来说，这个任务可以分为两个主要步骤。

（1）需要将小说网进行审核备案，接着去 OAuth 申请授权登录接入，获取相应的 AppID 和 AppSecret，微信审核通过后，会给你分配唯一的 AppID 和 AppSecret 作为参数，可以开始接入流程。

（2）通过拼接传入获取的两个参数，拼接成一个 url，从而实现通过微信账号登录小说网的功能。

网站的审核和备案就可以单独写一章内容，这里不做过多介绍，所以推荐你去参考一些博文进行服务器和域名的申请，尝试备案一个网站，当然这需要花费一笔费用。

接下来我们看一下接口调用的基本使用方法

考虑到调用第三方接口很常见，所以这里我们再重点了解一下它的基本用法。如果你将来要调用第三方接口，比如某天气预报网站的数据接口，第三方支付的接口等，这些接口通常会返回 json 格式的数据，比如如下的天气数据：

```
{
    "time": "2018-10-09 10:27:28",
    "cityInfo": {
        "city": "太原市",
        "citykey": "101220101",
        "province": "陕西",
        "updateTime": "09:19"
    },
    "data": {
        "humidity": "81%",
        "pm25": 52.0,
        "pm10": 72.0,
        "quality": "良",
        "temperature": "17℃",
        "suggestion": "极少数敏感人群应减少户外活动"
            }
}
```

首先，你可能会需要按照第三方的要求取得应用的 ID 和密钥，用于保证你不会用这些数据去做违法的事情，一旦发现你做了不合法的事，也会立即追究到你的责任。有了这些重要参数，就可以组合一个 url 链接，代码如下所示：

```
http://api.map.baidu.com/telematics/v3/weather?location=太原&output=JSON&ak=百度密钥串
```

其中百度密钥串是需要你申请获得的，它一般是由 24 位字母和数字随机的一串字符串，一般来说，一个人只能申请唯一的 ak。

其次，我们要做的就是写一个 get 请求，传入你上一步产生的 url，模板代码如下：

```
window.onload = function(){
    //新建一个 XMLHttpRequest 对象
    var request = new XMLHttpRequest();
    //向服务器发起一个请求及一个地址
    var url = "http://api.map.baidu.com/telematics/v3/weather?location =太原
&output=JSON&ak=百度密钥串";
    //创建一个请求
    request.open("GET",url);
    request.onreadystatechange = function(){
    //判断 readyState 和 status
    if(request.readyState == 4 && request.status == 200){
    //数据加载完成会调用这个函数，接收响应数据,响应数据存在 responseText 中
      showWeather(request.responseText);
          }
    }
    //发送请求
    request.send(null);
}
```

最后，从获取到的 responseText 数据中提取所开发的应用需要的部分。至此，通过第三方接口完成数据访问就大功告成了。

```
function showWeather(responseText){
    var weatherDiv = document.getElementById('weather');
    //将 request 对象取回的数据转换成一个 JavaScript 对象
    var weaData = JSON.parse(responseText);
    var weather = JSON.parse(responseText);
    var div = document.createElement('div');
    div.setAttribute('class','storItem');
  var redItem =  weather. cityInfo.city + "市" + ",天气: " + weather.
data['quality'] + ",当前气温"+ weather. data['temperature'];
    div.innerHTML = redItem;
    weatherDiv.appendChild(div);
}
```

14.4.2 支付功能

支付功能的实现和登录接口的使用差不多，它需要的是拥有一个微信公众号或支付宝账号，并且申请开通一个商户支付账户，具体操作可以参考相应官网查询具体的操作流程。由于支付接口申请的 ID 是终身使用权限，而且涉密，所以在这里就不给大家展开具体的调用方式。如果你感兴趣，可以自行申请微信或支付宝的 AppID 去尝试完成支付功能。

14.4.3　作者入口

在实际应用中，小说阅读网通常是一个平台，因此它既需要服务好作者，也需要服务好广大小说读者，为了满足两者的需要，平台一般需要开发出两套系统，这个可以通过登录身份的判定来定制不同的服务。其中，作家允许发表新的连载内容，并对其进行修改，查看并管理用户的评论、打赏等；而读友则可以浏览小说简介和免费阅读部分章节，决定是否加入书架、给作者打赏、对阅读过的小说进行评价等。基于这两套系统，你还可以尝试下面的两个功能。

（1）首页的功能还可以继续丰富，可以参考一些大型的小说网站，看看它们是如何将众多小说信息展示的，还要允许一些内容是动态更新的。当然 Logo 部分静态就足够了，毕竟一个小说平台不可能经常更换 Logo。

（2）关于作者和小说内容的管理，可以分别设计对应的数据表满足这一需求。

14.4.4　数据过滤

一般拥有大量小说存量的网站，都会提供多条件过滤功能，即通过向书友展示各种多项选择条件，允许通过筛选出符合条件的目标小说，从而缩小选择范围，更快地找到目标小说，如图 14.28 所示。

这个功能的实现主要依靠复杂的 JavaScript 逻辑，由于之前介绍 JavaScript 的内容比较基础，未涉及这一复杂功能的实现。所以，本书就不做过多说明，但是在中级 Web 开发的书中一定会涉及，敬请期待吧。

图 14.28

14.5 本章小结

本章我们通过一个综合项目，展示了制作一个小说阅读网站的完整开发流程，我们从分析出发，到正式写代码实现，以及最终的调试，一路修改漏洞到最后完成，经历了一次具有挑战的旅程，从而体验了一次 Web 全栈开发的过程。下面回顾一下本章的主要内容。

（1）接到一个项目，必须要弄清楚需求，主要包括业务逻辑和功能需求，在一个公司内部，这个应该是项目经理的工作，但是你未来也很有可能成为项目经理，所以有必要弄清楚来龙去脉，从而做好合理的分工和计划。

（2）关于小说网的静态布局方面，HTML 代码其实没有什么难以理解的，关键是熟练掌握利用 CSS 做布局，无论是左右两栏，还是一行多列，都可以通过 CSS 样式实现。甚至一些酷炫的层叠样式，也可以通过 z-index 属性来完美定义。但是，只有 CSS 还是不够的，更多还需要 JavaScript 的配合，才能做出更多互动的效果，比如倒计时、轮播图、类似于选项卡效果的业内导航效果，因为脚本程序能做的事还是很多的。

（3）在小说网的动态页面方面，我们利用 JavaScript 向后端 php 脚本发出 get 和 post 请求，不断访问数据库，从而获取数据库中的书籍信息，并动态更新前端页面。这里需要 MySQL、JavaScript 和 PHP 脚本三者的积极配合，才能得以完美实现。相信通过这个过程，你封装函数的能力、MySQL 的基本操作和 PHP 的结果返回应该相当熟悉了。未来你只需要针对不同的应用去沉着应对就好。

（4）最后，关于小说阅读网中更多的功能介绍，给你留作开放练习，虽未当作重点，但是其中的原理已经道出，只待日后你将这些“小怪”一一打败。

这里我们只是通过一个小说阅读网将之前学过的大部分技术进行了综合应用，你还需要更多练习和实践才能真正走入 Web 开发。总结一下，初学阶段你需要重点掌握的技术包括：

- 根据任务需要，不断熟悉更多 HTML 标签和 CSS 样式属性，从而实现网页的框架设计和内容排版；
- 熟练 JavaScript 脚本的基本语法，能够参考别人的代码写出自己需要的代码逻辑，并将其实现。在 Web 全栈应用中，JavaScript 的重点是对事件和如何发送 Ajax 请求的理解；
- 熟练 PHP 脚本的基本用法，能够做到熟练地连接数据库，接收前端发来的请求数据，并将数据库中查询到的结果封装为 json 格式的数据；
- 精通 MySQL 中常见查询命令，能够对数据库中的数据实现查询、搜索、排序和过滤功能，尤其是要注意对中文字符的操作；
- Web 应用还有很多种形式，比如游戏、小程序以及 App，这些还需要多了解最新的 HTML 5 特有标签，以及移动开发的技术和场景，由于本书是面向初级 Web 开发人员的入门图书，所以并未涉及这些应用。

至此，这一章的综合应用就告一段落了，希望你能将其继续丰富。本章的结束也意味着本书的完结，最后，祝你的 Web 开发之旅一切顺利！

致 谢

本书的写作历时大约一年时间，从最初漫不经心的文字和散乱的代码，到中后期一版一版地修改，直到可以拿出手的那一刻，我才深刻地意识到，写书的确是一件十分不易的事情，尤其是和教授一门 Web 开发课程相比，实在不在一个数量级上。

在这段写书的过程中，我首先要感谢的是我的父母。由于日常的工作已经十分繁重，写书常常被安排在工作日的晚上和周末。幸运地是，父母帮我分担了大量家庭事务，从而让我有更多的时间去创作。还要感谢我的爱人，因为书中的大量插图都出自他之手。

还要把感谢送给我的学生们，书中一些关于细节的灵感，来自于他们的提问与反馈。很多时候，我认为是非常简单的常识，于是试图一笔带过，但是他们通过真实的实践表现告诉我，恰恰是一些细枝末节的东西成为了他们学习路上的拦路虎，导致举步维艰。通过总结这些宝贵的反馈，便构成了书中提到的 Web 开发中常见的“坑”与技巧，也决定了书中哪些内容应该更加细致，才能体现对初学者的友好。

最后，还要感谢荆波编辑对本书的审读，让本书能以一种良好的形式呈现给读者。荆编辑不仅文字功夫了得，更重要的是他对待读者的态度十分诚恳，每次给出的反馈都少不了那句：“请你多站在读者的角度考虑一下”。受到他专业反馈的影响，本书的标题和文字经过反复打磨，才有了这样的呈现。能与这样的高手交流，我感到十分荣幸且受益匪浅。不得不说文字是个很神奇的东西，有时哪怕多一个字，都显得多余；而有时为了解释清楚一个知识点，又不得不说一些废话，难点就在于如何做出恰当的取舍，我认为这也算得上一门学问。